黄河三盛公水利枢纽工程安全评价关键技术

宋　力　穆怀录　郭博文　等著

黄河水利出版社
·郑州·

内容提要

本书重点解决了以下几方面问题：一是采用多波束检查、水下机器人检查及潜水员水下探摸相结合的技术手段，对黄河三盛公水利枢纽工程水下地形进行检测，克服了高速水流下水下隐患探测精度受仪器双向位移影响，提高了水下探测精度；二是针对采用有限元数值模拟与常规设计习惯的差异性，提出了一种有限元数值模拟和结构力学计算相结合的方法对闸室结构进行了安全复核计算，为同类水闸结构和抗震安全复核提供了一定的技术依据和参考；三是提出一种现场观测和数值模拟相结合方法对堤防工程进行了渗流复核，在堤防渗流复核的基础上，考虑渗流场和应力场耦合作用，对堤防工程进行了结构安全复核；四是理论计算、有限元数值模拟及桥梁静载试验多方法相结合，评价了拦河闸、进水闸及沈乌闸公路桥安全状态；五是针对行业内多形式建筑物均有的水利枢纽工程，综合考虑不同建筑物现有评价标准的水利综合枢纽工程安全评价方法。

本书可为从事水闸安全评价、堤防安全评价、大型枢纽工程运行管理人员及科研工作者等提供技术参考。

图书在版编目(CIP)数据

黄河三盛公水利枢纽工程安全评价关键技术/宋力等著. —郑州：黄河水利出版社，2022. 11

ISBN 978-7-5509-3449-8

Ⅰ. ①黄… Ⅱ. ①宋… Ⅲ. ①黄河-水利枢纽-水利工程-安全评价 Ⅳ. ①TV632. 613

中国版本图书馆 CIP 数据核字(2022)第 216958 号

组稿编辑：王志宽 电话：0371-66024331 E-mail：wangzhikuan83@126. com

出 版 社：黄河水利出版社 网址：www. yrcp. com

地址：河南省郑州市顺河路黄委会综合楼 14 层 邮政编码：450003

发行单位：黄河水利出版社

发行部电话：0371-66026940、66020550、66028024、66022620(传真)

E-mail：hhslcbs@126. com

承印单位：河南新华印刷集团有限公司

开本：787 mm×1 092 mm 1/16

印张：18. 25

字数：422 千字

版次：2022 年 11 月第 1 版 印次：2022 年 11 月第 1 次印刷

定价：128. 00 元

前　言

黄河三盛公水利枢纽工程位于内蒙古自治区巴彦淖尔市磴口县巴彦高勒镇东南黄河干流上，为干流上唯一一座Ⅰ等大(1)型以农业灌溉为主，兼有防洪、发电、交通、旅游及生态治理等综合效益的闸坝工程，现状灌溉面积 1 100 万亩。该枢纽工程是乌梁素海生态的重要节点工程，是落实构建形成黄河流域“一轴两区五极”的发展动力格局中河套灌区的关键工程，枢纽安全状况对黄河流域生态保护和高质量发展重大国家战略的实现具有至关重要的作用。随着使用年限的增加，该工程出现了各种各样的安全隐患现象，结合水利工程安全管理要求，黄河水利科学研究院工程结构与抗震研究室对工程开展了全面安全评价工作。

经过长时间运行，三盛公水利枢纽工程拦河闸上游区淤积情况、铺盖混凝土淘刷情况及右岸码头护岸淘刷情况和下游消力池、海漫底板淤积情况不明，项目团队采用了先进的水下探测技术探测了枢纽工程水下淤积情况，由于枢纽位于黄河上游干流上，河道流速较大，高速水流下工程水下隐患探测精度受仪器双向位移影响，通过研究解决了高速水流下的探测精度。

现阶段，大部分学者采用传统的结构力学方法和拟静力方法对水闸闸室进行结构安全和抗震安全复核计算，忽略闸底板、闸墩、启闭机房及交通桥等建筑物之间的三维联系作用，而《水闸设计规范》(SL 265—2016)、《水工建筑物抗震设计标准》(GB 51247—2018)均明确提出了三维结构的计算要求，本书基于枢纽工程的重要性，采用有限元数值模拟技术，开展了有益的探索。

对于堤防工程，采用数值模拟分析方法，不仅可以自动搜索不同滑动圆弧的稳定系数、滑动圆弧特征值、圆弧坐标和滑动圆弧深度及确定最危险圆弧滑坡的位置，还可以考虑不同位置处的孔隙水压力，但受限于计算边界条件、数值模型材料分区及渗流场和应力场之间流固耦合等因素，数值模拟方法在堤防渗流和结构安全复核中存在一定的误差，本次通过与现场观测数据相结合的方式，提高了计算精度。

同时，行业内尚无针对多建筑物水利枢纽安全评价标准，作为闸、桥、堤共存的综合水利枢纽工程，本书综合考虑了水利行业、桥梁交通行业对建筑物评价的不同标准和依据，提出客观公正合理的评价结论，揭示了枢纽存在的安全隐患，为下一步枢纽的安全管理提供技术依据和支撑。

本书基于黄河三盛公水利枢纽工程的战略地位和重要作用并针对其建筑物形式多样、横跨黄河干流、功能多样化等特点，围绕水闸、堤防、围堤、导流堤和公路交通桥等多个主要建筑物形式，针对高流速下水下地形勘测、基于有限元数值模拟的水闸结构安全和抗震安全复核、基于现场观测和数值模拟的堤防渗流安全复核、基于渗流场和应力场耦合的堤防结构安全复核、基于静载试验的公路桥安全复核及基于多评价标准的枢纽工程安全综合评价等方面的关键技术,全面揭示了工程现状存在的安全隐患,给出了综合安全评价建议及工程后续处理措施意见。本书可为枢纽工程安全运行提供科学的依据,对支撑河套灌区的安全,保障乌梁素海的生态环境,促进内蒙古自治区西部地区经济社会发展,加强民族团结,落实黄河流域生态保护和高质量发展重大国家战略,具有极其深远的政治意义、经济意义和社会意义。

本书水闸篇第1、2章由赵青撰写,水闸篇第3章3.1节由刘克金撰写,水闸篇第3章3.2~3.4节由刘万荣撰写,水闸篇第4章由郭博文撰写;堤防篇由刘克金、刘忠撰写;公路桥梁篇由郭博文、郝伯谨、刘万荣撰写;综合评价篇由穆怀录撰写。全书由宋力策划定稿。

限于作者水平,书中难免存在错误和不足之处,敬请广大读者批评和指正。

作 者

2022年10月

目 录

第1篇 水闸篇

第2篇 堤防篇

第3篇 公路桥篇

第4篇 综合评价篇

第 1 篇　水闸篇

1　水闸工程概况

1.1　工程地理位置

黄河三盛公水利枢纽工程位于内蒙古自治区巴彦淖尔市磴口县巴彦高勒镇东南的黄河干流上，其地理位置为北纬 40°17′24″~40°18′14″，东经 107°01′39″~107°01′47″，海拔为 1 050.00~1 100.00 m。该枢纽是目前黄河干流上唯一的大型闸坝工程，枢纽上游 2.8 km 处为包兰铁路黄河三盛公铁路大桥，110 国道从拦河闸、北岸总干进水闸、拦河土坝上通过，交通便利。

黄河三盛公水利枢纽的任务以农业灌溉为主，兼有防洪、发电、交通、旅游及生态治理等综合效益，是全国三大灌区之一“河套灌区”的源头工程，灌溉面积 900 多万亩❶，远景规划灌溉面积 1 200 多万亩，担负着巴彦淖尔市河套灌区、鄂尔多斯市南岸灌区农业灌溉及包钢供水和水资源调配等任务。枢纽工程自投入运行至今，在灌溉、防洪、发电及工业供水等方面发挥了巨大的社会效益、经济效益和生态效益，对内蒙古自治区西部地区经济发展做出了重大贡献。

1.2　基本情况

1.2.1　主要建筑物

黄河三盛公水利枢纽由黄委设计院(现为黄河勘测规划设计研究院有限公司)设计，工程于 1959 年动工兴建，1961 年 5 月竣工投入运行。工程规模属大(1)型Ⅰ等工程，按 $P=1\%$洪水设计、$P=0.1\%$洪水校核，距上游海勃湾水利枢纽工程 87 km，控制流域面积为 314 410 km^2。该枢纽水闸工程主要由拦河闸、北岸总干渠进水闸(简称进水闸)、北岸总干渠跌水闸(简称跌水闸)、沈乌干渠进水闸(简称沈乌闸)、南岸干渠进水闸(简称南岸闸)等组成。各水闸工程位置见图 1-1-2-1，各水闸工程特性见表 1-1-2-1。

---

❶ 1 亩 = 1/15 hm^2，全书同。

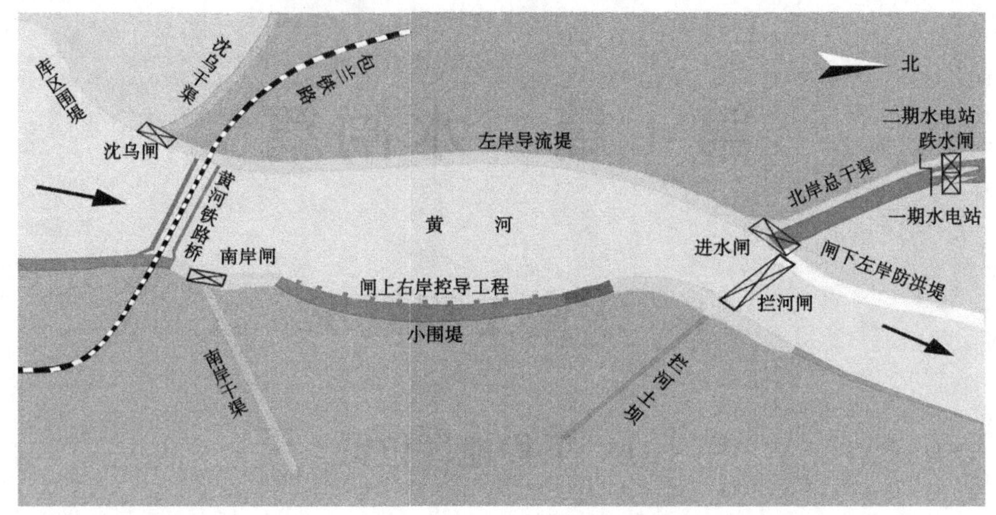

图 1-1-2-1　三盛公水利枢纽平面布置图

表 1-1-2-1　三盛公水利枢纽工程特性(除险加固后)

序号	名称	单位	数值	附注
一	水文			
	工程地址以上流域面积	万 km^2	31.4	
二	水库水位、库容			
1	校核洪水位(P=0.1%)	m	1 055.30	
2	设计洪水位(P=1%)	m	1 055.00	
3	正常蓄水位	m	1 054.80	
4	总库容	亿 m^3	0.800	2014 年春季 0.48 亿 m^3
5	死库容	亿 m^3	0.623	
三	下泄流量及相应下游水位			
1	设计洪水位时的最大泄量(P=1%)	m^3/s	6 120	
	相应下游设计洪水位(P=1%)	m	1 053.35	
2	校核洪水位时的最大泄量(P=0.1%)	m^3/s	6 720	
	相应下游校核洪水位(P=0.1%)	m	1 053.47	
四	主要建筑物			
(一)	拦河闸			
1	拦河闸形式			折线形实用堰与宽顶堰
2	闸身总宽	m	325.84	

续表 1-1-2-1

序号	名称	单位	数值	附注
3	堰顶高程	m	1 049.50	
4	孔数	孔	18	
5	每孔净宽	m	16	
6	消能方式			底流消能
7	闸门形式			弧形钢闸门
8	闸门尺寸(宽×高)	m×m	16×6	
9	启闭机形式			卷扬式 2×320 kN
10	启闭机台数	台	18	
(二)	进水闸			
1	进水闸上游正常高水位	m	1 054.80	
2	设计引水流量	m^3/s	423	
3	加大引水流量	m^3/s	560	
4	堰顶高程	m	1 051.50	
5	孔数	孔	9	
6	每孔净宽	m	10	
7	闸身总宽	m	105	
8	闸门形式			弧形钢闸门
9	闸门尺寸(宽×高)	m×m	10×4	
10	启闭机形式			卷扬式 2×125 kN
11	启闭机台数	台	9	
(三)	跌水闸			
1	上游正常高水位	m	1 054.30	
2	设计引水流量	m^3/s	423	
3	最大引水流量	m^3/s	560	
4	跌水闸形式			实用堰式
5	堰顶高程	m	1 050.27	
6	孔数	孔	4	
7	每孔净宽	m	10	

续表 1-1-2-1

序号	名称	单位	数值	附注
8	闸门形式			弧形钢闸门
9	闸门尺寸(宽×高)	m×m	10×4	
10	启闭机形式			卷扬式 2×125 kN
11	启闭机台数	台	4	
(四)	沈乌闸			
1	沈乌闸上游正常高水位	m	1 054.80	
2	设计引水流量	m^3/s	36	
3	加大引水流量	m^3/s	65	
4	堰顶高程	m	1 052.27	
5	孔数	孔	5	
6	每孔净宽	m	2.6	
8	闸门形式			平板钢闸门
9	闸门尺寸(宽×高)	m×m	2.6×3	
10	启闭机形式			手、电两用螺杆式 QL-1×80
11	启闭机台数	台	5	
(五)	南岸闸			
1	南岸闸上游正常高水位	m	1 054.80	
2	设计引水流量	m^3/s	40	
3	加大引水流量	m^3/s	45	
4	堰顶高程	m	1 052.37	
5	孔数	孔	5	
6	每孔净宽	m	2.6	
7	闸身总宽	m	16.2	
8	闸门形式			平板钢闸门
9	闸门尺寸(宽×高)	m×m	2.6×3	
10	启闭机形式			手、电两用螺杆式 QL-1×80
11	启闭机台数	台	5	

1.2.1.1　拦河闸

拦河闸位于黄河干流上，1 级建筑物，现状设计洪水标准为 100 年一遇（$P=1\%$），闸前水位 1 055.00 m，相应洪峰流量 6 120 m^3/s，闸后水位 1 053.35 m；校核洪水标准 1 000 年一遇（$P=0.1\%$），闸前水位 1 055.30 m，相应洪峰流量 6 720 m^3/s，闸后水位 1 053.47 m；正常蓄水位为 1 054.80 m；地震设防烈度为 8 度，相应地震动峰值加速度为 0.2g，地震动反应谱特征周期为 0.35 s，场地类别为Ⅱ类。

拦河闸溢流前缘总宽 325.84 m，由上游抛石防冲槽、铅丝石笼、上游铺盖、闸室、消力池、海漫、下游抛石防冲槽及上下游两岸翼墙等组成，从上游铺盖至海漫总长为 118.0 m。拦河闸上游铺盖长 40.0 m，原设计为黏土铺盖、浆砌石护面，除险加固时对其进行混凝土护面处理；闸室段顺水流方向长 23.0 m，共 18 孔，每孔净宽 16 m，总宽 328.84 m，闸底板高程为 1 049.60 m，墩顶高程为 1 057.97 m；弧形钢闸门尺寸为 16 m×6 m，设摆线针轮双驱动双吊点卷扬式启闭机，启闭能力为 2×320 kN，弧形钢闸门牛腿底高程为 1 054.50 m；启闭机房为砖混结构，除险加固时对启闭机房内外墙和屋顶进行维修加固，其底高程为 1 059.50 m、顶高程为 1 064.50 m；交通桥墩顶高程为 1 055.80 m，交通桥桥面高程为 1 057.80 m；消力池顺水流方向长 28 m，顶高程为 1 045.50 m；海漫长 27.0 m。

拦河闸闸室结构布置情况如图 1-1-2-2 所示，整体外观见图 1-1-2-3。

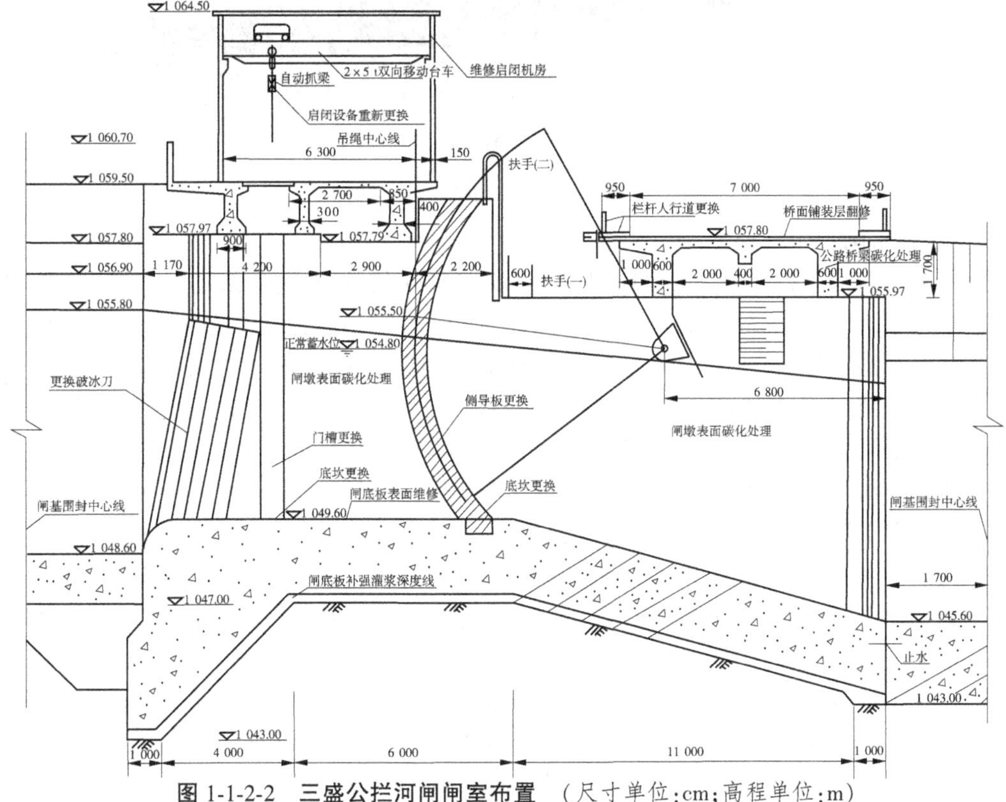

图 1-1-2-2　三盛公拦河闸闸室布置　（尺寸单位：cm；高程单位：m）

(a)拦河闸上游

(b)拦河闸下游

图 1-1-2-3　三盛公拦河闸整体外观

1.2.1.2　进水闸

进水闸是黄河三盛公水利枢纽工程的主要取水建筑物，1 级建筑物，设计引水流量 423 m^3/s，加大引水流量 560 m^3/s；上游正常高水位 1 054.80 m；地震设防烈度为 8 度，相应地震动峰值加速度为 0.2g，地震动反应谱特征周期为 0.35 s，场地类别为Ⅱ类。

进水闸溢流前缘总宽 105.4 m，由上游抛石防冲槽、铅丝石笼、浆砌石导沙坎、钢筋混凝土铺盖（除险加固后）、闸室、消力池、海漫、下游抛石防冲槽及上下游两岸翼墙等组成，从上游铺盖至海漫总长为 73.0 m。

进水闸上游铺盖长 20.0 m，原设计为浆砌石护面，除险加固改为混凝土护面，顶高程同闸底板高程；闸室顺水流向长 14.0 m，共 9 孔，每孔净宽 10 m，总宽 105.4 m，闸底板高程为 1 051.50 m，墩顶高程为 1 058.47 m；弧形钢闸门尺寸 10 m×4 m，设摆线针轮双驱动双吊点卷扬式启闭机，启闭能力 2×125 kN；启闭机房为砖砌结构，除险加固时对启闭机房内外墙和屋顶进行维修加固；交通桥桥面高程为 1 057.80 m；消力池顺水流向长 14.0 m，顶面高程为 1 050.60 m；下游两岸翼墙顶高程为 1 055.50 m；海漫长 25.0 m，顶面高程为 1 050.6 m；抛石防冲槽长 14.0 m，顶高程为 1 050.60 m。

进水闸平面布置情况见图 1-1-2-4，整体外观见图 1-1-2-5。

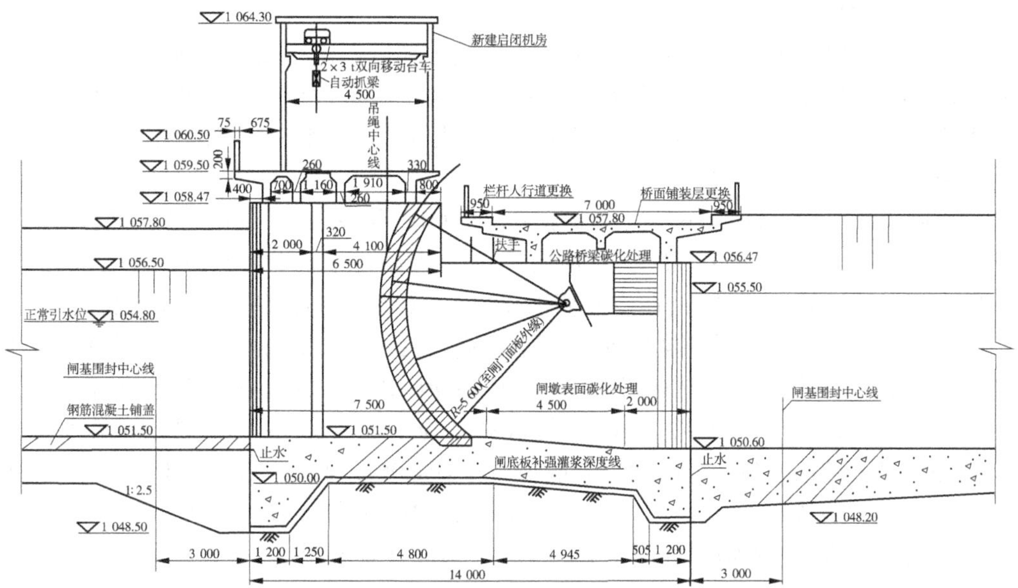

图 1-1-2-4　三盛公进水闸闸室布置　（尺寸单位:cm;高程单位:m）

(a)进水闸上游

(b)进水闸下游

图 1-1-2-5　三盛公进水闸整体外观

1.2.1.3 跌水闸

跌水闸的主要作用是调节纵坡,同时配合电站合理运行,除险加固前后均为2级建筑物;设计引水流量423 m^3/s,加大引水流量560 m^3/s;上游正常高水位1 054.27 m;地震设防烈度为8度,相应地震动峰值加速度为0.2g,地震动反应谱特征周期为0.35 s,场地类别为Ⅱ类。

跌水闸溢流前缘总宽44.65 m,由上游抛石防冲槽、铅丝石笼、浆砌石导沙坎、钢筋混凝土铺盖(除险加固后)、闸室、消力池、海漫、下游抛石防冲槽及上下游两岸翼墙等组成。

跌水闸上游铺盖长25.0 m,两岸翼墙顶高程为1 055.77 m;闸室顺水流向长12.5 m,共设4孔,每孔净宽10 m,总宽47.35 m,闸底板高程为1 049.27 m,墩顶高程为1 057.30 m;交通桥桥面高程为1 055.77 m;下游设三级消力池,其中一级消力池长19.0 m,池底高程为1 046.03 m;二级消力池长20.0 m,池底高程为1 046.03 m;三级消力池水平段长18.0 m,池底高程为1 043.55 m,两岸翼墙顶高程为1 051.74 m。闸门为10 m×4 m的弧形钢闸门,设主机架集中驱动双吊点卷扬式启闭机,启闭能力为2×125 kN。

跌水闸闸室结构布置情况如图1-1-2-6所示,整体外观见图1-1-2-7。

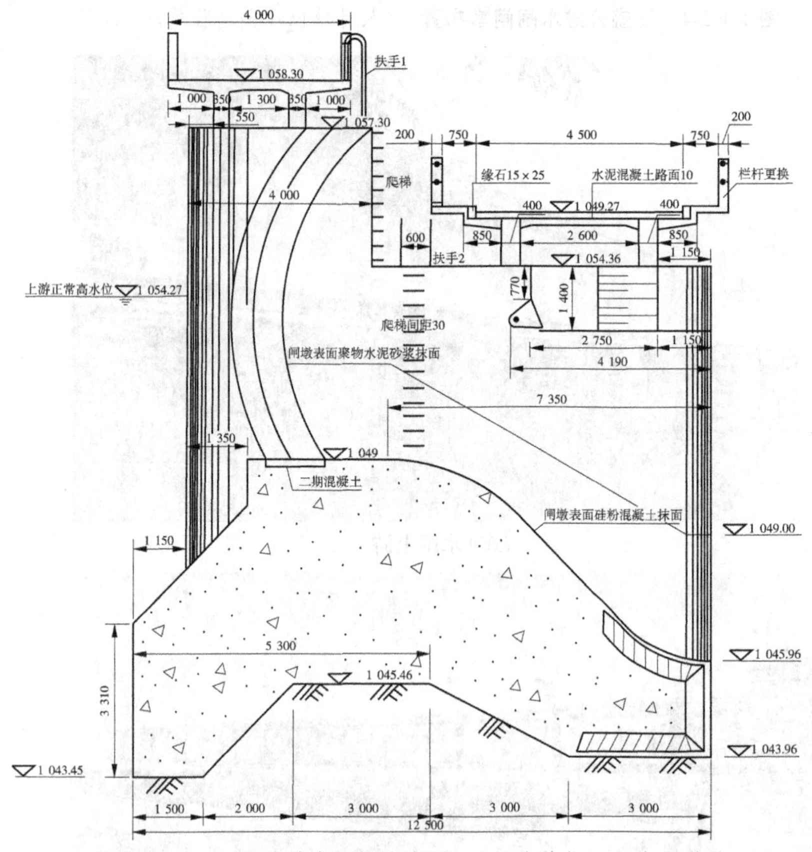

图1-1-2-6 三盛公跌水闸闸室布置 (尺寸单位:cm;高程单位:m)

(a)跌水闸上游

(b)跌水闸下游

图 1-1-2-7　三盛公跌水闸整体外观

1.2.1.4　沈乌闸

沈乌闸担负着沈乌灌区引水灌溉任务，2 级建筑物，设计引水流量 36 m^3/s，加大引水流量 65 m^3/s；上游正常高水位 1 054.80 m；地震设防烈度为 8 度，相应地震动峰值加速度为 0.2g，地震动反应谱特征周期为 0.35 s，场地类别为Ⅱ类。

沈乌闸前缘总宽 16.2 m，由上游抛石防冲槽、铅丝石笼、浆砌石导沙坎、钢筋混凝土铺盖(除险加固后)、闸室、消力池、海漫、下游抛石防冲槽及上下游两岸翼墙等组成。

沈乌闸铺盖长 20.0 m，两岸翼墙顶高程为 1 058.00 m；闸室顺水流向长 10.5 m，共设 5 孔，每孔净宽 2.6 m，总宽 18.2 m，闸底板高程为 1 052.50 m，闸墩顶高程为 1 058.70 m；启闭机房底高程为 1 059.50 m，顶高程为 1 063.50 m；交通桥桥面高程为 1 059.00 m；消力池长 11.0 m，顶面高程为 1 050.30 m；下游两岸翼墙顶高程为 1 056.50 m。

沈乌闸闸室结构布置情况见图 1-1-2-8,整体外观见图 1-1-2-9。

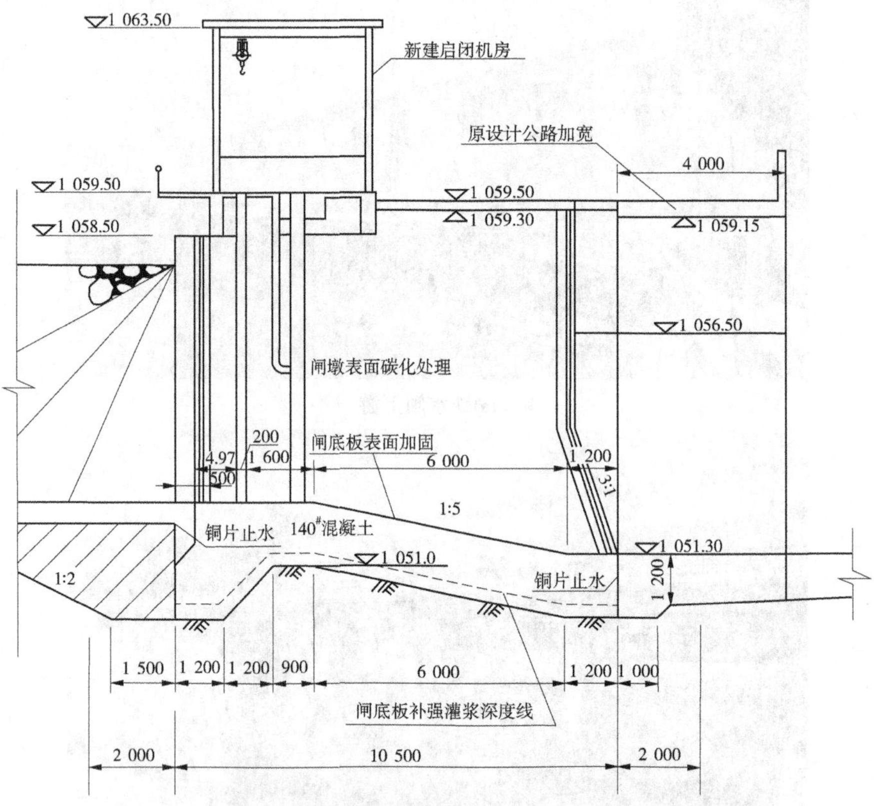

图 1-1-2-8　沈乌闸闸室结构布置情况　(尺寸单位:cm;高程单位:m)

(a)沈乌闸上游

图 1-1-2-9　三盛公沈乌闸整体外观

(b)沈乌闸下游

续图 1-1-2-9

1.2.1.5　南岸闸

南岸闸担负着南岸灌区的引水任务,2 级建筑物,设计引水流量 40 m^3/s,加大引水流量 45 m^3/s;上游正常高水位 1 054.80 m;地震设防烈度为 8 度,相应地震动峰值加速度为 0.2g,地震动反应谱特征周期为 0.35 s,场地类别为Ⅱ类。

南岸闸前缘总宽 16.2 m,由上游抛石防冲槽、铅丝石笼、浆砌石导沙坎、钢筋混凝土铺盖(除险加固后)、闸室、消力池、海漫、下游抛石防冲槽及上下游两岸翼墙等组成。

南岸闸上游铺盖长 20.0 m,两岸翼墙顶高程 1 058.00 m;闸室顺水流向长 12.8 m,共设 5 孔,每孔净宽 2.6 m,总宽 18.2 m,闸底板高程为 1 052.50 m,闸墩顶高程为 1 058.70 m;工作桥桥面高程为 1 057.00 m;消力池长 9.0 m,顶面高程为 1 050.50 m,两岸翼墙顶高程为 1 056.00 m。

南岸闸闸室结构布置情况见图 1-1-2-10,整体外观见图 1-1-2-11。

1.2.2　运行管理情况

黄河三盛公水利枢纽工程始建于 1959 年,于 1961 年 5 月竣工投入运行。1999 年 9 月,由水利部建设与管理总站、内蒙古自治区水利厅联合主持,对该工程进行了首次安全鉴定(鉴定承担单位为中国水利水电科学研究院),安全鉴定类别为三类,并于 2002 年实施了除险加固。1999 年安全鉴定情况、2002 年除险加固情况及除险加固后三盛公水利枢纽工程运行管理状况如下。

1.2.2.1　1999 年安全鉴定

1999 年 9 月,由水利部建设与管理总站、内蒙古自治区水利厅联合主持,对黄河三盛公水利枢纽工程进行安全鉴定,工程存在的主要病险问题如下:

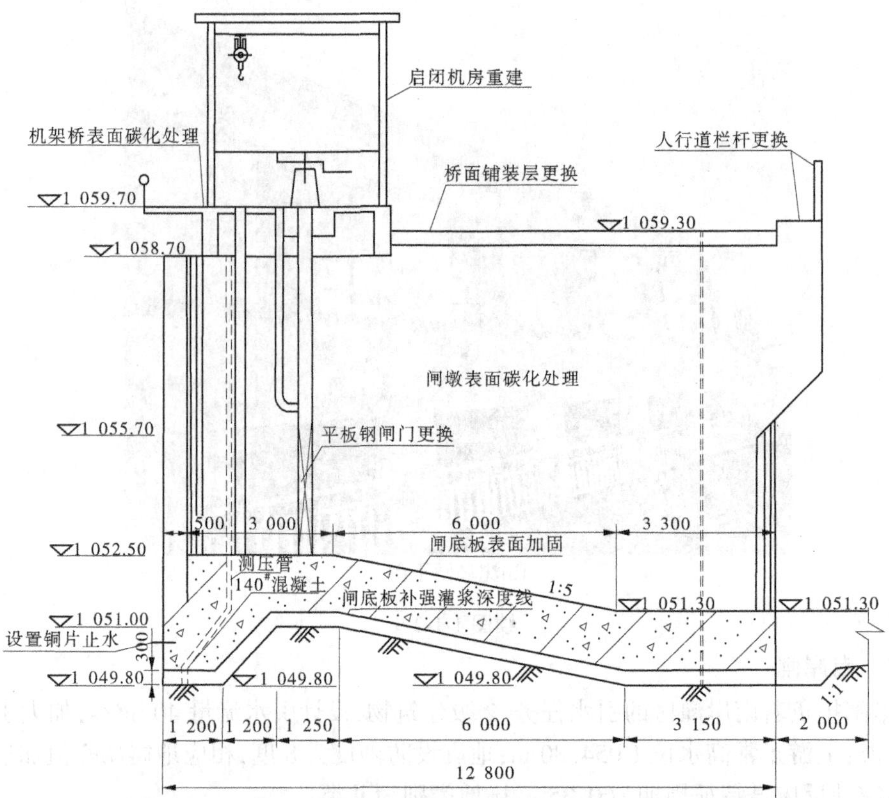

图 1-1-2-10　南岸闸闸室结构布置情况　（尺寸单位:cm;高程单位:m）

(a)南岸闸上游

图 1-1-2-11　三盛公南岸闸整体外观

(b)南岸闸下游

续图 1-1-2-11

(1)拦河闸、进水闸抗滑稳定安全系数能满足规范要求,但遇 8 度地震且上下游水头差大于 6 m、排水失效的情况,抗滑稳定安全系数比规范要求值偏小。

(2)拦河闸消力池抗浮稳定安全系数小于 1,处于不安全状态。消力池底板结构缝止水普遍失效,且冒水冒沙,对地基渗透稳定已构成严重威胁。消力池水流条件较差,设计混凝土强度等级低,病害严重。

(3)拦河闸、进水闸地基细砂砾质中细砂层存在地震液化的可能性。

(4)水闸过水能力满足设计要求。

(5)混凝土结构强度满足设计要求,但因原设计混凝土强度等级低,且已运行近 40 年,混凝土冲蚀、冻融剥蚀、碳化等病害比较严重,需维修加固。

(6)拦河闸、进水闸和跌水闸的弧形门体变形大,局部腐蚀严重,已超过折旧年限,应予报废。启闭机陈旧、老化,且启闭机电气设备已超过设计使用寿命,应予更新。

(7)现有观测设备老化失修,且观测项目不足,需进行增补和更新改造。

(8)库区围堤防洪标准低,基础质量差,须加固治理。闸上右岸导流堤、闸下左岸险工是水闸运行的重要工程,应按高标准控导工程治理。

(9)工程管理设施陈旧、不足,应予完善。

鉴定的主要结论为:工程存在严重损坏,多项指标达不到现行规范标准,安全鉴定类别为三类闸。

1.2.2.2　2002 年除险加固

2002 年 11 月,黄河三盛公水利枢纽工程进行了除险加固,2008 年 12 月 5 日除险加固工程通过竣工验收。主要除险加固项目如下:

(1)对拦河闸等 5 座水闸地基、渗透稳定及地震液化进行了处理。

(2)对拦河闸等 5 座水闸的混凝土质量及碳化问题进行了处理。

(3)对枢纽各闸的启闭机房、公路桥及机架桥进行了处理及更换:拦河闸重建启闭机房,对公路桥和机架桥采取改造、维修等加固措施,并增建 150 m 长连接公路;跌水闸、南岸闸和沈乌闸重建启闭机房、机架桥和公路桥。

(4)对拦河闸上游铺盖进行了加固维修;对进水闸上游导沙坎进行加固;对沈乌闸引水布置形式进行调整。

(5)加固拦河闸消力池,解决消力池池长偏短和抗浮不稳定问题;解决跌水闸下游冲刷问题;对枢纽各闸上下游两岸翼墙和下游防冲段进行维修。

(6)险工段治理,对拦河闸上游右岸 1 740 m 长导流堤、闸下游左岸 1 050 m 河岸,作为险工段进行处理。

(7)对现有电气、控制设备及线路等进行全面更新改造。

(8)5 座水闸的闸门、门槽、启闭机、检修设备及控制设备全部更换。

(9)建立水文自动测报系统,建立拦河闸、进水闸的计算机监控系统。

1.2.2.3 运行管理状况

自 2008 年 12 月 5 日除险加固工程通过竣工验收以来,5 座水闸和库区围堤运行管理状况较好。其中,5 座水闸工程和库区围堤工程管护范围明确,技术人员满足管理要求且定岗定编,运行管理及维修养护经费落实到位,各项规章、制度齐全且有效落实,控制运用合理。

1.3 水闸地质条件及处理措施

1.3.1 水闸地质条件

根据《内蒙古自治区黄河三盛公水利枢纽除险加固工程初步设计报告》(内蒙古自治区水利水电勘测设计院 2001 年 10 月),各闸处的工程地质条件如下。

1.3.1.1 拦河闸

据钻孔揭露,30 m 深度范围内地层均为第四系松散堆积物。除顶部为人工填土(Q_4^r)外,根据地层时代、成因类型及岩性特征,地基土层可划分为上、下两个(Ⅰ、Ⅱ)工程地质单元。第Ⅰ单元地层属第四系全新统冲积层(Q_4^{al}),主要岩性为粉砂、细砂与砾质砂、砂质砾石互层,夹壤土透镜体。顺黄河向分布相对稳定,垂直黄河向变化较大。第Ⅱ单元地层属第四系上更新统冲积、湖积层(Q_3^{al+l})。岩性主要为黏性土夹砂性土,空间分布变化较大。地基土层自上而下简述如下。

(1)人工填土(Q_4^r)。层底高程为 1 048.00~1 044.00 m,厚 0.5~2.6 m。呈松散状。

(2)第Ⅰ单元,第四系全新统冲积层(Q_4^{al})。层底高程为 1 038.50~1 035.60 m,厚 6.7~12.9 m,岩性较复杂,可分为 6 小层。

$Ⅰ_1$ 细砂:灰黄色,饱和,较疏松,质地较均匀。成分以长石、石英为主,局部含砾,粒径小于 2 cm。天然含水率 16.2%,天然密度 1.94 g/cm^3,干密度 1.59 g/cm^3,孔隙率 48.6%,饱和度 98%,比重 2.7,孔隙比 0.773,相对密度 0.67;抗剪强度 c = 6.5 kPa、φ = 36.5°;压缩系数 0.065 MPa^{-1},属低压缩性;渗透系数 4.68×10^{-4} cm/s,属中等透水性;标贯击数为 5~13 击,分布高程为 1 048.00~1 042.00 m,厚 1.8~3.8 m。

I_2 含砾中砂：灰黄—灰色，饱和，较疏松，质地较均匀，局部夹粗砂薄层，底部夹砂砾石薄层。砾石成分以灰岩为主，次圆状。粒径一般为 1~2 cm，最大约 8 cm，含量小于 10%。天然含水率 16.5%，天然密度 1.99 g/cm^3，干密度 1.71 g/cm^3，饱和度 79%，比重 2.65，孔隙比 0.550，相对密度 0.79；压缩系数 0.05 MPa^{-1}，属低压缩性；渗透系数 4.15×10^{-4} cm/s，属中等透水性，标贯击数为 7~28 击。分布高程为 1 044.00~1 040.50 m，厚 1.0~3.2 m。

I_3 粉砂：为黄色，饱和，较疏松，质地较均匀。矿物成分以长石、石英为主，分布不连续，厚度变化较大。天然含水率 16.2%，天然密度 1.95 g/cm^3，干密度 1.55 g/cm^3，孔隙率 48.6%，比重 2.69，孔隙比 0.773，相对密度 0.67；抗剪强度 c=65 kPa、φ=36.5°；压缩系数 0.076 MPa^{-1}，属低压缩性；中等透水性；标贯击数为 13~18 击。分布高程为 1 042.50~1 039.60 m，厚 0.2~1.2 m。

I_4 含砾砂：灰黄色，饱和，疏松—稍密，质地较均匀，分布不连续。砾石成分以灰岩为主，次圆状，粒径一般为 1~2 cm，最大约 5 cm，含量小于 10%。天然含水率 11.5%，天然密度 1.97 g/cm^3，干密度 1.77 g/cm^3，比重 2.65，孔隙比 0.497，相对密度 0.77；低压缩性；渗透系数 1.85×10^{-4} cm/s，属中等透水性；标贯击数为 11~23 击。分布高程为 1 040.70~1 038.2 m，厚 0.8~2.7 m。

I_5 细砂：灰黄色，饱和，较疏松，质地较均匀。矿物成分以长石、石英为主，含黏粒，局部含砂石，粒径小于 2 cm，此层岩性较复杂，顶部夹有壤土薄层及中砂透镜体，下部夹砂壤土及粉砂薄层。天然含水率 16.2%，天然密度 1.92 g/cm^3，干密度 1.65 g/cm^3，孔隙率 39.6%，比重 2.70，孔隙比 0.622，相对密度 0.64；压缩系数 0.065 MPa^{-1}，属低压缩性；中等透水性；标贯击数为 6~23 击。分布高程为 1 041.70~1 037.70 m，厚 0.3~2.4 m。

I_6 含砾中砂：灰黄色，饱和，稍密，质地较均匀，呈透镜状。局部夹壤土及粉含薄层，主要分布于 14 号闸室附近，砾石成分以灰岩为主，次圆状，粒径一般为 0.5~1 cm，最大约 5 cm，含量 10%~15%，低压缩性；中等透水性；标贯击数为 17~50 击。分布高程为 1 038.50~1 035.60 m，厚 1.0~2.2 m。

(3)第Ⅱ单元，第四系上更新统冲、湖积层(Q_3^{al+l})。分布高程在 1 038.50~1 035.60 m 以下，地层分布变化复杂，一般顺黄河向地层连续性相对较好。主要岩性为厚层黏性土(黏土、壤土)，夹砂壤土及细、中、粗砂层。钻孔揭露范围内可分为 10 小层，按岩性自上而下描述如下。

II_1 黏土：灰黄—棕黄色，湿，硬—硬塑状。此层岩性变化较大，夹壤土及砂壤土透镜体。厚度变化较大，闸上游较下游厚度为小。标贯击数为 19~40 击。分布高程为 1 037.70~1 035.40 m，厚 0.2~2.5 m。

II_2 砂壤土：黄灰—灰黄色，饱和，中密—密实，夹黏土、壤土、砂中砂及粗砂透镜体，砂中含砂，粒径小于 2 cm，标贯击数为 27~50 击。分布高程为 1 035.90~1 033.6 m，厚 0.8~2.4 m。

II_3 壤土：灰黄—黄灰色，湿，硬—可塑状。具水平层理。局部为黏土层。标贯击数为 14~25 击。分布高程为 1 035.50~1 032.4 m，厚 0.8~3.0 m。

II_4 砂壤土：灰黄色，饱和，中密—密实，局部夹细砂透镜体，砂中含砾，粒径小于 2

cm,标贯击数为24~50击。分布高程为1 033.30~1 031.20 m,厚0.7~2.2 m。

$Ⅱ_5$ 黏土:棕黄色,湿,硬塑状。局部夹壤土透镜体。厚度变化较大,上游薄下游厚。标贯击数为35击。分布高程为1 031.90~1 028.80 m,厚0.2~3.5 m。

$Ⅱ_6$ 细砂:棕黄—黄灰色,饱和,中密—密实,含黏粒。夹砂壤土及中砂透镜体,厚度变化较大。标贯击数为29~48击。分布高程为1 031.30~1 027.70 m,厚0.3~3.4 m。

$Ⅱ_7$ 黏土:棕红色,湿,硬—硬塑状。局部夹壤土薄层及砂壤土透镜体,厚度变化大,标贯击数为19击。分布高程为1 028.30~1 021.9 m,厚0.7~6.7 m。

$Ⅱ_8$ 细砂:灰黄色,饱和,密实,含黏粒。成分以石英、长石为主,局部含砾,粒径小于2 cm,夹砂壤土及中砂透镜体。此层呈透镜状分布。标贯击数>50击。分布高程为1 025.00~1 024.40 m,厚2.1~2.2 m。

$Ⅱ_9$ 含砾粗砂:灰黄—黄灰色,饱和,密实,土质较均匀,砾石成分以灰岩为主,次圆状,粒径一般为1~2 cm,最大约为4 cm,含量10%~20%。厚度变化大,上游薄下游厚。标贯击数>50击。分布高程为1 024.10~1 020.30 m,厚0.3~2.8 m。

$Ⅱ_{10}$ 黏性土夹砂壤土层:黏土及壤土为棕黄—棕红色,湿,硬、硬塑状。含砾石,粒径一般小于3 cm。砂壤土为黄—黄灰色,饱和,中密。大部分钻孔未能揭穿此层,其分布高程低于1 023.00 m,厚度大于5 m。

其中,黏性土(黏土、壤土)的天然含水率23.2%,天然密度2.03 g/cm^3,干密度1.65 g/cm^3,饱和度95%,比重2.72,孔隙比0.654;抗剪强度(三轴剪CU)c=47 kPa、φ=24.7°;压缩系数0.197 MPa^{-1},属中等偏低压缩性;渗透系数1.11×10^{-5}cm/s,属微透性水。砂壤土的天然含水率为18.6%,天然密度2.07 g/cm^3,干密度1.75 g/cm^3,饱和度91%,比重2.69,孔隙比为0.545;抗剪强度(三轴剪CU)c=13 kPa、φ=34.5°;压缩系数为0.174 MPa^{-1},属中等偏低压缩性;渗透系数6.67×10^{-5}cm/s,属弱透水性。

1.3.1.2 进水闸

据钻孔揭露35 m深度范围内地层均为第四系松散堆积层。根据地层时代成因类型及岩性特征,地基土层可划分为上、下两个(Ⅰ、Ⅱ)工程地质单元。第Ⅰ单元地层属第四系全新统冲积层(Q_4^{al}),岩性主要为粉砂、细砂与砾质砂、砾质砾石互层,夹砂壤土透镜体。顺黄河向分布相对稳定,垂直黄河向变化较大;第Ⅱ单元地层属第四系上更新统冲积、湖积相(Q_3^{al+l}),岩性主要为黏性土夹砂土,空间分布变化较大。地基土层自上而下简述如下。

(1)第Ⅰ单元。分布高程在1 033.90 m以上,厚11.1~15.5 m,岩性较复杂,大致可分为5小层。

$Ⅰ_1$ 粉砂、细砂层:局部夹砂壤土透镜体,浅黄、灰黄色,分选较好,矿物成分以石英为主,长石、云母次之,疏松—稍密。天然含水率17.6%,天然密度1.77 g/cm^3,干密度1.51 g/cm^3,比重2.68,孔隙比0.809;抗剪强度(三轴剪CU)c=5 kPa、φ=37.8°;压缩系数0.19 MPa^{-1},属中等偏低压缩性;渗透系数4.27×10^{-4} cm/s,属中等透性水。标贯击数为8~28击。该层分布较稳定,层厚4.6~7.0 m,层底高程为1 041.40~1 044.60 m。

$Ⅰ_2$ 砂质砂层:以砾质中、粗砂为主,夹砾质细砂、砾质砂壤土及中、粗砂透镜体。粒度变化大,级配良好,稍密—密实。中粗砂主要矿物成分为石英。砾石一般粒径<1 cm的

为主,大者2~4 cm,次圆—次棱角状,主要由砂岩及石英构成。天然含水率12.6%,天然密度1.97 g/cm^3,干密度1.65 g/cm^3,比重2.65,孔隙比0.501,相对密度0.5;压缩系数0.068 MPa^{-1},属低压缩性;渗透系数$2.16×10^{-4}$ cm/s,属中等透性水;标贯击数为9~13击。该层厚度自闸室至消力池逐渐变厚,层厚1.4~4.5 m,层底高程为1 038.60~1 040.80 m。

$Ⅰ_3$细砂层:局部为砂壤土层,呈薄层状夹层或透镜体状分布。灰黄、黄色,粒度不均,普遍含有砾石,粒径一般为1~3 m。局部夹有粗砂或含黏粒,呈微弱胶结状,天然含水率17.6%,天然密度1.94 g/cm^3,干密度1.59 g/cm^3,孔隙率39.6%,比重2.70,孔隙比0.783,相对密度0.64;抗剪强度$c=6.5$ kPa、$\varphi=36.5°$;压缩系数0.065 MPa^{-1},属低压缩性;中等透性水。标贯击数为10~41击。层厚0.3~1.0 m,层底高程为1 037.80~1 040.50 m。

$Ⅰ_4$砾质粗砂层:夹有含砾中、粗砂及细砂层,灰黄色、杂色,粒度变化大,级配良好,密实。底部含有黏粒,呈微弱胶结状。砂以粗砂为主,细砂次之,矿物成分多为石英,分选较差,砾石一般以粒径<1 cm的为主,2~3 cm的次之,大者达4~8 cm,细砾砂多呈次圆状,粗砾多呈棱角—次棱角状,主要由砂岩、火成岩等组成。天然含水率12.6%,天然密度1.97 g/cm^3,干密度1.75 g/cm^3,比重2.65,孔隙比0.501,相对密度0.57;低压缩性;中等透水性;标贯击数为17~40击。该层在闸室地段分布较稳定,至下游消力池厚度变化较大,层厚0.9~6.2 m,层底高程为1 033.90~1 039.40 m。

$Ⅰ_5$砂壤土、细砂层:仅在闸室地段分布。灰黄色,饱和,密实,普遍含有砾石,粒径1~3 cm,次棱角状。天然含水率17.6%,天然密度1.94 g/cm^3,干密度1.59 g/cm^3;低压缩性;中等透水性。层厚0.3~3.8 m,层底高程为1 035.60~1 037.70 m。

(2)第Ⅱ单元。分布高程在1 038.60 m以下,土层分布变化复杂,一般顺黄河向地层连续性相对较好。主要岩性为黏土、壤土、砂壤土互层、夹粗砂、细砂透镜体。黄褐、棕黄、灰黄色,具微细层理。

黏土、壤土呈可塑—硬塑状,土质较均一。天然含水率23.3%,天然密度2.03 g/cm^3,干密度1.65 g/cm^3,饱和度96%,比重2.73,孔隙比0.656,抗剪强度(三轴剪CU)$c=30$ kPa、$\varphi=33°$;压缩系数0.163 MPa^{-1},属中等偏低压缩性;渗透系数$1.33×10^{-5}$ cm/s,属微弱透水性;标贯击数>20击。

砂壤土很湿—饱和,密实。

粗砂呈薄层透镜体,厚度仅0.2~0.5 m,颗粒组成不均匀,含有砾石,密实。

细砂呈透镜体,最大厚度2 m,分选较好,密实。天然含水率18.9%,天然密度2.08 g/cm^3,干密度1.75 g/cm^3,饱和度94%,比重2.70,孔隙比0.543;抗剪强度(三轴剪CU)$c=20$ kPa、$\varphi=38.4°$;压缩系数0.135 MPa^{-1},属中等偏低压缩性;渗透系数$4.35×10^{-5}$ cm/s,属微透水性;标贯击数>31击。

1.3.1.3　跌水闸

钻孔揭露深度范围内地层均为第四系松散堆积物,按其成因类型和岩性特征划分为上、下两个工程地质单元。其中,上部(第Ⅰ单元)地层属第四系全新统黄河冲积相(Q_4^{al})堆积,岩性主要为极细砂、细砂薄层及黏性土透镜体,并夹有砾质中、细砂层,平行河流方向分布比较稳定，垂直河流方向变化较大；下部（第Ⅱ单元）地层属第四系中上更新统冲积相、湖积相（$Q_{2\sim3}^{al+l}$）堆积，岩性为黏性土（黏土、壤土）与细砂、极细砂互层并以黏性土为主，黏性土呈灰褐色并夹有壳。依据原跌水及右岸一期、二期水电站的地质勘察资料，将地基土层地质特征自上而下归纳、简述如下。

（1）第Ⅰ单元。层底高程为 1 029.76～1 026.14 m，厚 20.94～25.06 m，岩性较复杂，可分为 6 小层。

$Ⅰ_1$ 表层黏性土（黏土、壤土）层：棕红、橘黄色，层厚 3.89～4.73 m，层底高程为 1 046.00～1 047.30 m，分布较稳定，以填土为主，黏土和砂壤土呈透镜体状。

$Ⅰ_2$ 极细砂、细砂层：层厚 2.5～4.0 m，层底高程为 1 045.00～1 043.00 m，浅黄、灰黄色，矿物成分以石英为主，长石、云母次之，分布较稳定。天然含水率 23.9%～25.1%，天然密度 1.89～1.92 g/cm^3，干密度 1.53 g/cm^3，孔隙率 42.8%，相对密度 0.652，抗剪强度 $c=0$、$\varphi=36°$。

$Ⅰ_3$ 砾质砂层：层厚 4.3～6.4 m，层底高程为 1 038.60～1 039.70 m，岩质以中、细砂为主，夹少量含砾细砂。砾质粗砂和细砾层与砾质中细砂呈互层或透镜体状分布，其南北向分布较稳定，东西向变化较复杂。天然含水率 18.6%，天然密度 1.92～1.98 g/cm^3，干密度 1.61～1.69 g/cm^3，孔隙率 36.6%～39.6%，较密实。砂及岩石成分均以石英为主，多呈浑圆状，分选较差，级配良好。

$Ⅰ_4$ 黏性土层：层厚 0.6～2.7 m，层底高程为 1 038.40～1 035.90 m，以黏土为主，褐色或灰褐色，呈薄层状分布，其底部见有砂壤土透镜体天然含水率 22.7%～25.2%，天然密度 1.91～1.96 g/cm^3，干密度 1.50 g/cm^3，比重 2.71～2.73，孔隙率 42.5%～42.8%，液限 34.7%，塑限 18.15%，塑性指数 17，渗透系数 $4.50\times10^{-4}\sim1.25\times10^{-5}$ cm/s，抗剪强度 $c=32$ kPa、$\varphi=22.0°$。

$Ⅰ_5$ 细砂、极细砂层：层厚 0.9～2.7 m，层底高程为 1 037.50～1 034.60 m，呈薄层状夹层或透镜体状分布。天然含水率 24.1%，天然密度 1.89 g/cm^3，干密度 1.53 g/cm^3，比重 2.67，孔隙率 42.8%，渗透系数 2.518×10^{-3} cm/s，抗剪强度 $c=0$、$\varphi=36°$。

$Ⅰ_6$ 砾质砂层：为本单元最底层，层厚 4.0～9.8 m，层底高程为 1 029.76～1 026.14 m。岩性主要为砾质中、细砂，夹有含少量砾的中细砂层和砾质粗砂、细砾层，高程为 1 030.40 m 左右分布有薄层（0.2 m）黏性土透镜体。本层砾质砂呈浅黄、棕黄色，颗粒不均匀，级配良好，砾石多为花岗岩、变质岩类，棱角状或次棱角状。天然含水率 13.9%～19.4%，天然密度 1.92～1.98 g/cm^3，干密度 1.61～1.69 g/cm^3，比重 2.66，孔隙率 36.6%～39.6%，不均匀系数 6.64，渗透系数 $5.11\times10^{-4}\sim3.48\times10^{-3}$ cm/s，自然坡角水上 37°、水下 28°。

（2）第Ⅱ单元。分布在高程 1 029.76 m 以下，主要岩性为厚层黏性土（黏土、壤土），夹有砂壤土、极细砂、细砂层，灰褐色或灰绿色，具微层理。该层沿东西向分布较稳定；南北向（顺总干渠方向）变化较大，大致由南东向北西倾斜，比降 0.026～0.03，地层亦由南东向北西变薄。天然含水率 24.2%～28.2%，天然密度 1.97～2.00 g/cm^3，干密度 1.54～1.61 g/cm^3，比重 2.71～2.74，孔隙率 40.7%～43.7%，孔隙比 0.685～0.782，液限 21.2%～36.6%，塑限 12.7%～18.4%，塑性指数 9～18，渗透系数 $1.23\times10^{-6}\sim8.28\times10^{-6}$ cm/s，抗剪

强度 $c=15\sim33$ kPa、$\varphi=18°\sim32°$。

第Ⅱ单元细砂、极细砂层厚度一般较小，呈灰黄色、灰绿色，中等密实度，颗粒不均匀。天然含水率 21.0%~22.0%，天然密度 1.99~2.02 g/cm^3，干密度 1.64~1.65 g/cm^3，比重 2.68~2.69，孔隙比 0.63，渗透系数 $2.13\times10^{-5}\sim5.34\times10^{-4}$ cm/s，抗剪强度 $c=4$ kPa、$\varphi=33.0°$，有效粒径 0.043~0.1，限制粒径 0.12~0.16，平均粒径 0.10，不均匀系数 2.3~2.9。

结合跌水闸左岸二期水电站方案，又对左岸工程地基进行了地质勘察（2000 年 4 月，内蒙古自治区水利水电勘测设计院），其地层分布与上述规律基本相同，反映了地层分布的规律性和相对稳定性。该范围地层分布情况及其地质特性指标（平均值）简述如下。

（1）第Ⅰ单元。层底高程为 1 028.00~1 026.00 m，总厚 21.0~25.0 m（不包括上部渠堤人工填土），除上部 0.5~5.4 m 填筑土外，由以下 5 小层组成。

$Ⅰ_1$ 黏性土（黏土、壤土）层：黄色、棕红色，湿—饱和，可塑至硬塑，以壤土为主。层厚 1.4~7.8 m，层底高程为 1 045.40~1 049.90 m，天然含水率 27.9%，天然密度 1.88 g/cm^3，干密度 1.47 g/cm^3，孔隙率 45.5%，饱和度 82%，比重 2.71，孔隙比 0.838；抗剪强度 $c=55$ kPa、$\varphi=31.8°$，压缩系数 0.25 MPa^{-1}，属中等压缩性；有机质含量 0.32%，可溶盐含量 0.06%；渗透系数 7.30×10^{-5} cm/s，属微透水性；标贯击数 11 击。

$Ⅰ_2$ 含少量砾细砂、极细砂、细砂：浅黄色，饱和，结构较密实（稍密），分选、磨圆度较好。砂粒矿物成分以石英为主，长石次之；砾石粒径一般为 2~10 mm。层厚 1.5~6.0 m，层底高程为 1 040.40~1 044.90 m，天然含水率 24.7%，天然密度 1.87 g/cm^3，干密度 1.50 g/cm^3，孔隙率 44.7%，饱和度 83%，比重 2.67，孔隙比 0.768，相对密度 0.679；抗剪强度 $c=0$、$\varphi=36°$；压缩系数 0.15 MPa^{-1}，属中等偏低压缩性；渗透系数 2.22×10^{-3} cm/s，属中等透水性；标贯击数 18 击。

$Ⅰ_3$ 砾质中砂：含黏土、壤土透镜体，黄色、黄灰色，饱和，结构较密实，砾石粒径 0.5~1 cm，大者 2 cm。层厚 5.2~10.1 m，层底高程为 1 033.20~1 034.40 m。天然含水率 21.5%，天然密度 1.92 g/cm^3，干密度 1.61 g/cm^3，孔隙率 41.8%，饱和度 92%，比重 2.70，孔隙比 0.780，渗透系数 3.48×10^{-3} cm/s，属中等透水性；重（2）型动力触探 10 击。黏性土透镜体天然含水率 24.7%，天然密度 1.96 g/cm^3，干密度 1.56 g/cm^3，孔隙率 42.8%，饱和度 88%，比重 2.73，液限 33.56%，塑限 17.96%，塑性指数 16；有机质含量 1.24%，可溶盐含量 0.18%；孔隙比 0.740；抗剪强度 $c=20$ kPa、$\varphi=31.6°$；压缩系数 0.25 MPa^{-1}，属中等压缩性；渗透系数 1.72×10^{-4} cm/s，属中等—弱透水性。

$Ⅰ_4$ 砾质细砂、细砂：灰色，饱和，结构较密实。砂粒成分以石英为主，长石次之；砾石粒径一般为 2~20 mm，大者 30 mm。层厚 3.1~8.1 m，层底高程为 1 028.10~1 032.70 m。天然含水率 17.7%，天然密度 1.98 g/cm^3，干密度 1.67 g/cm^3，孔隙率 35.3%，饱和度 83%，比重 2.67，孔隙比 0.55，相对密度 0.826；抗剪强度 $c=0$、$\varphi=35.7°$；渗透系数 2.93×10^{-3} cm/s，属中等透水性；标贯击数 38 击。

$Ⅰ_5$ 砾质中、粗砂：棕黄色、灰黄色，饱和，结构密实。砾石成分多为花岗岩、变质岩类，棱角状或次棱角状，粒径 2~25 mm，大者 30 mm。层厚 1.0~5.6 m，层底高程 1 028.00~1 026.00 m。天然含水率 17.0%，天然密度 2.00 g/cm^3，干密度 1.71 g/cm^3，孔隙率 37.0%，饱和度 75%，比重 2.66，孔隙比 0.589，相对密度 0.80；重（2）型动力触探 13 击。

(2)第Ⅱ单元。分布在高程 1 028.00 m 以下，主要为厚层黏性土（黏土、壤土），夹有砂壤土、极细砂、细砂层。

$Ⅱ_1$ 黏土：灰褐色，硬塑，饱和，具微层理。天然含水率 28.25%，天然密度 1.97 g/cm^3，干密度 1.54 g/cm^3，孔隙率 43.5%，饱和度 97%，比重 2.73，液限 40.62%，塑限 18.75%，塑性指数 19；孔隙比 0.797，有机质含量 0.86%，可溶盐含量 0.151%；抗剪强度 c=22 kPa、φ=31.2°；压缩系数 0.30 MPa^{-1}，属中等压缩性；渗透系数 1.23×10^{-6} cm/s，属微透水性。

$Ⅱ_2$ 细砂：灰色，饱和，结构密实，分选、磨圆度较好。层厚 0.95~2.50 m，分布高程为 1 012.40~1 019.00 m。天然含水率 21.7%，天然密度 2.01 g/cm^3，干密度 1.68 g/cm^3，孔隙率 38.2%，饱和度 92%，比重 2.69，孔隙比 0.603；抗剪强度 c=0、φ=33°；压缩系数 0.1 MPa，属低压缩性；渗透系数 3.73×10^{-4} cm/s，属中等—弱透水性；标贯击数 45 击。

$Ⅱ_3$ 壤土：灰色，可塑、硬塑，饱和。天然含水率 24.48%，天然密度 2.00 g/cm^3，干密度 1.61 g/cm^3，孔隙率 40.6%，饱和度 93%，比重 2.71，液限 34.1%，塑限 18.7%，塑性指数 15；孔隙比 0.723；抗剪强度 c=17 kPa、φ=30°；压缩系数 0.10 MPa^{-1}，属低压缩性；渗透系数 8.28×10^6 cm/s，属微透水性。

1.3.1.4　沈乌闸

从钻孔揭露 20 m 深度范围内地层情况看，除顶部为人工填土（Q_4^r）外，其下部地基土主要为第四系全新统黄河冲积层（Q_4^{al}）地层，即第Ⅰ工程地质单元层。现将钻孔揭露范围内的地层特征自上而下简述如下。

(1)人工填土（Q_4^r）。分布于左、右两岸，主要岩性为壤土、砂壤土及细砂；黄色，稍湿—湿，疏松，局部夹薄层粉砂；闸室底板混凝土厚 1.5~2.0 m。本层厚度为 3.6~5.6 m，层底分布高程为 1 050.70~1 052.60 m。

(2)第Ⅰ单元层。主要由砂壤土、砂、含砾砂及砾质砂组成，上部较为疏松，下部密实。顺水流方向岩性分布稳定；从左岸向右岸岩性变化较大，左岸以砾质粗砂、含砾中砂为主，右岸以中细砂为主，砂砾粒径有由粗变细的趋势，同时在高程 1 041.50 m 以上土层空间分布变化较大。根据物理力学性质及岩性特征可分为 5 小层。

$Ⅰ_1$ 细砂、砂壤土、黏土：灰—灰黑色，饱和，疏松，其中砂壤土质地较均匀，细砂稍含黏粒，黏土为透镜体。中等偏低压缩性；中等透水性。本层层厚 0.9~1.6 m，层底高程为 1 049.00~1 049.80 m。

$Ⅰ_2$ 粉、细砂：灰黄—灰色，饱和，疏松—稍密，局部稍含黏粒；河道部位夹砂砾石透镜体，砾石粒径以 0.5~4.0 cm 为主，次棱角状，含量最多为 30%，成分以石英及黄岗岩为主，天然含水率 18.8%，天然密度 2.03 g/cm^3，干密度 1.72 g/cm^3，孔隙率 39%，比重 2.68，孔隙比 0.566；抗剪强度 c=5 kPa、φ=41.2°；压缩系数 0.137 MPa^{-1}，属中等偏低压缩性；渗透系数 2.66×10^{-4} cm/s，属中等透水性。标贯击数为 8~11 击。层厚 3.5~3.9 m，底层分布高程为 1 045.50~1 046.30 m。

$Ⅰ_3$ 砾质细、粗砂：灰黄—黄色，饱和，中密—密实，稍含黏粒，砾石次棱角状，粒径以 0.5~4.0 cm 为主，最大达 5.0 cm，成分以灰岩及砂岩为主，上部夹厚 0.4~0.5 m 的粉砂透镜体。天然含水率 14.5%，天然密度 2.01 g/cm³，干密度 1.76 g/cm³，比重 2.67，孔隙比 0.524，相对密度 0.6；压缩系数 0.076 MPa^{-1}，属低压缩性；渗透系数 4.46×10^{-4} cm/s，属中等透水性。标贯击数为 19~50 击。本层厚 4.8~5.6 m，层底分布高程为 1 040.30~1 041.50 m。

I_4 细砂、中砂：黄—灰黄色，饱和，密实，稍含黏粒或含少量砾石，粒径以 0.5~2.0 cm 为主，次棱角状，成分主要为石英及花岗岩，含量最大约 20%。标贯击数>50 击。本层厚 3.8~6.1 m，层底高程为 1 034.30~1 037.70 m。

I_5 砾质粗砂、细砂（仅在某 1 孔中揭露）：灰色，饱和，密实，稍含黏粒；砾石粒径以小于 2.0 cm 为主，磨圆较好；下部细砾中稍含中砾。本层厚 2.9 m（未见底）。

1.3.1.5　南岸闸

从钻孔揭露 20 m 深度范围内地层情况看，除顶部为人工填土（Q_4^r）外，其下部地基土主要分为两个工程地质单元层：上部为第四系全新统黄河冲积层（Q_4^{al}）地层，即第Ⅰ工程地质单元层；下部为第四系上更新统冲积、湖积相（Q_3^{al+l}）地层，即第Ⅱ工程地质单元层，分布在高程 1 035.30 m 以下。上部地质疏松，分布比较稳定；中部以细砂为主，砾质砂主要呈透镜体状，结构较为密实。现将钻孔揭露范围内的地层特征自上而下简述如下。

（1）人工填土（Q_4^r）。主要岩性为砂壤土及壤土；黄色，干—稍湿，疏松，底部夹植物根系；闸室底板混凝土厚 1.6~2.0 m。本层厚度为 1.5~4.2 m，层底分布高程为 1 049.90~1 052.50 m。

（2）第Ⅰ单元层。主要由砂壤土、壤土、砂及砾质砂组成，上部较为疏松，下部密实。根据物理力学性质及岩性特征可分为 5 小层。

I_1 砂壤土、壤土：灰—灰黑色，饱和，疏松，其中砂壤土土质较均匀；具大孔隙。天然含水率 22.8%，天然密度 2.00 g/cm³，干密度 1.63 g/cm³，饱和度 93%，比重 2.71，孔隙比 0.66；压缩系数 0.127 6 MPa^{-1}，属中等偏低压缩性；渗透系数 1.12×10^{-5} cm/s，属微弱透水性。本层厚 1.8~3.7 m，层底分布高程为 1 048.60~1 050.80 m。

I_2 粉砂：灰黄—灰色，饱和，疏松，土质较均匀（呈流砂状）。天然含水率 21.7%，天然密度 1.97 g/cm³，干密度 1.62 g/cm³，比重 2.70，孔隙比 0.668；抗剪强度 $c=2$ kPa、$\varphi=31.7°$；压缩系数 0.222 MPa^{-1}，属中等压缩性；渗透系数 2.29×10^{-3} cm/s，属中等透水性。标贯击数为 7 击。层厚 0.7~1.9 m，底层分布高程为 1 047.90~1 049.00 m。

I_3 砾质细、粗砂及细砂：灰黄—黄色，饱和，稍密—中密，稍含黏粒，砾石次棱角状，粒径以 0.5~3.0 cm 为主，最大达 5.0 cm，成分以灰岩及砂岩为主，夹粉砂及砾石透镜体，厚度 0.2~0.6 m。天然含水率 17.7%，天然密度 1.95 g/cm³，干密度 1.67 g/cm³，比重 2.68，孔隙比 0.615，相对密度 0.57；压缩系数 0.398 MPa^{-1}，属中等压缩性；渗透系数 2.59×10^{-3} cm/s，属中等透水性。本层厚 2.7~4.6 m，层底分布高程为 1 044.40~1 045.20 m。

I_4 细砂、中砂：黄—灰黄色，饱和，密实，稍含黏粒或含少量砾石（砾质粗砂、黏土及砂砾石呈透镜体状，其中黏土层厚 0.6 cm）。砾石粒径以 0.5~4.0 cm 为主，次棱角状，成分主要为石英及花岗岩，最大含量约 20%。天然含水率 14.1%，天然密度 2.07 g/cm³，干密度 1.81 g/cm³，比重 2.67，孔隙比 0.472，相对密度 0.91；压缩系数为 0.069 MPa^{-1}，属低压缩性；渗透系数 1.24×10^{-3} cm/s，属中等透水性。标贯击数>30 击。本层厚 8.6 m，层底高程为 1 036.60 m（仅在某 1 孔中揭露）。

$Ⅰ_5$ 砾质粗砂（仅在某 1 孔中揭露）：灰色，饱和，密实，稍含黏粒；砾石粒径以小于 2.0 cm 为主，最大达 4.0 cm，次棱角状。天然含水率 17.7%，天然密度 1.95 g/cm^3，干密度 1.67 g/cm^3，比重 2.68，孔隙比 0.615，相对密度 0.57；压缩系数 0.398 MPa^{-1}，属中等压缩性；渗透系数 2.59×10^{-3}cm/s，属中等透水性。本层厚 1.3 m，层底分布高程为 1 035.30 m。

（3）第Ⅱ单元层。为砂质黏土（仅在某 1 孔中揭露），棕红色，湿，坚硬，含中细砂，含量占 20%～30%，其中高程 1 034.05～1 034.10 m 及 1 033.85～1 033.90 m 夹细砂，土质较均匀，本层层厚 1.3 m（未见底）。

1.3.2　水闸地基处理措施

依据《水利水电工程地质勘察规范》（GB 50487—2008）附录 P 中的相关规定，在地震烈度Ⅷ度条件下，各闸地基均为液化材料，须进行相关抗液化处理加固措施。2002 年除险加固过程中对地基进行了专项处理，主要包括闸室四周的高压旋喷围封灌浆和闸底板静压灌浆，具体如下。

1.3.2.1　高压旋喷围封灌浆

1. 拦河闸

拦河闸闸室上下游围封轴线各距闸底板上下游边缘 1.70 m。闸室上游轴线位于上游铺盖，闸室下游围封轴线位于消力池中。岸上部分上下游围封轴线系闸室内围封轴线系各向两岸延伸 12.5 m 后，上下游围封线再以等腰三角形相交。上下游围封线包括岸上部分各长 380.53 m，围封圈内面积 9 274.50 m^2。围封墙底高程深入第Ⅱ工程地质单元 1.0 m，高程为 1 033.00～1 036.00 m。围封墙顶高程与上游铺盖底面或下游消力池顶面齐平，岸上部分围封顶高程为 1 055.00 m。

2. 进水闸

进水闸闸室上下游围封轴线各距闸底板上下游边缘 3.0 m。轴线延长后伸入两岸各 16.0 m。防渗墙轮廓为 135.0 m×20 m 的矩形。围封墙底高程深入第Ⅱ工程地质单元 1.0 m。上游孔口高程为 1 051.50 m，孔底高程为 1 034.00 m 和 1 035.00 m。下游孔口高程为 1 050.60 m，孔底高程与上游相同。

3. 跌水闸、沈乌闸、南岸闸

跌水闸闸室上下游围封轴线各距闸底板上下游边缘 2.0 m，左右伸入两岸 6.3 m，围封墙底部高程为 1 037.00 m；沈乌闸、南岸闸闸室上下游围封轴线各距闸底板上下游边缘 2.0 m，防渗墙轮廓为 10.5 m×22.6 m 的矩形。沈乌闸围封墙底高程为 1 039.00 m，南岸闸围封墙底高程为 1 040.00 m。

1.3.2.2　闸底板静压灌浆

以闸底板周边边界为基准线进行钻孔孔位布置，各排钻孔交错呈梅花形排列。钻孔间距：进水闸顺水流方向为 2.0 m，垂直水流方向为 2.25 m；拦河闸、跌水闸、沈乌闸、南岸闸顺水流方向和垂直水流方向均为 2.0 m。

钻孔孔深以到达闸底板底部轮廓线以上 30 cm 为度。每孔闸室底板静压灌浆施工分两序孔进行。先灌Ⅰ序孔,后灌Ⅱ序孔,同一孔序,先灌四周,后灌中间。全孔灌浆结束后,用置换法封孔,即利用注浆管注入 0.5∶1.0 的浓浆,置换出孔内的稀浆,剩余孔口部分,用 M15 水泥砂浆封填密实。

经过上述处理后,枢纽水闸地基不仅防止了各闸室结构地基以外的砂层液化给闸基础以内的砂层稳定带来的不利影响,而且还能阻止各闸室结构基础以内的砂层向四周移动,提高了抗液化能力,满足了抗震要求。

2 高流速下水下地形勘测

经过长时间运行，三盛公水利枢纽工程拦河闸上游区淤积情况、铺盖混凝土淘刷情况及右岸码头护岸淘刷情况以及下游消力池、海漫底板淤积情况不得而知，为了确保工程安全运行，有必要采用先进的水下探测技术对拦河闸上游 120 m 范围内、下游 140 m 范围内(含抛石防冲槽)，以及上游右岸码头护岸 200 m 范围内的淤积情况进行检测，具体如图 1-2-0-1 所示。

图 1-2-0-1 三盛公水利枢纽工程水下检测范围示意图

三盛公水利枢纽工程位于黄河上游干流上，本次进行水下查勘时主河道流速为 4.7 m/s，高速水流下工程水下隐患探测精度受仪器双向位移影响，如何保证水下探测精度是本次检测亟须解决的关键问题。

2.1 检测思路

三盛公水利枢纽工程水下检查项目，使用多波束检查技术、水下机器人检查技术，并联合潜水员水下探摸进行检查，总体思路为“面积性普查与局部详查、复核检查”相结合，详述如下：

(1)采用多波束检查技术对闸坝上游区淤积情况、铺盖混凝土淘刷情况、右岸码头护岸淘刷情况，以及闸坝下游消力池、海漫底板淘刷情况进行全覆盖检测，获取水下地形资料，分析水下结构及混凝土表观完整情况、防冲槽和护岸的冲刷情况，以及底板表面淤积情况,划分出重点关注范围及存在疑问的部位。

(2)以多波束检查成果为基础,采用水下无人潜航器(remotely operated vehicle,简称ROV)搭载二维图像声呐对多波束检查已划分的重点关注范围及存在疑问的部位进行详查,并对闸室底板与消力池分缝、消力池与海漫分缝的平整情况进行详查;此外,通过二维图像声呐对 ROV 进行导航,采用 ROV 搭载温度计测量排水井口水温的方法,详查和推断海漫底板上的 52 个排水井的淤堵情况及排水是否正常。

(3)采用潜水员对 ROV 已发现的重要缺陷部位进行探摸复核,并对排水井排水是否正常的情况进行水下探摸复核。

(4)综合多种水下探查技术的实测资料及成果,最终确定缺陷的规模、类型、深度等参数及排水异常情况,为后期工作布置提供依据。

2.2　检测技术及原理

2.2.1　多波束系统

2.2.1.1　基本原理

多波束系统也称声呐阵列测深系统。近年来该技术日益成熟,波束数已从 1997 年首台 Sea Beam 系统的 16 个增加到目前几百个,波束宽度从原来的 2.67°减小到目前的 0.5°,总扫描宽度从 40°增大至目前的 160°。GPS 全球定位系统在声呐系统中的应用,使得声呐系统不仅在海洋测绘中得到广泛应用,而且在江河湖泊测绘中的作用日益广泛。目前,多波束系统不仅实现了测深数据自动化,而且在外业准实时自动绘制出测区水下彩色等深图。

多波束系统工作原理是利用超声波原理进行工作的,信号接收单元由 n 个呈一定角度分布的相互独立的换能器完成,每次能采集到 n 个实测数据信息。

2.2.1.2　仪器设备

本项目测量所采用的是 R2Sonic 2024 多波束系统。该系统由多个子系统组成的综合系统,分为声学系统、数据采集系统、数据处理系统和外围辅助传感器,具体见图 1-2-2-1。其中,换能器为多波束的声学系统,负责波束的发射和接收;数据采集系统完成波束的形成,将接收到的声波信号转换为数字信号,对波束滤波后反算其测量距离或记录其往返程时间;数据处理系统以工作站为代表,综合声波测量、定位、船姿、声速剖面和潮位等信息,计算波束脚印的坐标和深度;外围辅助传感器主要包括定位传感器(如 GPS)、姿态传感器(如姿态仪)、声速剖面仪和电罗经。各定位定向系统及测深系统技术指标见表 1-2-2-1~表 1-2-2-4,系统图片见图 1-2-2-2~图 1-2-2-5。

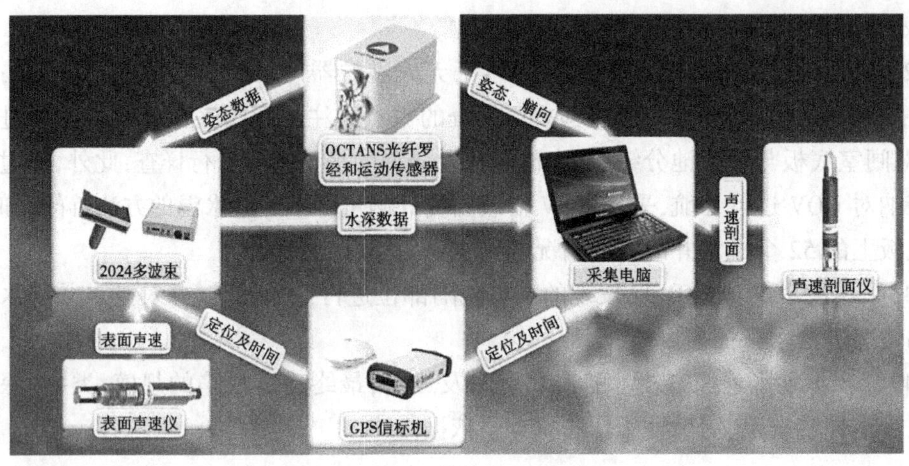

图 1-2-2-1　多波束系统结构

表 1-2-2-1　R2Sonic 2024 多波束系统主要技术参数

参数	技术指标
信号带宽	60 kHz
量程分辨率	1.25 cm
工作频率	200~400 kHz 实时可选
波束角度	0.5°×1°@400 kHz;1°×2°@200 kHz
覆盖宽度	10°~160°实时可选
波束个数	256,512,最大 1 024
最大量程	500 m

表 1-2-2-2　OCTANS 光纤罗经和运动传感器主要技术参数

参数	技术指标
航向精度	0.1°
航向重复精度	±0.025°
航向分辨率	0.01°
纵摇/横摇精度	0.01°
纵摇/横摇量程	无限制
升降周期要求	0.03~1 000 s

表 1-2-2-3　华测 X9 智能 RTK 测量系统主要技术参数

参数	技术指标
静态精度	平面精度:$\pm(2.5+0.5\times10^{-6}D)$ mm 高程精度:$\pm(5+0.5\times10^{-6}D)$ mm
RTK 精度	平面精度:$\pm(8+1\times10^{-6}D)$ mm 高程精度:$\pm(15+1\times10^{-6}D)$ mm
单机精度	1.5 m
码差分精度	平面精度:±0.25 m+1 mm 高程精度:±0.50 m+1 mm

表 1-2-2-4　AMLMINOS-X 声速剖面仪主要技术参数

参数	技术指标
声速测量量程	1 375~1 625 m/s
声速测量精度	±0.006 m/s
声速测量分辨率	0.001 m/s
温度测量量程	-2~32 ℃
温度测量精度	±0.003 ℃
温度测量分辨率	0.001 ℃
深度测量量程	0~200 m

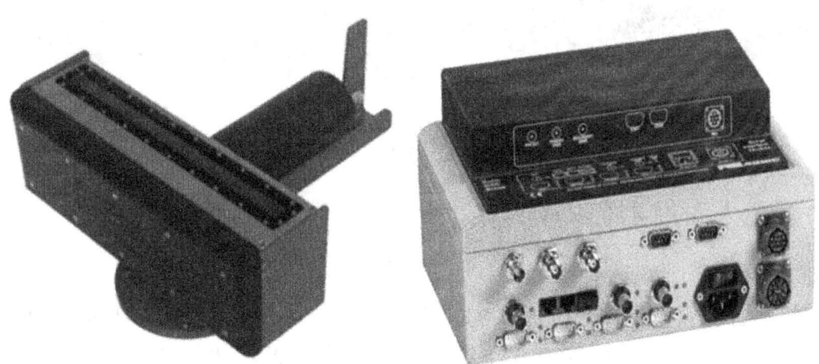

图 1-2-2-2　R2Sonic 2024 多波束系统

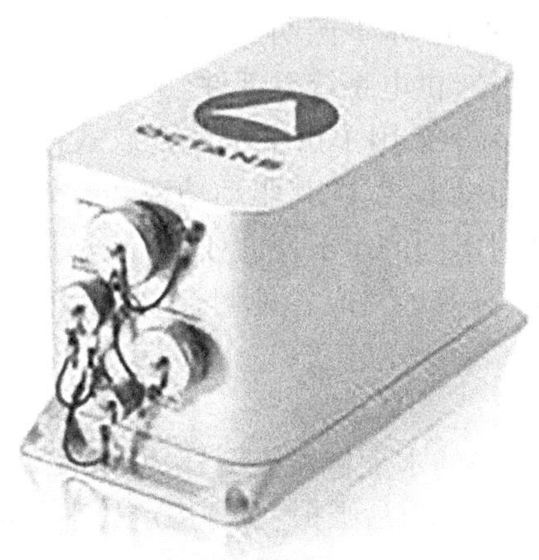

图 1-2-2-3　OCTANS 光纤罗经和运动传感器

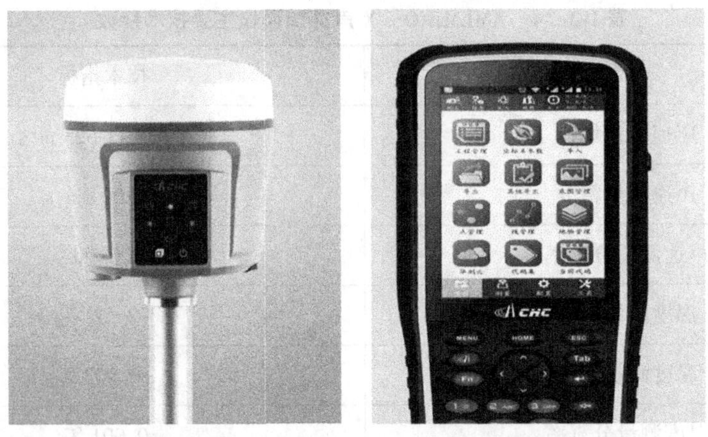

图 1-2-2-4　华测 X9 智能 RTK 测量系统

图 1-2-2-5　AMLMINOS-X 声速剖面仪

2.2.2　水下无人潜航器(ROV)

2.2.2.1　基本原理

水下无人潜航器,也叫水下机器人,是能够在水下环境中长时间作业的高科技装备,尤其是在潜水员无法承担的高强度水下作业、潜水员不能到达的深度和危险条件下更显现出其明显的优势。

水下机器人主要包括 ROV 主机、地面控制系统两部分;其中,ROV 主机标准配置深度计、姿态传感器、高清水下摄像头、水下照明、推进器等部件,采用框架结构,结实可靠;地面控制系统包括甲板操控系统、供电系统等部件。

ROV 作为水下作业平台,由于采用了可重组的开放式框架结构、数字传输的计算机控制方式、电力或液压动力的驱动形式,在其驱动功率和有效载荷允许的情况下,几乎可以覆盖全部水下作业任务,针对不同的水下使命任务,在 ROV 上配置不同的仪器设备、作业工具和取样设备,即可准确、高效地完成各种调查、水下干预作业、勘探、观测与取样等作业任务。

2.2.2.2　仪器设备

拟投入本项目水下检查采用的水下机器人型号是“Blue ROV 系统”。

Blue ROV 系统是一款结构紧凑、易维护、可靠稳定的水下机器人系统,和同级别水下机器人相比具有推力大、功能更加齐全的优点。Blue ROV 系统的推进及控制系统采用网络通信结构,使用简单、方便,并拥有多个微处理器,Blue ROV 系统完全采用模块化设计,可以方便快捷地对各种部件进行维修和更换,支持多种外置传感器设备。Blue ROV 系统典型技术指标见表 1-2-2-5,系统图片见图 1-2-2-6。

表 1-2-2-5　Blue ROV 系统技术指标

参数	技术指标
耐压深度	100 m
尺寸	长 457 mm×宽 338 mm×高 254 mm
空气中净重	10 kg
内置传感器	航向(罗经)、姿态、深度等传感器
外置传感器	可搭载 M900-130 型二维图像声呐
推进器结构组成	4 个水平矢量推进器,2 个垂直推进器
动力与载荷能力	前进推力:14 kgf;垂直推力:9 kgf;侧向推力:14 kgf
摄像头云台	180°俯仰
摄像头	1 080 p
内置照明	2 个高亮度 LED 照明灯(每个照明灯为 1 500 lm)

注:1 kgf=9.806 65 N。

图 1-2-2-6　Blue ROV 系统

2.2.3　潜水员水下探摸技术

2.2.3.1　基本原理

潜水员水下探摸技术是专业潜水员携带照明设备和摄像设备,对目标物进行水下摄像,通过手的触感进行探摸,获取目标物的表观信息。

2.2.3.2　潜水员着装

潜水员在信号员、扯管员、电话员及辅助人员协助下进行着装。潜水员在使用管供气的同时,下水必须携带气瓶备用。

2.2.3.3　潜水作业

(1)下潜。潜水员沿潜水梯下到水中,抓住入水绳,使头盔没入水中,检查装具的气、水密性,合格后方可进行潜水作业。

(2)水底停留。潜水员以 10~20 m/min 的速度下潜着底,在水下按要求完成具体的作业任务后,清理信号绳、软管,准备上升。潜水员在水下作业期间,要时刻与水面保持联系,及时报告作业情况及主观感觉,水面辅助人员要密切配合,确保潜水员生命安全及潜水作业的顺利进行。

(3)减压出水。在上升减压过程中,潜水员应根据潜水医师制定的减压方案,按规定速度、阶梯式上升—停留—上升直到出水。上升过程中,水面人员要严格掌握停留站深度和停留时间。出水后,潜水员沿潜水梯回到甲板上卸装。

(4)潜水信号。信号员须由有经验的潜水员担任,在收发信号的同时应该密切注视潜水员排出气泡,以判断潜水员的位置。信号联系要明确易辨,辨后 2~3 s 后回答。凡是明白或同意对方信号时,均应重复一次对方信号。进行信号联系时,应先拉紧信号绳,然后再拉;若被缠住,可用潜水软管代替。

2.3 检测工作布置

2.3.1 多波束检测工作布置

本项目中,多波束检测测线以相邻测线至少重复观测 20%为原则进行布设,测线尽量保持直线,特殊情况下,测线可缓慢弯曲,同时,重点区域进行多次覆盖探测,确保完成检测区域内水下结构立面及水下地形全覆盖探测,多波束普查测线布置示意图见图 1-2-3-1。

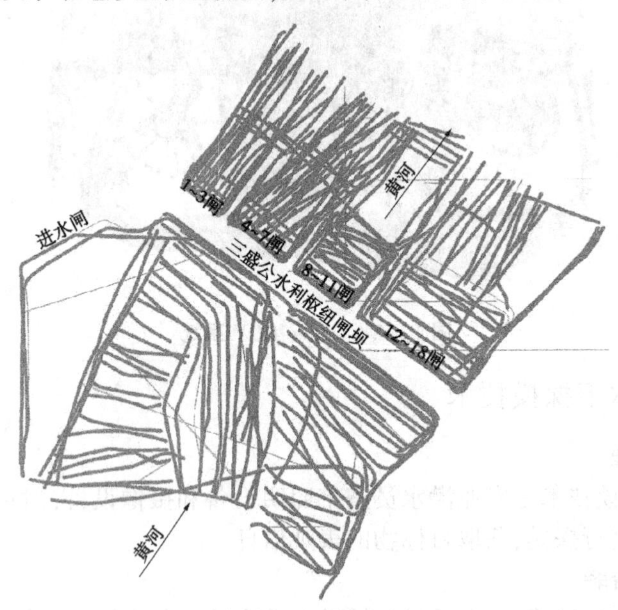

图 1-2-3-1 多波束普查测线布置示意图

2.3.2 ROV 检测工作布置

因黄河水质浑浊、能见度低,本项目采用二维图像声呐对重点关注范围和消力池及海漫范围内的结构缝平整情况进行详查，测线布置见图 1-2-3-2。

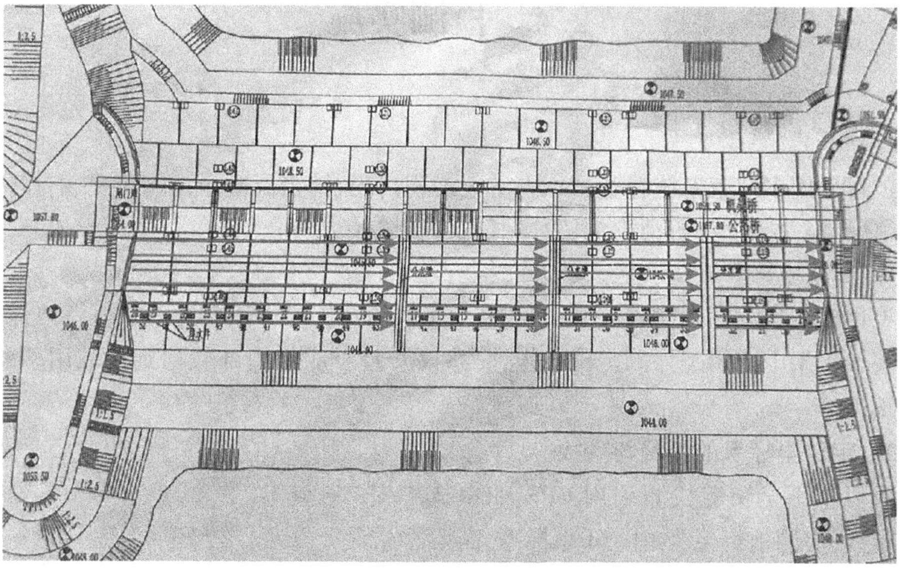

图 1-2-3-2　二维图像声呐检查测线布置示意图

海漫底板上的 52 个排水井井口水温测量采用 ROV 搭载温度计进行定点式的观测。

2.3.3　潜水员水下探摸工作布置

本项目中，潜水员负责对 ROV 二维图像声呐检查发现的缺陷，以及 52 个排水井排水情况进行探摸检查，为保证潜水员水下作业的安全，作业过程中采用二维图像声呐对潜水员的行走路线进行导航，探摸范围布置见图 1-2-3-3。

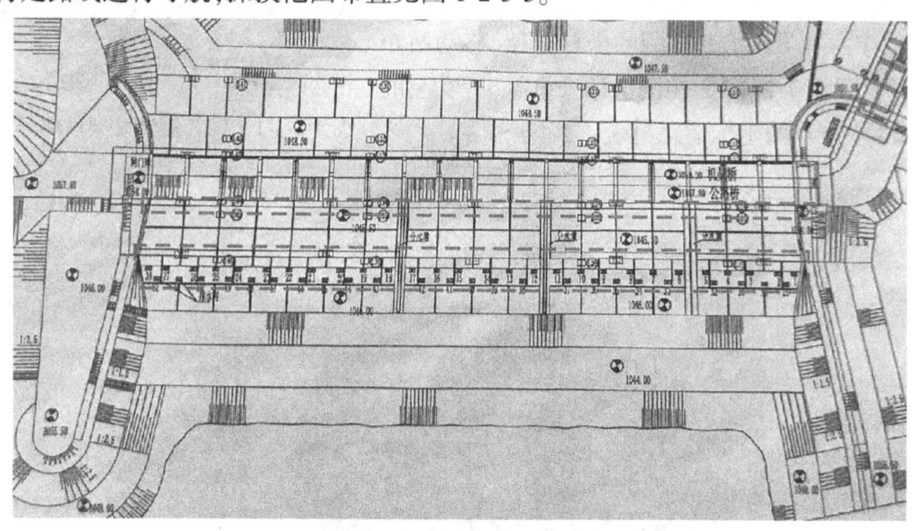

图 1-2-3-3　潜水员探摸范围示意图

2.4　检测实施

2.4.1　全覆盖普查工作

本项目采用多波束系统普查闸坝上游区淤积情况、铺盖混凝土淘刷情况、右岸码头护岸淘刷情况,以及闸坝下游消力池、海漫底板淘刷情况。

2.4.1.1　多波束安装

本项目检测多波束换能器采用船只加工支架固定安装,检测船只租用当地橡皮艇,GPS 安装于支架中心用于探测定位工作,姿态仪安装于船只内部较稳定区域用于船只的姿态改正工作。

2.4.1.2　定位坐标系的测量与转换

本项目水下全覆盖检测采用 GPS RTK 技术提供定位参数,实测坐标系为 BJ-54 坐标系,高斯 3°带投影,测区中央子午线为 108°,高程系统采用 1956 年黄海高程系。工作现场首先将 RTK 基准站架设在三盛公水利枢纽闸室楼顶人员干扰相对较少的区域并架设稳固(见图 1-2-4-1),同时使用 RTK 流动站对闸坝坝顶布设的控制基点进行了复核测量(因控制基点为水准点,且实施方从未获取过水准点的平面坐标,故本项目仅对 BM3、BM4 水准点进行了高程的复核测量),作为本项目水下检测的坐标框架,移动站布设现场照片见图 1-2-4-2。在此坐标系框架下,实测的 BM1、BM3 水准点的坐标信息见表 1-2-4-1。

图 1-2-4-1　RTK 基准站架设现场照片

图 1-2-4-2　多波束检测系统所使用的 GPS RTK 设备

表 1-2-4-1　BJ-54 坐标系及 1956 年黄海高程系框架下水准点实测坐标信息

点名	BJ-54 坐标系、1956 年黄海高程坐标系			给定的高程值/m	高程差值/m
	纵坐标 X/m	横坐标 Y/m	高程/m		
BM3	4 464 470.344	417 671.530	1 057.294	1 057.310	-0.016
BM4	4 464 640.591	417 125.159	1 057.419	1 057.438	-0.019

2.4.1.3　多波束外业扫测

(1)闸坝上游区淤积情况、铺盖混凝土淘刷情况、右岸码头护岸淘刷情况检测,现场检测工作分 2 个阶段进行,具体安排如下。

第 1 阶段:闸坝上游左岸区(①~⑪号闸室)检测。

检测作业前打开①~⑪号闸门,通过水流将检测区的混凝土表面淤积冲刷,以便于检测出混凝土淘刷情况。

作业时关闭①~⑪号闸门,打开⑫~⑱号闸门,确保作业期间测区水流平稳。作业中,测量船在测线上保持匀速、直线航行,同时对测深仪进行时间校正,使测深仪时间标记与定位时间保持同步;如水下地形变化剧烈的地区须做加密测量,加密的程度以完整反映水下地形为原则。测量过程中测量船前后左右摆动不宜过大,当风浪引起测深仪回声线波形起伏较大、波浪超过 0.6 m 时应暂停作业。

第 2 阶段:闸坝上游右岸区(⑫~⑱号闸室)检测。

左岸区检测工作完成后,船只撤离至安全区域,关闭⑫~⑱号闸门开展右岸区作业。

(2)闸坝下游消力池、海漫底板淘刷情况检测,检测工作分 3 个阶段进行。

作业前打开各检测区的工作闸门,以使水流将各检测区的混凝土表面淤积泥沙冲刷干净,以便于清晰检测出混凝土淘刷情况。工作船只从下游往上游行驶过程中,注意避开水下暗礁地段。

第 1 阶段:闸坝下游左岸区(①~⑦号闸室)检测。

作业时关闭①~⑦号闸门,确保作业期间测区水流平稳。

第 2 阶段:闸坝下游右岸区(⑫~⑱号闸室)检测。

下游左岸区检测工作完成后,船只撤离至安全区域,关闭⑫~⑱号闸室,开展右岸区检测作业。

第 3 阶段:闸坝下游右岸区(⑧~⑪号闸室)检测。

下游左岸区检测工作完成后,船只撤离至安全区域,关闭⑧~⑪号闸室,开展右岸区检测作业。

多波束测量船现场作业照片见图 1-2-4-3。

图 1-2-4-3　多波束测量船现场作业照片

2.4.1.4　多波束测量资料整理

多波束测量数据处理使用专业处理软件，该软件可以处理超大数量的水深测量数据资料，对原始水深数据进行声速剖面改正、潮位改正、数据的清理、剔除错误、滤除杂波等处理，最终获取各项所需水深数据。经过各项改正后的水深数据利用 CAD、Sufer 等成图软件处理后，可生成各项所需成果图件，实现多波束水下地形测量和水底冲刷检测作业目的。多波束普查检测成果实例图如图 1-2-4-4 所示。

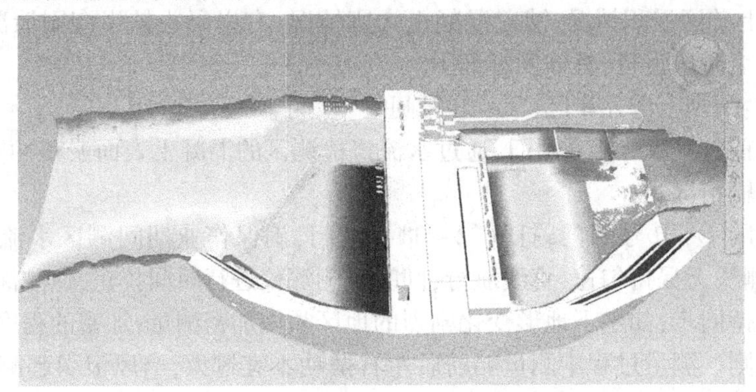

图 1-2-4-4　多波束普查检测成果实例图(四川省大渡河某水电站坝前坝后地形)

2.4.2　详查检测工作

本项目因水质浑浊、水下能见度较低，详查作业采用 ROV 搭载二维图像声呐进行。采用 ROV 搭载二维图像声呐对多波束已发现的混凝土缺陷部位进行详查，并对闸室底板与消力池分缝、消力池底板结构缝、消力池与海漫分缝、海漫底板结构缝的淘刷情况进行详查；此外，二维图像声呐作为导航系统，采用 ROV 搭载温度计对海漫处 52 个排水井详查井口水温，推断排水是否正常。整个检查过程包括测前试验、测前准备、数据采集及成果处理 4 个步骤。

2.4.2.1　测前试验

在正式测试前进行测前试验：试验灯光及摄像系统，调整亮度及分辨率以减小水体浑浊度影响；试验图像声呐系统，录制试验声呐视频；试验主机动力系统，保证拖动电缆的动力；试验水深感应器，做好电缆标记，保证主机坐标的准确性。

2.4.2.2　测前准备

根据测量要求布置测线，对于多波束检查发现存在混凝土表观缺陷的部位、闸室底板与消力池分缝、消力池与海漫分缝需进行重点观察。

2.4.2.3　数据采集

(1)采用搭载图像声呐的水下机器人系统进行消力池检测作业时，分 2 个阶段进行。

第 1 阶段：消力池左岸区(①~⑦号闸室)检测。

作业时关闭①~⑦号闸门，确保 ROV 作业期间测区水流平稳。采用搭载图像声呐的水下机器人系统对检查区进行水下声呐全覆盖扫描，了解检查区水下整体情况，初步判断异常空间的分布情况。当获取全覆盖声呐影像数据后，及时进行声呐影像回放，并判断有关疑似裂隙或破损点的具体测线编号和相对位置。

第 2 阶段:消力池右岸区(⑧~⑱号闸室)检测。

下游左岸区①~⑦号闸室检测工作完成后,设备撤离至安全区域,关闭⑧~⑱号闸室开展检测作业。

(2)多波束已发现的混凝土缺陷部位详查。

对多波束检测发现的混凝土缺陷部位,操控二维图像声呐对缺陷部位的影像信息进行采集,对缺陷进行视频录制,判断缺陷信息和相对位置。

(3)海漫底板 52 个排水井的排水情况详查。

排水井的作用是为了消解地下水对坝基的扬压力。冬季,经排水井排出的地下水温度应高于周围水域的温度。要查明排水井排水是否正常,就看排水井是否正常出水(探摸排水井的出水槽处的温度是否高于水域中的温度,若高于,则排水正常;若无差异,则排水不正常)。ROV 搭载温度计现场拍摄照片见图 1-2-4-5。

图 1-2-4-5　ROV 搭载温度计现场拍摄照片

采用 ROV 搭载温度计,通过二维图像声呐将 ROV 导航到排水井孔口,将温度计放置于排水井盖板的出水口处,若温度计测试的温度明显高于正常水域温度,说明排水井排水正常。若排水井被淤沙掩埋,则待再次冲淤后进行排水情况详查。

2.4.2.4　成果处理

根据水下检查成果,结合设计及施工资料与设计人员进行综合分析,最终确定水下结构物有无破损、剥落、露筋、开裂、裂缝、冲蚀等缺陷,查明水下结构磨损、破坏情况,为后期的运行维护、施工处理提供依据。二维图像声呐影像成果示例见图 1-2-4-6。

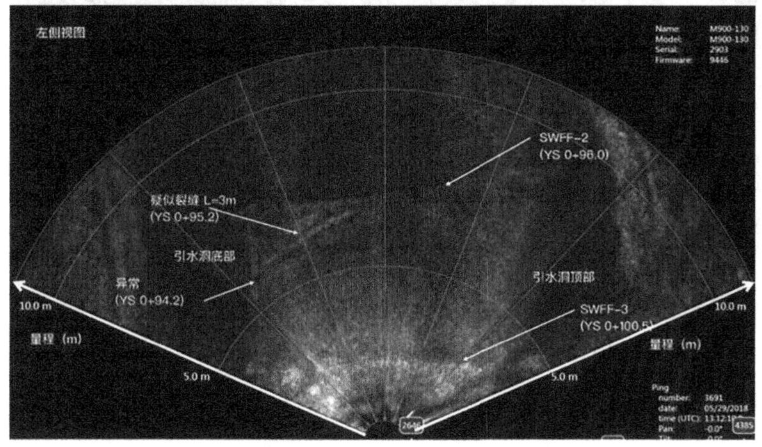

图 1-2-4-6　某水电站混凝土结构缝二维图像声呐影像成果示例

2.4.3　潜水员探摸复核工作

本项目主要通过潜水员进行探摸复核工作，验证水下机器人及水下声呐系统检查缺陷的准确性。作业方式是采用图像声呐导航潜水员至需复核部位，采用探摸或摄像（摄像有效的情况下）的方式进行混凝土缺陷的复核；并采用图像声呐导航潜水员至各排水井口，用手感触摸或将温度计放至出水槽处探测的方式，查明排水井排水是否正常。

潜水作业前制定详细的潜水员检查施工技术方案和应急预案。

潜水员下潜时，在水面处进行潜水装备的水密检查和通信设备性能检查，合格后应沿导索下潜。到达作业地点后，潜水员应及时通知水面，再通过摄像头对排水井进行摄像录制，作业完成时，对排水井的情况进行描述。潜水员作业现场照片见图1-2-4-7，声呐监控潜水员水下作业现场照片见图1-2-4-8。

图1-2-4-7　潜水员作业现场照片

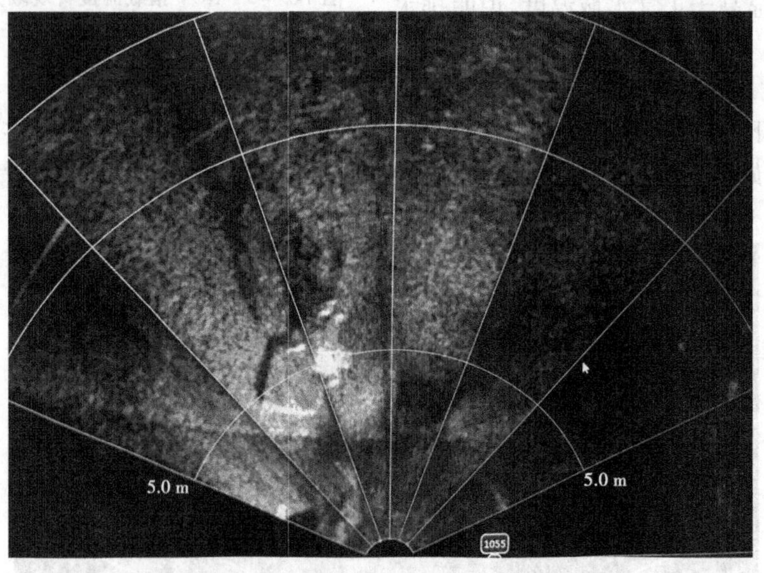

图1-2-4-8　声呐监控潜水员水下作业现场照片

2.4.4　综合分析

对多波束实测成果、水下无人潜器检查成果与潜水员探摸结果进行综合分析，对异常的空间位置与性质进行逐一对比，排除干扰异常，最终得出混凝土缺陷的规模、类型、深度等参数，并进行综合展示。

2.5　检测成果分析

2.5.1　闸坝上游检测成果分析

本项目采用多波束进行全覆盖普查,拦河闸上下游实测水下地形总览见图 1-2-5-1。

(a)视角1

(b)视角2

(c)视角3

图 1-2-5-1　闸坝上下游全覆盖探测水下地形总览

由总览图中可见，拦河闸下游自然河床部分存在两块数据空缺的地形，该两块地形因水下地势抬升形成暗礁，故未靠近区域进行探测。

拦河闸上游右岸码头护坡完好，未见岸坡冲蚀、淘刷现象，水下地形三维曲面见图 1-2-5-2，检测范围内典型护岸剖面见图 1-2-5-3、图 1-2-5-4。

图 1-2-5-2　三盛公水利枢纽上游右岸码头水下地形三维曲面

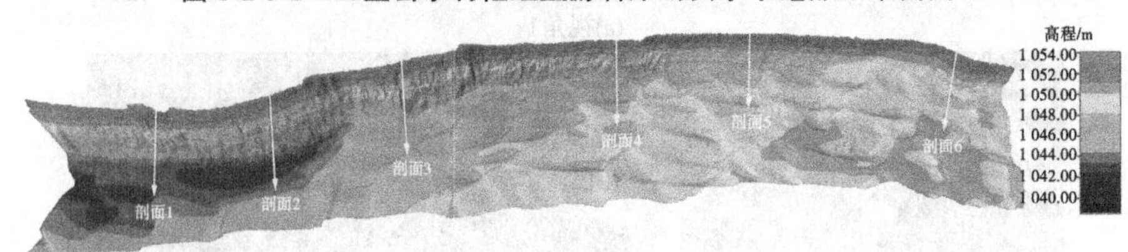

图 1-2-5-3　三盛公水利枢纽上游右岸码头典型剖面位置示意图

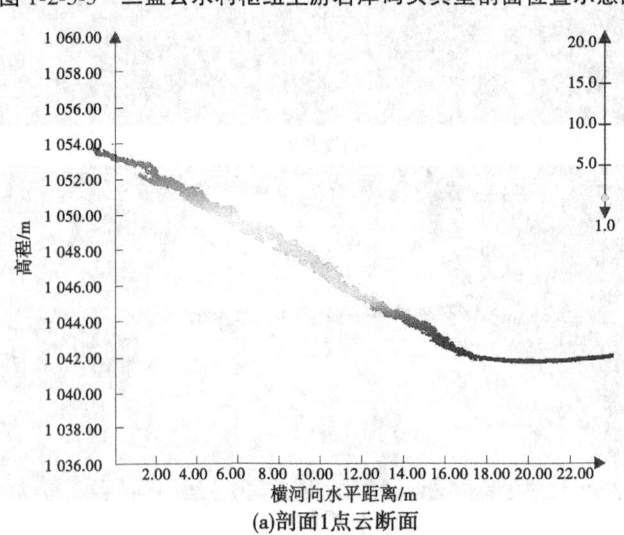

(a)剖面1点云断面

图 1-2-5-4　三盛公水利枢纽上游右岸码头典型点云剖面图

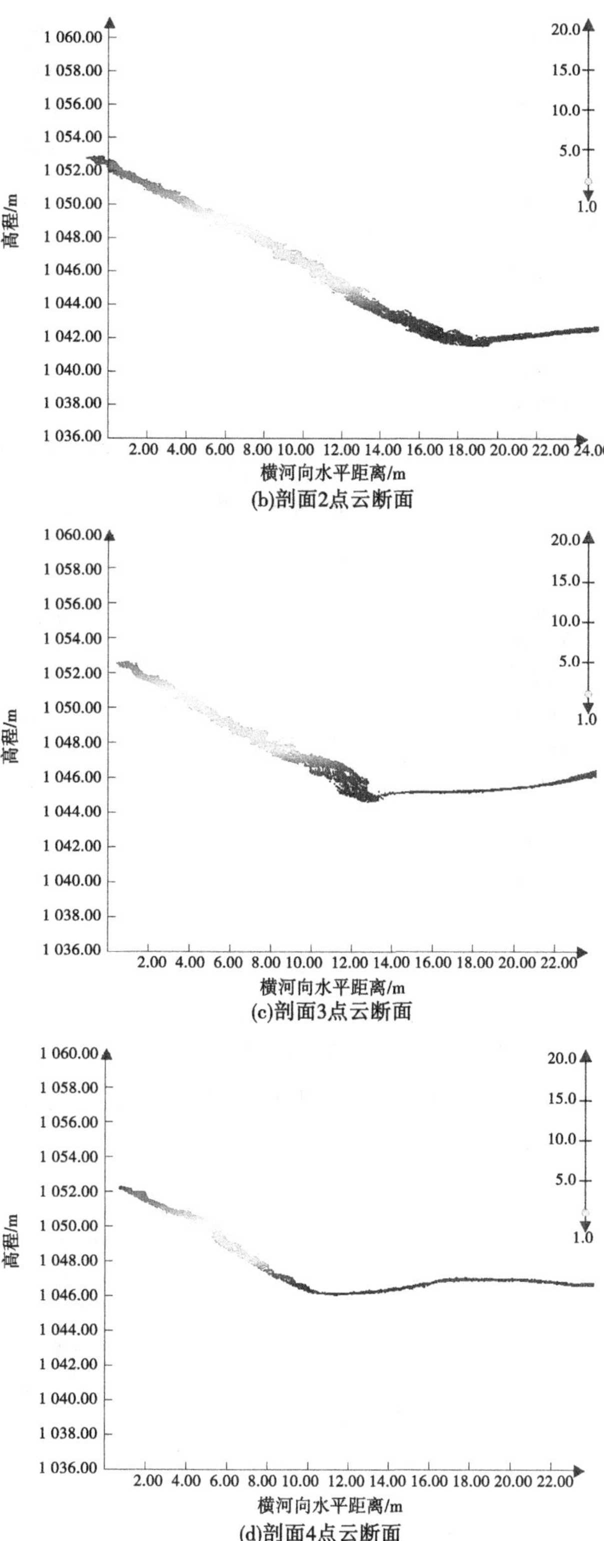
高程/m
1 060.00
1 058.00
1 056.00
1 054.00
1 052.00
1 050.00
1 048.00
1 046.00
1 044.00
1 042.00
1 040.00
1 038.00
1 036.00
2.00 4.00 6.00 8.00 10.00 12.00 14.00 16.00 18.00 20.00 22.00 24.00
横河向水平距离/m
20.0
15.0
10.0
5.0
1.0
(b)剖面2点云断面
高程/m
1 060.00
1 058.00
1 056.00
1 054.00
1 052.00
1 050.00
1 048.00
1 046.00
1 044.00
1 042.00
1 040.00
1 038.00
1 036.00
2.00 4.00 6.00 8.00 10.00 12.00 14.00 16.00 18.00 20.00 22.00
横河向水平距离/m
20.0
15.0
10.0
5.0
1.0
(c)剖面3点云断面
高程/m
1 060.00
1 058.00
1 056.00
1 054.00
1 052.00
1 050.00
1 048.00
1 046.00
1 044.00
1 042.00
1 040.00
1 038.00
1 036.00
2.00 4.00 6.00 8.00 10.00 12.00 14.00 16.00 18.00 20.00 22.00
横河向水平距离/m
20.0
15.0
10.0
5.0
1.0
(d)剖面4点云断面

续图 1-2-5-4

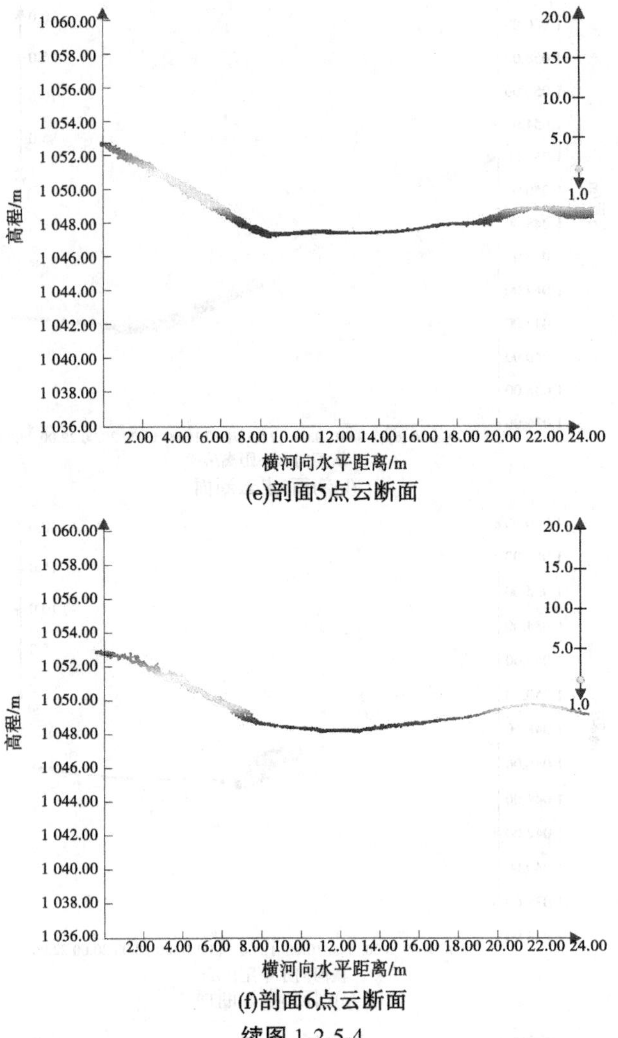

(e)剖面5点云断面

(f)剖面6点云断面

续图 1-2-5-4

在拦河闸上游防冲槽、上游铺盖部位提取典型特征剖面(见图 1-2-5-5～图 1-2-5-7),对剖面数据进行分析,可得以下结论:

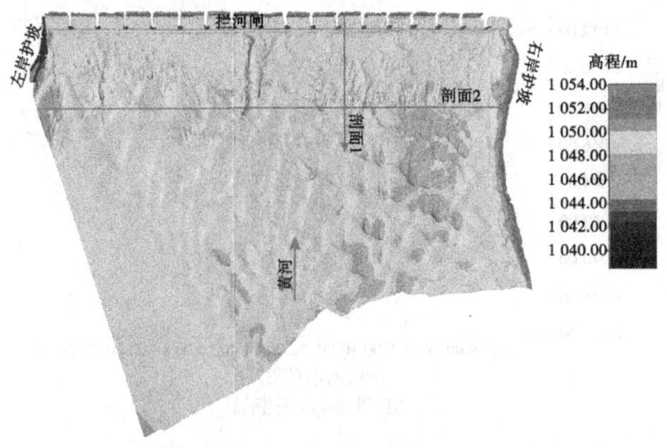

图 1-2-5-5　闸坝上游全覆盖探测水下地形总览

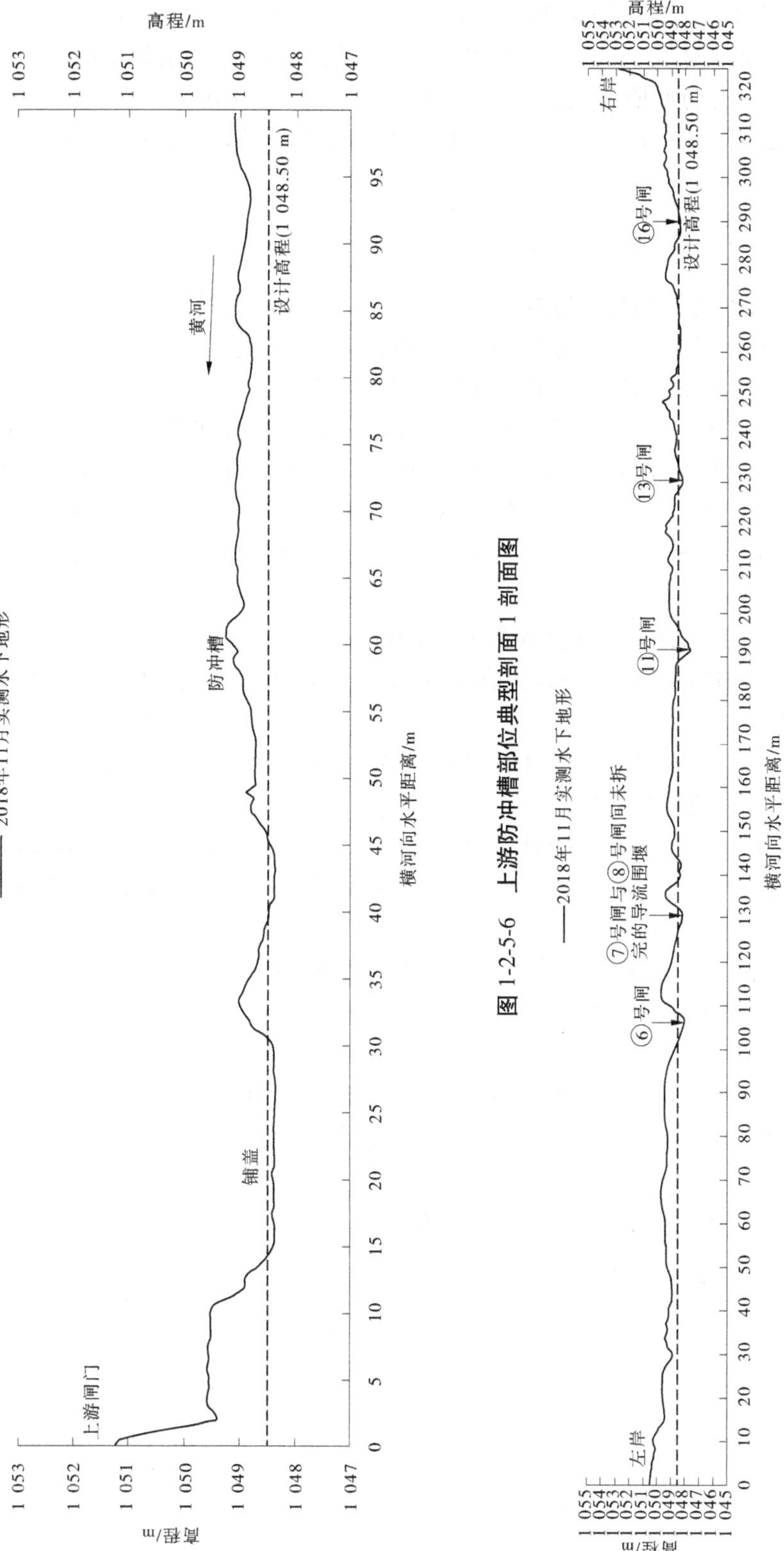

图 1-2-5-6　上游防冲槽部位典型剖面 1 剖面图

图 1-2-5-7　上游铺盖部位典型剖面 2 剖面图

(1)将实测水底高程与闸坝上游铺盖设计底高程 1 048.50 m 进行对比,铺盖上局部存在淤积物(见剖面图 1-2-5-6),①~⑨号闸所对的防冲槽已被淤积物覆盖。

(2)闸坝上游防冲槽部位,水底高程介于 1 047.7~1 049.5 m,发现 5 处防冲槽高程降低的部位,见剖面图 1-2-5-7。其中,⑪号闸所对的防冲槽水底高程值最低,实测高程为 1 047.7 m。

2.5.2 闸坝下游检测成果分析

2.5.2.1 水下地形及结构普查成果分析

在拦河闸下游消力池、海漫及防冲槽部位提取典型特征剖面(见图 1-2-5-8~图 1-2-5-11),对剖面数据进行分析,可得出以下结论:

(1)闸坝下游消力池底板设计高程为 1 045.6 m,海漫底板设计高程为 1 046.0 m,实测高程与设计高程几乎保持一致,分别见图 1-2-5-9、见图 1-2-5-10,消力池内底板混凝土表观完整情况良好,未发现冲蚀或淘蚀现象;海漫内混凝土表观完整情况总体良好,①~⑦号闸所对的海漫底板及海漫下游铅丝笼铺层、防冲槽上存在一定程度的砂石淤积(见图 1-2-5-11)。

(2)闸坝下游防冲槽设计高程为 1 044.0 m,实测水底高程介于 1 044.8~1 047.5 m,⑮号闸所对的防冲槽部位水底高程值较高,高程为 1 044.8 m,高于设计高程 0.8 m,未存在淘蚀现象,见图 1-2-5-12。

(3)消力齿墩部位因常年受水流冲刷,圈定该部位为重点详查部位。

2.5.2.2 局部详查成果分析

经 ROV 搭载二维图像声呐对消力池及海漫内的混凝土结构缝及底板、堰面的表观完整情况详查,以及潜水员探摸复核检查,总体缺陷分布情况如图 1-2-5-13 所示,可得以下结论:

(1)消力池及堰面内,底板混凝土表观情况完整,消力齿墩表观情况完整,未出现混凝土冲蚀、淘蚀等缺陷;且消力池底板上的混凝土结构缝结合良好,未出现结构缝淘蚀现象。

(2)闸室底板与消力池分缝处发现 2 处结构缝淘蚀现象,分别位于①号闸室和⑦号闸室处,经潜水员探摸复核,缺陷空间位置、规模及深度信息如下。

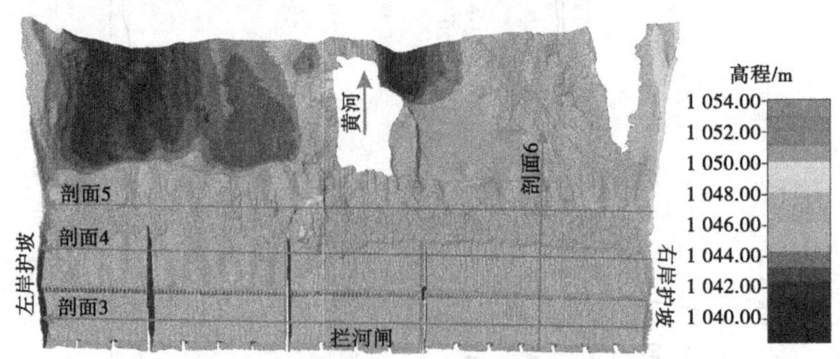

图 1-2-5-8　闸坝下全覆盖探测水下地形总览

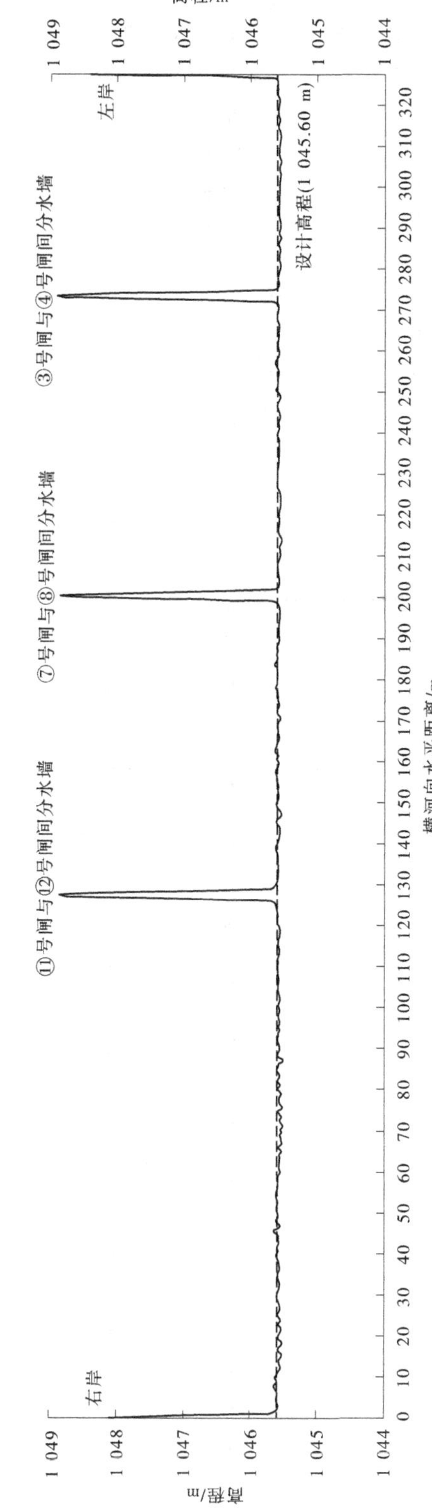

图 1-2-5-9　下游消力池部位典型剖面 3 剖面图

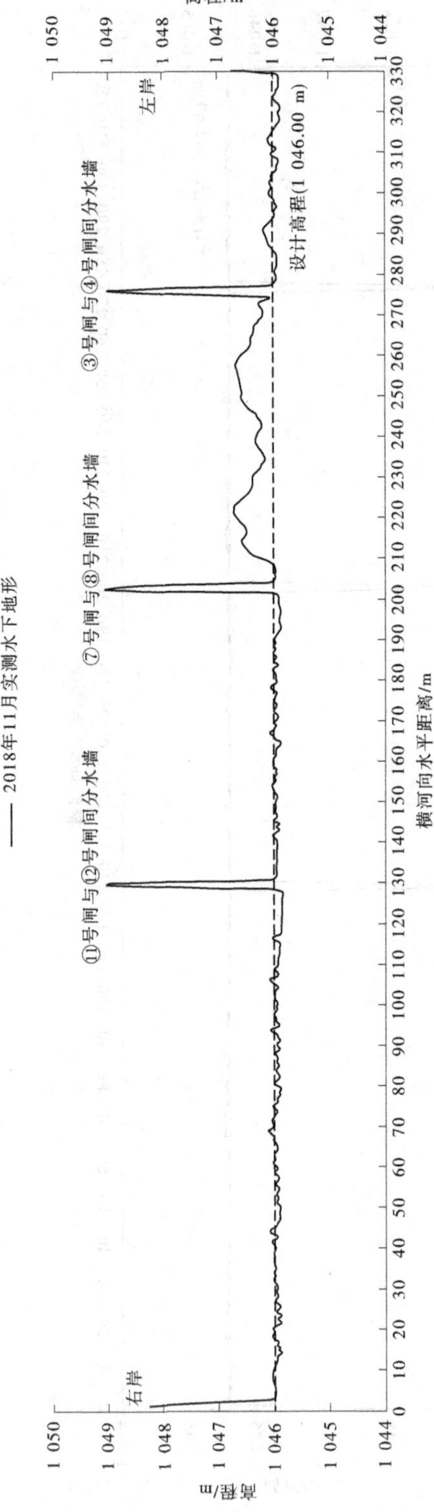

图 1-2-5-10　下游海漫部位典型剖面 4 剖面图

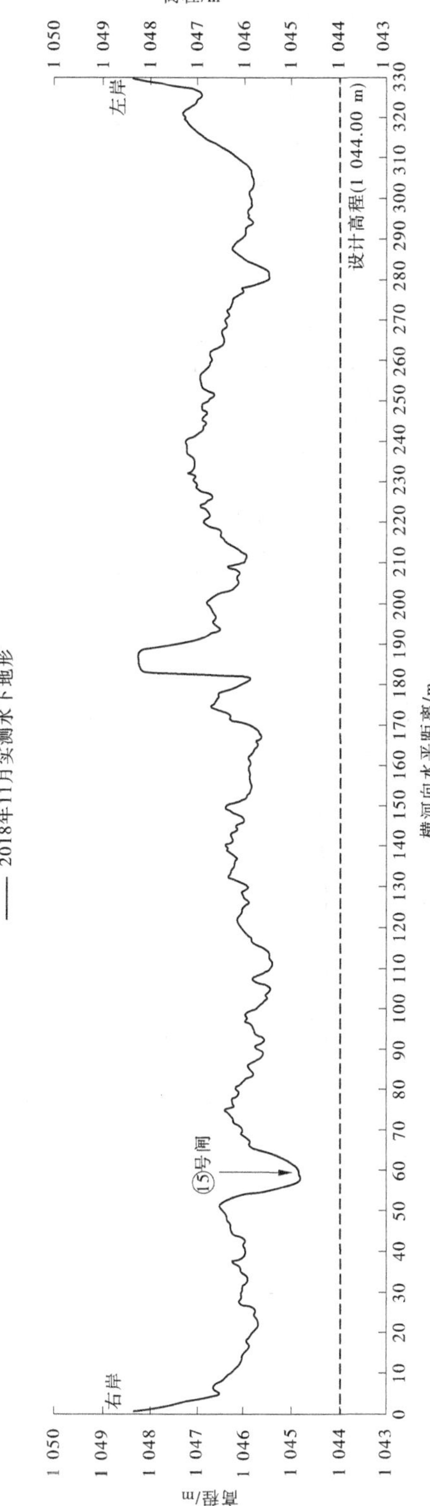

图 1-2-5-11　下游防冲槽部位典型剖面 5 剖面图

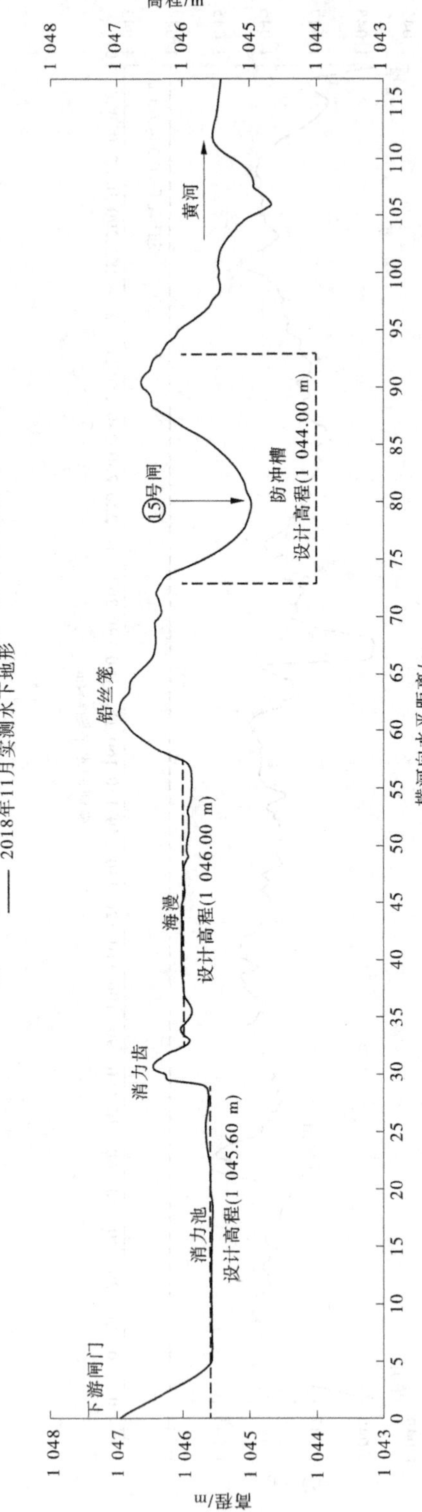

图 1-2-5-12　下游顺河向典型剖面 6 剖面图

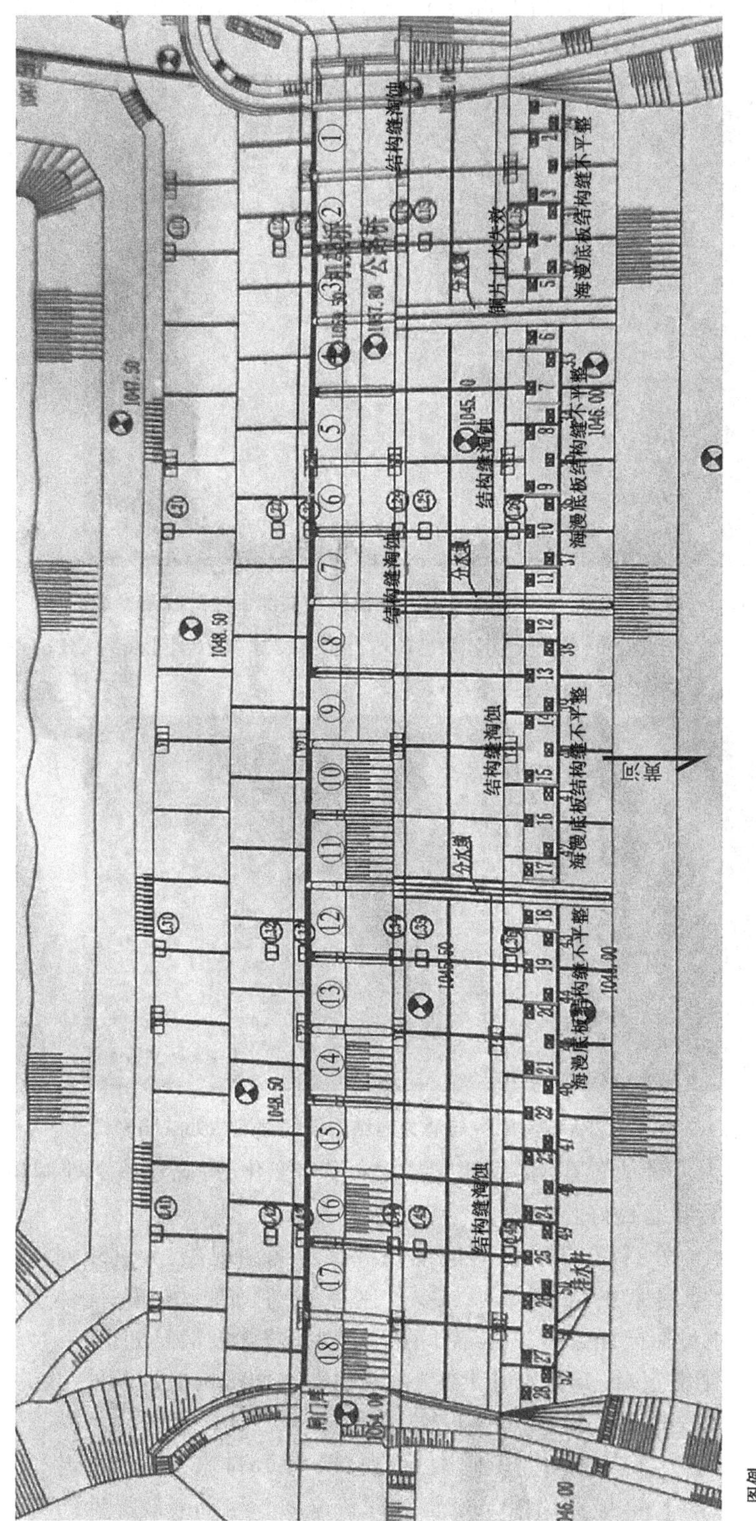

图 1-2-5-13　三盛公水利枢纽闸坝下游消能结构局部缺陷分布情况示意图

①号闸室结构缝淘蚀处距左侧边墙约 6.5 m,淘蚀尺寸:横河向长约 50 cm×纵河向宽约 15 cm×深约 5 cm,缺陷影像见图 1-2-5-14。

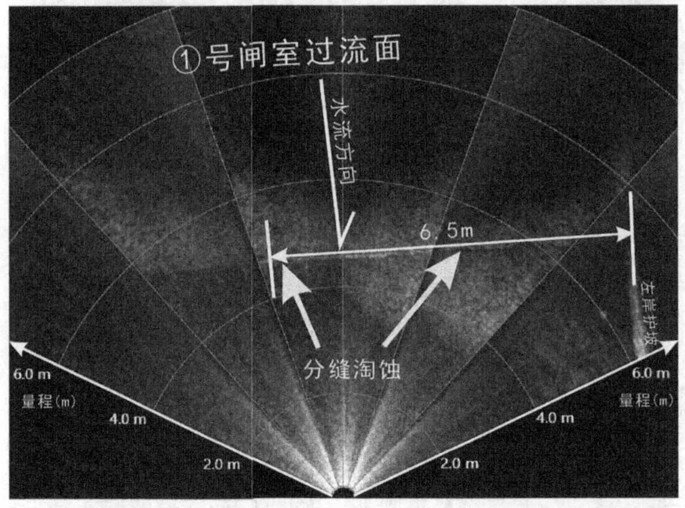

图 1-2-5-14　①号闸室底板与消力池结构缝局部淘蚀处缺陷影像

⑦号闸室结构缝淘蚀处距右侧分水墙约 8 m,淘蚀尺寸:横河向长约 20 cm×纵河向宽约 8 cm×深约 6 cm,缺陷影像见图 1-2-5-15。

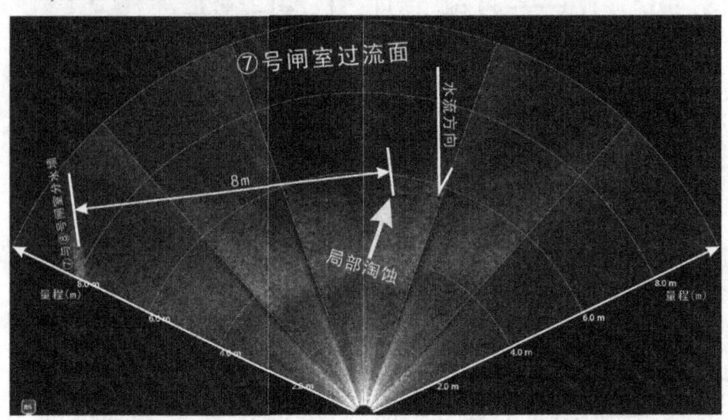

图 1-2-5-15　⑦号闸室底板与消力池结构缝局部淘蚀处缺陷影像

通过潜水员将温度计放置在淘蚀部位,温度未发生变化,可确定该 2 处淘蚀部位结构缝下铜止水措施运行状态良好且有效。

(3)消力齿背水面处,有 6 条纵河向的结构缝存在淘蚀现象,分别正对⑤、⑥号闸室的左右侧墩墙,⑩号闸室的左侧墩墙,⑯号闸室的左右侧墩墙,具体分布位置见图 1-2-5-13。经潜水员探摸详查后,缺陷空间位置、规模及深度信息如下:

⑤号闸室左侧闸墩正对(7#排水井上游)消力齿背水面结构缝淘蚀处,长约 1 m,最宽约 50 cm,淘蚀深约 5 cm,缺陷影像见图 1-2-5-16。

⑤号闸室右侧闸墩(⑥号闸室左侧闸墩)正对(8#与 9#排水井中间上游)消力齿背水面结构缝淘蚀处,长约 1 m,最宽约 30 cm,淘蚀深普遍为 3~4 cm,最深处约 5 cm,缺陷影像见图 1-2-5-17。

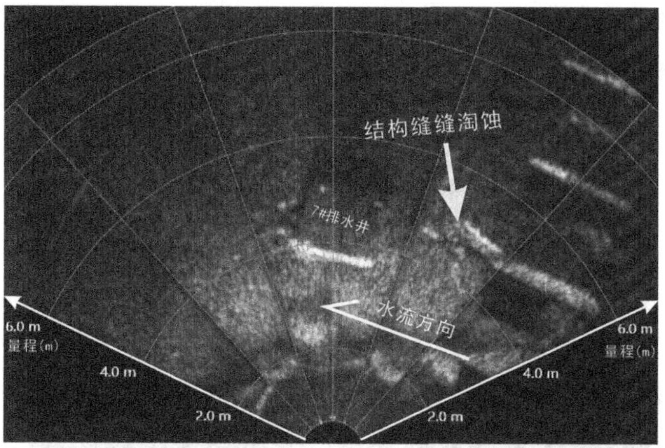

图 1-2-5-16　⑤号闸室左侧闸墩正对消力齿背水面结构缝淘蚀处缺陷影像

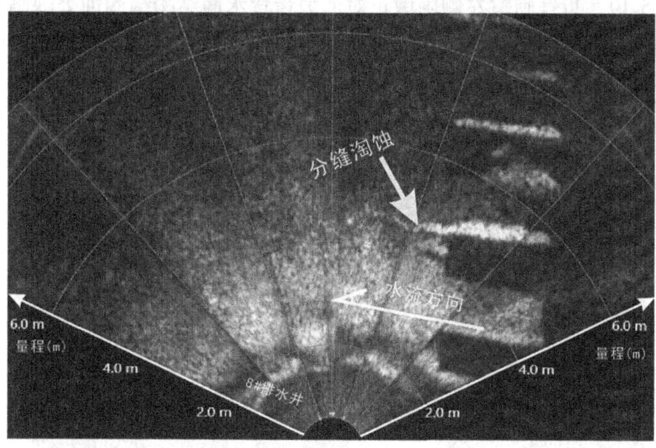

图 1-2-5-17　⑤号闸室右侧闸墩正对消力齿背水面结构缝淘蚀处缺陷影像

⑥号闸室右侧闸墩正对(10#排水井上游)消力齿背水面结构缝淘蚀处,长约 1 m,最宽约 50 cm,淘蚀最深处约 10 cm,缺陷影像见图 1-2-5-18。

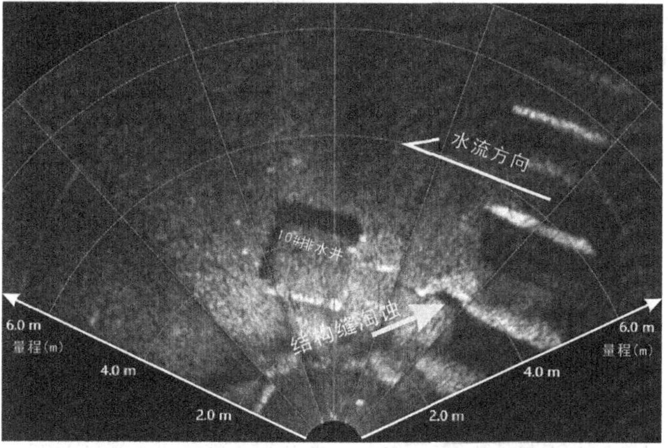

图 1-2-5-18　⑥号闸室右侧闸墩正对消力齿背水面结构缝淘蚀处缺陷影像

⑩号闸室左侧闸墩正对(14#与15#排水井中间上游)消力齿背水面结构缝淘蚀处,长约90 cm,最宽约40 cm,淘蚀深约6 cm,缺陷影像见图1-2-5-19。

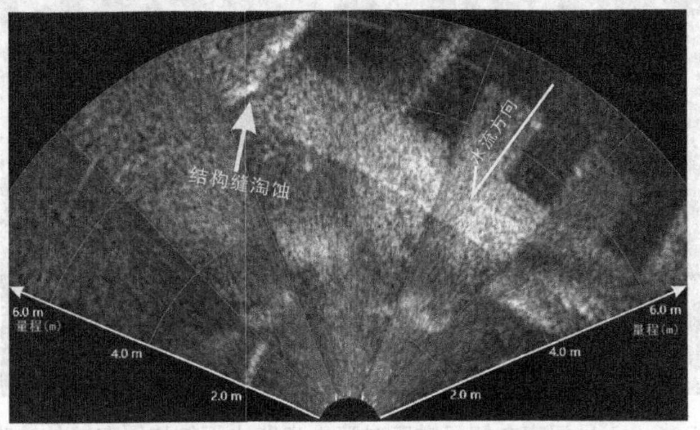

图1-2-5-19　⑩号闸室左侧闸墩正对消力齿背水面结构缝淘蚀处缺陷影像

⑯号闸室左侧闸墩正对(23#与24#排水井中间上游)消力齿背水面结构缝淘蚀处,长约60 cm,最宽约20 cm,淘蚀深约6 cm,缺陷影像见图1-2-5-20。

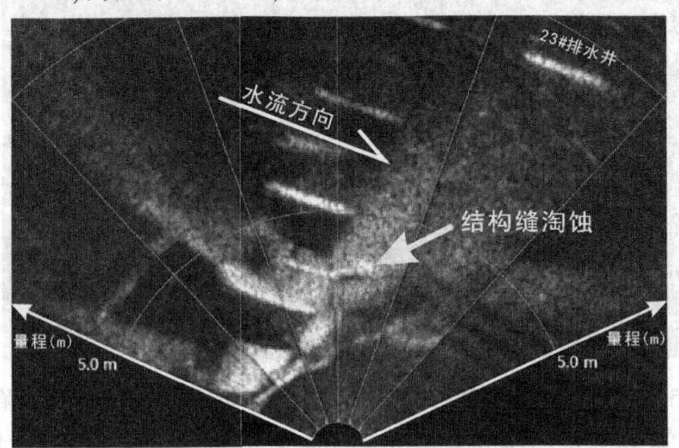

图1-2-5-20　⑯号闸室左侧闸墩正对消力齿背水面结构缝淘蚀处缺陷影像

⑯号闸室右侧闸墩正对(25#排水井上游)消力齿背水面结构缝淘蚀处,长约1 m,最宽约15 cm,淘蚀最深处约5 cm,缺陷影像见图1-2-5-21。

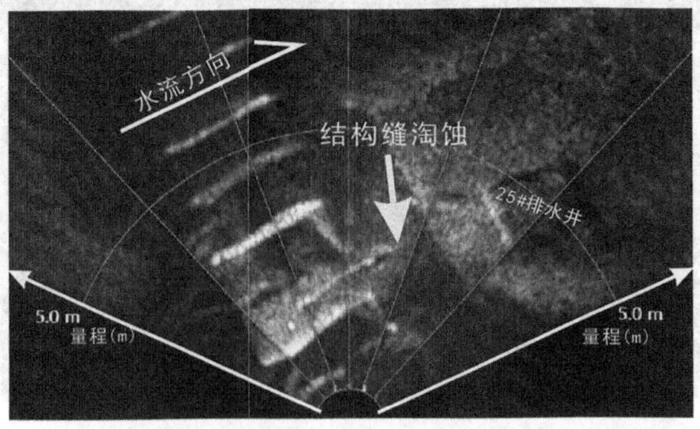

图1-2-5-21　⑯号闸室右侧闸墩正对消力齿背水面结构缝淘蚀处缺陷影像

(4)消力池与海漫结构分缝处,发现 1 处分缝淘蚀现象,经潜水探摸,淘蚀尺寸为:横河向长 30 cm×纵河向宽 15 cm×深约 10 cm,缺陷影像见图 1-2-5-22;通过潜水员将温度计放置在该淘蚀部位,发现温度上升了 0.5 ℃(由当天的水域温度 1.9 ℃上升至 2.4 ℃,现场拍摄照片见图 1-2-5-23),推测该淘蚀部位的结构缝下的铜止水措施已失效。

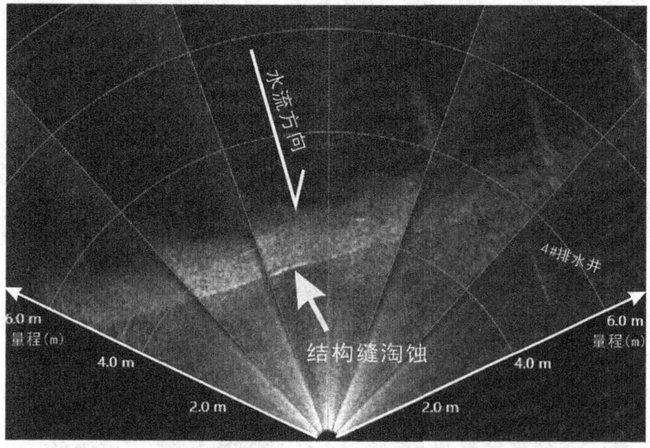

图 1-2-5-22　消力池与海漫结构分缝(消力齿背水面)③号闸室左侧正对结构缝淘蚀影像

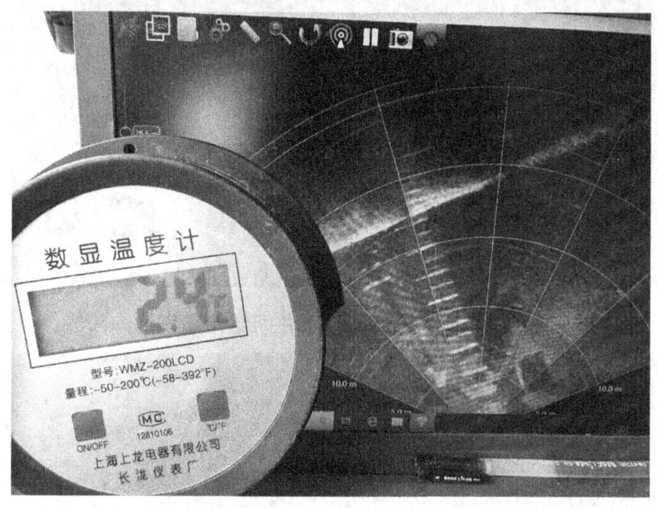

图 1-2-5-23　③号闸室左侧正对消力齿背水面与海漫结构缝淘蚀处温度变化现场照片

(5)海漫底板上,发现 11 条混凝土结构缝存在淘蚀现象,详述如下:

5#排水井与 32#排水井间结构缝淘蚀,淘蚀最大宽度约 0.5 m,淘蚀长度约 10.3 m,淘蚀深度约 4 cm,结构缝影像见图 1-2-5-24。

6#排水井与 33#排水井间结构缝淘蚀,淘蚀最大宽度约 0.4 m,淘蚀长度约 7.4 m,淘蚀深度约 8 cm,结构缝影像见图 1-2-5-25。

7#排水井与 34#排水井间结构缝淘蚀,淘蚀最大宽度约 0.3 m,淘蚀长度约 3.3 m,淘蚀深度约 6 cm,结构缝影像见图 1-2-5-26。

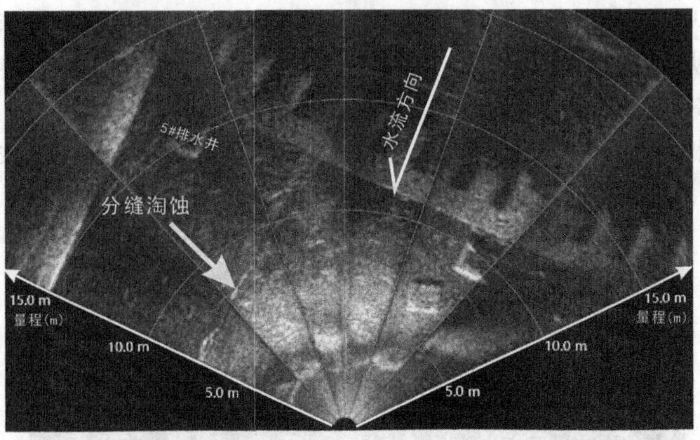

图 1-2-5-24　5#排水井与 32#排水井间结构缝淘蚀缺陷影像

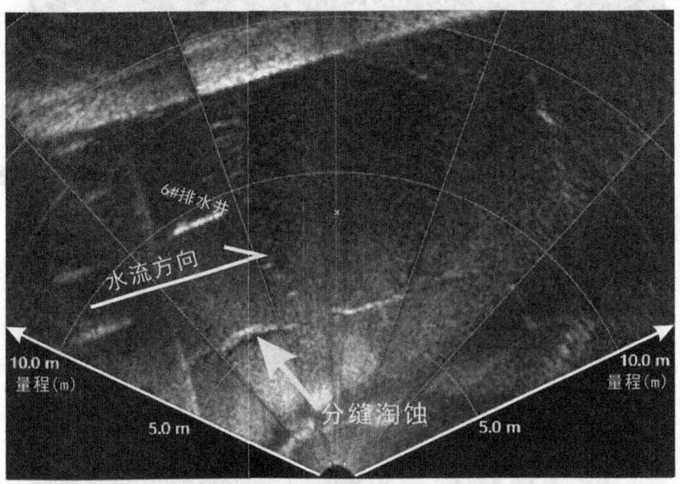

图 1-2-5-25　6#排水井与 33#排水井间结构缝淘蚀缺陷影像

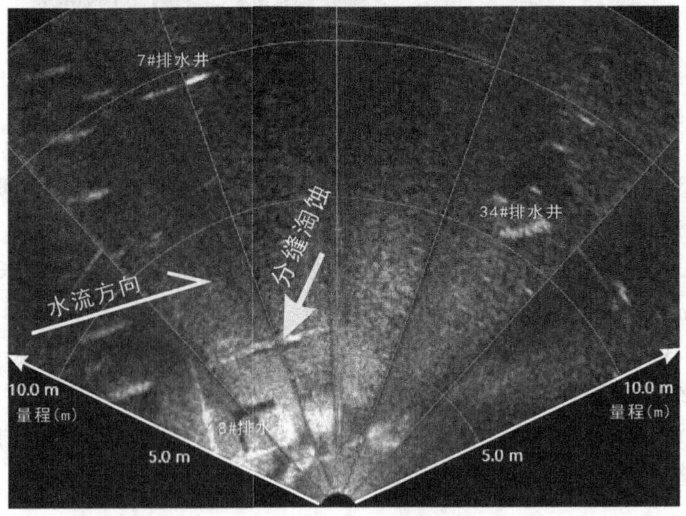

图 1-2-5-26　7#排水井与 34#排水井间结构缝淘蚀缺陷影像

9#排水井与 36#排水井间结构缝淘蚀,淘蚀最大宽度约 0.5 m,淘蚀长度约 9.0 m,淘蚀深度约 6 cm,结构缝影像见图 1-2-5-27。

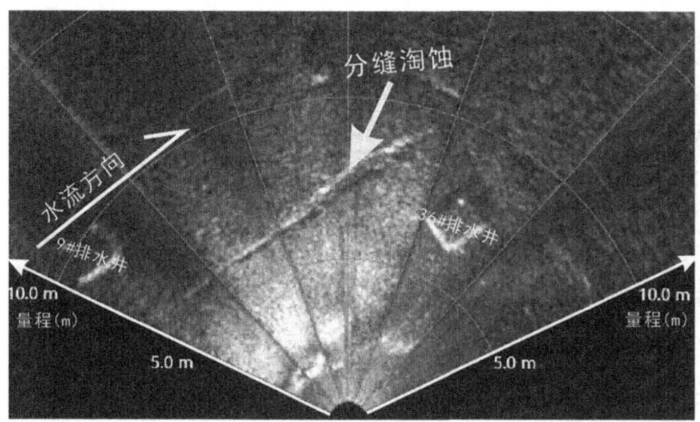

图 1-2-5-27　9#排水井与 36#排水井间结构缝淘蚀缺陷影像

11#排水井与 37#排水井间结构缝淘蚀,淘蚀最大宽度约 0.1 m,淘蚀长度约 2.2 m,淘蚀深度约 4 cm,结构缝影像见图 1-2-5-28。

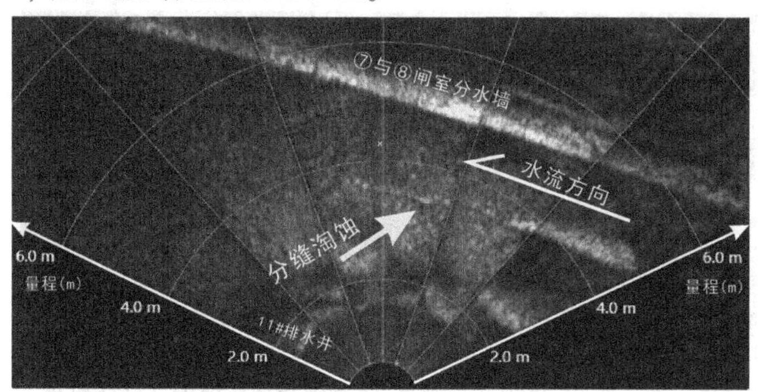

图 1-2-5-28　11#排水井与 37#排水井间结构缝淘蚀缺陷影像

14#排水井与 39#排水井间结构缝淘蚀,淘蚀最大宽度约 0.4 m,淘蚀长度约 8.4 m,淘蚀深度约 5 cm,结构缝影像见图 1-2-5-29。

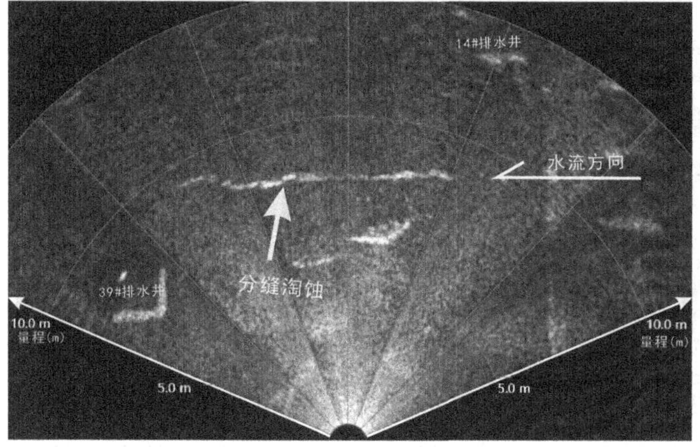

图 1-2-5-29　14#排水井与 39#排水井间结构缝淘蚀缺陷影像

15#排水井与 41#排水井间结构缝淘蚀，淘蚀最大宽度约 0. 1 m，淘蚀长度约 7. 2 m，淘蚀深度约 4 cm，结构缝影像见图 1-2-5-30。

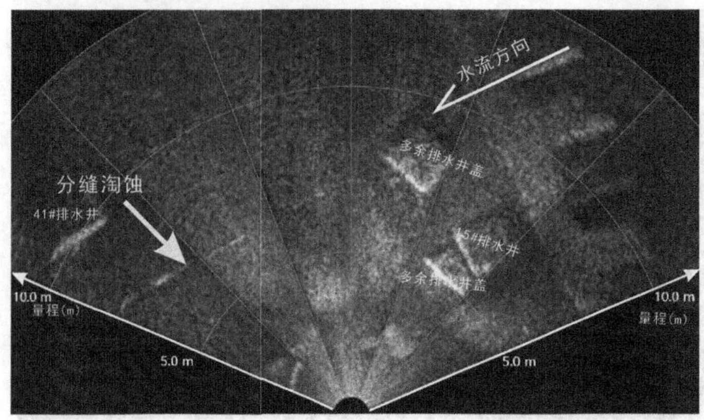

图 1-2-5-30　15#排水井与 41#排水井间结构缝淘蚀缺陷影像

17#排水井与⑪号闸、⑫号闸室间结构缝淘蚀，淘蚀最大宽度约 0. 2 m，淘蚀长度约 3. 8 m，淘蚀深度约 5 cm，结构缝影像见图 1-2-5-31。

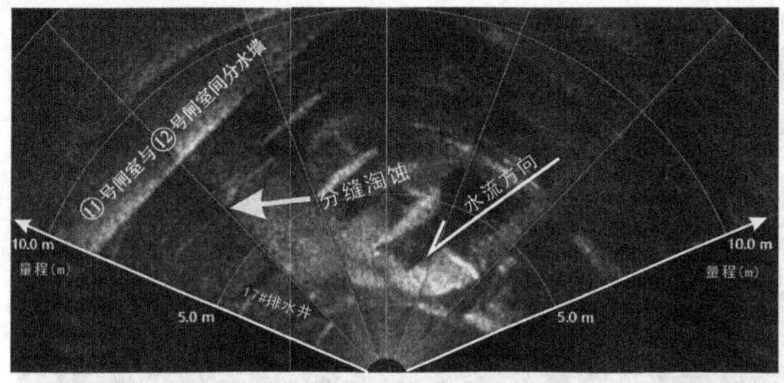

图 1-2-5-31　17#排水井与⑪号、⑫号室间结构缝淘蚀缺陷影像

18#排水井与 43#排水井间结构缝淘蚀，淘蚀最大宽度约 0. 2 m，淘蚀长度约 3. 2 m，淘蚀深度约 4 cm，结构缝影像见图 1-2-5-32。

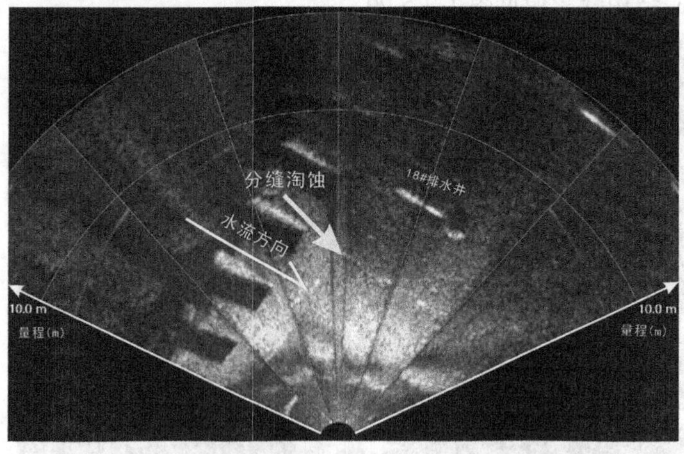

图 1-2-5-32　18#排水井与 43#排水井间结构缝淘蚀缺陷影像

20#排水井与 44#排水井间结构缝淘蚀，淘蚀宽度约 0.4 m，淘蚀长度约 1.6 m，淘蚀深度约 4 cm，结构缝影像见图 1-2-5-33。

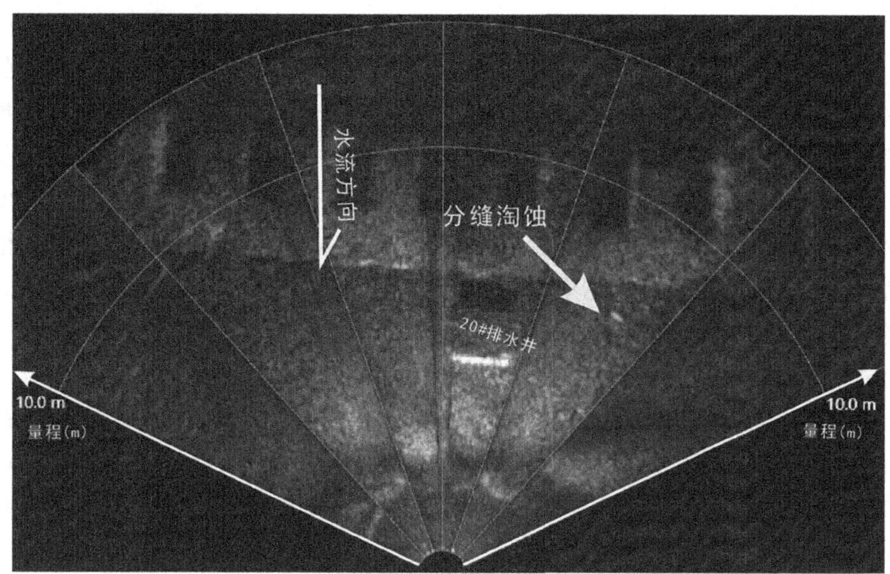

图 1-2-5-33　20#排水井与 44#排水井间结构缝淘蚀缺陷影像

21#排水井与 46#排水井间结构缝淘蚀，淘蚀最大宽度约 0.3 m，淘蚀长度约 4 m，淘蚀深度约 4 cm，结构缝影像见图 1-2-5-34。

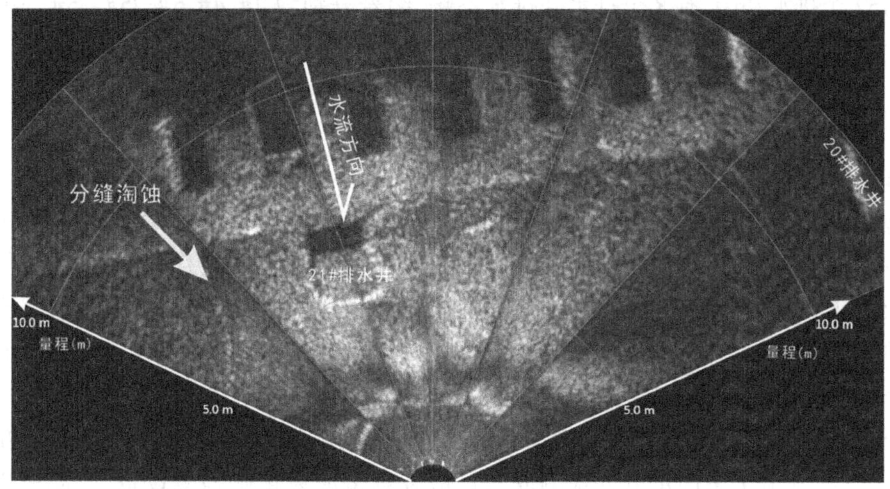

图 1-2-5-34　21#排水井与 46#排水井间结构缝淘蚀缺陷影像

2.5.2.3　**排水井检查成果分析**

海漫上的 52 个排水井的排水情况检查历经 2 个作业阶段：

(1)第 1 阶段(2018 年 11 月 24~26 日)是由二维图像声呐导航携带温度计的 ROV 进行，作业人员操控 ROV 行驶至排水井盖下游侧出水口处，将温度计尽量贴近出水口，测试是否有温度变化，该阶段作业期间因闸坝敞流后，上游水位降低、上下游水位差较小，发现有排水井出水口温度几乎不变,疑似排水不畅的排水井较多,且左岸侧和右岸侧的个别排水井被砂石淤积物掩埋无法探测。

(2)为了查清各排水井的排水是否正常,为后续调度计划安排提供可靠的依据,经开闸冲淤、关闸蓄水后,在上游水位较高、坝基扬压力较大的条件下,进行了第2阶段的检查作业。第2阶段(2018年11月30日至2018年12月3日)是由二维图像声呐导航携带温度计的潜水员进行,因水下能见度几乎为零,潜水员通过水下电话与水上操作人员保持通信,潜水员下潜后,由二维图像声呐导航潜水员去到各排水井盖处,通过探摸将温度计放置于排水井出水槽里,测试是否有温度变化;若排水井盖被泥沙掩埋,则抛开出水槽附近的泥沙后,将温度计放置于出水槽里,测试温度变化情况。

综合ROV及潜水员携带温度计对52个排水井的检查情况,可得出以下结论:

(1)52个排水井井盖检查现状见图1-2-5-35。

(2)4#、15#、24#排水井井盖旁存在多余的排水井井盖,4#排水井井盖右岸侧存在一块多余的排水井井盖,声呐影像见图1-2-5-36;15#排水井井盖右岸侧和下游侧各存在一块多余的排水井井盖,声呐影像见图1-2-5-37;24#排水井井盖右岸侧存在一块多余的排水井井盖,声呐影像见图1-2-5-38。

(3)14#排水井井盖缺失,声呐影像见图1-2-5-39,由声呐影像可以看出,排水井中78孔的井盖上附着些许淤积物,经潜水员探摸及温度计检查,井中存在少量的砂石淤积,但该排水井排水正常,该排水井测试最大温度照片见图1-2-5-40。

(4)52个排水井中,有8个排水井排水不畅,编号分别为2#、4#、5#、25#、35#、39#、40#、42#。

2.5.3 成果评价

2.5.3.1 多波束声呐检测成果评价

三盛公水利枢纽工程水下检测项目采用了多波束技术进行全覆盖普查工作,由第1章第2.4节中表1-2-4-1中BJ-54坐标系及1956年黄海高程系高程差值对比可看出,转换为1956年黄海高程系的基点坐标与提供的控制点坐标,高程方向上最大差值约为2 cm,该测量误差为测量定位精度的误差,即水下三维声呐接收到的GPS的定位误差,该误差满足《全球定位系统实时动态测量(RTK)技术规范》(CH/T 2009—2010)的要求。

检测目标的定位误差,受到检测设备精度、外界传感器等外界条件的多种因素的综合影响。水下部分由于采用定制的检测冲锋舟搭载着多波束声呐检测设备,检测精度受接入的RTK定位精度、水深、声呐入射角度(船的姿态、涌浪)的影响,各项误差综合形成多波束声呐检测的系统误差,该系统误差由相邻测线实测数据的中误差进行评价。

水下多波束声呐检测根据2条测线重合部分的检测断面点云数据,计算中误差,得水平方向系统误差约2 cm,高程方向系统误差约5 cm,两条测线重合部分的断面点云数据对比见图1-2-5-41。

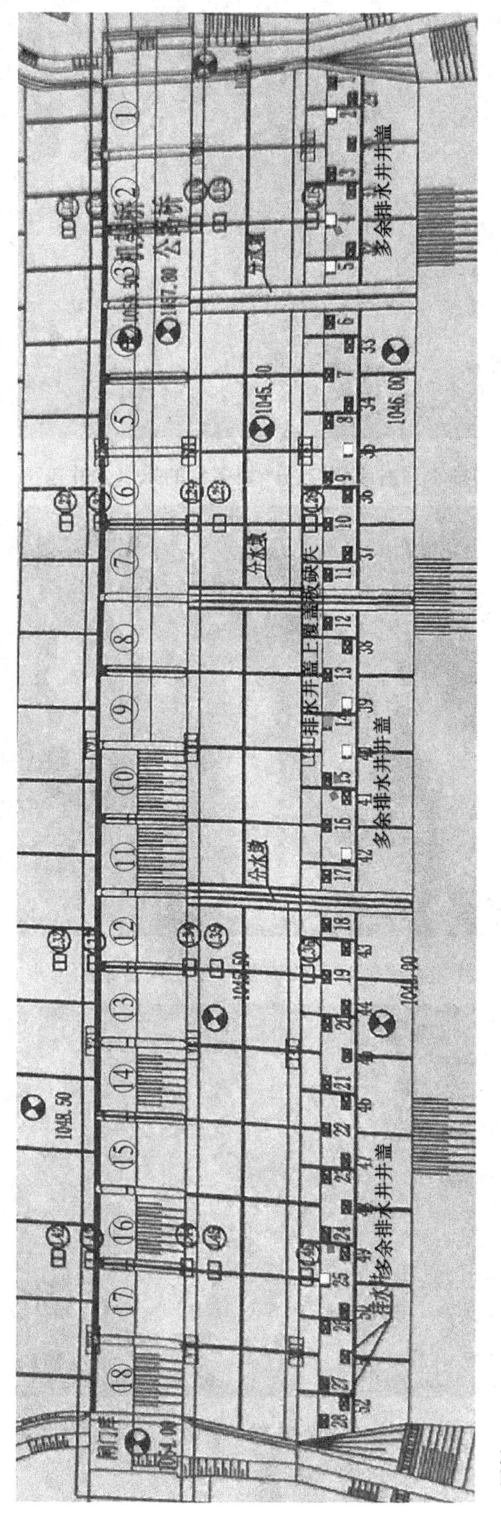

图例　排水井排水不畅　■多余的排水井盖　■排水井上覆盖板缺失

图 1-2-5-35　三盛公水利枢纽工程闸坝下游排水井水下详查成果总览图

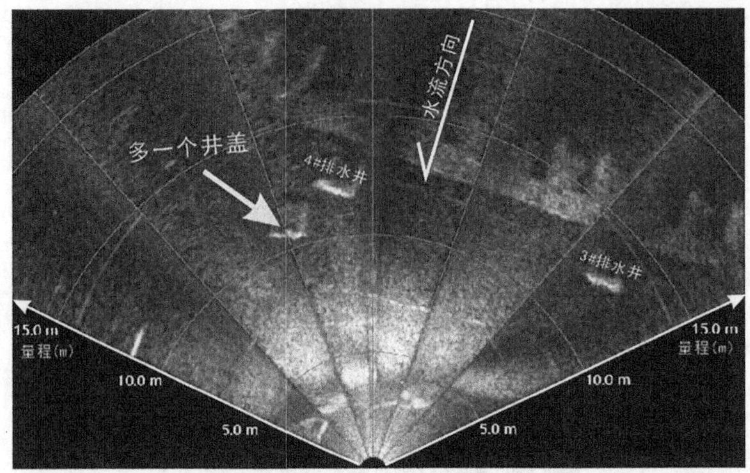

图 1-2-5-36　4#排水井右岸侧存在一块多余的排水井井盖声呐影像

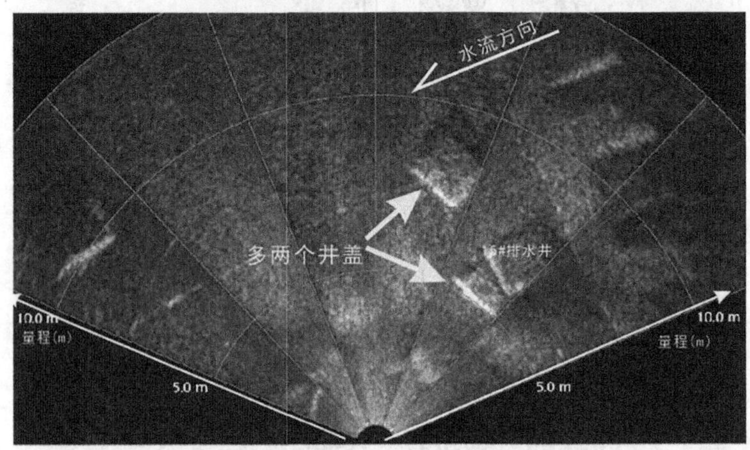

图 1-2-5-37　15#排水井井盖右岸侧和下游侧各存在一块多余的排水井井盖声呐影像

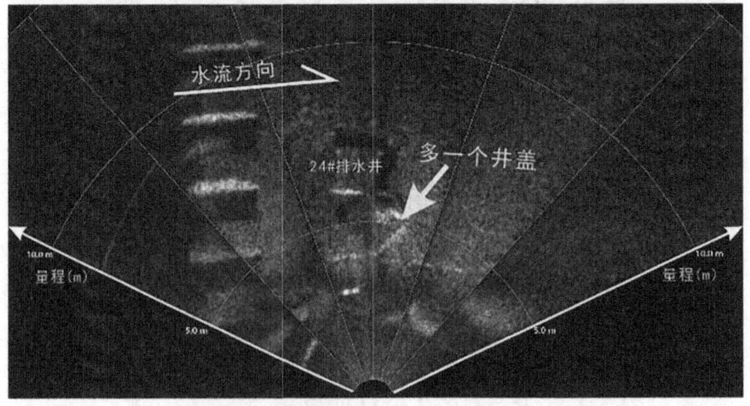

图 1-2-5-38　24#排水井井盖右岸侧存在一块多余的排水井井盖声呐影像

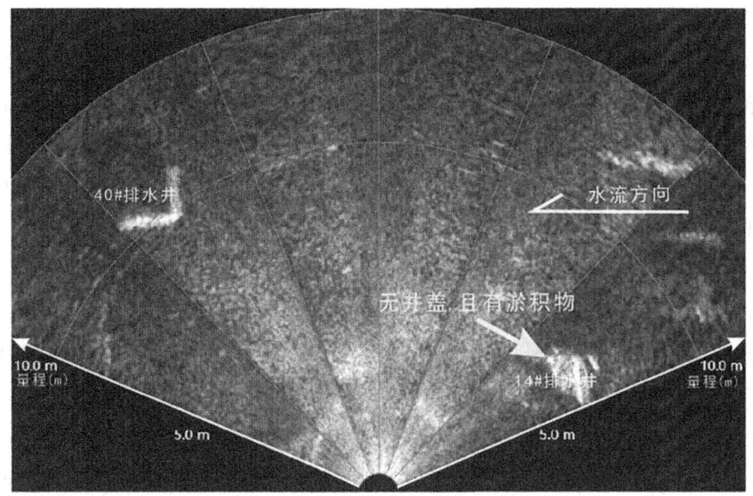

图 1-2-5-39　14#排水井井盖缺失声呐影像

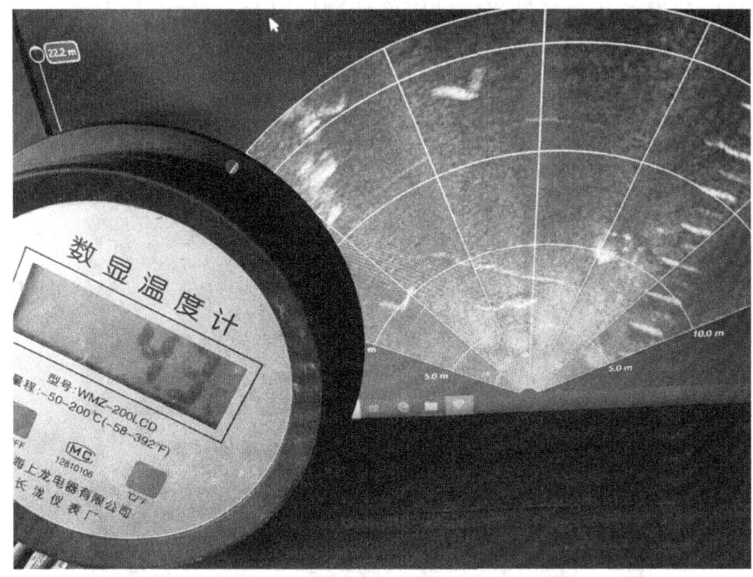

图 1-2-5-40　14#排水井温度计测试排水正常现场拍摄照片

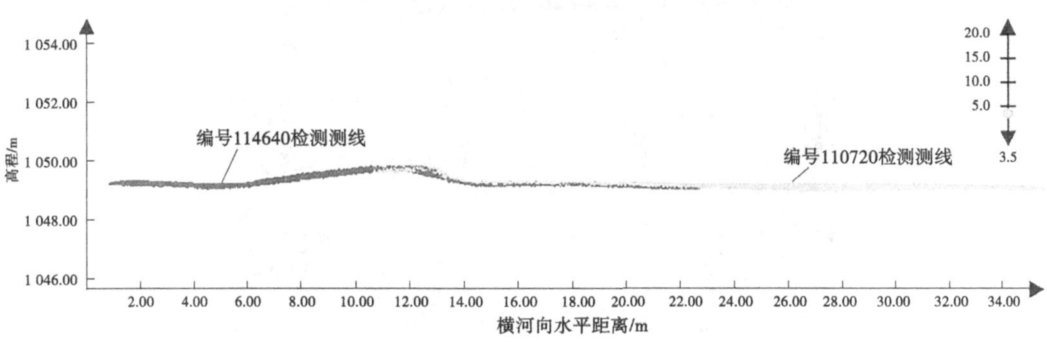

图 1-2-5-41　两条测线重合部分的断面点云数据对比

2.5.3.2　水下机器人详查成果评价

本项目中,水下机器人详查工作主要依赖于二维图像声呐对检测区域水下建筑物相对位置的准确定位而实施的。在实施过程中,受水体浑浊度的影响,本项目采用“声呐全面详查结合潜水员探摸复核”的检查方式,首先采用二维图像声呐开展全面检查,对重点详查部位消力池底板结构缝、海漫底板结构缝、海漫排水井井盖的完整情况进行了初步判定,高效准确地查明了重点详查范围内异常或缺陷存在的部位及规模等;然后将二维图像声呐作为水下定位和监视的设备,水下机器人搭载温度计等传感器对结构缝及排水井的出水情况进行判别,圈定异常分布部位;最后通过潜水员对各异常缺陷的探摸、深度的估测及排水情况进行最终判定。多项技术手段联合、复核检测,保证了详查成果的客观性,并验证了缺陷定位的准确性。

在本项目水下详查作业中,采用的 M9002250 双频二维图像声呐可用于远距离导航及近距离高分辨率成像,其量程分辨率为 1.25 cm(低频)/0.6 cm(高频),实际应用中能分辨缝宽为 1 cm 的结构缝、混凝土表层剥落等情况,见图 1-2-5-42 和图 1-2-5-43;图像声呐总体水下异常或缺陷定位误差还包括解译声呐影像的测量误差,总体定位误差不大于 0.1 m。

图 1-2-5-42　二维图像声呐分辨平整结构缝影像

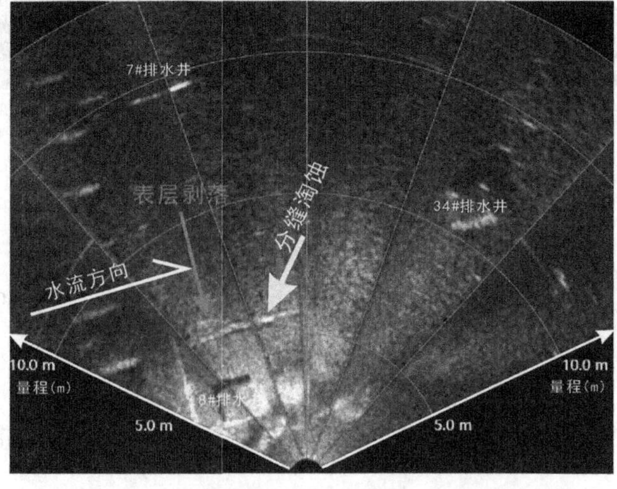

图 1-2-5-43　二维图像声呐分辨混凝土表层剥落影像

3　基于有限元数值模拟的水闸结构安全复核

目前，大部分学者采用传统的结构力学方法对水闸闸室进行结构安全复核计算，事实上，水闸属于三维空间结构，如按照常规平面方法简化计算，会忽略闸底板、闸墩、启闭机房及交通桥等建筑物之间的联系作用，计算结果误差较大。

近年来，随着计算机技术的快速发展，有限元数值模拟技术在水闸计算分析中得到广泛应用；同时，《水闸设计规范》(SL 265—2016)指出："受力条件或地基条件复杂的大型水闸闸室结构宜视为整体结构，采用空间有限单元法进行结构应力计算分析。"黄河三盛公水利枢纽工程为大(1)型工程，包括闸底板、闸墩、钢闸门、牛腿、公路桥和启闭机房等结构，受力条件复杂，且存在混凝土参数不一，采用结构力学方法进行计算存在一定的局限性。

因此，考虑到枢纽工程的重要性，本次基于 ADINA 有限元分析软件，分别建立了三盛公水利枢纽工程拦河闸、进水闸、跌水闸、南岸闸及沈乌闸闸室结构三维有限元模型，采用有限元数值模拟技术，对拦河闸、进水闸、跌水闸、南岸闸及沈乌闸结构安全进行复核，并针对目前有限元数值模拟技术在水闸结构安全复核中存在的问题，提出了一种有限元数值模拟和结构力学计算相结合的分析方法，该方法有效地弥补了单纯采用有限元数值模拟带来的不足，可为同类水闸结构安全复核提供相应的依据和参考。

3.1　复核运用条件、复核标准及评价方法

3.1.1　复核运用条件和复核标准

根据《黄河三盛公水利枢纽工程防洪标准复核报告》(黄河水利科学研究院，2019 年 5 月)，设计洪水复核计算成果小于原设计成果及除险加固阶段成果。因此，本次数值模拟计算中设计洪水位、校核洪水位根据除险加固工程批复指标进行确定。

本章主要对拦河闸结构安全进行了复核，主要包括受弯构件最大挠度限值验算、结构应力复核、闸室稳定复核及混凝土裂缝宽度控制验算。

3.1.2　评价方法

3.1.2.1　有限元计算原理和方法

有限单元法是一种有着坚实的理论基础和广泛的应用领域的数值分析方法。30 多年来，有限单元法的理论和应用都得到了迅速的持续不断的发展，其应用已由弹性力学平面问题扩展到空间问题、板壳问题，由静力平衡问题扩展到稳定问题、动力问题和波动问

题。分析对象从弹性材料扩展到塑性、黏弹性、黏塑性和复合材料等,从固体力学扩展到流体力学、传热学、电磁学等领域。

有限单元法的基本思想是将连续的求解区域离散为一组有限个且按一定方式相互连接在一起的单元的组合体。利用在每一个单元内假设的近似函数来分片地表示全求解域上待求的未知场函数。单元内的近似函数通常由未知场函数或其导数在单元的各个结点的数值和其插值函数来表达。这样,一个问题的有限元分析中,未知场函数或其导数在各个结点上的数值就成为新的未知量(自由度),从而使一个连续的无限自由度问题变成离散的有限自由度问题。求解这些未知量,就可以通过插值函数计算出各个单元内场函数的近似值,从而得到整个求解域上的近似解。有限单元法计算结构应力和变形的基本步骤:

(1)结构离散化。把求解的区域剖分成网格,把整体离散为各个单元,单元之间依赖连续条件和平衡条件协调,单元的具体形态依赖于计算精度、计算时间和结构(或区域)的特性来确定。

(2)选择位移函数。选择合适的位移函数来近似地模拟结构(或区域)的实际应力分布,在有限单元法中大多以多项式作为位移函数。

(3)单元刚度矩阵 $\boldsymbol{K}^{e}$ 的形成。单元刚度矩阵是单元抵抗外力载荷能力的一种反映,主要取决于位移模型、单元几何形状和材料本构关系。单元刚度矩阵可以表述如下:

$$\boldsymbol{K}^{e} = \int \boldsymbol{B}^{T}\boldsymbol{D}\boldsymbol{B}\mathrm{d}V \tag{1-3-1-1}$$

式中　$\boldsymbol{K}^{e}$——单元本构关系矩阵;

$\boldsymbol{B}$——单元应变矩阵;

V——体积。

(4)单元等效结点荷载列阵 $\boldsymbol{F}$。把结构上受的各种力转换到单元的各个结点上,以集中力的形式出现。

(5)总体刚度矩阵 $\boldsymbol{K}$ 的形成。由第(3)步形成的单元刚度矩阵 $\boldsymbol{K}^{e}$,根据单元的连接情况来集成总体刚度矩阵,然后由有限单元法基本方程即可求得位移向量,即

$$\boldsymbol{K}\boldsymbol{\delta} = \boldsymbol{F} \tag{1-3-1-2}$$

(6)计算应力。由第(5)步求得的位移向量 $\boldsymbol{\delta}$,再由下式计算:

$$\boldsymbol{\sigma} = \boldsymbol{D}\boldsymbol{B}\boldsymbol{\delta}^{e} \tag{1-3-1-3}$$

即可求得结点的单元应力。

3.1.2.2　拉应力区复核

目前,如何对有限元计算结果中拉应力超过混凝土轴心抗拉强度标准值区域进行安全评价的研究较少,本书采用有限元数值模拟与结构力学计算相结合的方法对拉应力进行复核。

依据《水工混凝土结构设计规范》(SL 191—2008)中正截面受弯承载力计算相关内容及纯弯曲梁横截面上正应力计算公式,此处能承受的最大拉应力为 4.81 MPa,满足安

全需求。具体计算公式如下。

(1)矩形截面或翼缘位于受拉边的倒 T 形截面受弯构件,其正截面受弯承载力应符合下列规定:

$$KM \leqslant f_c bx(h_0 - \frac{x}{2}) + f'_y A'_s(h_0 - a'_s) \tag{1-3-1-4}$$

$$f_c bx = f_y A_s - f'_y A'_s \tag{1-3-1-5}$$

$$x \geqslant 2a'_s \tag{1-3-1-6}$$

式中　K——承载力安全系数;

M——弯矩设计值;

f_c——混凝土轴心抗压强度设计值;

A_s——纵向受拉钢筋的截面面积;

A'_s——纵向受压钢筋的截面面积;

f_y——钢筋抗拉强度设计值;

f'_y——钢筋抗压强度设计值;

h_0——截面的有效高度;

b——矩形截面的宽度或 T 形截面的腹板宽度;

x——受压区计算高度;

a'_s——受压钢筋合力点至受压区边缘的距离。

(2)等直梁在纯弯曲时横截面上任一点处正应力的计算公式为

$$\sigma = \frac{My}{I_z} \tag{1-3-1-7}$$

式中　M——横截面上的弯矩;

I_z——横截面对中性轴 z 的惯性矩;

y——所求应力的点到中性轴 z 的距离。

根据上述公式计算得到的应力结果与有限元计算结果进行对比,即可对拉应力超过混凝土动态轴心抗拉强度标准值区域进行复核。

3.1.2.3　**稳定复核**

根据《水闸设计规范》(SL 265—2016),土基上沿闸室基底面的抗滑稳定安全系数和闸室基地应力不均匀系数按以下公式计算:

$$K_c = \frac{f\sum G}{\sum H} = \frac{f\sum_{i=1}^{n} g_i}{\sum_{i=1}^{n} h_i} \tag{1-3-1-8}$$

$$\eta = \frac{P_{max}}{P_{min}} = \frac{(\sigma_{zz})_{max}}{(\sigma_{zz})_{min}} \tag{1-3-1-9}$$

式中　K_c——抗滑稳定安全系数;

f——基础底面与地基土之间的摩擦系数;

$\sum G$——作用在闸室上的全部竖向荷载;

$\sum H$——作用在闸室上的全部水平向荷载;

n——有限元数值模拟中闸室底板结点个数;

g_i——第 i 个闸室底板结点上所受的竖向荷载;

h_i——第 i 个闸室底板结点上所受的水平向荷载;

η——闸室基底应力不均匀系数;

P_{max}——闸室基底应力最大值;

P_{min}——闸室基底应力最小值;

$(\sigma_{zz})_{max}$——有限元数值模拟计算结果中闸底板处垂直应力最大值;

$(\sigma_{zz})_{min}$——有限元数值模拟计算结果中闸底板处垂直应力最小值。

根据《水闸设计规范》(SL 265—2016)表 7.3.5,在基本组合时应力不均匀系数允许值 $[\eta]$ 取 2.00,在特殊组合时应力不均匀系数允许值 $[\eta]$ 取 2.50。

3.1.2.4 裂缝宽度复核

依据《水工混凝土结构设计规范》(SL 191—2008)7.2.2 条,在荷载效应标准组合下最大裂缝宽度 ω_{max} 可采用以下公式计算:

$$\omega_{max} = \alpha \frac{\sigma_{sk}}{E_s}\left(30 + c + 0.07 \frac{d}{\rho_{te}}\right) \tag{1-3-1-10}$$

$$\rho_{te} = \frac{A_s}{A_{te}} \tag{1-3-1-11}$$

$$\sigma_{sk} = \frac{F_N}{A_s} \tag{1-3-1-12}$$

式中 α——考虑构件受力特征和荷载长期作用的综合影响系数;

c——最外层纵向受拉钢筋外边缘至受拉区边缘的距离;

d——钢筋直径;

ρ_{te}——纵向受拉钢筋的有效配筋率;

A_{te}——有效受拉混凝土截面面积;

σ_{sk}——按荷载标准值计算的构件纵向受拉钢筋的应力;

F_N——根据有限元内力法求得的整体截面所受拉力;

E_s——钢筋的弹性模量。

3.2 计算基本资料

3.2.1 有限元模型

考虑到黄河三盛公水利枢纽已运行 60 余年,根据监测资料显示,地基沉降已基本稳定。同时,根据考虑地基模型时各闸室结构初步试算结果,静力作用下各闸室结构闸底板三项位移均较小,最大位移数值不足 0.5 mm。以拦河闸为例,图 1-3-2-1 给出了考虑地基时的拦河闸闸室结构三维有限元模型,图 1-3-2-2 给出了静力作用下考虑地基时拦河闸闸室结构试算结果的各项位移等值线图,具体如下。

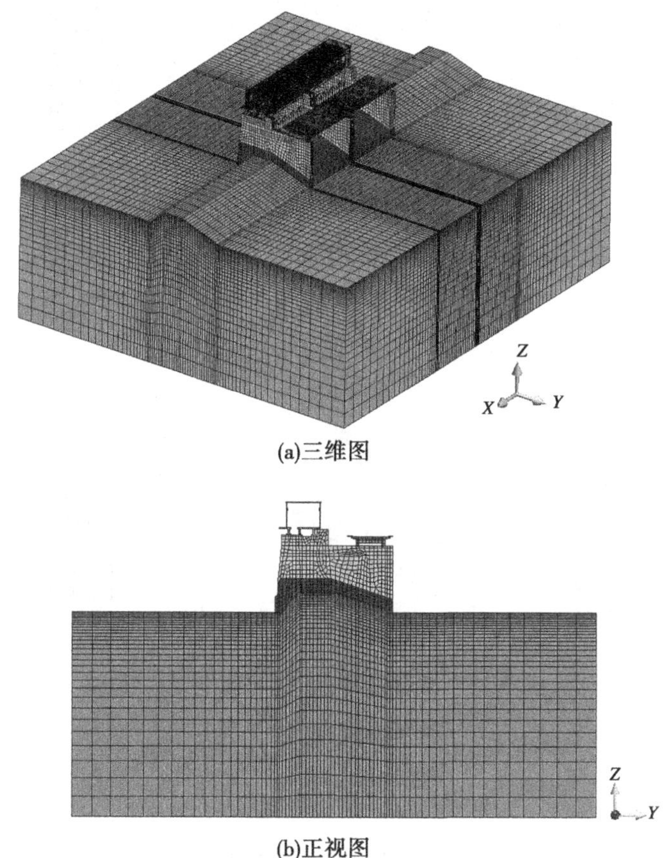

(a)三维图

(b)正视图

图 1-3-2-1　考虑地基时的拦河闸闸室结构三维有限元模型

可以看出,地基对闸底板结构的影响基本可以忽略,同时,上述模型地基网格单元数为 215 340,约占总体网格数的 86%,大大增加了计算时间。因此,为便于分析计算,本次计算忽略地基的影响。

3.2.1.1　拦河闸

黄河三盛公水利枢纽拦河闸共 18 孔,每 2 孔一联,每联之间设置有分缝。考虑到边墩两侧所受土压力和水压力的不同,本次主要对边孔一联拦河闸闸室结构进行计算分析。

根据拦河闸闸室结构特点,建立包括闸底板、闸墩、钢闸门、牛腿、公路桥和启闭机房的三维有限元模型,具体模型如图 1-3-2-3 ~ 图 1-3-2-6 所示。模型共计 55 442 个结点,35 829 个单元,大部分采用八结点六面体单元进行空间离散。采用笛卡儿坐标系,横河向为 X 方向,顺河向为 Y 方向,铅直方向为 Z 方向,计算时在拦河闸闸底板底部施加三向位移约束。

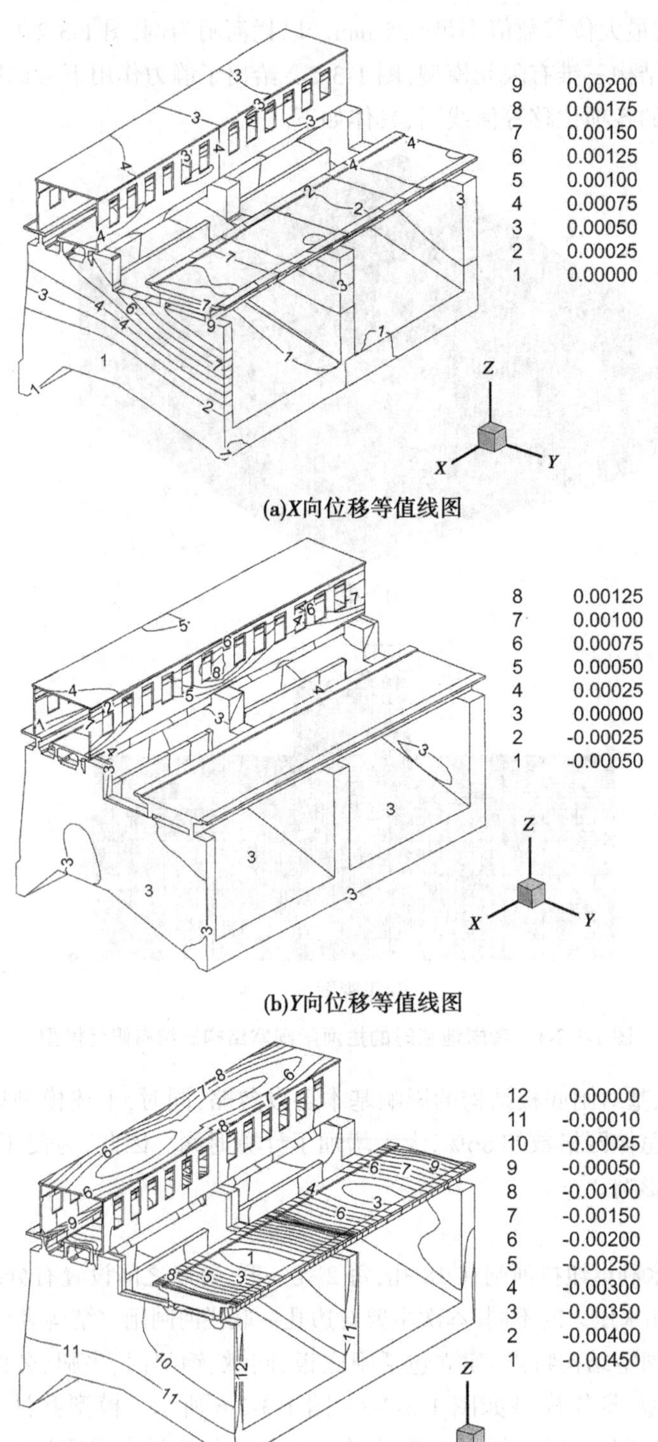

(a)*X*向位移等值线图

(b)*Y*向位移等值线图

(c)*Z*向位移等值线图

图 1-3-2-2　静力作用下考虑地基时拦河闸闸室结构试算结果的各项位移等值线图　（单位：m）

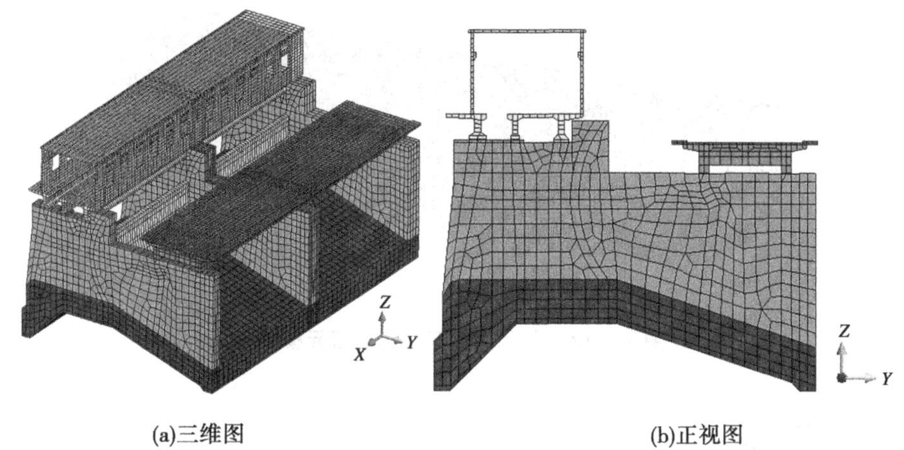

(a)三维图　(b)正视图

图 1-3-2-3　拦河闸闸室结构有限元模型

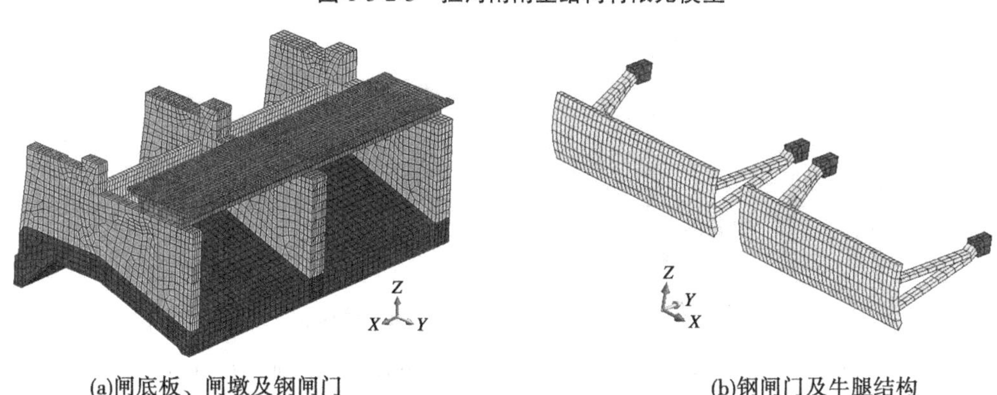

(a)闸底板、闸墩及钢闸门　(b)钢闸门及牛腿结构

图 1-3-2-4　拦河闸闸底板、闸墩、钢闸门及牛腿结构有限元模型

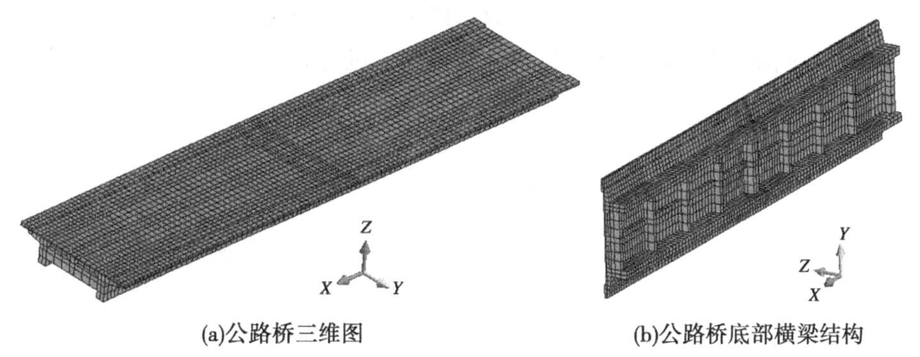

(a)公路桥三维图　(b)公路桥底部横梁结构

图 1-3-2-5　拦河闸公路桥有限元模型

由于拦河闸结构每孔闸墩上的公路桥和启闭机房是独立存在的,因此在相邻两节启闭机房和公路桥之间设置薄层单元,具体如图 1-3-2-7 所示,在有限元计算中使薄层单元不参与运算,这样即可实现两节启闭机房间及公路桥之间的相对独立性。

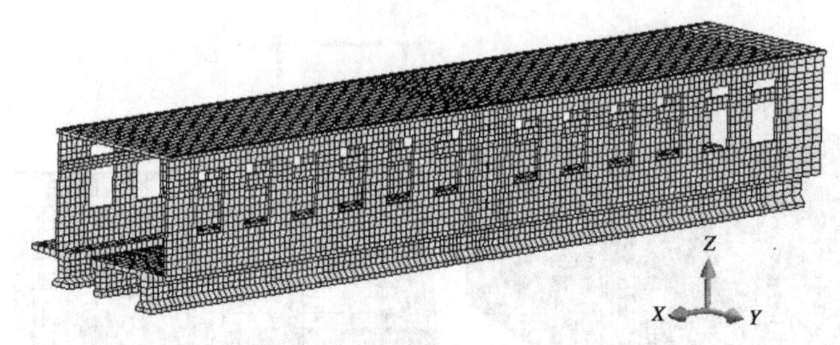

图 1-3-2-6　拦河闸启闭机房有限元模型

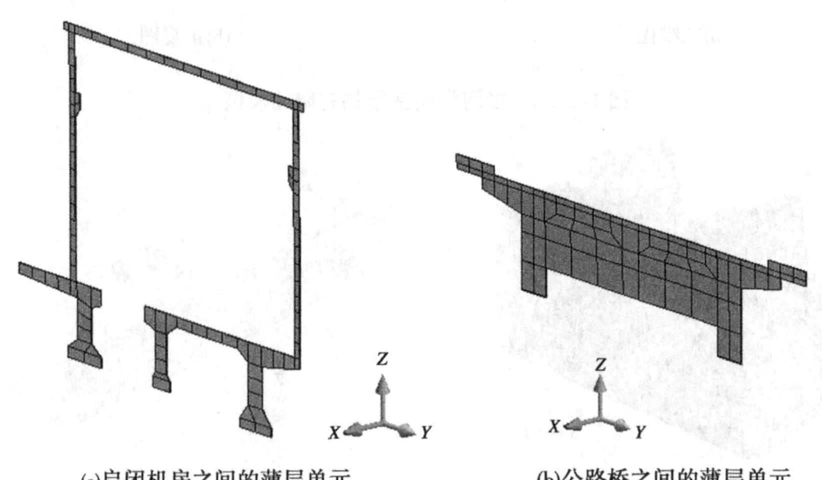

(a)启闭机房之间的薄层单元　(b)公路桥之间的薄层单元

图 1-3-2-7　拦河闸启闭机房之间和公路桥之间的薄层单元

另外,拦河闸启闭机房和公路桥与闸墩的连接形式为搭接。因此,为模拟拦河闸启闭机房和公路桥与闸墩之间的接触作用,在闸墩与启闭机房和公路桥之间设置了薄层单元,具体如图 1-3-2-8 所示。

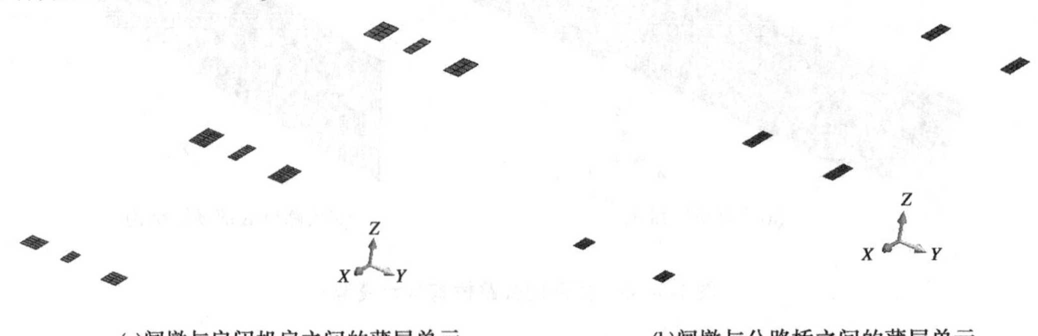

(a)闸墩与启闭机房之间的薄层单元　(b)闸墩与公路桥之间的薄层单元

图 1-3-2-8　拦河闸闸墩与启闭机房和公路桥之间的薄层单元

3.2.1.2　进水闸

黄河三盛公水利枢纽进水闸共 9 孔，两侧每 2 孔一联，中间 1 孔一联，每联之间设置分缝。考虑到边墩两侧所受土压力和水压力的不同，本次主要对边孔一联进水闸闸室结构进行计算分析。

根据进水闸闸室结构特点，建立包括闸底板、闸墩、钢闸门、牛腿、公路桥和启闭机房的三维有限元模型，具体模型如图 1-3-2-9～图 1-3-2-12 所示。模型共计 51 646 个结点，35 899 个单元，大部分采用八结点六面体单元进行空间离散。采用笛卡儿坐标系，横河向为 X 方向，顺河向为 Y 方向，铅直方向为 Z 方向，计算时在进水闸闸底板底部施加三向位移约束。

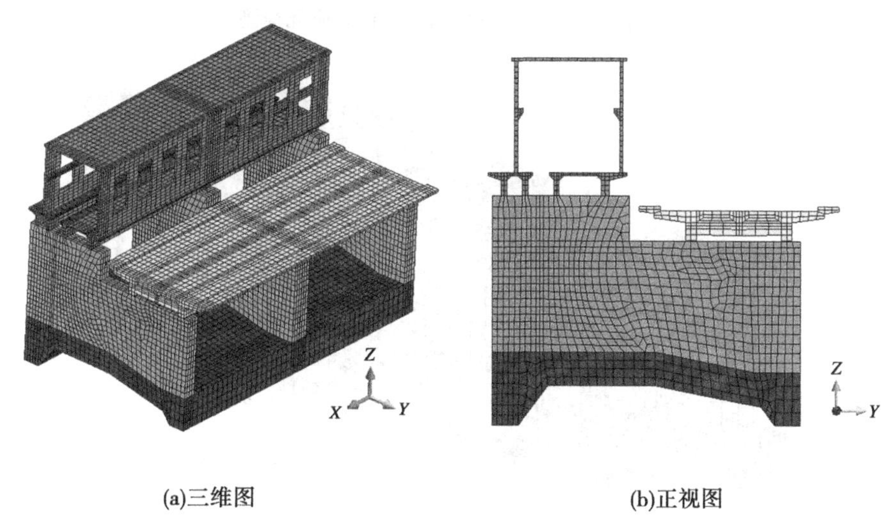

(a)三维图　　(b)正视图

图 1-3-2-9　进水闸闸闸室结构有限元模型

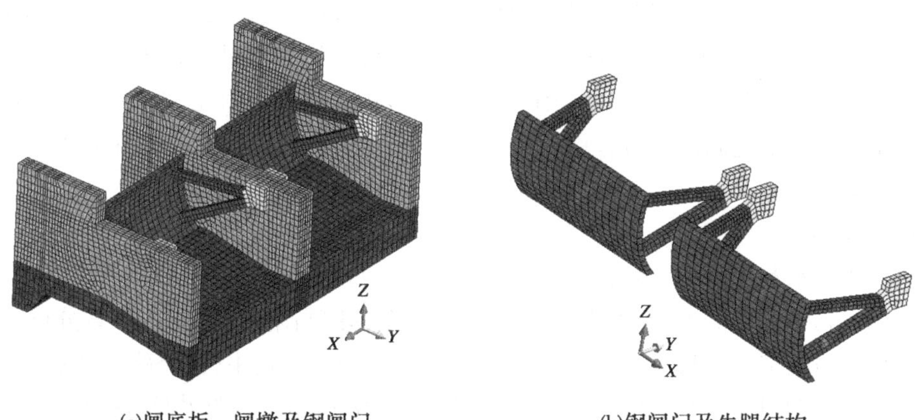

(a)闸底板、闸墩及钢闸门　　(b)钢闸门及牛腿结构

图 1-3-2-10　进水闸闸底板、闸墩、钢闸门及牛腿结构有限元模型

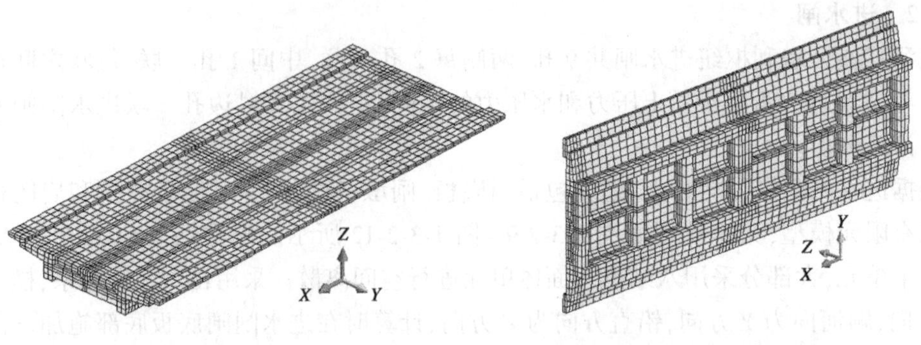

(a)公路桥及三维图 (b)公路桥底部横梁结构

图 1-3-2-11 进水闸公路桥有限元模型

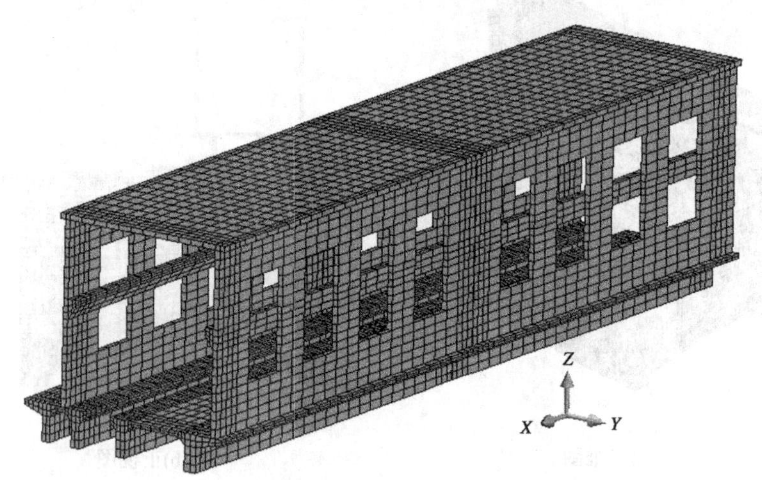

图 1-3-2-12 进水闸启闭机房有限元模型

由于进水闸结构每孔闸墩上的启闭机房和公路桥是独立存在的,因此在相邻两节启闭机房和公路桥之间设置薄层单元,具体如图 1-3-2-13 所示,在有限元计算中使薄层单元不参与运算,这样即可实现两节启闭机房之间及公路桥之间的相对独立性。

另外,进水闸启闭机房和公路桥与闸墩的连接形式为搭接。因此,为模拟进水闸启闭机房和公路桥与闸墩之间的接触作用,在闸墩与启闭机房和公路桥之间设置了薄层单元,具体如图 1-3-2-14 所示。

3.2.1.3 跌水闸

黄河三盛公水利枢纽跌水闸共 4 孔,每 2 孔一联,每联之间设置分缝。考虑到边墩两侧所受土压力和水压力的不同,本次主要对边孔一联跌水闸闸室结构进行计算分析。

根据跌水闸闸室结构特点,建立包括闸底板、闸墩、钢闸门、牛腿、公路桥和启闭机房的三维有限元模型,具体模型如图 1-3-2-15~图 1-3-2-18 所示。模型共计 48 802 个结点,34 825 个单元,基本采用八结点六面体单元进行空间离散。采用笛卡儿坐标系,横河向为 X 方向,顺河向为 Y 方向,铅直方向为 Z 方向,计算时在跌水闸闸底板底部施加三向位移约束。

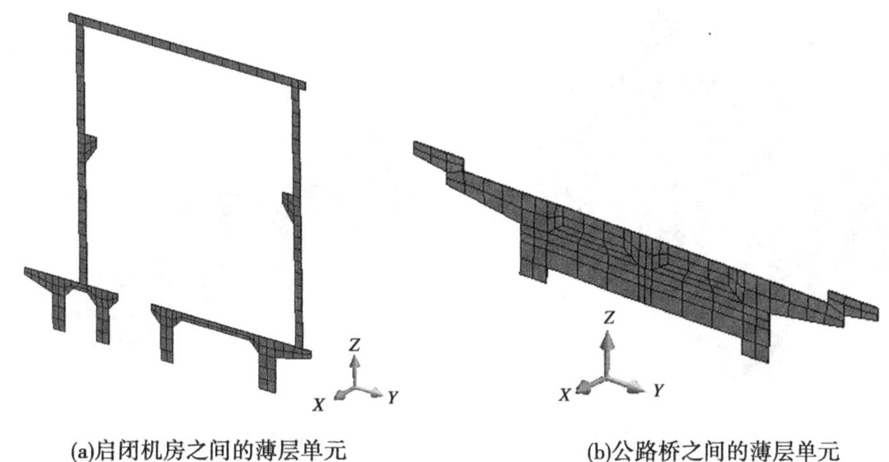

(a)启闭机房之间的薄层单元　(b)公路桥之间的薄层单元

图 1-3-2-13　进水闸启闭机房之间和公路桥之间的薄层单元

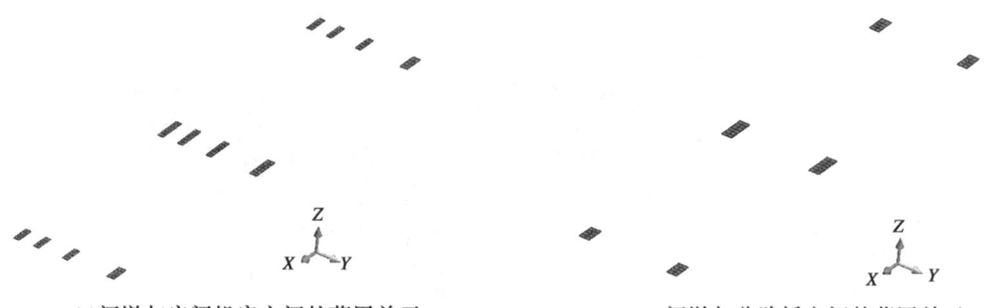

(a)闸墩与启闭机房之间的薄层单元　(b)闸墩与公路桥之间的薄层单元

图 1-3-2-14　进水闸闸墩与启闭机房及公路桥之间的薄层单元

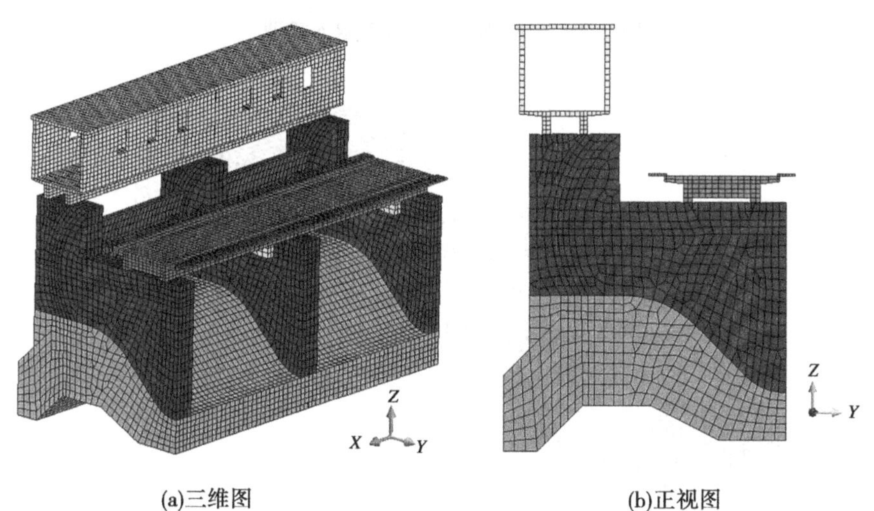

(a)三维图　(b)正视图

图 1-3-2-15　跌水闸闸室结构有限元模型

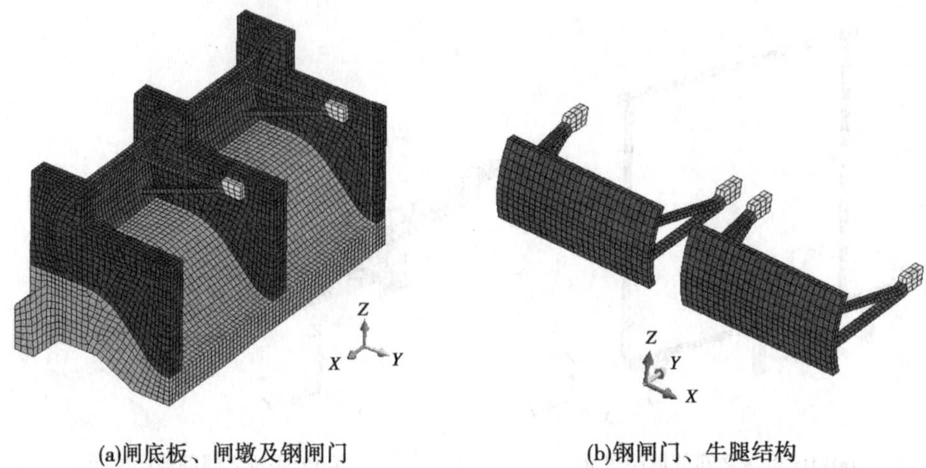

(a)闸底板、闸墩及钢闸门　　(b)钢闸门、牛腿结构

图 1-3-2-16　跌水闸闸底板、闸墩、钢闸门、牛腿结构有限元模型

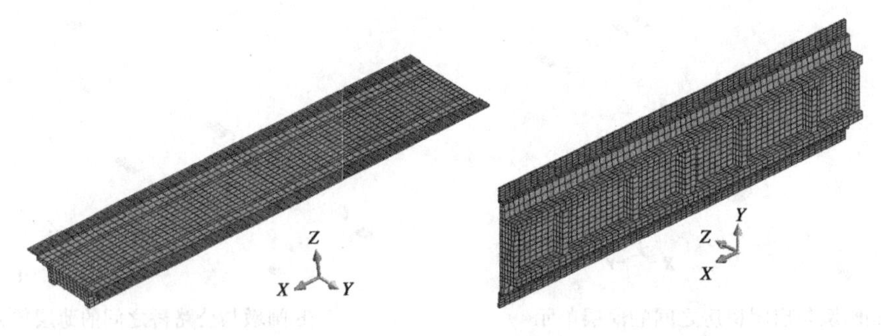

(a)公路桥三维图　　(b)公路桥底部横梁结构

图 1-3-2-17　跌水闸公路桥有限元模型

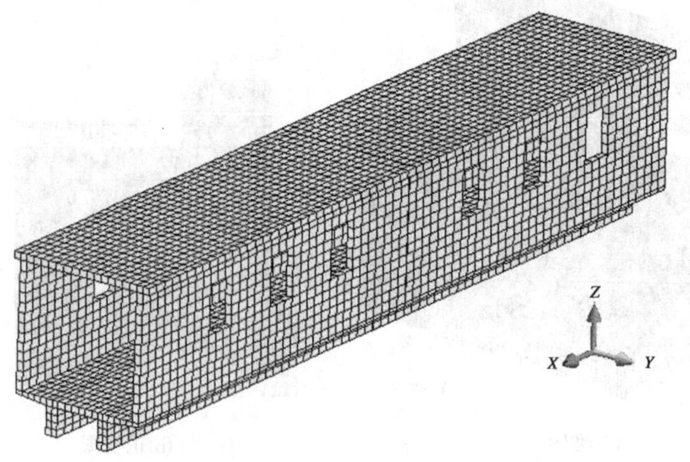

图 1-3-2-18　跌水闸启闭机房有限元模型

由于跌水闸结构每孔闸墩上的启闭机房和公路桥是独立存在的，因此在相邻两节启闭机房和公路桥之间设置薄层单元，具体如图 1-3-2-19 所示，在有限元计算中使薄层单元不参与运算，这样即可实现两节启闭机房之间及公路桥之间的相对独立性。

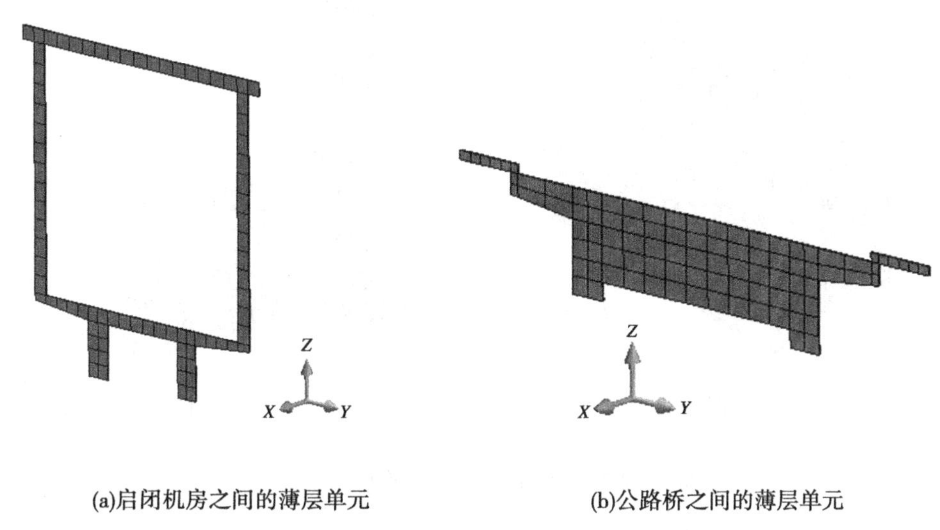

(a)启闭机房之间的薄层单元　(b)公路桥之间的薄层单元

图 1-3-2-19　跌水闸启闭机房之间和公路桥之间的薄层单元

另外，跌水闸启闭机房和公路桥与闸墩的连接形式为搭接。因此，为模拟跌水闸启闭机房和公路桥与闸墩之间的接触作用，在闸墩与启闭机房和公路桥之间设置了薄层单元，具体如图 1-3-2-20 所示。

(a)闸墩与启闭机房之间的薄层单元　(b)闸墩与公路桥之间的薄层单元

图 1-3-2-20　跌水闸闸墩与启闭机房和公路桥之间的薄层单元

3.2.1.4　**沈乌闸**

黄河三盛公水利枢纽沈乌闸共 5 孔，每孔之间没有分缝。为便于分析，本次计算针对沈乌闸整体闸室结构。

根据沈乌闸闸室结构特点，建立包括闸底板、闸墩、钢闸门、胸墙、公路桥和启闭机房的三维有限元模型，具体模型如图 1-3-2-21～图 1-3-2-24 所示。模型共计 42 793 个结点，

30 040 个单元,大部分采用八结点六面体单元进行空间离散。采用笛卡儿坐标系,顺河向为 X 方向,横河向为 Y 方向,铅直方向为 Z 方向,计算时在沈乌闸闸底板底部施加三向位移约束。

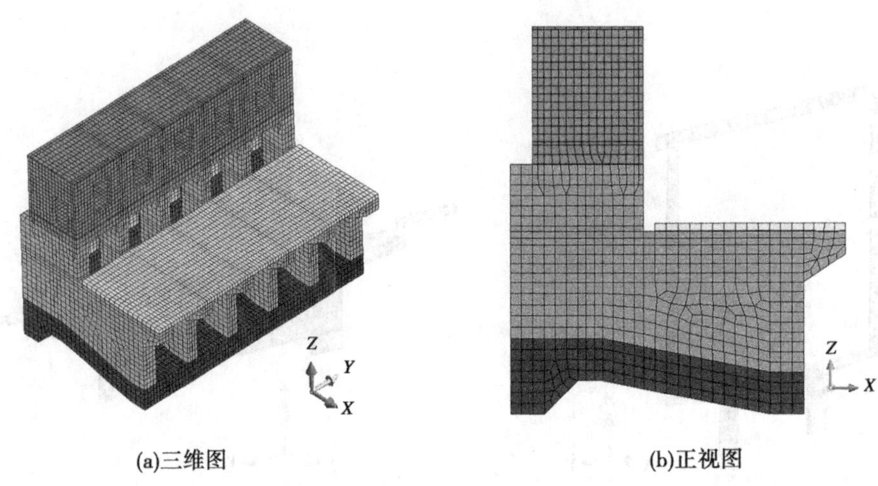

(a)三维图 (b)正视图

图 1-3-2-21 沈乌闸闸室结构有限元模型

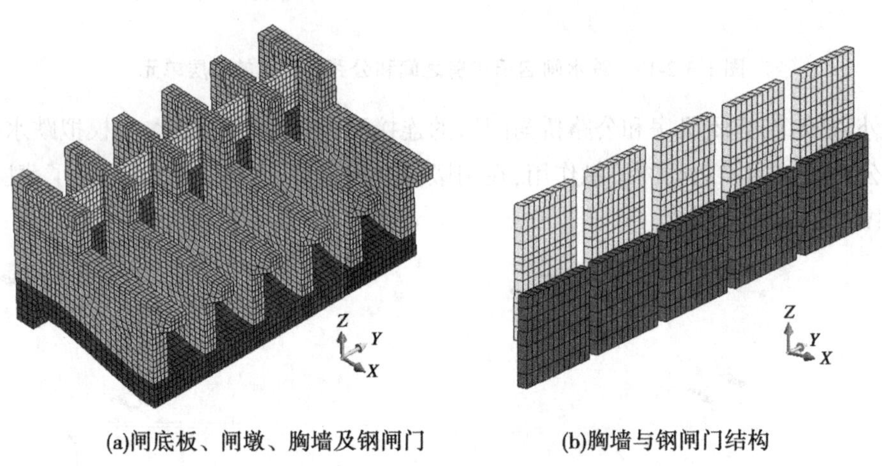

(a)闸底板、闸墩、胸墙及钢闸门 (b)胸墙与钢闸门结构

图 1-3-2-22 沈乌闸闸底板、闸墩及钢闸门结构有限元模型

沈乌闸启闭机房和公路桥与闸墩的连接形式为搭接。因此,为模拟沈乌闸启闭机房和公路桥与闸墩之间的接触作用,在闸墩与启闭机房和公路桥之间设置了薄层单元,具体如图 1-3-2-25 所示。

同时,由于沈乌闸结构每孔闸墩上的公路桥是独立存在的,因此在相邻两节公路桥之间设置薄层单元,具体如图 1-3-2-26 所示,在有限元计算中使薄层单元不参与运算,这样即可实现公路桥之间的相对独立性。

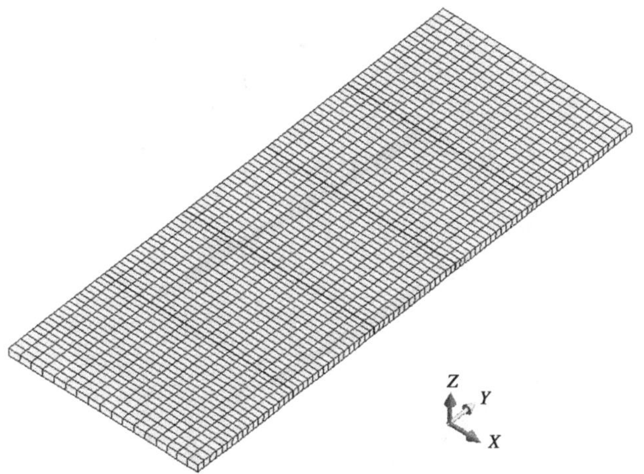

图 1-3-2-23　沈乌闸公路桥有限元模型

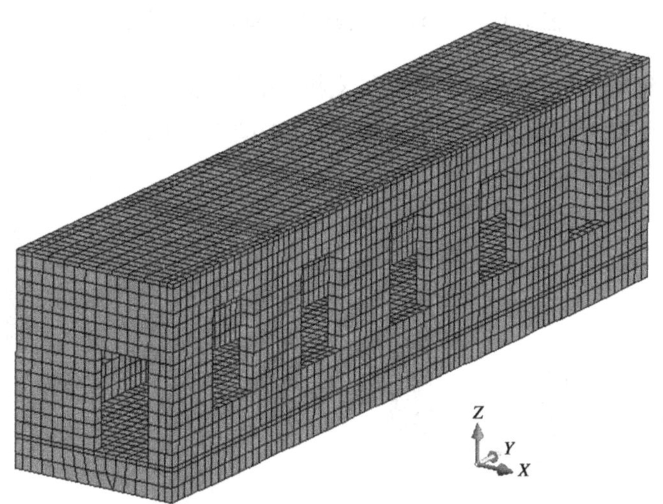

图 1-3-2-24　沈乌闸启闭机房有限元模型

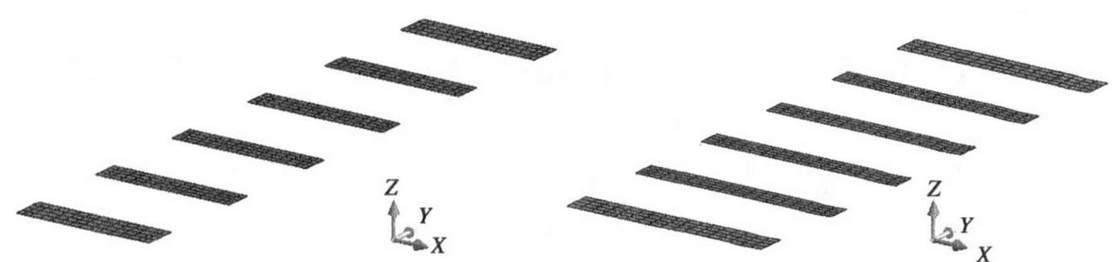

(a)闸墩与启闭机房之间的薄层单元　　(b)闸墩与公路桥之间的薄层单元

图 1-3-2-25　沈乌闸闸墩与启闭机房和公路桥之间的薄层单元

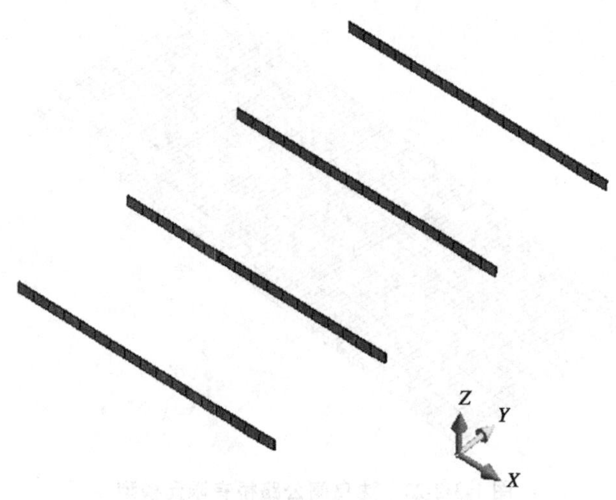

图 1-3-2-26　沈乌闸公路桥之间的薄层单元

另外，沈乌闸钢闸门靠门槽内主轨提供支撑，为模拟沈乌闸钢闸门与门槽之间的接触作用，在闸墩与钢闸门之间设置了薄层单元，具体如图 1-3-2-27 所示。

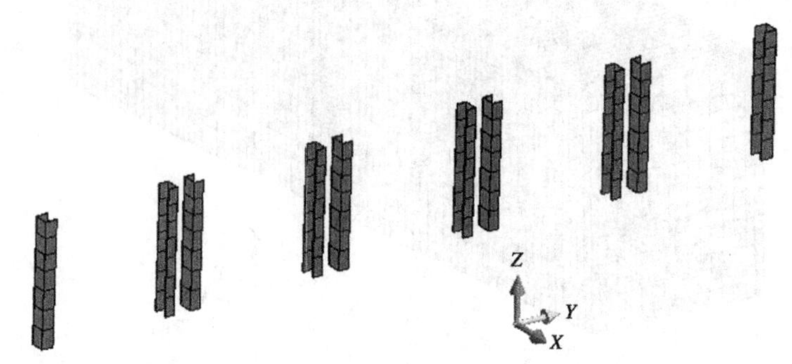

图 1-3-2-27　沈乌闸闸墩与钢闸门之间的薄层单元

3.2.1.5　**南岸闸**

与沈乌闸构造类似，黄河三盛公水利枢纽南岸闸共 5 孔，每孔之间没有分缝。为便于分析，本次计算针对南岸闸整体闸室结构。

根据南岸闸闸室结构特点，建立包括闸底板、闸墩、钢闸门、胸墙、公路桥和启闭机房的三维有限元模型，具体模型如图 1-3-2-28 ~ 图 1-3-2-31 所示。模型共计 49 758 个结点，35 388 个单元，大部分采用八结点六面体单元进行空间离散。采用笛卡儿坐标系，横河向为 X 方向，顺河向为 Y 方向，铅直方向为 Z 方向，计算时在南岸闸闸底板底部施加三向位移约束。

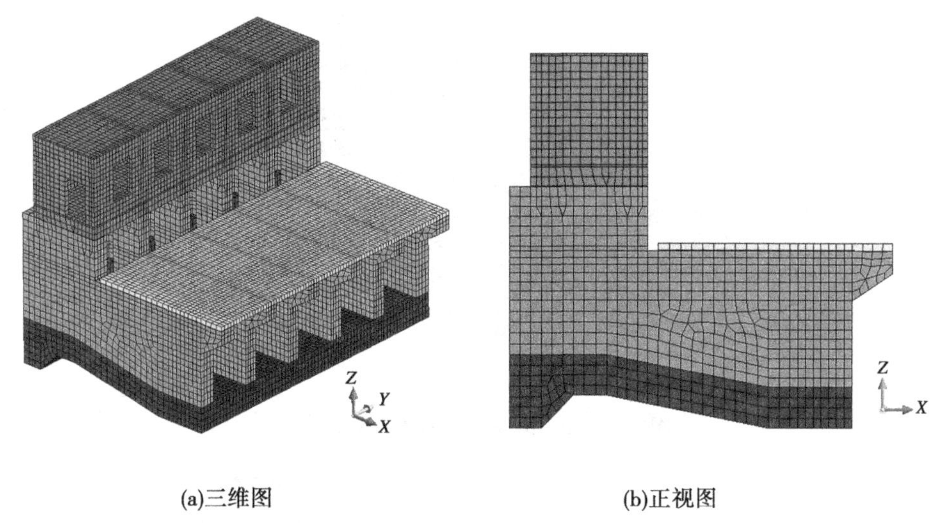

(a)三维图　(b)正视图

图 1-3-2-28　南岸闸闸室结构有限元模型

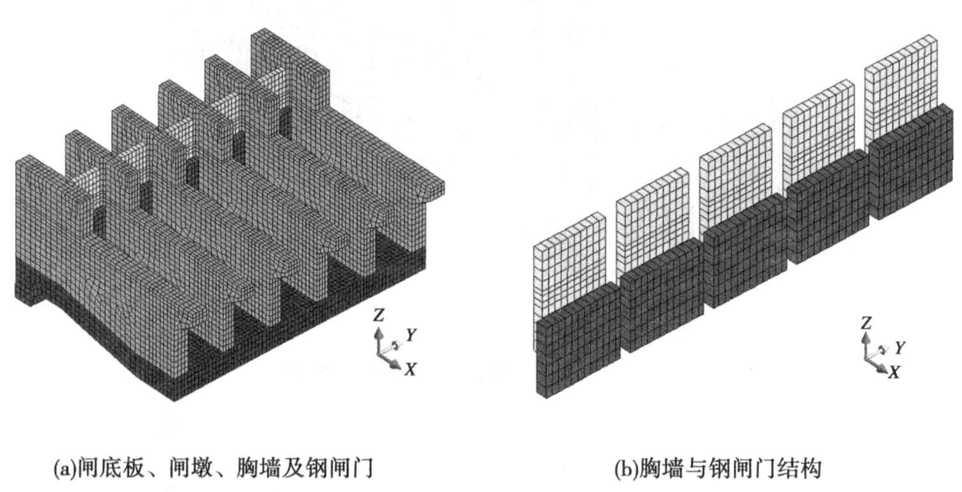

(a)闸底板、闸墩、胸墙及钢闸门　(b)胸墙与钢闸门结构

图 1-3-2-29　南岸闸闸底板、闸墩、胸墙及钢闸门结构有限元模型

南岸闸启闭机房和公路桥与闸墩的连接形式为搭接。因此，为模拟南岸闸启闭机房和公路桥与闸墩之间的接触作用，在闸墩与启闭机房和公路桥之间设置了薄层单元，具体如图 1-3-2-32 所示。

同时，由于南岸闸结构每孔闸墩上的公路桥是独立存在的，因此在相邻两节公路桥之间设置薄层单元，具体如图 1-3-2-33 所示，在有限元计算中使薄层单元不参与运算，这样即可实现公路桥之间的相对独立性。

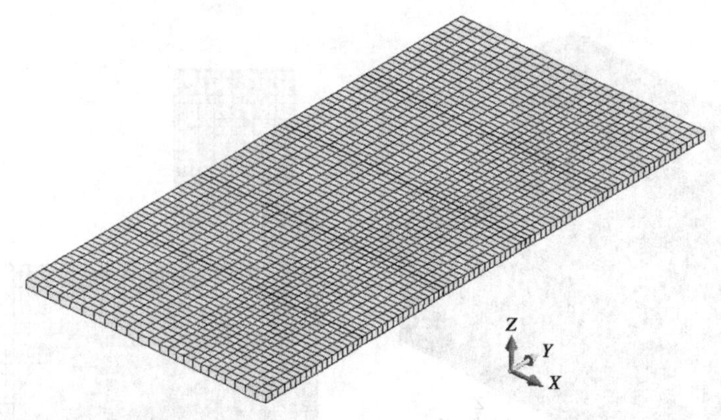

图 1-3-2-30　南岸闸公路桥有限元模型

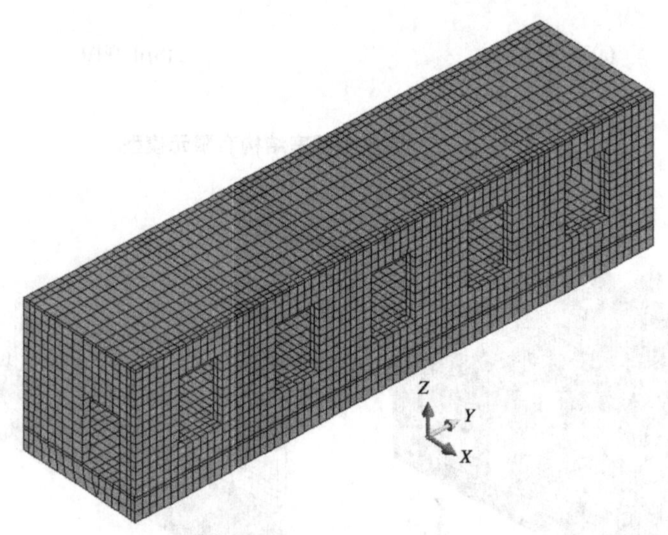

图 1-3-2-31　南岸闸启闭机房有限元模型

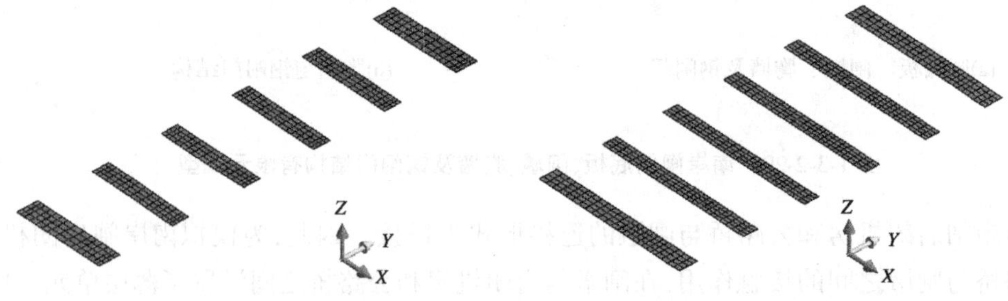

(a)闸墩与启闭机房之间的薄层单元　　(b)闸墩与公路桥之间的薄层单元

图 1-3-2-32　南岸闸闸墩与启闭机房和公路桥之间的薄层单元

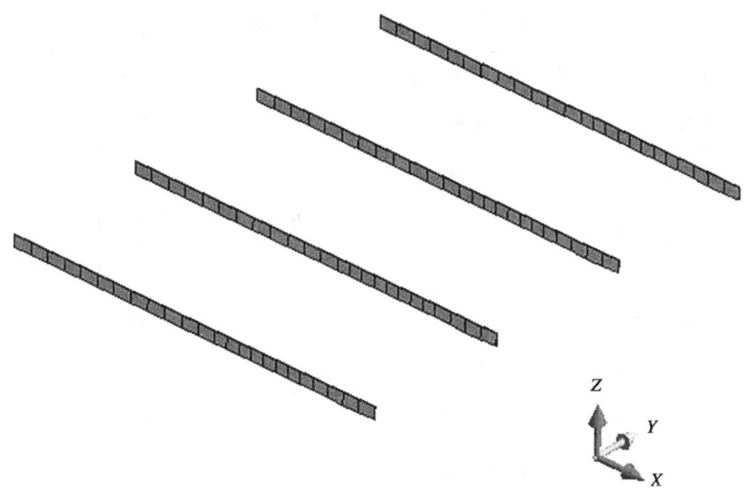

图 1-3-2-33　南岸闸公路桥之间的薄层单元

另外,南岸闸钢闸门靠门槽内主轨提供支撑,为模拟南岸闸钢闸门与门槽之间的接触作用,在闸墩与钢闸门之间设置了薄层单元,具体如图 1-3-2-34 所示。

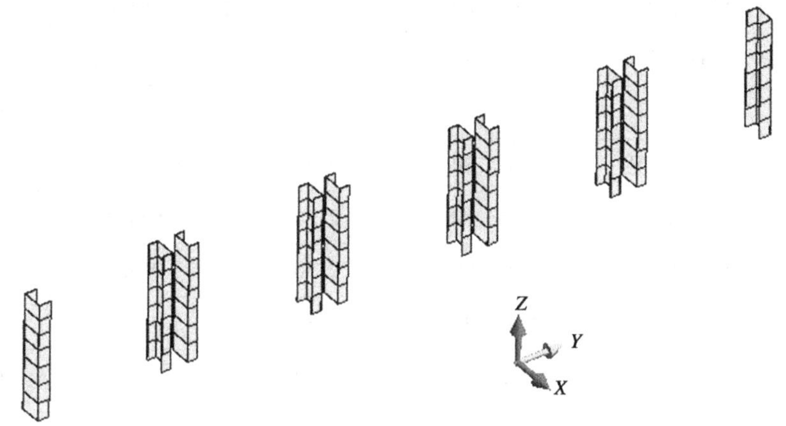

图 1-3-2-34　南岸闸闸墩与钢闸门之间的薄层单元

3.2.2　计算参数

3.2.2.1　计算工况

根据《黄河三盛公水利枢纽工程防洪标准复核报告》(黄河水利科学研究院,2019 年 5 月),设计洪水复核计算成果小于原设计成果及除险加固阶段成果。因此,本次数值模拟计算中设计洪水位、校核洪水位根据除险加固工程批复指标进行确定,具体如表 1-3-2-1 所示。

表 1-3-2-1 各闸室结构水深

类别	计算工况	上游水位高程/m	上游水深/m	下游水位高程/m	下游水深/m
拦河闸闸室结构	正常蓄水位	1 054.80	5.20	1 053.35	7.75
	设计洪水位	1 055.00	5.40	1 053.35	7.75
	校核洪水位	1 055.30	5.70	1 053.47	7.87
	凌汛期	1 054.62	5.02	1 054.40	8.80
进水闸闸室结构	正常高水位	1 054.80	3.30	1 054.30	3.70
	设计洪水位	1 055.00	3.50	1 054.30	3.70
	校核洪水位	1 055.30	3.80	1 054.30	3.70
	凌汛期	1 054.62	3.12	—	下游无水
	检修工况	1 054.80	3.30	—	下游无水
跌水闸闸室结构	正常高水位	1 054.27	5.00	1 048.97	2.94
	检修工况		上游无水	—	下游无水
沈乌闸闸室结构	正常高水位	1 054.80	2.30	1 053.62	2.32
	设计洪水位	1 055.00	2.50	1 053.62	2.32
	校核洪水位	1 055.30	2.80	1 053.62	2.32
	凌汛期	1 054.62	2.12	—	下游无水
	检修工况	1 054.80	2.30	—	下游无水
南岸闸闸室结构	正常高水位	1 054.80	2.30	1 054.40	3.10
	设计洪水位	1 055.00	2.50	1 054.40	3.10
	校核洪水位	1 055.30	2.80	1 054.40	3.10
	凌汛期	1 054.62	2.12	—	下游无水
	检修工况	1 054.80	2.30	—	下游无水

3.2.2.2 材料参数

本次数值模拟过程中,为体现出钢筋的作用,混凝土的弹性模量采用等效的弹性模量。其中,在线弹性阶段,钢筋和混凝土是协调变形的,具体的等效原则如下:

$$E_d = E_c + E_s \frac{A_s}{A} \tag{1-3-2-1}$$

式中 E_d——钢筋混凝土材料等效的弹性模量,GPa;

E_c——素混凝土弹性模量,GPa;

E_s——钢筋弹性模量,GPa;

A_s——钢筋截面面积，m^2；

A——混凝土截面面积，m^2。

为了安全起见，拦河闸、进水闸、跌水闸、沈乌闸及南岸闸闸室结构钢筋截面面积和混凝土截面面积取值按《水工混凝土结构设计规范》（SL 191—2008）中表9.5.1中规定的最小配筋率进行选取，即取0.15%。

本工程计算所采用的混凝土材料参数见表1-3-2-2。

表1-3-2-2　各闸室结构混凝土材料参数

类别	材料号	构件名称	容重/(kN/m^3)	弹性模量/GPa	泊松比
拦河闸	1	闸底板	25.0	29.02	0.167
	2	闸墩	25.0	29.02	0.167
	3	公路桥	25.0	31.52	0.167
	4	启闭机房	25.0	31.52	0.167
进水闸	5	闸底板	25.0	32.81	0.167
	6	闸墩	25.0	33.86	0.167
	7	公路桥	25.0	31.52	0.167
	8	启闭机房	25.0	31.52	0.167
跌水闸	9	闸底板	25.0	33.23	0.167
	10	闸墩	25.0	31.20	0.167
	11	公路桥	25.0	31.52	0.167
	12	启闭机房	25.0	31.52	0.167
沈乌闸	13	闸底板	25.0	33.23	0.167
	14	闸墩	25.0	32.48	0.167
	15	公路桥	25.0	31.52	0.167
	16	启闭机房	25.0	31.52	0.167
南岸闸	17	闸底板	25.0	32.75	0.167
	18	闸墩	25.0	33.50	0.167
	19	公路桥	25.0	31.52	0.167
	20	启闭机房	25.0	31.52	0.167

注：1. 表中给出的是各材料参数均为等效后的材料参数。

2. 在本次计算中，各闸室结构不同材料的弹性模量均采用钻芯取样测得的参数，并根据《水工混凝土结构设计规范》（SL 191—2008）查表计算得到。

结合《三盛公水利枢纽工程现场检测报告》（黄河水利委员会基本建设工程质量检测中心，2019年5月），可得各闸室结构混凝土静态强度指标，具体如表1-3-2-3所示。

表 1-3-2-3 各闸室结构混凝土静态强度指标

类别	材料号	构件名称	静态抗压强度/MPa	静态抗拉强度/MPa
拦河闸	1	闸底板	10.34	1.15
	2	闸墩	10.34	1.15
	3	公路桥	12.86	1.33
	4	启闭机房	12.86	1.33
进水闸	5	闸底板	14.44	1.44
	6	闸墩	16.12	1.54
	7	公路桥	12.86	1.33
	8	启闭机房	12.86	1.33
跌水闸	9	闸底板	15.12	1.48
	10	闸墩	12.48	1.31
	11	公路桥	12.86	1.33
	12	启闭机房	12.86	1.33
沈乌闸	13	闸底板	15.12	1.48
	14	闸墩	14.01	1.41
	15	公路桥	12.86	1.33
	16	启闭机房	12.86	1.33
南岸闸	17	闸底板	14.35	1.43
	18	闸墩	15.55	1.50
	19	公路桥	12.86	1.33
	20	启闭机房	12.86	1.33

3.2.3 计算荷载

3.2.3.1 自重荷载

自重荷载主要为闸底板、闸墩、公路桥及启闭机房等的重量，其中容重取值见表 1-3-2-2，重力加速度 g 取 9.81 m/s^2。

3.2.3.2 静水压力

静水压力主要施加在闸室结构前后、闸底板上表面、闸墩侧边界及钢闸门前后。其中，施加在闸室结构前后和闸墩侧边界的静水压力呈三角形分布，其大小随水深的增大而增大（具体水深见表 1-3-2-1），方向垂直指向作用面；施加在闸底板上表面的静水压力（水重）呈梯形分布，其大小随水深的增大而增大（具体水深见表 1-3-2-1），方向垂直指向作用面。

静水压力可按下式计算：

$$q = \gamma_w h_w \tag{1-3-2-2}$$

式中 q——作用于水闸结构上的静止水压力，kPa；

γ_w——水的容重，kN/m^3；

h_w——水深，m。

3.2.3.3 泥沙荷载

由于闸前淤积高程未知，本次不单独计算淤沙压力，计算时水作为浑水考虑，浑水密度取 1 100 kg/m^3。

以拦河闸为例，图 1-3-2-35 给出正常高水位运行工况下拦河闸闸室结构水荷载简图。

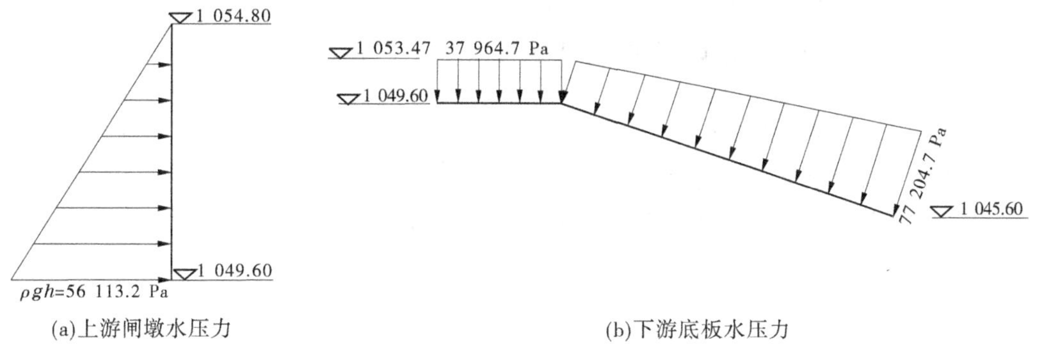

(a)上游闸墩水压力 (b)下游底板水压力

图 1-3-2-35 拦河闸闸室结构水荷载简图

3.2.3.4 扬压力

《水闸设计规范》（SL 265—2016）指出，水闸扬压力由浮托力和渗透压力组成。根据《水工建筑物荷载设计规范》（SL 744—2016）中第 6.3.2 条规定，非岩基上水闸底面的扬压力分布图形，宜根据上下游计算水位，闸底板地下轮廓线的布置情况，地基土质分布及其渗透特性等条件分析确定。渗透压力可采用改进阻力系数法计算。

3.2.3.5 土压力

土压力主要施加在边墩上，正常高水位以上部分呈三角形分布，其大小随土体深度的增大而增大，方向垂直指向作用面；正常高水位以下部分呈梯形分布，其大小随土体深度的增大而增大，方向垂直指向作用面。根据《内蒙古自治区黄河三盛公水利枢纽除险加固工程初步设计报告》（内蒙古自治区水利水电勘测设计院，2001 年 10 月），各闸室结构土体材料参数见表 1-3-2-4。

表 1-3-2-4　各闸室结构土体材料参数

类别	干密度/(kg/m³)	湿密度/(kg/m³)	摩擦角/(°)
拦河闸闸室结构	1 650	1 920	40
进水闸闸室结构	1 550	1 950	34.6
跌水闸闸室结构	1 610	1 940	34.6
沈乌闸闸室结构	1 620	1 970	31.7
南岸闸闸室结构	1 720	2 030	41.2

《水闸设计规范》(SL 265—2016)中 D.0.2 内容规定,对于墙背铅直、墙后填土表面水平的水闸挡土结构,静止土压力可按下式计算:

$$F_0 = \frac{1}{2}\gamma_t H_t^2 K_0 \tag{1-3-2-3}$$

$$K_0 = 1 - \sin\varphi_t' \tag{1-3-2-4}$$

式中 F_0——作用在水闸挡土结构上的静止土压力;

γ_t——挡土结构墙后填土容重,地下水位以下取浮容重;

H_t——挡土结构高度;

K_0——静止土压力系数;

φ_t'——墙后填土的有效内摩擦角。

以拦河闸为例,图 1-3-2-36 给出拦河闸边墩土压力荷载简图。

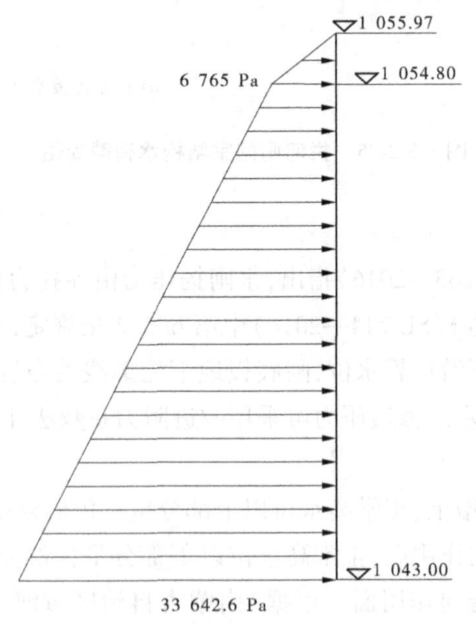

图 1-3-2-36　拦河闸边墩土压力荷载简图

3.2.3.6　浪压力

浪压力受水闸闸前风向、风速、风区长度、风区内的平均水深等因素影响，具体计算公式参照《水闸设计规范》(SL 265—2016)中附录 E 浪压力计算内容。

3.2.3.7　风荷载

目前，在水闸的设计中一般参照《建筑结构荷载规范》(GB 50009—2012)中有关风荷载的规定来确定。对于一般闸室结构来讲，风对其顺河向的安全性影响较大。风荷载的计算公式如下：

$$w_k = \beta_z \mu_s \mu_z w_0 \tag{1-3-2-5}$$

式中　w_k——风荷载标准值，kN/m²；

β_z——z 高度处的风振系数；

μ_s——风载体形系数；

μ_z——风压高度变化系数；

w_0——基本风压，kN/m²。

1. 风振系数

在短周期的波动风力作用下，结构可能出现一定的动力反应。所谓动力反应，是指比较容易变形的建筑物，在承受静力风荷载引起变形的情况下，由脉动风压造成的附加变形可能和原有变形的方向一致，致使振动愈来愈烈，最后导致建筑物破坏。

《建筑结构荷载规范》(GB 50009—2012)指出，"对于高度大于 30 m 且高宽比大于 1.5 的房屋结构，以及基本自振周期大于 0.25 s 的各种高耸结构，应考虑风压脉动对结构产生顺风向风振影响。"

只有柔度较大自振频率低的建筑物才需考虑动力反应。因此，对于一般水闸结构，在风荷载计算中可不考虑风振系数，取 $\beta_z = 1.0$。

2. 风载体形系数

风荷载计算公式中以风载体形系数来表示稳定风压在建筑物上的分布。本次计算中 μ_s 取 1.3。

3. 风压高度变化系数

根据黄河三盛公水利枢纽工程及地面粗糙类别为 B 类(田野、乡村、丛林、丘陵及房屋比较稀疏的乡镇和城市郊区)，以及《建筑结构荷载规范》(GB 50009—2012)，其风压高度变化系数可按下式取值：

$$\mu_z^{B} = 1.000\left(\frac{z}{10}\right)^{0.30} \tag{1-3-2-6}$$

4. 基本风压

确定基本风压的目的，在于根据当地的风速观测资料，规定合理的风荷载标准值。根据《建筑结构荷载规范》(GB 50009—2012)附录 E 中图 E.6.3，黄河三盛公水利枢纽工程处基本风压 w_0 取 0.4 kN/m²。

以拦河闸为例,图 1-3-2-37 给出拦河闸启闭机房风荷载简图。

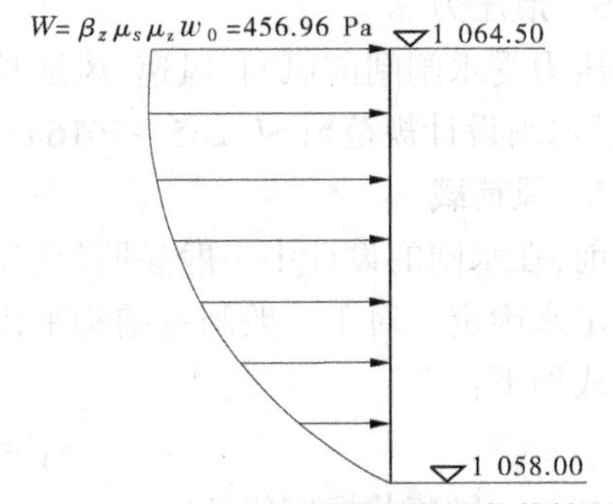

图 1-3-2-37 拦河闸启闭机房风荷载简图

3.2.3.8 公路桥荷载

拦河闸公路桥、进水闸公路桥和沈乌闸公路桥的等级为一级公路标准,按《公路桥涵设计通用规范》(JTG D60—2015)规定,公路一级的计算荷载可由均布荷载标准值 q_k 和集中荷载标准值 P_k 组成,具体如图 1-3-2-38 所示。

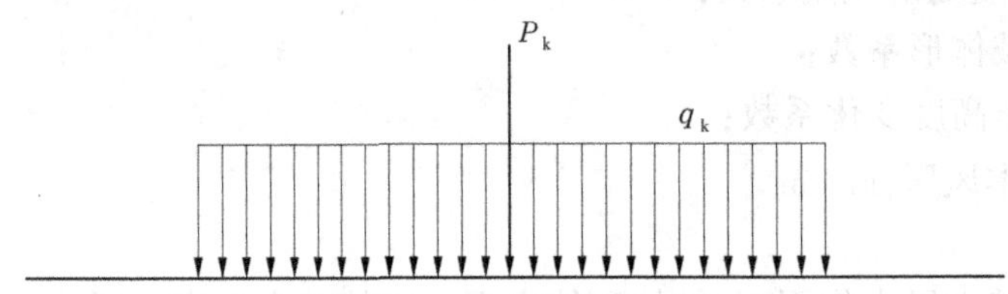

图 1-3-2-38 车道荷载简图

其中,公路一级车道荷载均布荷载标准值 q_k 取 10.5 kN/m^2,集中荷载 P_k 标准值取值见表 1-3-2-5。

表 1-3-2-5 集中荷载 P_k 取值

计算跨径 L_0/m	$L_0 \leqslant 5$	$5<L_0<50$	$L_0 \geqslant 50$
P_k/kN	270	$2(L_0+130)$	360

注:计算跨径 L_0,设支座的为相邻两支座中心间的水平距离;不设支座的为上下部结构相交面中心间的水平距离。

3.2.3.9 启闭机自重荷载

将启闭机自重产生的荷载转化为均布荷载,并施加于启闭机放置位置处。以拦河闸启闭机房结构为例,图 1-3-2-39 给出拦河闸启闭机荷载简图。

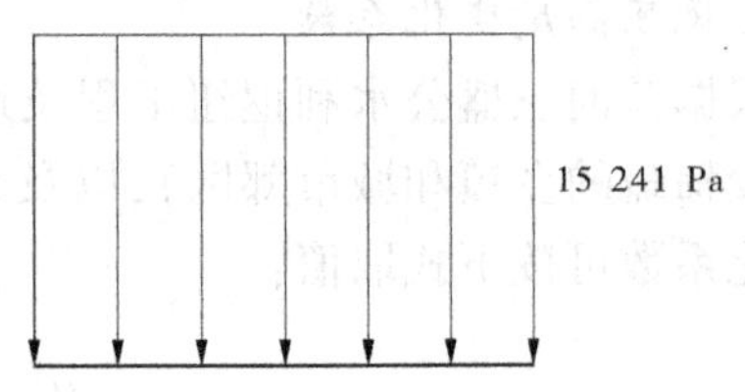

图 1-3-2-39 拦河闸启闭机荷载简图

3.2.3.10 启门力荷载

启门力计算式如下:

$$F_Q = n_T(T_{zd} + T_{zs}) + P_x + n'_G G + G_j + W_s \tag{1-3-2-7}$$

式中 F_Q——启门力,kN;

n_T——摩擦阻力安全系数;

n'_G——计算启门力用的闸门自重修正系数；

G——闸门自重,kN,有拉杆时应计入拉杆重量,计算闭门力时选用浮重；

W_s——作用在闸门上的水柱压力,kN；

G_j——加重块重量,kN；

P_x——下吸力,kN；

T_{zd}——支撑摩阻力,kN；

T_{zs}——止水摩阻力,kN。

滑动轴承的滚轮摩阻力 T_{zd} 计算式如下：

$$T_{zd} = \frac{P}{R}(f_1 r + f) \tag{1-3-2-8}$$

滚动轴承的滚轮摩阻力 T_{zd} 计算式如下：

$$T_{zd} = \frac{Pf}{R}\left(\frac{R_1}{d} + 1\right) \tag{1-3-2-9}$$

滑动支撑摩阻力 T_{zd} 计算式如下：

$$T_{zd} = f_2 P \tag{1-3-2-10}$$

止水摩阻力 T_{zs} 计算式如下：

$$T_{zs} = f_3 P_{zs} \tag{1-3-2-11}$$

作用在闸门上的总水压力 P 计算式如下：

$$P = \frac{1}{2}p_1 S_1 = \frac{1}{2}\rho gh \cdot hb \tag{1-3-2-12}$$

以上式中　P——作用在闸门上的总水压力,kN；

p_1——闸门底部压强,Pa；

h——水深,m；

b——闸门宽度,m；

r——滚轮轴半径,mm；

R_1——滚轮轴承的平均半径,mm；

R——滚轮半径,mm；

d——滚动轴承滚柱直径,mm；

f_1、f_2、f_3——滑动摩擦系数,计算启门、闭门力应取大值；

f——滚动摩擦力臂,mm；

P_{zs}——作用在止水上的压力,kN。

3.2.3.11　冰荷载

根据《水工建筑物荷载设计规范》(SL 744—2016),冰荷载分为静冰压力和冻冰压力。其中,静冰压力值可按 SL 744—2016 中表 11.1.1 确定,冻冰压力的计算方法参照 SL 744—2016 中 11.2 部分内容。

3.2.4　荷载组合

工况组合见表 1-3-2-6。

表 1-3-2-6 荷载组合表

工况			荷载名称											
			自重	静水压力	泥沙压力	扬压力	土压力	浪压力	风压力	冰压力	启闭机荷载	公路桥荷载		地震荷载
												均布荷载	集中荷载	
拦河闸	基本组合	正常蓄水位	√	√	√	√	√	√	√	—	√	√	√	—
		设计洪水位	√	√	√	√	√	√	√	—	√	√	√	—
		凌汛期	√	√	√	√	√	√	√	√	√	√	√	—
	特殊组合	校核洪水位	√	√	√	√	√	√	√	—	√	√	√	—
进水闸	基本组合	正常高水位	√	√	√	√	√	√	√	—	√	√	√	—
		设计洪水位	√	√	√	√	√	√	√	—	√	√	√	—
		凌汛期	√	√	√	√	√	√	√	√	√	√	√	—
	特殊组合	校核洪水位	√	√	√	√	√	√	√	—	√	√	√	—
		检修工况	√	√	√	√	√	√	√	—	√	√	√	—
跌水闸	基本组合	正常高水位	√	√	√	√	√	√	√	—	√	√	√	—
	特殊组合	检修工况	√	√	√	√	√	√	√	—	√	√	√	—

续表 1-3-2-6

工况			荷载名称											
			自重	静水压力	泥沙压力	扬压力	土压力	浪压力	风压力	冰压力	启闭机荷载	公路桥荷载		地震荷载
												均布荷载	集中荷载	
沈乌闸	基本组合	正常高水位	√	√	√	√	√	√	√	—	√	√	√	—
		设计洪水位	√	√	√	√	√	√	√	—	√	√	√	—
		凌汛期	√	√	√	√	√	√	√	√	√	√	√	—
	特殊组合	校核洪水位	√	√	√	√	√	√	√	—	√	√	√	—
		检修工况	√	√	√	√	√	√	√	—	√	√	√	—
南岸闸	基本组合	正常高水位	√	√	√	√	√	√	√	—	√	√	√	—
		设计洪水位	√	√	√	√	√	√	√	—	√	√	√	—
		凌汛期	√	√	√	√	√	√	√	√	√	√	√	—
	特殊组合	校核洪水位	√	√	√	√	√	√	√	—	√	√	√	—
		检修工况	√	√	√	√	√	√	√	—	√	√	√	—

注:1. 拦河闸要承担黄河主河道泄水任务,因此未考虑其检修工况。

2. 跌水闸位于北岸总干渠进水闸下游,不参与防洪任务,因此跌水闸的荷载组合仅考虑正常高水位工况和检修工况。其中,对于检修工况,由于跌水闸没有检修闸门,因此该工况检修时要求上下游均无水。

3. 本次计算中,土压力和泥沙压力荷载分项系数取 1.20,水压力、扬压力、浪压力、风压力和公路桥荷载分项系数取 1.10。对于自重荷载和启闭机荷载分项系数而言,当其作用效应对结构不利时采用 1.05,有利时采用 0.95。

3.3　结构安全复核成果与分析

3.3.1　拦河闸结构安全复核成果与分析

本部分主要对拦河闸结构安全进行复核,主要包括受弯构件最大挠度限值验算、结构应力复核、闸室稳定复核及混凝土裂缝宽度控制验算,具体内容如下。

3.3.1.1　受弯构件最大挠度限值验算

限于篇幅,以正常蓄水位工况为例,拦河闸闸室结构位移计算结果云图如图 1-3-3-1 所示。由图 1-3-3-1 可知,正常蓄水位工况下拦河闸闸室结构各向位移均较小,其中,受公路桥荷载和自重作用影响,最大的 Z 向位移位于公路桥跨中位置处,其数值为-5.1 mm。结合《三盛公水利枢纽拦河闸进水闸沈乌闸交通桥检测报告》(河南黄科工程技术检测有限公司,2019 年 5 月),静载试验中拦河闸公路桥跨中挠度最大实测值为-5.17 mm,与本次数值模拟计算结果十分接近,这也从一定程度上说明本次数值模拟计算结果的准确性。

基于拦河闸监测数据,表 1-3-3-1 给出了拦河闸机房机架桥和公路桥支墩的垂直位移观测结果,表中负值代表沉降位移向下,正值代表沉降位移向上。拦河闸垂直位移标点布设位置见图 1-3-3-2。

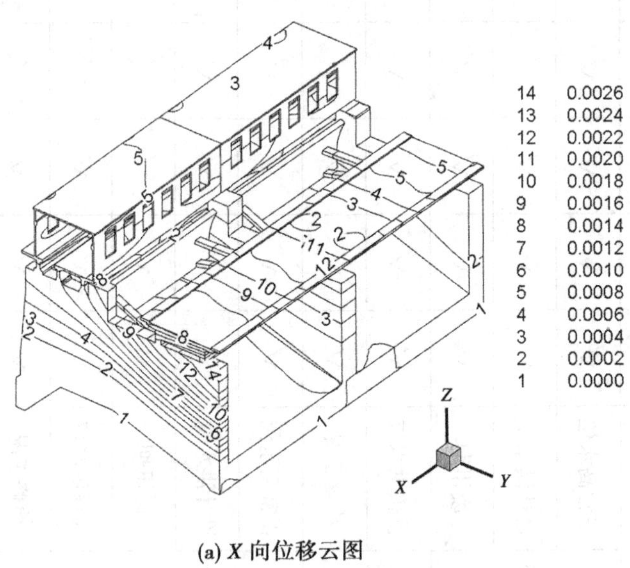

(a) X 向位移云图

图 1-3-3-1　正常蓄水位工况拦河闸闸室结构位移云图　(单位:m)

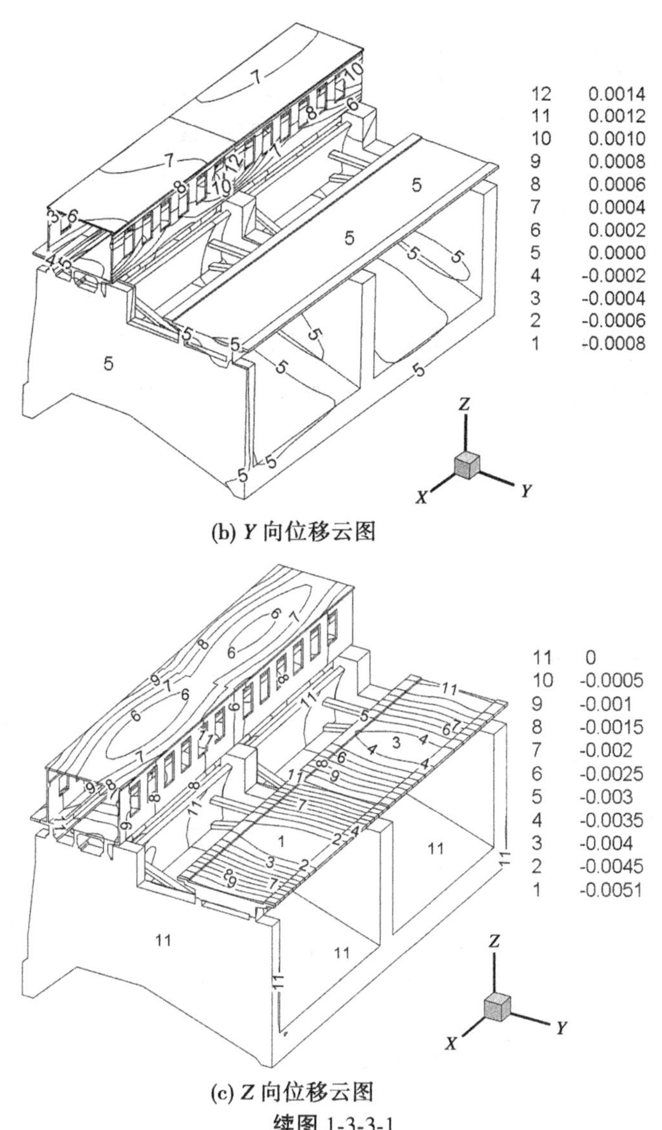

(b) *Y* 向位移云图

(c) *Z* 向位移云图

续图 1-3-3-1

表 1-3-3-1　拦河闸沉降位移观测结果

机房机架桥垂直位移			公路桥支墩垂直位移		
观测数据		累计沉降差/mm	观测数据		累计沉降差/mm
日期(年-月-日)	观测值/m		日期(年-月-日)	观测值/m	
2016-12-26	1 059. 597 64	—	2016-12-26	1 059. 596 64	—
2017-04-10	1 059. 597 06	-0. 58	2017-04-10	1 059. 596 45	-0. 19
2017-06-06	1 059. 596 04	-1. 60	2017-06-06	1 059. 596 39	-0. 25
2017-09-28	1 059. 595 92	-1. 72	2017-09-28	1 059. 596 11	-0. 53
2017-12-30	1 059. 595 90	-1. 74	2017-12-30	1 059. 595 46	-1. 18

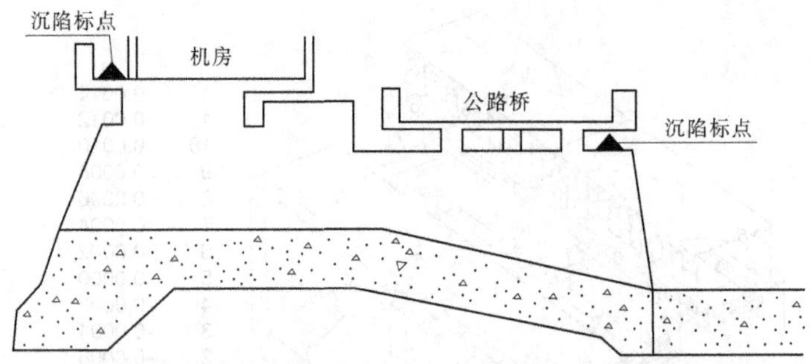

图 1-3-3-2　拦河闸垂直位移标点布设位置剖面示意图

图 1-3-3-3 给出了拦河闸机架桥垂直位移观测值和公路桥支墩垂直位移观测值随时间的变化关系。

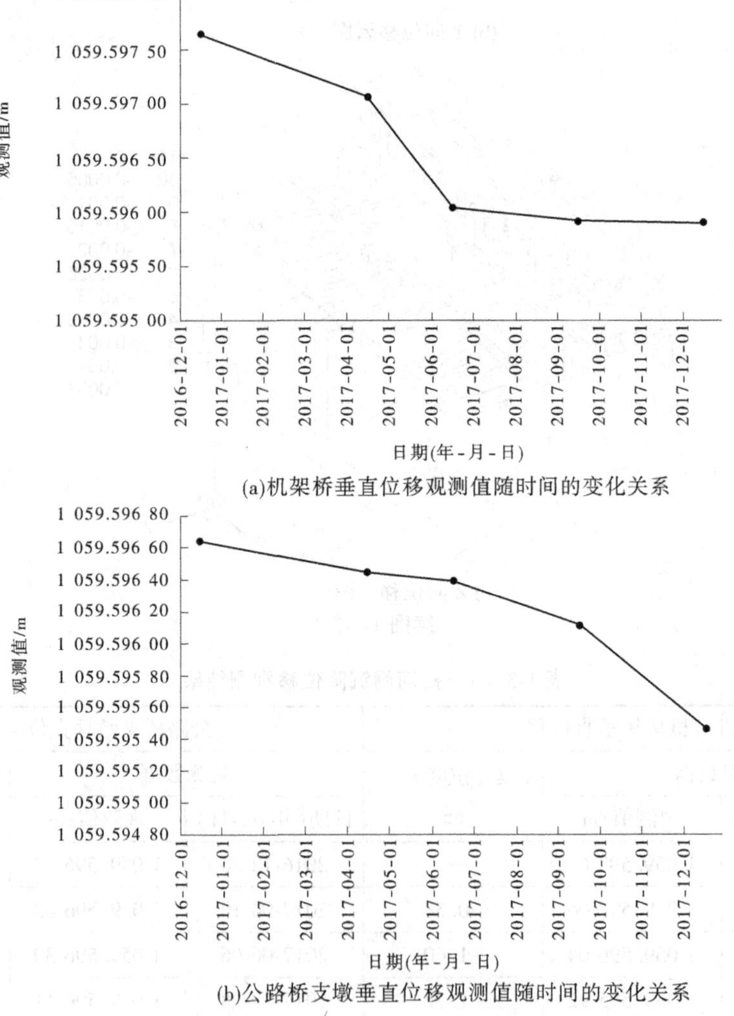

图 1-3-3-3　拦河闸垂直位移观测值随时间的变化关系

由上述图表可知，拦河闸机架桥和公路桥支墩沉降整体趋于稳定，最大沉降差分别为-1.74 mm 和-1.18 mm。本次数值模拟计算结果显示，拦河闸机架桥和公路桥支墩竖直向位移分别为-1.50 mm 和-1.00 mm，与沉降观测结果基本一致，从一定程度上证明了本次数值模拟计算结果的正确性。

表 1-3-3-2 给出了不同工况下启闭机房和公路桥下大梁挠度对比情况。

表 1-3-3-2　不同工况计算结果对比情况

工况		启闭机房下大梁		公路桥下大梁	
		最大挠度/mm	位置	最大挠度/mm	位置
基本组合	正常蓄水位	2.4	大梁跨中底部	5.1	大梁跨中底部
	设计洪水位	2.8	大梁跨中底部	5.1	大梁跨中底部
	凌汛期	2.4	大梁跨中底部	5.1	大梁跨中底部
特殊组合	校核洪水位	2.8	大梁跨中底部	5.1	大梁跨中底部

《公路钢筋混凝土及预应力混凝土桥涵设计规范》(JTG 3362—2018)中第 6.5.3 条指出，梁式桥主梁的最大挠度不应超过 $l_0/600$，其中 l_0 为构件的计算跨度；同时，《水工混凝土结构设计规范》(SL 191—2008)中表 3.2.8 规定，工作桥及启闭机下大梁受弯构件挠度不得超过 $l_0/400$。由表 1-3-3-2 可知，不同运行工况下拦河闸启闭机及公路桥下大梁的最大挠度分别为 2.8 mm 和 5.1 mm，未超过 $l_0/400$($l_0/400=45$ mm)，满足规范要求。

3.3.1.2　结构应力复核

限于篇幅，以正常蓄水位工况为例，图 1-3-3-4～图 1-3-3-6 给出了拦河闸闸室结构各部位第一主应力和第三主应力计算结果云图。

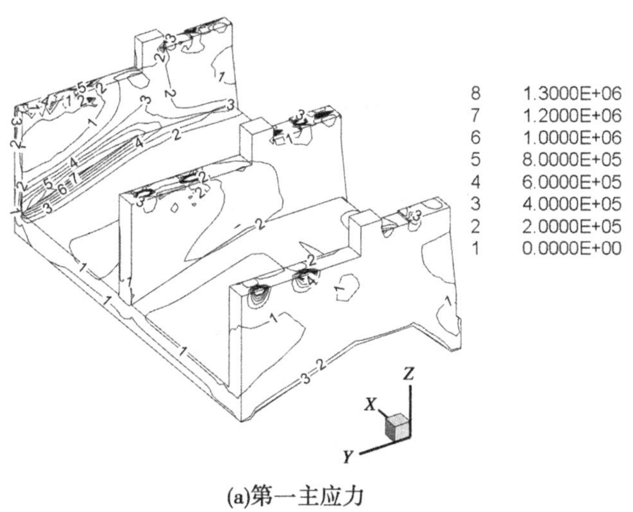

(a)第一主应力

图 1-3-3-4　正常蓄水位工况拦河闸闸墩和底板结构主应力云图　(单位:Pa)

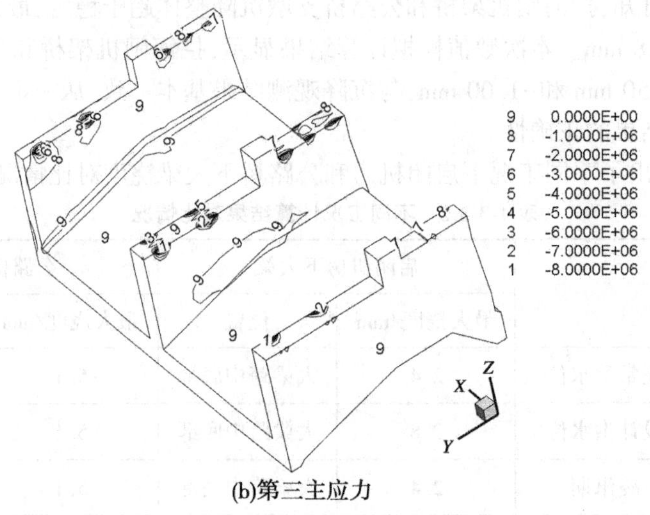

(b)第三主应力

续图 1-3-3-4

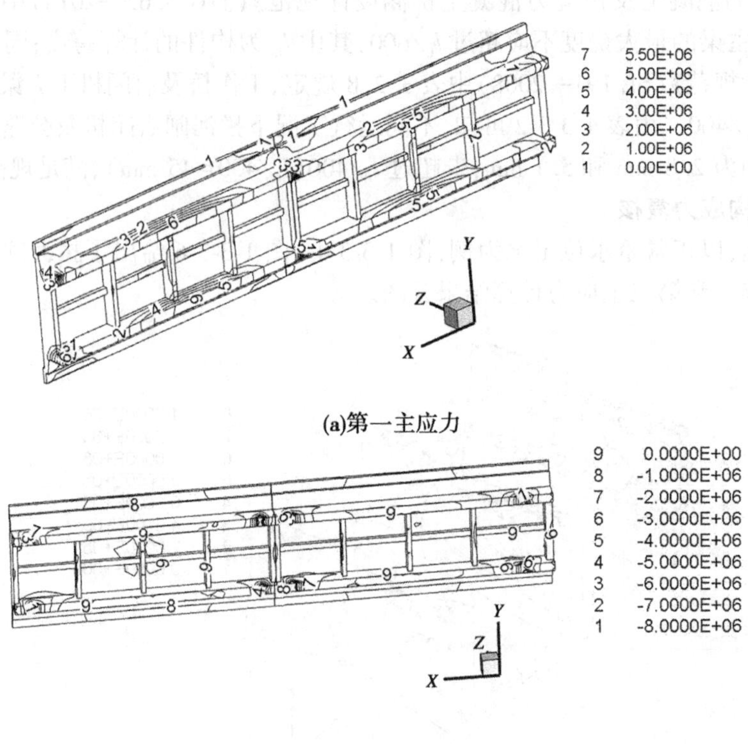

(a)第一主应力

(b)第三主应力

图 1-3-3-5　正常蓄水位工况拦河闸公路桥结构主应力云图　（单位:Pa）

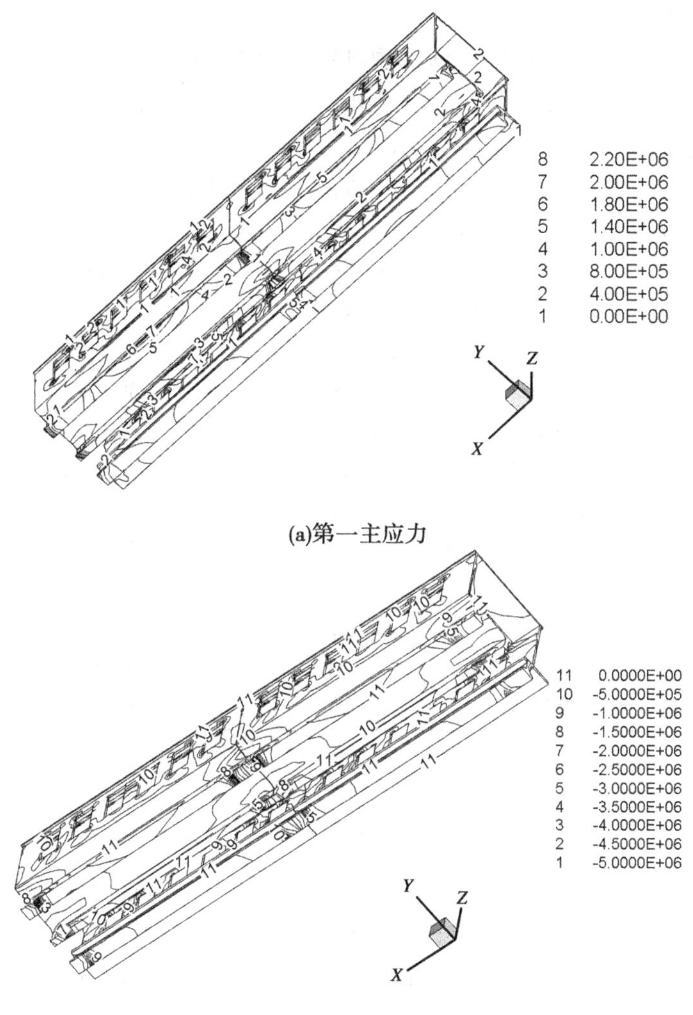

(a)第一主应力

(b)第三主应力

图 1-3-3-6　正常蓄水位工况拦河闸启闭机房结构主应力云图　(单位:Pa)

表 1-3-3-3 给出了不同工况下拦河闸闸室结构应力计算结果的对比情况。

根据拦河闸闸室结构不同部位主应力云图信息,可得如下结果:

(1)在不同运行工况下,受公路桥自重、公路桥荷载及水荷载的影响,拦河闸闸墩与闸底板相交处出现了 1.28~1.38 MPa 的拉应力,超过拦河闸闸墩和闸底板混凝土抗拉强度(均为 1.15 MPa,具体见表 1-3-2-3)。事实上,水闸在运行过程中,闸墩为偏心受压构件,闸底板为受弯构件,若闸墩按偏心受压构件计算,复核结果偏于安全。因此,考虑最不利情况,本次复核计算中闸墩和闸底板均按受弯构件考虑。

图 1-3-3-7 给出了拦河闸闸墩单位长度截面配筋图。由图中数据并结合式(1-3-1-4)~式(1-3-1-7)可知,单位长度闸墩横截面上最大承受弯矩为 3 207.4 kN·m,与闸底板连接位置处能承受的最大拉应力为 4.81 MPa,大于 1.38 MPa,满足安全需求。

(2)在不同运行工况下,受上下游水荷载联合作用影响,牛腿与闸墩连接部位处出现部分拉应力区,其最大数值达到了 0.85 MPa,小于牛腿和闸墩混凝土抗拉强度(1.15

MPa,具体见表 1-3-2-3),满足安全需求。

表 1-3-3-3　不同工况下拦河闸闸室结构应力计算结果对比情况

工况		闸墩和闸底板结构		公路桥结构		启闭机房结构		牛腿结构	
		最大第一主应力/MPa	位置	最大第一主应力/MPa	位置	最大第一主应力/MPa	位置	最大第一主应力/MPa	位置
基本组合	正常蓄水位	1.28	闸墩与底板连接处	5.54	公路桥跨中底部	2.10	底部横梁跨中底部	0.80	牛腿与闸墩连接处
	设计洪水位	1.28	闸墩与底板连接处	5.54	公路桥跨中底部	2.52	底部横梁跨中底部	0.78	牛腿与闸墩连接处
	凌汛期	1.38	闸墩与底板连接处	5.54	公路桥跨中底部	2.10	底部横梁跨中底部	0.85	牛腿与闸墩连接处
特殊组合	校核洪水位	1.28	闸墩与底板连接处	5.54	公路桥跨中底部	2.52	底部横梁跨中底部	0.81	牛腿与闸墩连接处

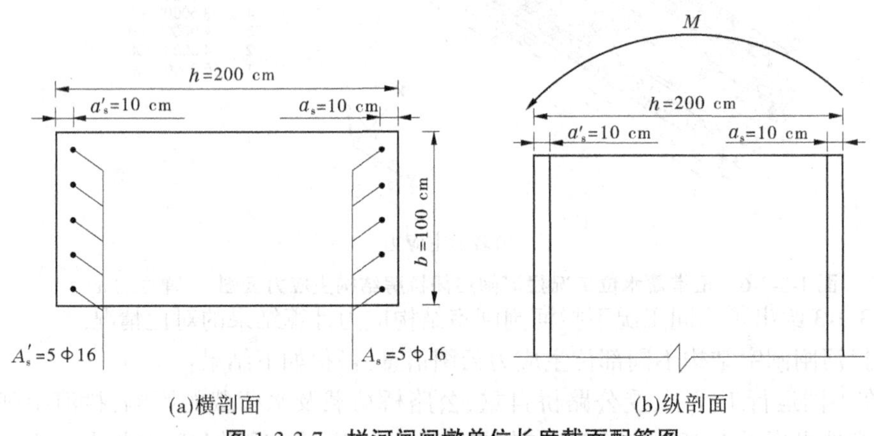

图 1-3-3-7　拦河闸闸墩单位长度截面配筋图

(3)在不同运行工况下,受自身重量和公路桥荷载影响,拦河闸公路桥跨中底部位置处出现了较大拉应力区,其数值达到了 5.5 MPa 左右,远超拦河闸公路桥混凝土抗拉强度(1.33 MPa,具体见表 1-3-2-3)。考虑到拦河闸公路桥运行时间较长,并结合《三盛公水利枢纽拦河闸进水闸沈乌闸交通桥检测报告》(河南黄科工程技术检测有限公司,2019 年 5 月),桥梁结构主梁横隔梁裂缝在静载试验过程中有扩张趋势。因此,应对拦河闸公路桥进行相应的加固处理。

(4)在不同运行工况下,受自身重量、启闭机自重及启门力的影响,启闭机房底部横梁跨中位置处出现了 2.52 MPa 左右的拉应力，超过了拦河闸启闭机房混凝土抗拉强度(1.33 MPa，具体见表 1-3-2-3)。启闭机房底部横梁为受弯构件，依据《水工混凝土结构设计规范》(SL 191—2008)中 6.2.1 部分正截面受弯承载力计算相关内容及纯弯曲梁横截面上正应力计算公式，并结合此处的配筋量，该位置能承受的最大拉应力为 6.03 MPa，满足安全需求。

图 1-3-3-8 给出了拦河闸启闭机房主梁截面配筋图。由图中数据并结合式(1-3-1-4)~式(1-3-1-7)可知，单位长度启闭机房主梁横截面上最大承受弯矩为 678.38 kN·m，启闭机房主梁底部能承受的最大拉应力为 6.03 MPa，大于 2.0 MPa，满足安全需求。

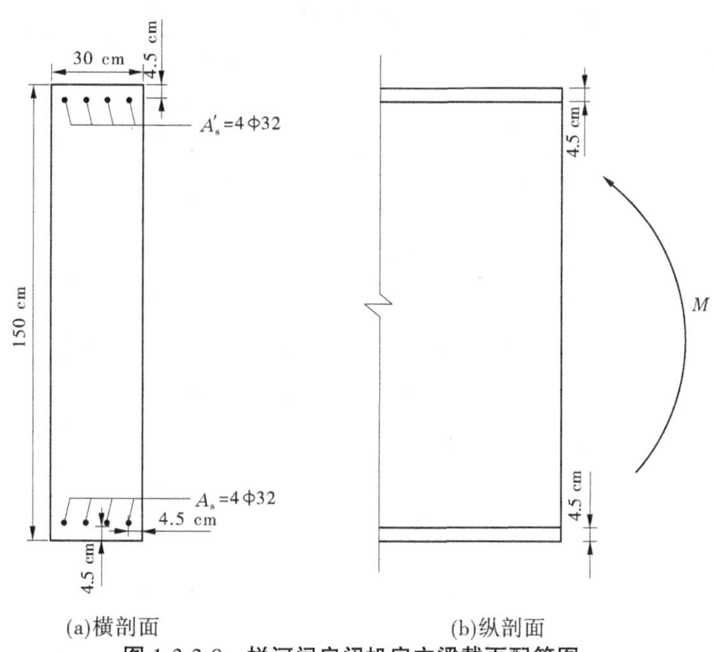

图 1-3-3-8　拦河闸启闭机房主梁截面配筋图

(5)在不同运行工况下，在公路桥和启闭机房与闸墩连接位置处最大压应力数值达到了 8 MPa 左右，未超过拦河闸闸墩、公路桥和启闭机房混凝土静态抗压强度(分别为 10.34 MPa、12.86 MPa 和 12.86 MPa，具体见表 1-3-2-3)，满足安全要求。

3.3.1.3　闸室稳定复核

1. 抗滑稳定复核

表 1-3-3-4 给出了拦河闸闸室结构抗滑稳定计算数据。

表 1-3-3-4　拦河闸闸室结构抗滑稳定计算分析

工况		竖向荷载/kN	水平向荷载/kN	摩擦系数	抗滑稳定安全系数	规范值
基本组合	正常蓄水位	98 480.43	−6 992.52	0.35	4.93	1.35
	设计洪水位	99 493.17	−6 737.64	0.35	5.17	1.35
	凌汛期	101 874.92	−7 693.46	0.35	4.63	1.35
特殊组合	校核洪水位	100 437.01	−6 227.65	0.35	5.64	1.35

注：水平向荷载为正是指水平向合力方向朝向下游，水平向荷载为负是指水平向合力方向朝向上游。

根据有限元计算结果,在不同运行工况下,拦河闸闸室结构抗滑稳定安全系数均大于《水闸设计规范》(SL 265—2016)要求,满足安全需求。

2. 基底应力复核

根据《内蒙古自治区黄河三盛公水利枢纽除险加固工程初步设计报告》(内蒙古自治区水利水电勘测设计院,2001 年 10 月),拦河闸闸基的主要持力层为粉砂和细砂,地基允许承载力建议取值[R] = 150. 00 kPa。表 1-3-3-5 给出了拦河闸闸室结构基底应力计算结果。

表 1-3-3-5 拦河闸闸室结构基底应力计算结果

计算工况		指标	计算结果/kPa	规范要求/kPa
基本组合	正常蓄水位	P_{max}	129. 88	<150. 00×1. 2
		$(P_{max}+P_{min})/2$	114. 98	<150. 00
		P_{max}/P_{min}	1. 30	<2. 00
	设计洪水位	P_{max}	132. 16	<150. 00×1. 2
		$(P_{max}+P_{min})/2$	116. 16	<150. 00
		P_{max}/P_{min}	1. 32	<2. 00
	凌汛期	P_{max}	130. 66	<150. 00×1. 2
		$(P_{max}+P_{min})/2$	118. 94	<150. 00
		P_{max}/P_{min}	1. 22	<2. 00
特殊组合	校核洪水位	P_{max}	133. 84	<150. 00×1. 2
		$(P_{max}+P_{min})/2$	117. 24	<150. 00
		P_{max}/P_{min}	1. 33	<2. 50

根据有限元计算结果,在不同运行工况下,拦河闸闸室结构基底应力最大值、平均值和应力不均匀系数均满足规范要求。

3. 3. 1. 4 混凝土裂缝宽度控制验算

根据不同运行工况下有限元计算结果,受公路桥自重、公路桥荷载及水荷载的影响,拦河闸中墩与闸底板连接处出现了 1. 28 ~ 1. 38 MPa 的拉应力。本小节主要对该区域中墩混凝土结构裂缝宽度进行验算。

表 1-3-3-6 给出了不同运行工况下拦河闸中墩底部最大裂缝宽度计算结果对比情况。

根据有限元计算结果,在不同运行工况下,拦河闸闸墩最大裂缝宽度均满足规范要求。

3. 3. 2 进水闸结构安全复核成果与分析

本部分主要对进水闸结构安全进行复核,主要包括受弯构件最大挠度限值验算、结构应力复核、闸室稳定复核及混凝土裂缝宽度控制验算,具体内容如下。

表 1-3-3-6　不同运行工况下拦河闸中墩底部最大裂缝宽度计算结果

复核项目		正常使用极限状态(标准值最大值)			
位置	工况	最大裂缝宽度 ω_{max}/mm	最大裂缝宽度限值 ω_{lim}/mm	规范要求	结论
中墩底部	正常高水位	0.29	0.35	$\omega_{max}<\omega_{lim}$	满足
中墩底部	设计洪水位	0.29	0.35	$\omega_{max}<\omega_{lim}$	满足
中墩底部	校核洪水位	0.29	0.35	$\omega_{max}<\omega_{lim}$	满足
中墩底部	凌汛期	0.32	0.35	$\omega_{max}<\omega_{lim}$	满足

注:《水工混凝土结构设计规范》(SL 191—2008)表 3-2-7 规定,二类环境下钢筋混凝土结构最大裂缝宽度限值 ω_{lim} 取 0.30 mm,当结构构件的混凝土保护层厚度大于 50 mm 时,ω_{lim} 可增加 0.05 mm,因此拦河闸钢筋混凝土结构最大裂缝宽度限值 ω_{lim} 取 0.35 mm,进水闸、跌水闸、沈乌闸和南岸闸情况类似。

3.3.2.1　受弯构件最大挠度限值验算

以正常高水位工况为例,进水闸闸室结构位移计算结果云图如图 1-3-3-9 所示。与拦河闸计算结果规律类似,不同运行工况下进水闸闸室结构各向位移均较小,其中受公路桥荷载和自重作用影响,最大的 Z 向位移位于公路桥跨中位置处,其数值为-2.4 mm。结合《三盛公水利枢纽拦河闸进水闸沈乌闸交通桥检测报告》(河南黄科工程技术检测有限公司,2019 年 5 月),静载试验中进水闸公路桥跨中挠度最大值为-2.21 mm,与本次数值模拟计算结果十分接近,这同样从一定程度上说明本次数值模拟计算结果的准确性。

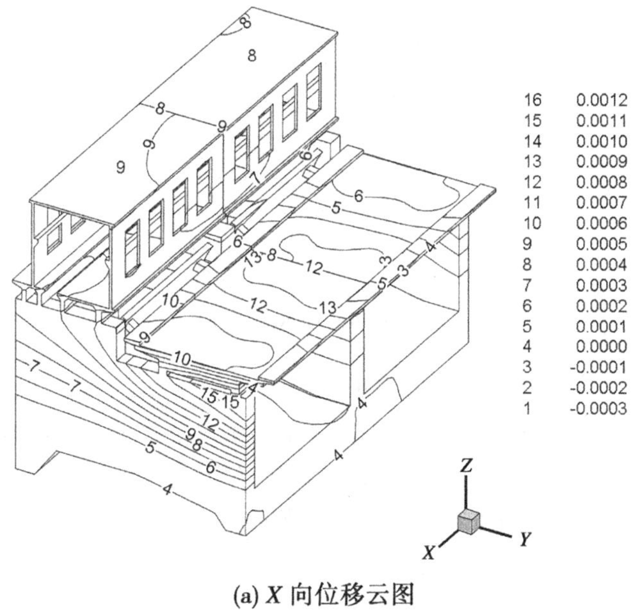

(a) X 向位移云图

图 1-3-3-9　正常高水位工况进水闸闸室结构整体位移云图　(单位:m)

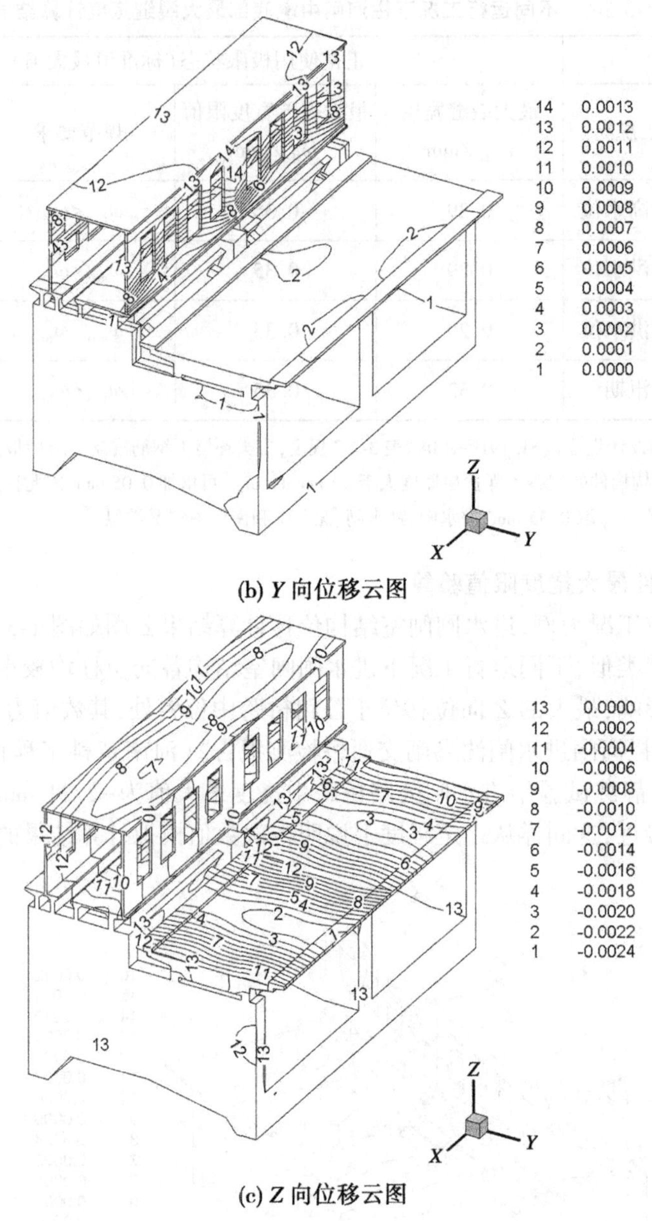

(b) *Y* 向位移云图

(c) *Z* 向位移云图

续图 1-3-3-9

基于进水闸监测数据，表 1-3-3-7 给出了进水闸机房机架桥和公路桥支墩垂直位移观测结果，表中负值代表沉降位移向下，正值代表沉降位移向上。图 1-3-3-10 给出了进水闸机架桥垂直位移观测值和公路桥支墩垂直位移观测值随时间的变化关系。

表 1-3-3-7　进水闸沉降位移观测结果

进水闸机架桥垂直位移			进水闸公路桥支墩垂直位移		
观测数据		累计沉降差/mm	观测数据		累计沉降差/mm
日期(年-月-日)	观测值/m		日期(年-月-日)	观测值/m	
2016-12-26	1 059. 520 49	—	2016-12-26	1 058. 060 65	—
2017-04-10	1 059. 520 54	0. 05	2017-04-10	1 058. 061 02	0. 37
2017-06-06	1 059. 520 58	0. 09	2017-06-06	1 058. 060 75	0. 10
2017-09-28	1 059. 520 97	0. 48	2017-09-28	1 058. 060 80	0. 15
2017-12-30	1 059. 521 44	0. 95	2017-12-30	1 058. 061 48	0. 83

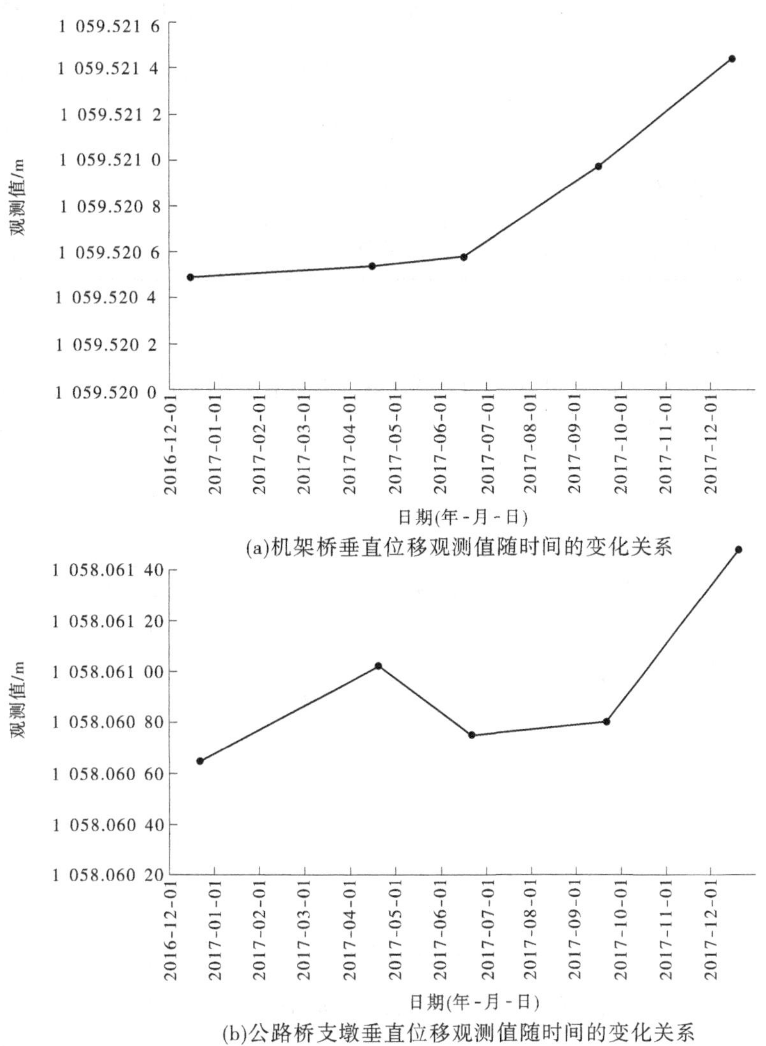

(a)机架桥垂直位移观测值随时间的变化关系

(b)公路桥支墩垂直位移观测值随时间的变化关系

图 1-3-3-10　进水闸垂直位移观测值随时间的变化关系

由上述图表可知，受各种荷载综合影响，进水闸机架桥和公路桥支墩出现轻微抬升现象，最大抬升值分别为 0.95 mm 和 0.83 mm，不足 1.0 mm。本次数值模拟计算结果显示，进水闸机架桥和公路桥支墩最大沉降位移分别为-0.23 mm 和-0.15 mm，沉降数值较小，不足 0.50 mm。

表 1-3-3-8 给出了不同工况下进水闸启闭机房和公路桥下大梁挠度计算结果对比情况。由表可知，不同运行工况下进水闸启闭机房及公路桥下大梁的最大挠度分别为 1.4 mm 和 2.4 mm，未超过 $l_0/400$($l_0/400=29$ mm)，满足规范要求。

表 1-3-3-8　不同工况下进水闸启闭机房和公路桥下大梁挠度计算结果对比情况

工况		启闭机房下大梁		公路桥下大梁	
		最大挠度/mm	位置	最大挠度/mm	位置
基本组合	正常高水位	1.2	大梁跨中底部	2.4	大梁跨中底部
	设计洪水位	1.4	大梁跨中底部	2.4	大梁跨中底部
	凌汛期	1.2	大梁跨中底部	2.4	大梁跨中底部
特殊组合	校核洪水位	1.4	大梁跨中底部	2.4	大梁跨中底部
	检修工况	1.4	大梁跨中底部	2.4	大梁跨中底部

3.3.2.2　结构应力复核

以正常高水位工况为例，图 1-3-3-11～图 1-3-3-13 给出了进水闸闸室结构各部位第一主应力和第三主应力计算结果云图。

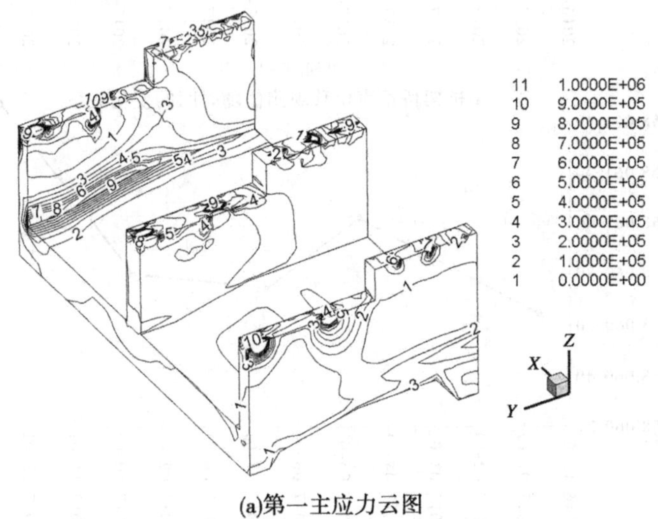

(a)第一主应力云图

图 1-3-3-11　正常高水位工况进水闸闸墩和底板结构主应力云图　（单位：Pa）

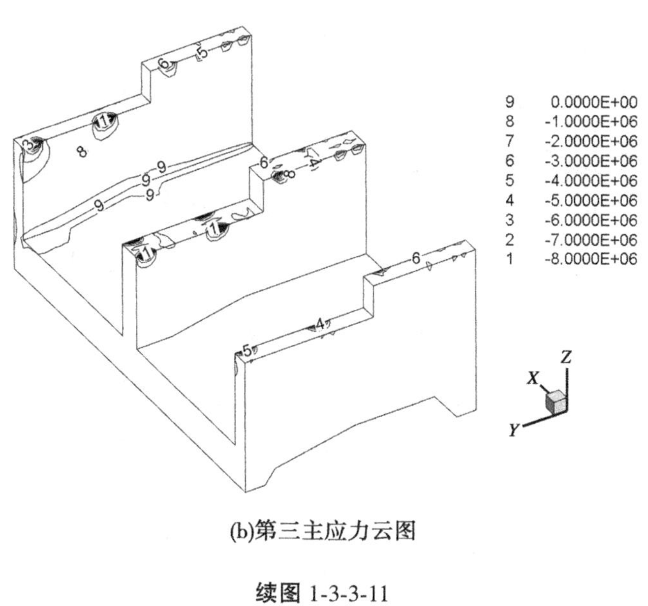

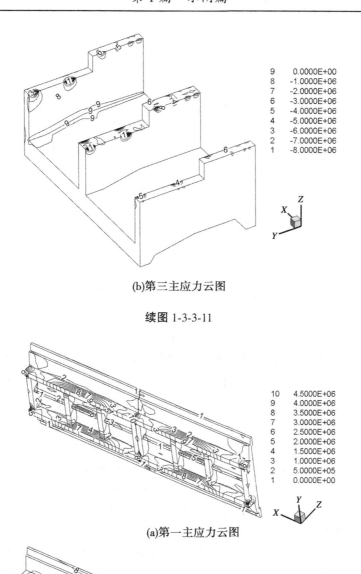

(b)第三主应力云图

续图 1-3-3-11

(a)第一主应力云图

(b)第三主应力云图

图 1-3-3-12　正常高水位工况进水闸公路桥结构主应力云图　（单位：Pa）

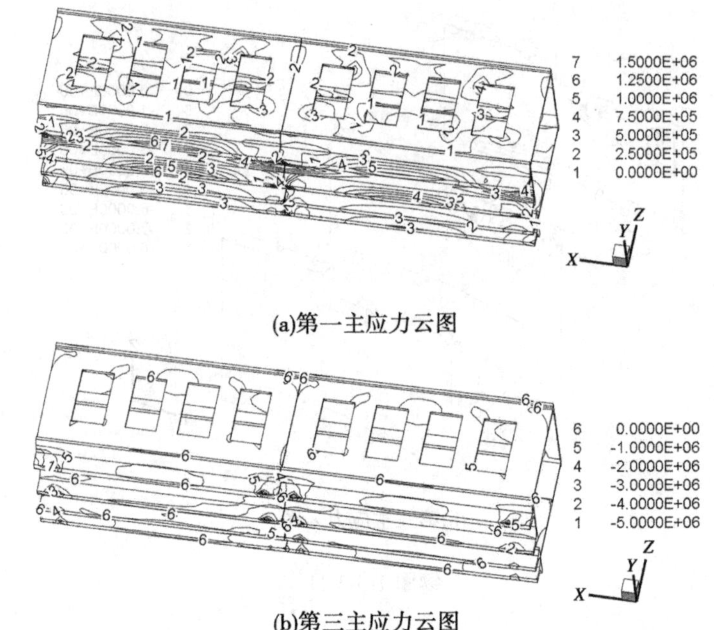

(a)第一主应力云图

(b)第三主应力云图

图 1-3-3-13　正常高水位工况进水闸启闭机房结构主应力云图　(单位:Pa)

表 1-3-3-9 给出了不同工况下进水闸闸室结构应力计算结果的对比情况。

根据进水闸闸室结构不同部位主应力云图信息,可得如下结果:

(1)在不同运行工况下,受公路桥自重、公路桥荷载及水荷载的影响,拦河闸闸墩与闸底板相交处出现了 0.72~0.84 MPa 的拉应力,小于进水闸闸墩和闸底板混凝土抗拉强度(分别为 1.54 MPa 和 1.44 MPa,具体见表 1-3-2-3),满足安全要求。

(2)在不同运行工况下,受上下游水荷载联合作用影响,牛腿与闸墩连接部位处出现部分拉应力区,其最大数值达到了 0.73 MPa,小于牛腿和闸墩混凝土抗拉强度(1.54 MPa,具体见表 1-3-2-3),满足安全需求。

(3)在不同运行工况下,受自身重量和公路桥荷载影响,进水闸公路桥跨中底部位置处出现了较大拉应力区,其数值达到了 4.5 MPa 左右,远超进水闸公路桥混凝土抗拉强度(1.33 MPa,具体见表 1-3-2-3)。考虑到进水闸公路桥运行时间较长,并结合《三盛公水利枢纽拦河闸进水闸沈乌闸交通桥检测报告》(河南黄科工程技术检测有限公司,2019 年 5 月),桥梁结构主梁横隔梁裂缝在静载试验过程中有扩张趋势。因此,应对进水闸公路桥进行相应的加固处理。

(4)受自身重量、启闭机自重及启门力的影响,启闭机房底部横梁跨中位置处出现了 1.73 MPa 左右的拉应力,超过了进水闸启闭机房混凝土抗拉强度(1.33 MPa,具体见表 1-3-2-3)。启闭机房底部横梁为受弯构件,依据《水工混凝土结构设计规范》(SL 191—2008)中 6.2.1 部分正截面受弯承载力计算相关内容以及纯弯曲梁横截面上正应力计算公式,并结合此处的配筋量,该位置能承受的最大拉应力为 5.87 MPa,满足安全需求。

图 1-3-3-14 给出了进水闸启闭机房主梁截面配筋图。由图中数据并结合式(1-3-1-4)~式(1-3-1-7)可知,单位长度启闭机房主梁横截面上最大承受弯矩为 254.37 kN · m,启闭

机房主梁底部能承受的最大拉应力为5.87 MPa,大于1.50 MPa,满足安全需求。

表1-3-3-9　不同工况下进水闸闸室结构应力计算结果对比情况

工况		闸墩和闸底板结构		公路桥结构		启闭机房结构		牛腿结构	
		最大第一主应力/MPa	位置	最大第一主应力/MPa	位置	最大第一主应力/MPa	位置	最大第一主应力/MPa	位置
基本组合	正常高水位	0.84	中墩与底板连接处	4.46	公路桥跨中底部	1.50	底部横梁跨中底部	0.73	牛腿与闸墩连接处
	设计洪水位	0.84	中墩与底板连接处	4.46	公路桥跨中底部	1.73	底部横梁跨中底部	0.71	牛腿与闸墩连接处
	凌汛期	0.72	中墩与底板连接处	4.46	公路桥跨中底部	1.50	底部横梁跨中底部	0.71	牛腿与闸墩连接处
特殊组合	校核洪水位	0.84	中墩与底板连接处	4.46	公路桥跨中底部	1.73	底部横梁跨中底部	0.67	牛腿与闸墩连接处
	检修工况	0.72	中墩与底板连接处	4.46	公路桥跨中底部	1.73	底部横梁跨中底部	0.47	牛腿与闸墩连接处

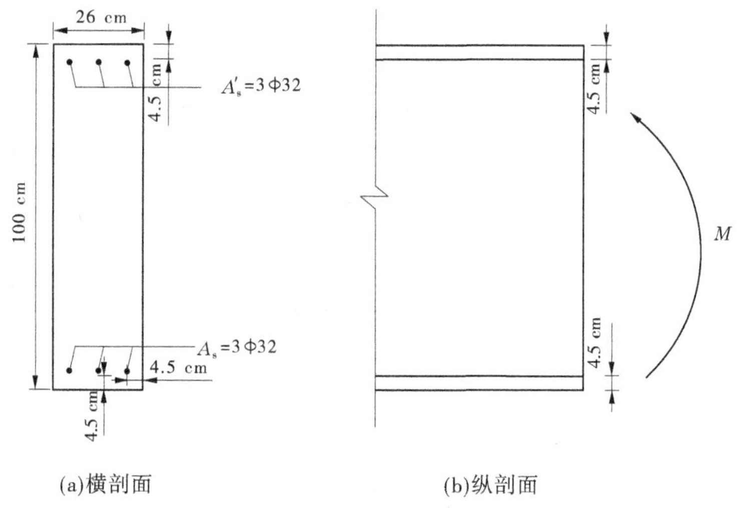

(a)横剖面　　(b)纵剖面

图1-3-3-14　进水闸启闭机房主梁截面配筋图

(5)在不同运行工况下,在公路桥和启闭机房与闸墩连接位置处最大压应力数值达到了8 MPa左右,未超过进水闸闸墩、公路桥和启闭机房混凝土静态抗压强度(分别为16.12 MPa、12.86 MPa和12.86 MPa,具体见表1-3-2-3),满足安全要求。

3.3.2.3　闸室稳定复核

1. 抗滑稳定复核

表 1-3-3-10 给出了进水闸闸室结构抗滑稳定计算数据。

表 1-3-3-10　进水闸闸室结构抗滑稳定计算分析

工况		竖向荷载/kN	水平向荷载/kN	摩擦系数	抗滑稳定安全系数	规范值
基本组合	正常高水位	26 976.87	-498.00	0.35	18.96	1.35
	设计洪水位	27 196.47	-434.84	0.35	21.89	1.35
	凌汛期	23 930.00	963.60	0.35	8.69	1.35
特殊组合	校核洪水位	27 526.30	-325.55	0.35	29.59	1.20
	检修工况	22 296.16	882.410	0.35	8.84	1.20

注：水平向荷载为正是指水平向合力方向朝向下游，水平向荷载为负是指水平向合力方向朝向上游。

根据有限元计算结果，在不同运行工况下，进水闸闸室结构抗滑稳定安全系数均大于《水闸设计规范》(SL 265—2016)要求，满足安全需求。

2. 基底应力复核

表 1-3-3-11 给出了进水闸闸室结构基底应力计算数据。根据《内蒙古自治区黄河三盛公水利枢纽除险加固工程初步设计报告》(内蒙古自治区水利水电勘测设计院，2001 年 10 月)，进水闸闸基的主要持力层为粉砂和细砂，允许地基承载力建议取值$[R]=150.00$ kPa。

表 1-3-3-11　进水闸闸室基底应力计算结果

计算工况		指标	计算结果/kPa	规范要求/kPa
基本组合	正常高水位	P_{max}	83.65	<150.00×1.2
		$(P_{max}+P_{min})/2$	82.61	<150.00
		P_{max}/P_{min}	1.03	<2.00
	设计洪水位	P_{max}	84.77	<150.00×1.2
		$(P_{max}+P_{min})/2$	83.28	<150.00
		P_{max}/P_{min}	1.04	<2.00
	凌汛期	P_{max}	76.07	<150.00×1.2
		$(P_{max}+P_{min})/2$	73.28	<150.00
		P_{max}/P_{min}	1.08	<2.00
特殊组合	校核洪水位	P_{max}	86.39	<150.00×1.2
		$(P_{max}+P_{min})/2$	84.29	<150.00
		P_{max}/P_{min}	1.05	<2.50
	检修工况	P_{max}	72.61	<150.00×1.2
		$(P_{max}+P_{min})/2$	68.28	<150.00
		P_{max}/P_{min}	1.14	<2.50

根据有限元计算结果,在不同运行工况下,进水闸闸室结构基底应力最大值、平均值和应力不均匀系数均满足规范要求。

3. 3. 2. 4　混凝土裂缝宽度控制验算

荷载效应标准组合下最大裂缝宽度 ω_{max} 计算公式见本篇 3. 1. 2. 4 部分。根据不同运行工况下有限元计算结果,受公路桥自重、公路桥荷载及水荷载的影响,进水闸中墩与闸底板相交处出现了 0. 72~0. 84 MPa 的拉应力。本部分主要对该区域中墩混凝土结构裂缝宽度进行验算,表 1-3-3-12 给出了不同运行工况下进水闸中墩底部最大裂缝宽度计算结果对比情况。

表 1-3-3-12　不同运行工况下进水闸中墩底部最大裂缝宽度计算结果

复核项目		正常使用极限状态(标准值最大值)			
位置	工况	最大裂缝宽度 ω_{max}/mm	最大裂缝宽度限值 ω_{lim}/mm	规范要求	结论
中墩底部	正常高水位	0. 17	0. 35	$\omega_{max}<\omega_{lim}$	满足
中墩底部	设计洪水位	0. 17	0. 35	$\omega_{max}<\omega_{lim}$	满足
中墩底部	凌汛期	0. 14	0. 35	$\omega_{max}<\omega_{lim}$	满足
中墩底部	校核洪水位	0. 17	0. 35	$\omega_{max}<\omega_{lim}$	满足
中墩底部	检修工况	0. 14	0. 35	$\omega_{max}<\omega_{lim}$	满足

根据有限元计算结果,在不同运行工况下,进水闸闸墩最大裂缝宽度均满足规范要求。

3. 3. 3　跌水闸结构安全复核成果与分析

本部分主要对跌水闸结构安全进行复核,主要包括受弯构件最大挠度限值验算、结构应力复核、闸室稳定复核以及混凝土裂缝宽度控制验算,具体内容如下。

3. 3. 3. 1　受弯构件最大挠度限值验算

以正常高水位工况为例,跌水闸闸室结构位移计算结果云图如图 1-3-3-15 所示。与拦河闸和进水闸计算结果规律类似,正常高水位运行工况下跌水闸闸室结构各向位移均较小,其中受公路桥荷载和自重作用影响,最大的 Z 向位移位于公路桥跨中位置处,其数值为 2. 4 mm。

基于跌水闸监测数据,表 1-3-3-13 给出了跌水闸闸墩垂直位移观测结果,表中负值代表沉降位移向下,正值代表沉降位移向上。需要指出的是,由于二期电站增容改造,2016 年度无法进行观测,故用 2014 年度的资料和 2017 年的进行比对。图 1-3-3-16 给出了跌水闸闸墩垂直位移观测值随时间的变化关系。

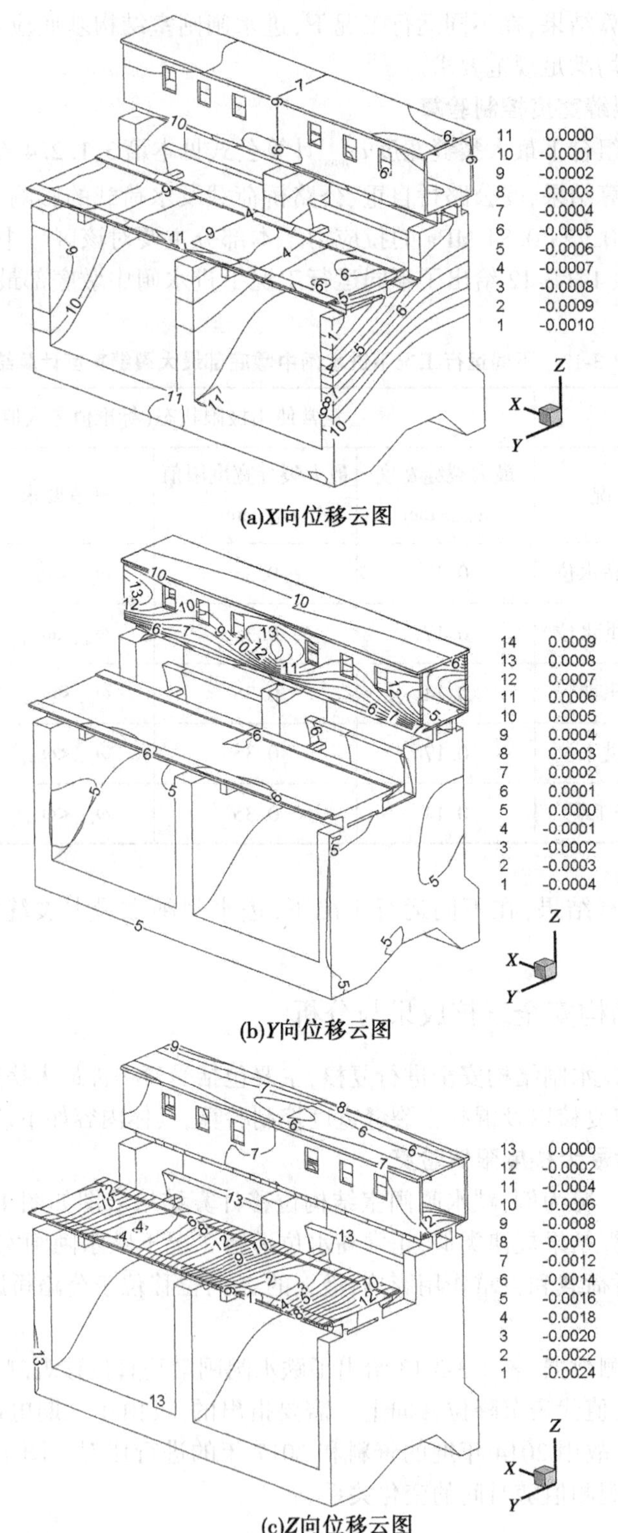

(a)X向位移云图

(b)Y向位移云图

(c)Z向位移云图

图 1-3-3-15　正常高水位工况跌水闸闸室结构整体位移云图　（单位：m）

表 1-3-3-13　跌水闸闸墩垂直位移观测结果

观测数据		累计沉降差/mm
日期(年-月-日)	观测值/m	
2014-01-06	1 054.410	—
2017-04-14	1 054.411	1.0
2017-07-03	1 054.410	0
2017-09-05	1 054.410	0
2017-12-28	1 054.410	0

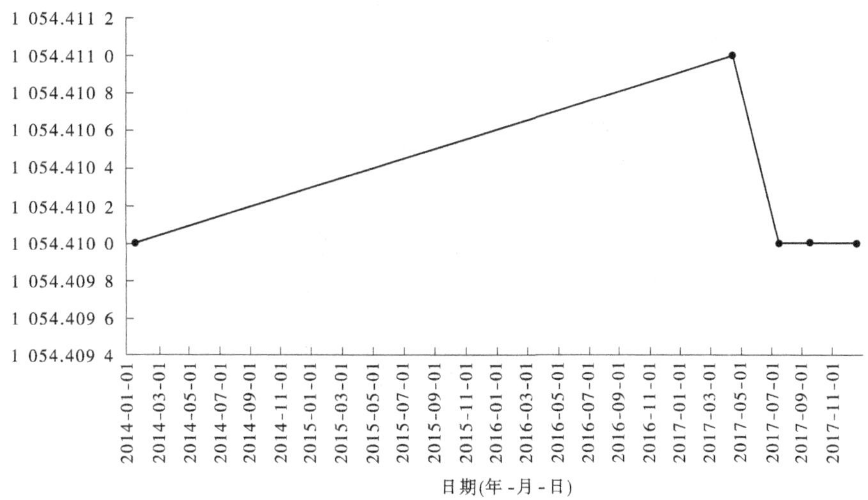

图 1-3-3-16　跌水闸闸墩垂直位移观测值随时间的变化关系

由上述图表可知,跌水闸闸墩沉降趋于平稳,累计沉降量为 0。与进水闸监测数据规律类似,跌水闸闸墩在运行期间出现了轻微抬升现象,最大抬升值为 1.0 mm。本次数值模拟计算结果显示,跌水闸闸墩最大沉降位移为-0.13 mm,沉降数值较小,基本与监测数据接近。

表 1-3-3-14 给出了不同工况下进水闸启闭机房和公路桥下大梁挠度对比情况。

表 1-3-3-14　不同工况下进水闸启闭机房和公路桥下大梁挠度计算结果对比情况

工况		启闭机房下大梁		公路桥下大梁	
		最大挠度/mm	位置	最大挠度/mm	位置
基本组合	正常高水位	1.2	大梁跨中底部	2.4	大梁跨中底部
特殊组合	检修工况	1.4	大梁跨中底部	2.4	大梁跨中底部

由表 1-3-3-14 可知,不同运行工况下进水闸启闭机房及公路桥下大梁的最大挠度分别为 1.4 mm 和 2.4 mm,未超过 $l_0/400$($l_0/400=30$ mm),满足规范要求。

3.3.3.2 结构应力复核

以正常高水位工况为例,图 1-3-3-17~图 1-3-3-19 给出了跌水闸闸室结构各部位第一主应力和第三主应力计算结果云图。

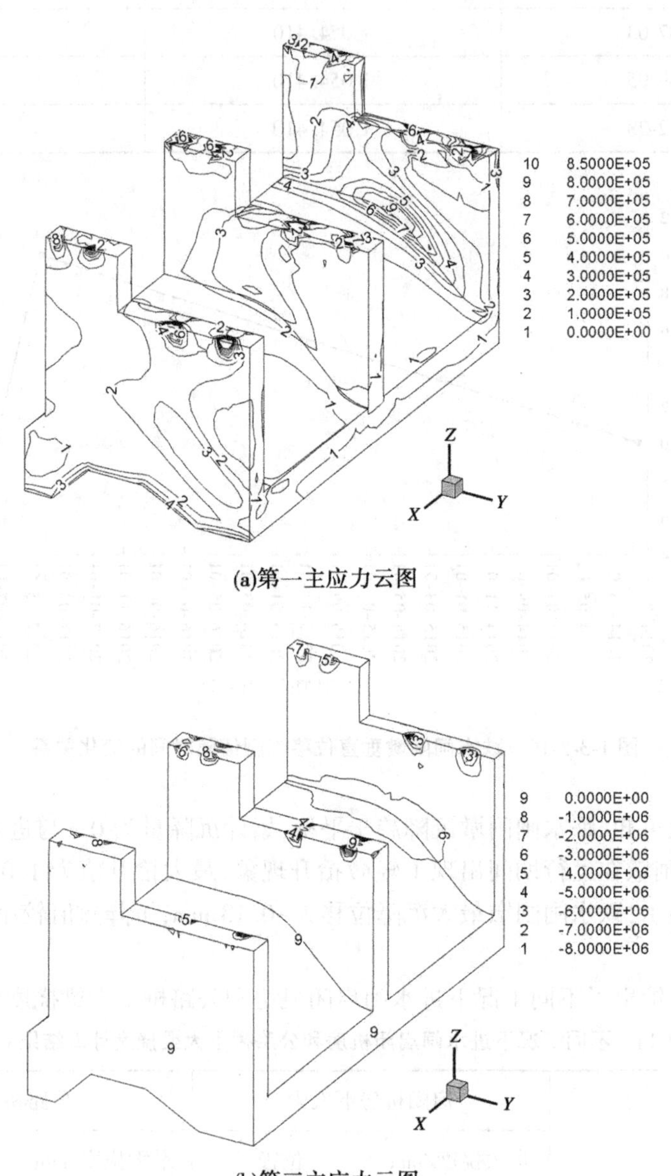

(a)第一主应力云图

(b)第三主应力云图

图 1-3-3-17 正常高水位工况跌水闸闸墩和底板结构主应力云图 (单位:Pa)

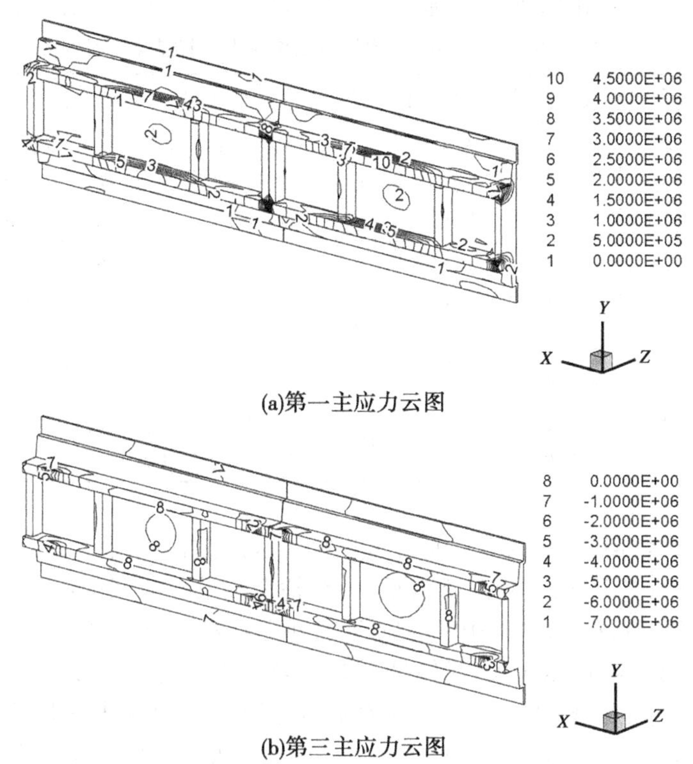

(a)第一主应力云图

(b)第三主应力云图

图1-3-3-18　正常高水位工况跌水闸公路桥结构主应力云图　(单位:Pa)

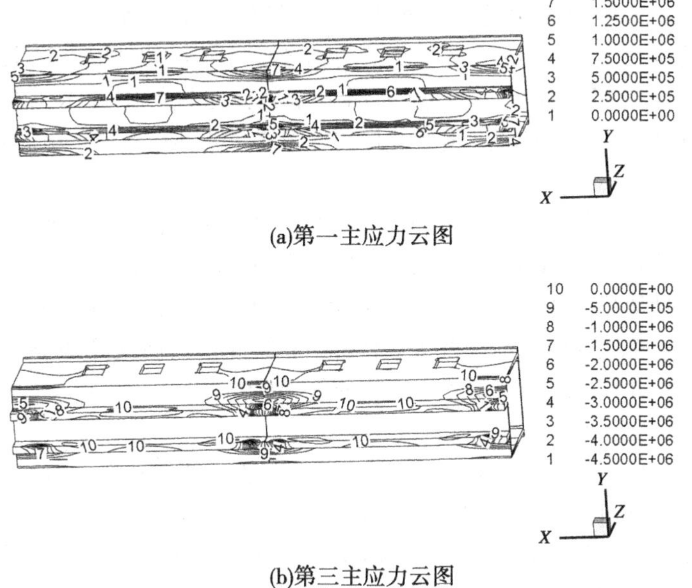

(a)第一主应力云图

(b)第三主应力云图

图1-3-3-19　正常高水位工况跌水闸启闭机房结构主应力云图　(单位:Pa)

表 1-3-3-15 给出了不同工况下跌水闸闸室结构应力计算结果的对比情况。

表 1-3-3-15　不同工况下跌水闸闸室结构应力计算结果对比情况

工况		闸墩和闸底板结构		公路桥结构		启闭机房结构		牛腿结构	
		最大第一主应力/MPa	位置	最大第一主应力/MPa	位置	最大第一主应力/MPa	位置	最大第一主应力/MPa	位置
基本组合	正常高水位	0.75	闸墩与底板连接处	4.31	公路桥跨中底部	1.75	底部横梁跨中底部	0.17	牛腿与闸墩连接处
特殊组合	检修工况	0.68	闸墩与底板连接处	4.31	公路桥跨中底部	1.98	底部横梁跨中底部	0.15	牛腿与闸墩连接处

根据跌水闸闸室结构不同部位主应力云图信息,可得如下结果:

(1)在不同运行工况下,受公路桥自重、公路桥荷载及水荷载的影响,跌水闸闸墩与闸底板相交处出现了 0.68~0.75 MPa 的拉应力,小于跌水闸闸墩和闸底板混凝土抗拉强度(分别为 1.31 MPa 和 1.48 MPa,具体见表 1-3-2-3),满足安全要求。

(2)在不同运行工况下,受上下游水荷载联合作用影响,牛腿与闸墩连接部位处出现部分拉应力区,其最大数值达到了 0.15 MPa,小于牛腿和闸墩混凝土抗拉强度(1.33 MPa,具体见表 1-3-2-3),满足安全需求。

(3)在不同运行工况下,受自身重量和公路桥荷载影响,跌水闸公路桥跨中底部位置处出现了较大拉应力区,其数值达到了 4.31 MPa 左右,远超跌水闸公路桥混凝土抗拉强度(1.33 MPa,具体见表 1-3-2-3)。考虑到跌水闸公路桥运行时间较长,且桥梁底部钢筋混凝土也出现脱落和漏筋情况,并参考《三盛公水利枢纽拦河闸进水闸沈乌闸交通桥检测报告》(河南黄科工程技术检测有限公司,2019 年 5 月),应对跌水闸公路桥进行相应的加固处理。

(4)在不同运行工况下,受自身重量、启闭机自重及启门力的影响,启闭机房底部横梁跨中位置处出现了 1.98 MPa 左右的拉应力,超过了跌水闸启闭机房混凝土抗拉强度设计值(1.33 MPa,具体见表 1-3-2-3)。但此处进行了配筋,结合此处的配筋量,并依据《水工混凝土结构设计规范》(SL 191—2008)中 6.2.1 部分正截面受弯承载力计算相关内容以及纯弯曲梁横截面上正应力计算公式,此处能承受的最大拉应力为 6.32 MPa,满足安全需求。

图 1-3-3-20 给出了跌水闸启闭机房主梁截面配筋图。由图中数据并结合式(1-3-1-4)~式(1-3-1-7)可知,单位长度启闭机房主梁横截面上最大承受弯矩为 368.7 kN · m,启闭机房主梁底部能承受的最大拉应力为 6.32 MPa,大于 1.75 MPa,满足安全需求。

(5)在不同运行工况下,公路桥和启闭机房与闸墩连接位置处最大压应力数值达到了 8 MPa 左右,未超过跌水闸闸墩、公路桥和启闭机混凝土静态抗压强度(分别为 12.48 MPa、12.86 MPa 和 12.86 MPa,具体见表 1-3-2-3),满足安全要求。

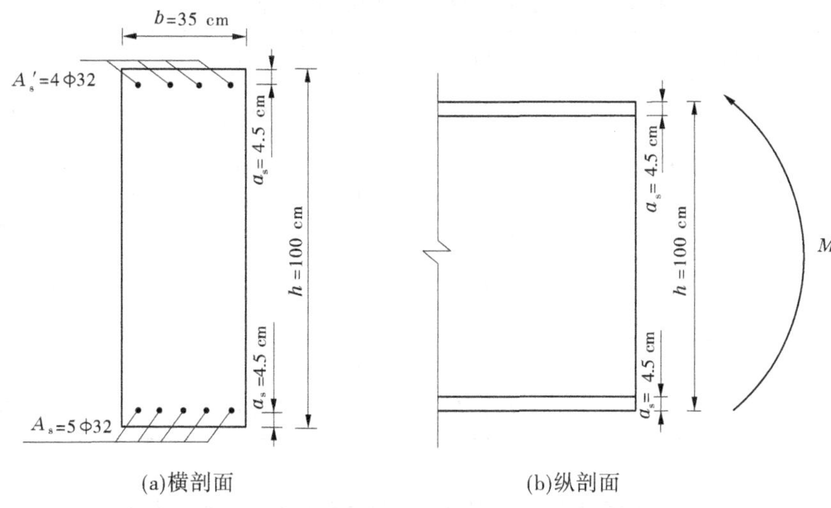

图 1-3-3-20　跌水闸启闭机房主梁截面配筋图

3.3.3.3　闸室稳定复核

1. 抗滑稳定复核

表 1-3-3-16 给出了跌水闸闸室结构抗滑稳定计算结果。

表 1-3-3-16　跌水闸闸室结构抗滑稳定计算结果

工况		竖向荷载/kN	水平向荷载/kN	摩擦系数	抗滑稳定安全系数	规范值
基本组合	正常高水位	25 646. 37	508. 14	0. 35	17. 66	1. 35
特殊组合	检修工况	41 784. 26	39. 17	0. 35	373. 36	1. 20

注:水平向荷载为正是指水平向合力方向朝向下游,水平向荷载为负是指水平向合力方向朝向上游。

根据有限元计算结果,在不同运行工况下,跌水闸闸室结构抗滑稳定安全系数均大于《水闸设计规范》(SL 265—2016)要求,满足安全需求。

2. 基底应力复核

表 1-3-3-17 给出了跌水闸闸室结构基底应力计算数据。根据《内蒙古自治区黄河三盛公水利枢纽除险加固工程初步设计报告》(内蒙古自治区水利水电勘测设计院,2001 年10 月),跌水闸闸基的主要持力层为黏土,允许地基承载力建议取值[R] = 145 kPa。

根据有限元计算结果,在不同运行工况下,跌水闸闸室结构基底应力最大值、平均值和应力不均匀系数均满足规范要求。

3.3.3.4　混凝土裂缝宽度控制验算

根据不同运行工况下有限元计算结果,受公路桥自重、公路桥荷载及水荷载的影响,跌水闸闸中墩与闸底板相交处出现了 0. 68 ~ 0. 75 MPa 的拉应力。本部分主要对该区域中墩混凝土结构裂缝宽度进行验算,表 1-3-3-18 给出了不同运行工况下跌水闸中墩底部最大裂缝宽度计算结果对比情况。

表 1-3-3-17　跌水闸闸室结构基底应力计算结果

计算工况		指标	计算结果/kPa	规范要求/kPa
基本组合	正常高水位	P_{max}	90. 39	<145. 00×1. 2
		$(P_{max}+P_{min})/2$	86. 66	<145. 00
		P_{max}/P_{min}	1. 09	<2. 00
特殊组合	检修工况	P_{max}	151. 85	<145. 00×1. 2
		$(P_{max}+P_{min})/2$	141. 19	<145. 00
		P_{max}/P_{min}	1. 16	<2. 50

表 1-3-3-18　不同运行工况下跌水闸中墩底部最大裂缝宽度计算结果

复核项目		正常使用极限状态(标准值最大值)			
位置	工况	最大裂缝宽度 ω_{max}/mm	最大裂缝宽度限值 ω_{lim}/mm	规范要求	结论
中墩底部	正常高水位	0. 13	0. 35	$\omega_{max}<\omega_{lim}$	满足
中墩底部	检修工况	0. 11	0. 35	$\omega_{max}<\omega_{lim}$	满足

根据有限元计算结果,在不同运行工况下,进水闸闸墩最大裂缝宽度均满足规范要求。

3. 3. 4　沈乌闸结构安全复核成果与分析

本部分主要对沈乌闸结构安全进行复核,主要包括受弯构件最大挠度限值验算、结构应力复核、闸室稳定复核及混凝土裂缝宽度控制验算,具体内容如下。

3. 3. 4. 1　受弯构件最大挠度限值验算

限于篇幅,以正常高水位工况为例,沈乌闸闸室结构位移计算结果云图如图 1-3-3-21 所示。由图 1-3-3-21 可知,相对于拦河闸、进水闸和跌水闸,由于沈乌闸闸室结构整体刚度较大,其各向位移在不同运行工况下相对较小。其中,受公路桥荷载和自重作用影响,最大的 Z 向位移位于公路桥跨中位置处,其数值仅为-0. 7 mm。结合《三盛公水利枢纽拦河闸进水闸沈乌闸交通桥检测报告》(河南黄科工程技术检测有限公司,2019 年 5 月),静载试验中沈乌闸公路桥跨中挠度最大实测值为-0. 64 mm,与本次数值模拟计算结果十分接近,这同样从一定程度上说明本次数值模拟计算结果的准确性。

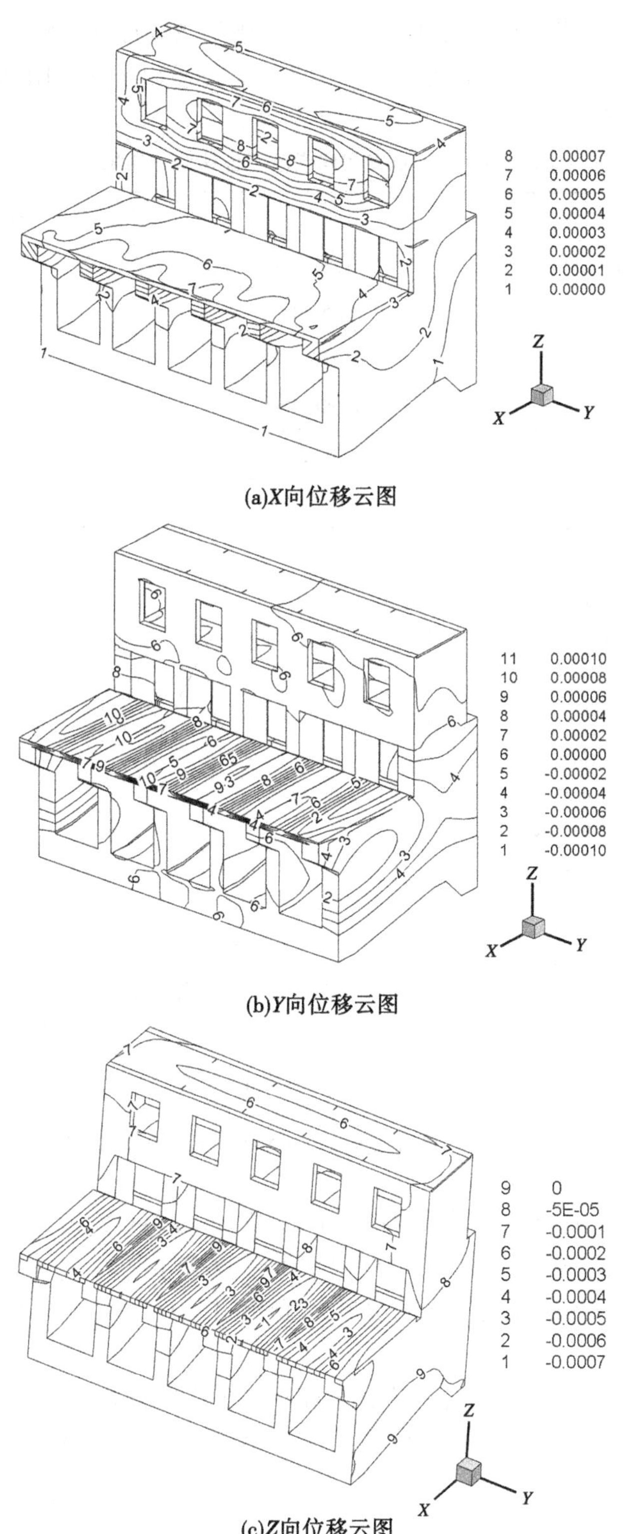

(a)X向位移云图

(b)Y向位移云图

(c)Z向位移云图

图 1-3-3-21　正常高水位工况沈乌闸闸室结构位移云图　（单位：m）

基于沈乌闸监测数据,表 1-3-3-19 给出了沈乌闸闸墩垂直位移观测结果,表中负值代表沉降位移向下,正值代表沉降位移向上。图 1-3-3-22 给出了沈乌闸闸墩垂直位移观测值随时间的变化关系。

表 1-3-3-19　沈乌闸闸墩垂直位移观测结果

观测数据		累计沉降差/mm
日期(年-月-日)	观测值/m	
2016-12-30	1 056.850	—
2017-04-08	1 056.851	1.0
2017-07-03	1 056.851	1.0
2017-09-26	1 056.850	0
2017-12-25	1 056.850	0

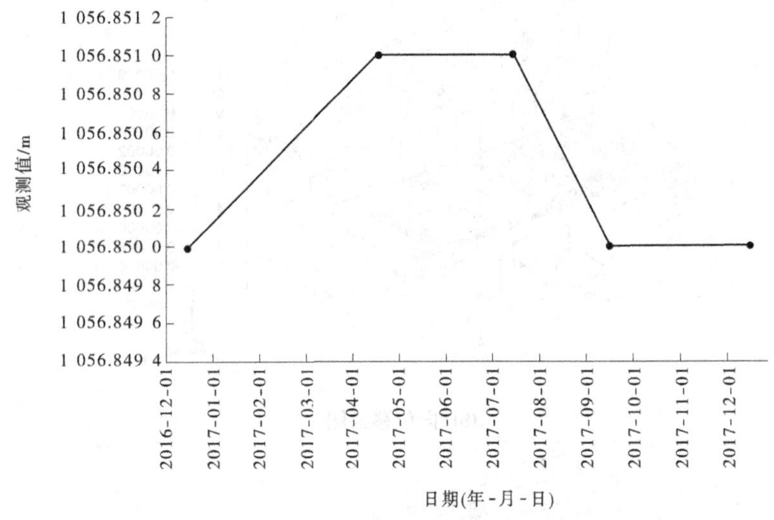

图 1-3-3-22　沈乌闸闸墩垂直位移观测值随时间的变化关系

由上述图表可知,沈乌闸闸墩沉降趋于平稳,累计沉降量为 0。与进水闸和跌水闸监测数据规律类似,沈乌闸闸墩在运行期间出现了轻微抬升现象,最大抬升值为 1.0 mm。本次数值模拟计算结果显示,沈乌闸闸墩最大沉降位移为-0.04 mm,沉降数值较小,基本与监测数据接近。

表 1-3-3-20 给出了不同工况下沈乌闸启闭机房下大梁挠度对比情况。由表 1-3-3-20 可知,不同运行工况下沈乌闸启闭机下大梁的最大挠度仅为 0.2 mm,未超过 $l_0/400$ ($l_0/400=6.6$ mm),满足规范要求。

表 1-3-3-20　不同工况下沈乌闸启闭机房下大梁挠度计算结果对比情况

工况		启闭机房下大梁	
		最大挠度/mm	位置
基本组合	正常高水位	0.1	大梁跨中底部
	设计洪水位	0.2	大梁跨中底部
	凌汛期	0.1	大梁跨中底部
特殊组合	校核洪水位	0.2	大梁跨中底部
	检修工况	0.2	大梁跨中底部

3.3.4.2　结构应力复核

以正常高水位工况为例，图 1-3-3-23～图 1-3-3-25 给出了沈乌闸闸室结构各部位第一主应力和第三主应力计算结果云图。

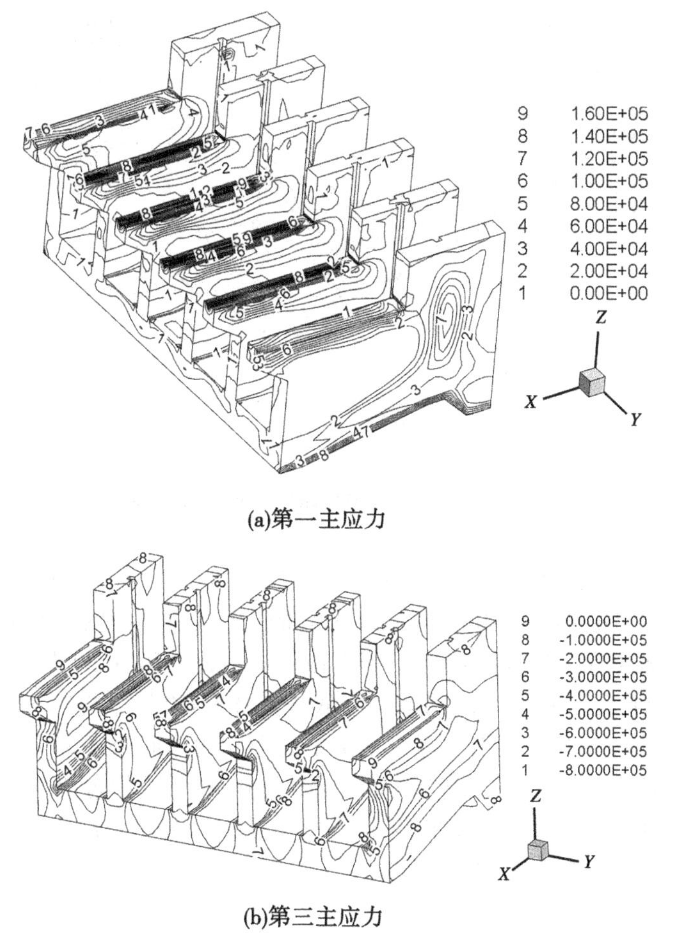

(a)第一主应力

(b)第三主应力

图 1-3-3-23　正常高水位工况沈乌闸闸墩和底板结构主应力云图　(单位:Pa)

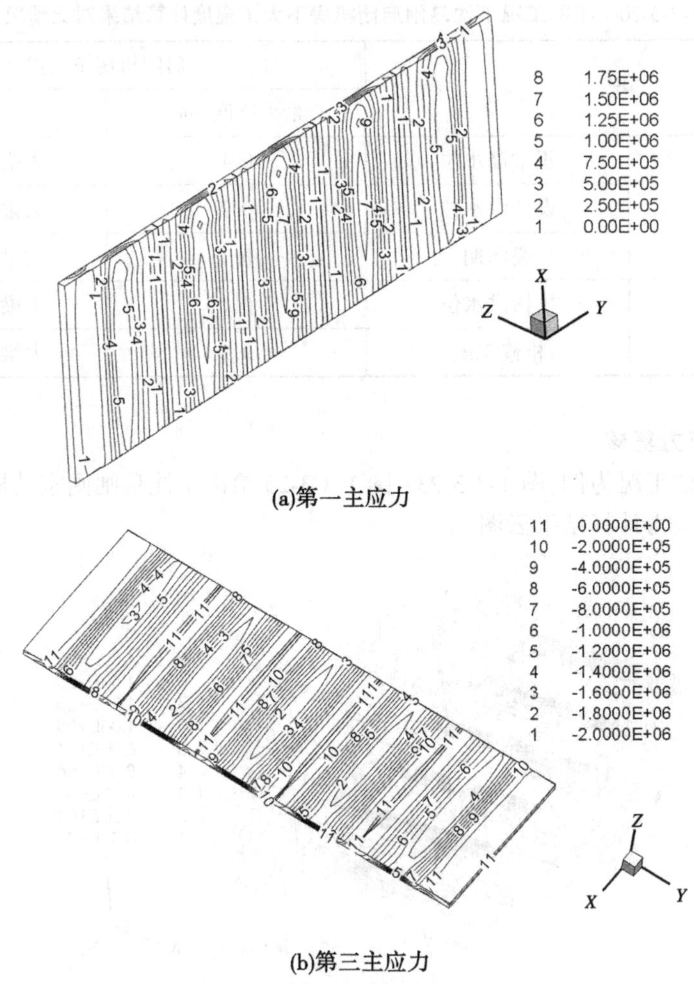

(a)第一主应力

(b)第三主应力

图 1-3-3-24　正常高水位工况沈乌闸公路桥结构主应力云图　(单位:Pa)

表 1-3-3-21 给出了不同工况下沈乌闸闸室结构应力计算结果的对比情况。

由于沈乌闸闸室结构自身刚度较大,其不同部位主应力数值较拦河闸、进水闸和跌水闸计算结果偏小,根据沈乌闸闸室结构不同部位主应力云图信息,可得出如下结果:

(1)在不同运行工况下,沈乌闸闸墩和闸底板整体应力情况偏小。受土压力影响,正常高水位、设计洪水位和校核洪水位运行工况下沈乌闸边墩底板底部出现了 0.15 MPa 左右的拉应力,凌汛期和检修运行工况下边墩中部与胸墙相对应位置出现了 0.22 MPa 左右的拉应力,均小于沈乌闸闸墩和闸底板混凝土抗拉强度(分别为 1.48 MPa 和 1.41 MPa,具体见表 1-3-2-3),满足安全要求。

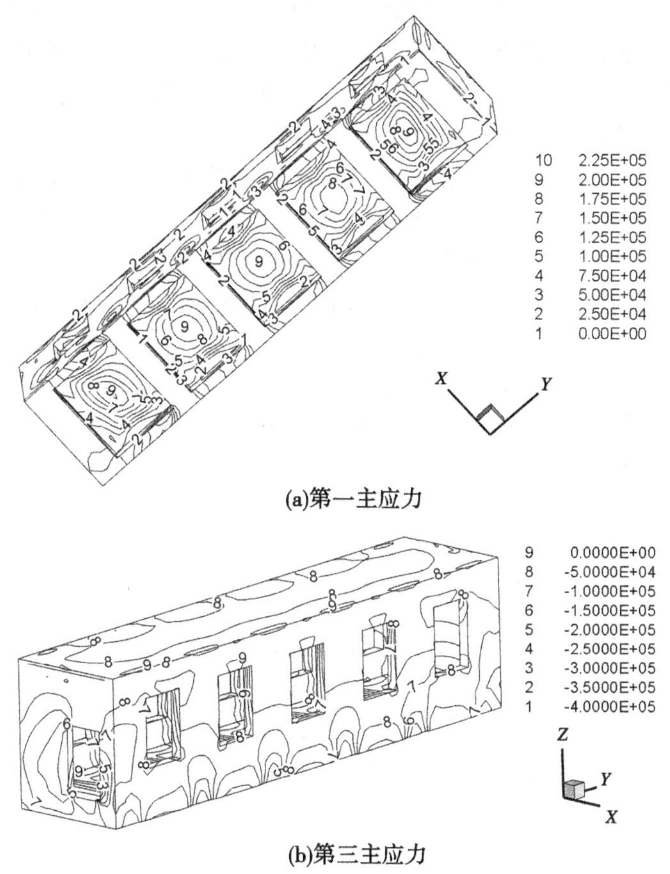

(a)第一主应力

(b)第三主应力

图 1-3-3-25　正常高水位工况沈乌闸启闭机房结构主应力云图　（单位：Pa）

表 1-3-3-21　不同工况下沈乌闸闸室结构应力计算结果对比情况

工况		闸墩和闸底板结构		公路桥结构		启闭机房结构	
		最大第一主应力/MPa	位置	最大第一主应力/MPa	位置	最大第一主应力/MPa	位置
基本组合	正常高水位	0.15	边墩底部位置	1.58	公路桥跨中底部	0.20	启闭机房底板位置
	设计洪水位	0.15	边墩底部位置	1.58	公路桥跨中底部	0.31	启闭机房底板位置
	凌汛期	0.22	边墩中部与胸墙相对应位置	1.58	公路桥跨中底部	0.20	启闭机房底板位置
特殊组合	校核洪水位	0.15	边墩底部位置	1.58	公路桥跨中底部	0.31	启闭机房底板位置
	检修工况	0.22	边墩中部与胸墙相对应位置	1.58	公路桥跨中底部	0.31	启闭机房底板位置

(2)在不同运行工况下,受自身重量和公路桥荷载影响,沈乌闸公路桥跨中底部位置处出现了较大拉应力区,其数值达到了 1.58 MPa 左右,超过沈乌闸公路桥混凝土抗拉强度(1.33 MPa,具体见表 1-3-2-3)。但此处进行了配筋,结合此处的配筋量,并依据《水工混凝土结构设计规范》(SL 191—2016)中 6.2.1 部分正截面受弯承载力计算相关内容及纯弯曲梁横截面上正应力计算公式,此处能承受的最大拉应力为 10.87 MPa,满足安全需求。

图 1-3-3-26 给出了沈乌闸公路桥单位长度截面配筋图。由图中数据并结合式(1-3-1-4)~式(1-3-1-7)可知,单位长度公路桥横截面上最大承受弯矩为 163.0 kN·m,公路桥底部能承受的最大拉应力为 10.87 MPa,大于 1.58 MPa,满足安全需求。

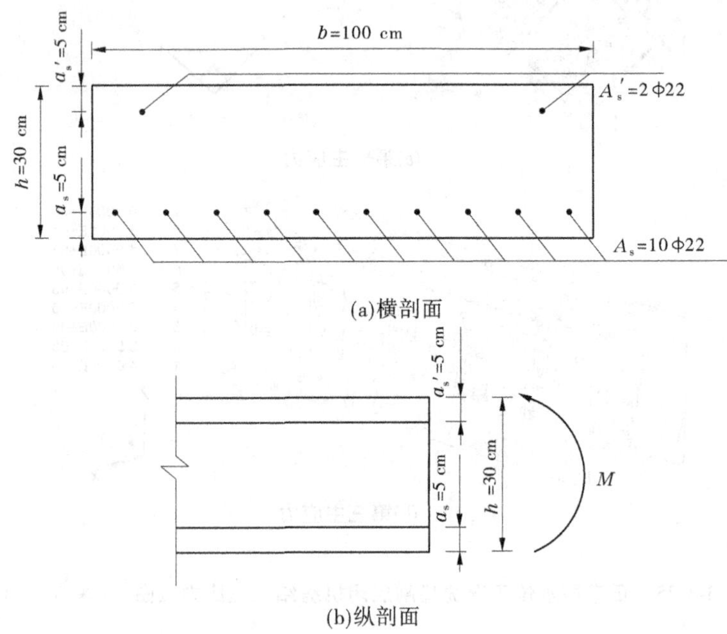

图 1-3-3-26 沈乌闸公路桥单位长度截面配筋图

(3)在不同运行工况下,受自身重量、启闭机自重及启门力的影响,启闭机房底板位置处出现了 0.31 MPa 左右的拉应力,小于沈乌闸启闭机房混凝土抗拉强度(1.33 MPa,具体见表 1-3-2-3),满足安全要求。

(4)沈乌闸闸墩、闸底板和启闭机房所受压应力较小,仅在公路桥上部跨中位置出现了压应力区,其最大压应力数值为 1.80 MPa,未超过沈乌闸公路桥混凝土静态抗压强度(12.86 MPa,具体见表 1-3-2-3),满足安全要求。

3.3.4.3 闸室稳定复核

1. 抗滑稳定复核

表 1-3-3-22 给出了沈乌闸闸室结构抗滑稳定计算数据。

根据有限元计算结果,在不同运行工况下,沈乌闸闸室结构抗滑稳定安全系数均大于《水闸设计规范》(SL 265—2016)要求,满足安全需求。

表 1-3-3-22　沈乌闸闸室结构抗滑稳定计算分析

工况		竖向荷载/kN	水平向荷载/kN	摩擦系数	抗滑稳定安全系数	规范值
基本组合	正常高水位	18 613.91	-217.53	0.35	29.95	1.35
	设计洪水位	18 674.73	-160.92	0.35	40.62	1.35
	凌汛期	14 962.26	590.57	0.35	8.87	1.35
特殊组合	校核洪水位	18 766.46	-71.02	0.35	92.48	1.20
	检修工况	14 657.20	268.12	0.35	19.13	1.20

注:水平向荷载为正是指水平向合力方向朝向下游,水平向荷载为负是指水平向合力方向朝向上游。

2. 基底应力复核

表 1-3-3-23 给出了沈乌闸闸室结构基底应力计算数据。根据《内蒙古自治区黄河三盛公水利枢纽除险加固工程初步设计报告》(内蒙古自治区水利水电勘测设计院,2001 年 10 月),沈乌闸闸基的主要持力层为砂壤土,允许地基承载力建议取值$[R]=140.00$ kPa。

表 1-3-3-23　沈乌闸室基底应力计算结果

计算工况		指标	计算结果/kPa	规范要求
基本组合	正常高水位	P_{max}	111.21	<140.00×1.2
		$(P_{max}+P_{min})/2$	97.40	<140.00
		P_{max}/P_{min}	1.33	<2.00
	设计洪水位	P_{max}	111.50	<140.00×1.2
		$(P_{max}+P_{min})/2$	97.72	<140.00
		P_{max}/P_{min}	1.33	<2.00
	凌汛期	P_{max}	92.68	<140.00×1.2
		$(P_{max}+P_{min})/2$	78.30	<140.00
		P_{max}/P_{min}	1.45	<2.00
特殊组合	校核洪水位	P_{max}	111.98	<140.00×1.2
		$(P_{max}+P_{min})/2$	98.20	<140.00
		P_{max}/P_{min}	1.33	<2.50
	检修工况	P_{max}	84.46	<140.00×1.2
		$(P_{max}+P_{min})/2$	76.70	<140.00
		P_{max}/P_{min}	1.23	<2.50

根据有限元计算结果,在不同运行工况下,进水闸闸室结构基底应力最大值、平均值和应力不均匀系数均满足规范要求。

3.3.4.4 混凝土裂缝宽度控制验算

根据不同运行工况下有限元计算结果,受土压力影响,正常高水位、设计洪水位和校核洪水位运行工况下沈乌闸边墩底部出现了 0.15 MPa 左右的拉应力,凌汛期和检修运行工况下边墩中部与胸墙相对应位置出现了 0.22 MPa 左右的拉应力。本部分主要对该区域边墩混凝土和底板结构裂缝宽度进行验算,表 1-3-3-24 给出了不同运行工况下沈乌闸边墩和底板底部最大裂缝宽度计算结果对比情况。

表 1-3-3-24　不同运行工况下沈乌闸边墩和底板底部最大裂缝宽度计算结果

复核项目		正常使用极限状态(标准值最大值)			
位置	工况	最大裂缝宽度 ω_{max}/mm	最大裂缝宽度限值 ω_{lim}/mm	规范要求	结论
边墩底板底部	正常高水位	0.02	0.35	$\omega_{max}<\omega_{lim}$	满足
边墩底板底部	设计洪水位	0.02	0.35	$\omega_{max}<\omega_{lim}$	满足
边墩中部与胸墙相对应位置	凌汛期	0.03	0.35	$\omega_{max}<\omega_{lim}$	满足
边墩底板底部	校核洪水位	0.02	0.35	$\omega_{max}<\omega_{lim}$	满足
边墩中部与胸墙相对应位置	检修工况	0.03	0.35	$\omega_{max}<\omega_{lim}$	满足

根据有限元计算结果,在不同运行工况下,沈乌闸边墩和底板最大裂缝宽度均满足规范要求。

3.3.5 南岸闸结构安全复核成果与分析

本部分主要对南岸闸结构安全进行复核,主要包括受弯构件最大挠度限值验算、结构应力复核、闸室稳定复核及混凝土裂缝宽度控制验算,具体内容如下。

3.3.5.1 受弯构件最大挠度限值验算

以正常高水位工况为例,沈乌闸闸室结构位移计算结果云图如图 1-3-3-27 所示。与沈乌闸计算结果规律类似,相对于拦河闸和进水闸,由于南岸闸闸室结构整体刚度较大,其各向位移在不同运行工况下同样相对较小,其中受公路桥荷载和自重作用影响,最大的 Z 向位移位于公路桥跨中位置处,其数值同样仅为-0.7 mm。

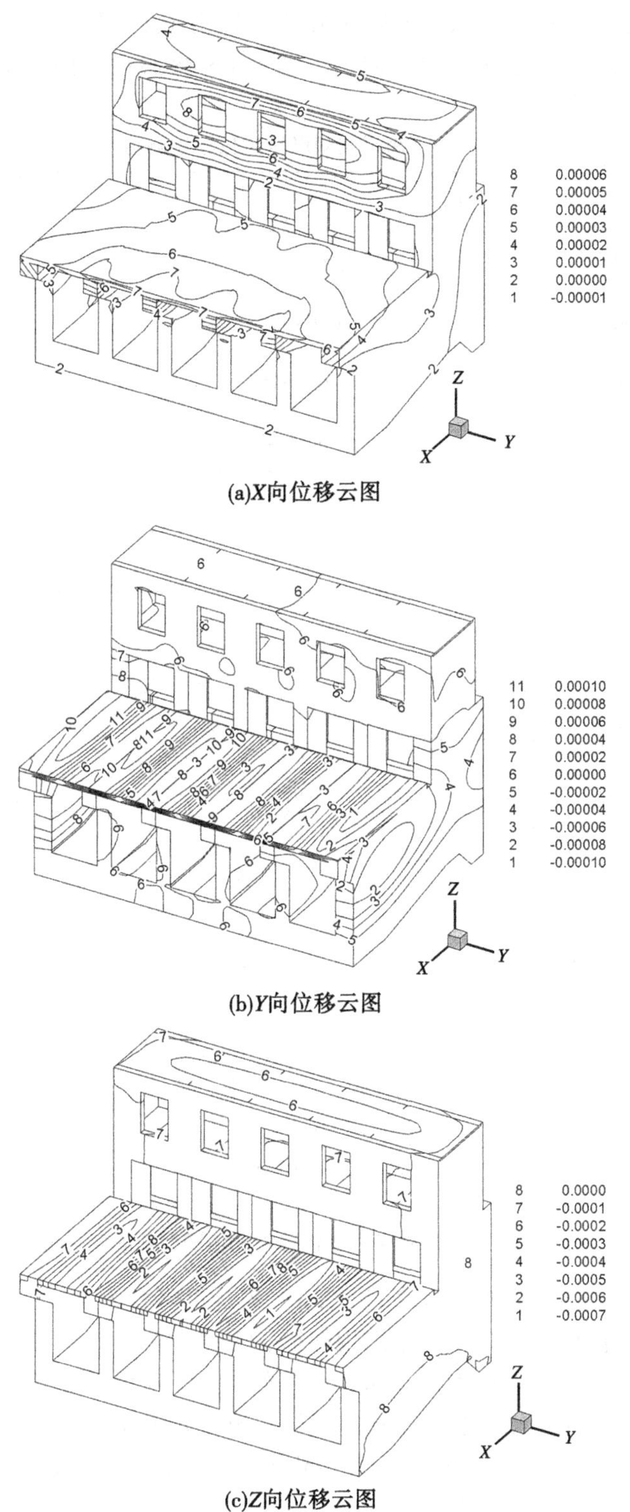

(a)X向位移云图

(b)Y向位移云图

(c)Z向位移云图

图1-3-3-27　正常高水位工况南岸闸闸室结构整体位移云图　（单位：m）

基于南岸闸闸墩监测数据，表 1-3-3-25 给出南岸闸闸墩垂直位移观测结果，表中负值代表沉降位移向下，正值代表沉降位移向上。图 1-3-3-28 给出了南岸闸闸墩垂直位移观测值随时间的变化关系。

表 1-3-3-25　南岸闸闸墩垂直位移观测结果

观测数据		累计沉降差/mm
日期(年-月-日)	观测值/m	
2016-12-30	1 056. 945	—
2017-04-08	1 065. 945	0
2017-07-03	1 056. 944	-1. 0
2017-09-26	1 056. 944	-1. 0
2017-12-25	1 056. 945	0

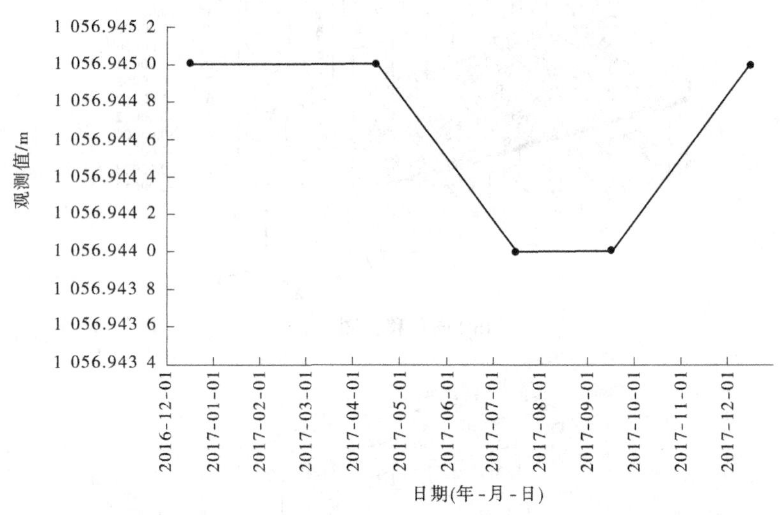

图 1-3-3-28　南岸闸闸墩垂直位移观测值随时间的变化关系

由上述图表可知，南岸闸闸墩沉降趋于平稳，累计沉降量为 0。与沈乌闸监测数据规律不同的是，南岸闸闸墩在运行期间未出现轻微抬升现象，相反，其间出现了轻微沉降而后又抬升至原位置，最大沉降值为-1. 0 mm。本次数值模拟计算结果显示，南岸闸闸墩最大沉降位移为-0. 05 mm，沉降数值较小，基本与监测数据接近。

表 1-3-2-26 给出了不同工况下南岸闸启闭机房下大梁挠度对比情况。

表 1-3-3-26　不同工况下南岸闸启闭机房下大梁挠度计算结果对比情况

工况		启闭机房下大梁	
		最大挠度/mm	位置
基本组合	正常高水位	0.1	大梁跨中底部
	设计洪水位	0.2	大梁跨中底部
	凌汛期	0.1	大梁跨中底部
特殊组合	校核洪水位	0.2	大梁跨中底部
	检修工况	0.2	大梁跨中底部

由表 1-3-3-26 可知，不同运行工况下南岸闸启闭机房下大梁的最大挠度仅为 0.2 m，未超过$l_0/400$（$l_0/400=6.6$ mm），满足规范要求。

3.3.5.2　**结构应力复核**

以正常高水位工况为例，图 1-3-3-29～图 1-3-3-31 给出了南岸闸闸室结构各部位主应力计算结果云图。

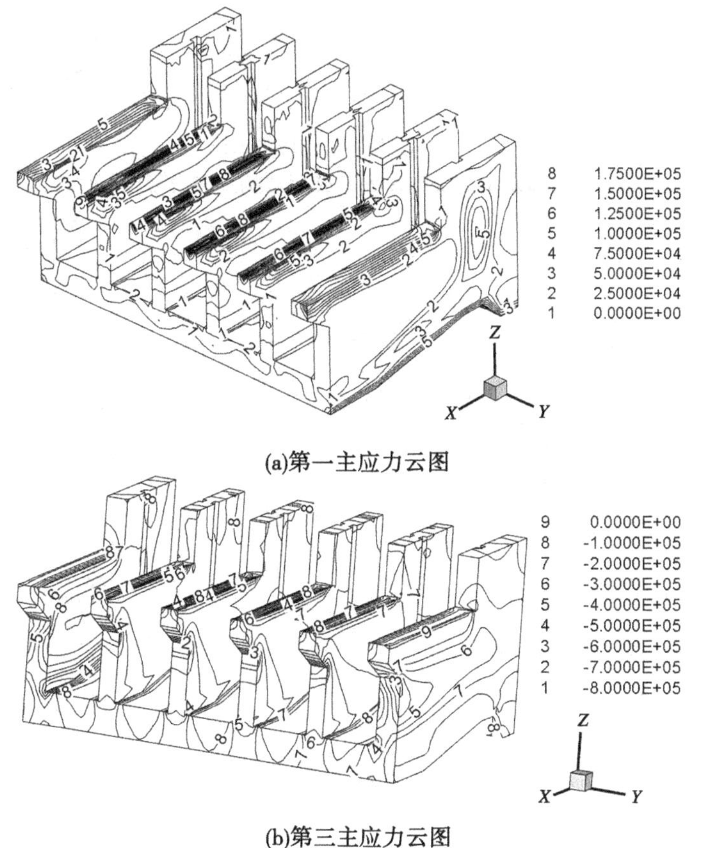

(a)第一主应力云图

(b)第三主应力云图

图 1-3-3-29　正常高水位工况南岸闸闸墩和底板结构主应力云图　（单位：Pa）

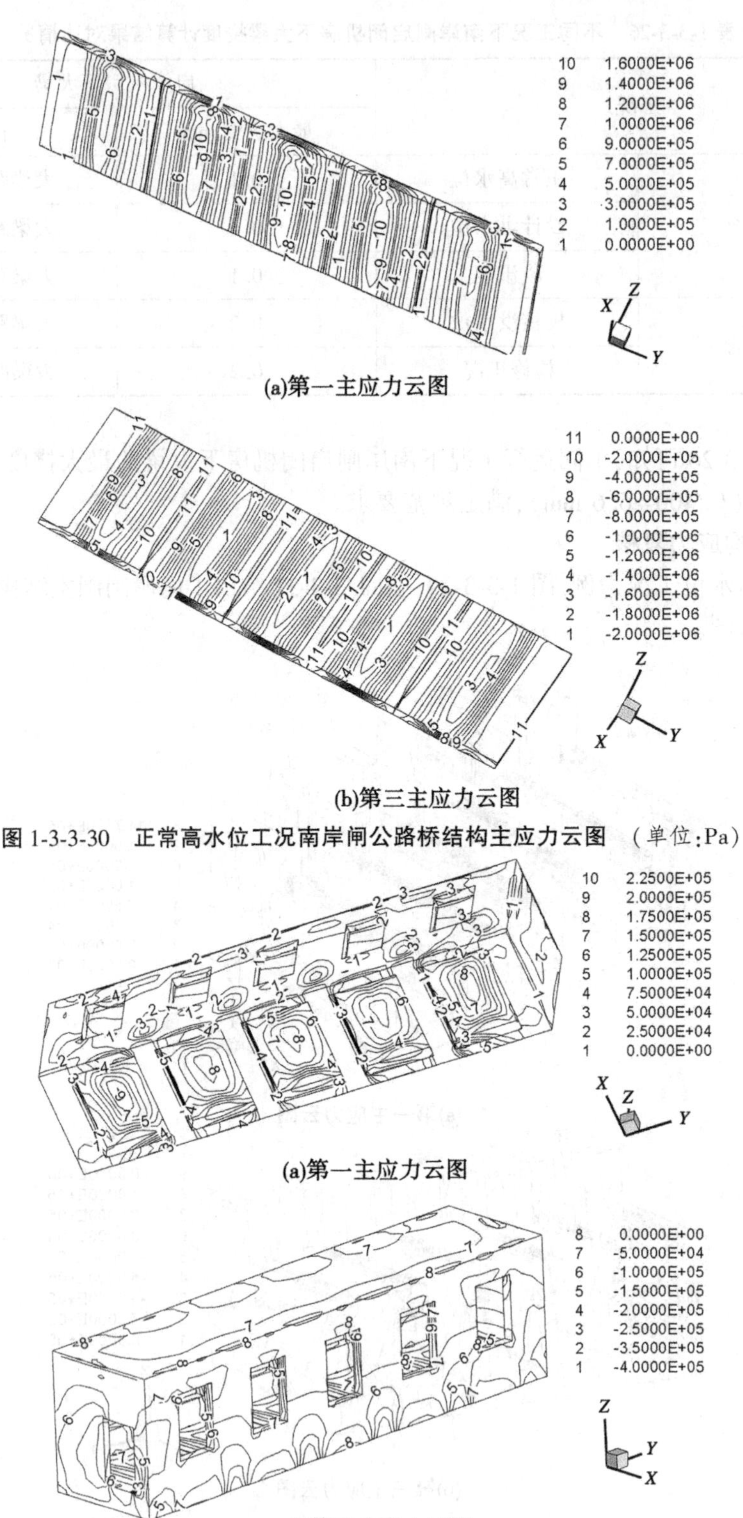

(a)第一主应力云图

(b)第三主应力云图

图 1-3-3-30　正常高水位工况南岸闸公路桥结构主应力云图　（单位：Pa）

(a)第一主应力云图

(b)第三主应力云图

图 1-3-3-31　正常高水位工况南岸闸启闭机房结构主应力云图　（单位：Pa）

表 1-3-3-27 给出了不同工况下南岸闸闸室结构应力计算结果的对比情况。

表 1-3-3-27 不同工况下南岸闸闸室结构应力计算结果对比情况

<table>
<tr><th colspan="2" rowspan="2">工况</th><th colspan="2">闸墩和闸底板结构</th><th colspan="2">公路桥结构</th><th colspan="2">启闭机房结构</th></tr>
<tr><th>最大第一主应力/MPa</th><th>位置</th><th>最大第一主应力/MPa</th><th>位置</th><th>最大第一主应力/MPa</th><th>位置</th></tr>
<tr><td rowspan="3">基本组合</td><td>正常高水位</td><td>0.17</td><td>边墩底部位置</td><td>1.61</td><td>公路桥跨中底部</td><td>0.21</td><td>启闭机房底板位置</td></tr>
<tr><td>设计洪水位</td><td>0.17</td><td>边墩底部位置</td><td>1.61</td><td>公路桥跨中底部</td><td>0.32</td><td>启闭机房底板位置</td></tr>
<tr><td>凌汛期</td><td>0.22</td><td>边墩中部与胸墙相对应位置</td><td>1.61</td><td>公路桥跨中底部</td><td>0.21</td><td>启闭机房底板位置</td></tr>
<tr><td rowspan="2">特殊组合</td><td>校核洪水位</td><td>0.17</td><td>边墩底部位置</td><td>1.61</td><td>公路桥跨中底部</td><td>0.32</td><td>启闭机房底板位置</td></tr>
<tr><td>检修工况</td><td>0.22</td><td>边墩中部与胸墙相对应位置</td><td>1.61</td><td>公路桥跨中底部</td><td>0.32</td><td>启闭机房底板位置</td></tr>
</table>

与沈乌闸计算结果规律类似,由于南岸闸闸室结构自身刚度较大,其不同部位主应力数值较拦河闸、进水闸和跌水闸计算结果偏小,根据南岸闸闸室结构不同部位主应力云图信息,可得出如下结果:

(1)在不同运行工况下,南岸闸闸墩和闸底板整体应力情况偏小。受土压力影响,正常高水位、设计洪水位和校核洪水位运行工况下南岸闸边墩底部出现了 0.17 MPa 左右的拉应力,凌汛期和检修运行工况下边墩中部与胸墙相对应位置出现了 0.22 MPa 左右的拉应力,均小于南岸闸闸墩和闸底板混凝土抗拉强度(分别为 1.43 MPa 和 1.50 MPa,具体见表 1-3-2-3),满足安全要求。

(2)在不同运行工况下,受自身重量和公路桥荷载影响,南岸闸公路桥跨中底部位置处出现了较大拉应力区,其数值达到了 1.61 MPa 左右,超过南岸闸公路桥混凝土抗拉强度(1.33 MPa,具体见表 1-3-2-3)。但此处进行了配筋,结合此处的配筋量,并依据《水工混凝土结构设计规范》(SL 191—2008)中 6.2.1 部分正截面受弯承载力计算相关内容及纯弯曲梁横截面上正应力计算公式,此处能承受的最大拉应力为 10.87 MPa,满足安全需求。

图 1-3-3-32 给出了南岸闸公路桥单位长度截面配筋图。由图中数据并结合式(1-3-1-4)~式(1-3-1-7)可知,单位长度公路桥横截面上最大承受弯矩为 163.0 kN · m,公路桥底部能承受的最大拉应力为 10.87 MPa,大于 1.50 MPa,满足安全需求。

(3)在不同运行工况下,受自身重量、启闭机自重及启门力的影响,南岸闸启闭机房底板位置处出现了 0.32 MPa 左右的拉应力,小于南岸闸启闭机房混凝土抗拉强度(1.33 MPa,具体见表 1-3-2-3),满足安全要求。

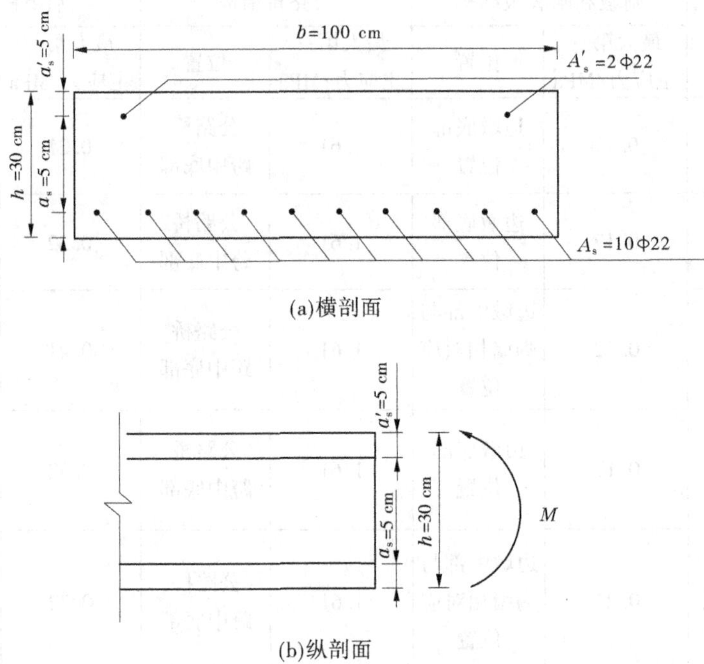

图 1-3-3-32 南岸闸公路桥单位长度截面配筋图

(4)南岸闸闸墩、闸底板和启闭机房所受压应力较小,仅在公路桥上部跨中位置出现了压应力区,其最大压应力数值为 1.80 MPa,未超过南岸闸公路桥混凝土静态抗压强度(12.86 MPa,具体见表 1-3-2-3),满足安全要求。

3.3.5.3 闸室稳定复核

1. 抗滑稳定复核

表 1-3-3-28 给出了南岸闸闸室结构抗滑稳定计算数据。

表 1-3-3-28 南岸闸闸室结构抗滑稳定计算结果

工况		竖向荷载/kN	水平向荷载/kN	摩擦系数	抗滑稳定安全系数	规范值
基本组合	正常高水位	22769.28	-451.39	0.35	17.65	1.35
	设计洪水位	22 831.68	-414.52	0.35	19.28	1.35
	凌汛期	18 262.55	600.64	0.35	10.64	1.35
特殊组合	校核洪水位	22 925.50	-348.73	0.35	23.01	1.20
	检修工况	17 950.16	276.76	0.35	22.70	1.20

注:水平向荷载为正是指水平向合力方向朝向下游,水平向荷载为负是指水平向合力方向朝向上游。

根据有限元计算结果，在不同运行工况下，南岸闸闸室结构抗滑稳定安全系数均大于《水闸设计规范》(SL 265—2016)要求，满足安全需求。

2. 基底应力复核

表 1-3-3-29 给出了南岸闸闸室结构基底应力计算数据。根据《内蒙古自治区黄河三盛公水利枢纽除险加固工程初步设计报告》(内蒙古自治区水利水电勘测设计院，2001 年 10 月)，南岸闸闸基的主要持力层为砂壤土，允许地基承载力建议取值[R] = 130.00 kPa。

表 1-3-3-29　南岸闸闸室基底应力计算结果

计算工况		指标	计算结果/kPa	规范要求
基本组合	正常高水位	P_{max}	111.16	<130.00×1.2
		$(P_{max}+P_{min})/2$	97.74	<130.00
		P_{max}/P_{min}	1.32	<2.00
	设计洪水位	P_{max}	111.17	<130.00×1.2
		$(P_{max}+P_{min})/2$	98.00	<130.00
		P_{max}/P_{min}	1.31	<2.00
	凌汛期	P_{max}	92.24	<130.00×1.2
		$(P_{max}+P_{min})/2$	78.39	<130.00
		P_{max}/P_{min}	1.43	<2.00
特殊组合	校核洪水位	P_{max}	111.25	<130.00×1.2
		$(P_{max}+P_{min})/2$	98.41	<130.00
		P_{max}/P_{min}	1.30	<2.50
	检修工况	P_{max}	85.59	<130.00×1.2
		$(P_{max}+P_{min})/2$	77.05	<130.00
		P_{max}/P_{min}	1.25	<2.50

根据有限元计算结果，在不同运行工况下，进水闸闸室结构基底应力最大值、平均值和应力不均匀系数均满足规范要求。

3.3.5.4　混凝土裂缝宽度控制验算

根据不同运行工况下有限元计算结果，受土压力影响，正常高水位、设计洪水位和校核洪水位运行工况下南岸闸边墩底部出现了 0.17 MPa 左右的拉应力，凌汛期和检修运行工况下边墩中部与胸墙相对应位置出现了 0.22 MPa 左右的拉应力。本部分主要对该区域边墩混凝土和底板结构裂缝宽度进行验算，表 1-3-3-30 给出了不同运行工况下南岸闸边墩和底板底部最大裂缝宽度计算结果。

根据有限元计算结果，在不同运行工况下，南岸闸边墩和底板最大裂缝宽度均满足规范要求。

表 1-3-3-30 不同运行工况下南岸闸边墩和底板底部最大裂缝宽度计算结果

复核项目	正常使用极限状态(标准值最大值)				
位置	工况	最大裂缝宽度 ω_{max}/mm	最大裂缝宽度限值 ω_{lim}/mm	规范要求	结论
边墩底板底部	正常高水位	0.02	0.35	$\omega_{max}<\omega_{lim}$	满足
边墩底板底部	设计洪水位	0.02	0.35	$\omega_{max}<\omega_{lim}$	满足
边墩中部与胸墙相对应位置	凌汛期	0.03	0.35	$\omega_{max}<\omega_{lim}$	满足
边墩底板底部	校核洪水位	0.02	0.35	$\omega_{max}<\omega_{lim}$	满足
边墩中部与胸墙相对应位置	检修工况	0.03	0.35	$\omega_{max}<\omega_{lim}$	满足

3.4 结构安全评价结论与建议

3.4.1 结论

(1)受弯构件最大挠度限值复核结论。

不同运行工况下,拦河闸、进水闸、跌水闸启闭机及公路桥下大梁的最大挠度和沈乌闸及南岸闸启闭机下大梁的最大挠度均小于《水工混凝土结构设计规范》(SL 191—2008)中表 3.2.8 规定的 $l_0/400$,满足规范要求。

(2)结构应力复核结论。

①在不同运行工况下,受公路桥自重、公路桥荷载及水荷载的影响,拦河闸、进水闸和跌水闸闸墩与闸底板相交处出现了 0.68~1.38 MPa 的拉应力。其中,进水闸和跌水闸闸墩与闸底板相交处出现的拉应力均未超过闸墩和闸底板混凝土抗拉强度,满足安全要求,仅拦河闸闸墩和闸底板相交处出现的拉应力超过了拦河闸闸墩和闸底板混凝土抗拉强度,但此处进行了配筋,结合此处的配筋量,并依据正截面受弯承载力计算相关内容及纯弯曲梁横截面上正应力计算公式,此处能承受的最大拉应力为 4.81 MPa,同样满足安全需求。

②在不同运行工况下,拦河闸、进水闸和跌水闸公路桥跨中底部位置处出现了 4.31~5.5 MPa 的拉应力,其数值远超拦河闸、进水闸和跌水闸公路桥混凝土抗拉强度。考虑到拦河闸、进水闸和跌水闸公路桥运行时间较长,并结合《三盛公水利枢纽拦河闸进水闸沈乌闸交通桥检测报告》(河南黄科工程技术检测有限公司,2019 年 5 月),桥梁结构主梁横隔梁裂缝在静载试验过程中有扩张趋势,为安全起见,应对拦河闸、进水闸和跌水闸公路桥进行相应的加固处理。

③在不同运行工况下,受自身重量、启闭机自重及启门力的影响,拦河闸、进水闸和跌水闸启闭机房底部横梁跨中位置处出现了 1.50~2.0 MPa 的拉应力,超过了启闭机房混凝土抗拉强度,但此处进行了配筋,且此处拉应力超过混凝土抗拉强度的部分不大,参照跌水闸启闭机房主梁分析结果,适当配筋即可满足承载力需求。因此,满足安全需求。

④由于沈乌闸、南岸闸闸室结构自身刚度较大,其不同部位主应力数值较拦河闸、进水闸和跌水闸计算结果偏小,仅公路桥跨中底部位置处产生 1.58~1.61 MPa 的拉应力,超过了沈乌闸和南岸闸公路桥混凝土抗拉强度。但此处进行了配筋,结合此处的配筋量,并依据正截面受弯承载力计算相关内容以及纯弯曲梁横截面上正应力计算公式,此处能承受的最大拉应力为 10.87 MPa,满足安全需求。

(3)闸室稳定复核结论。

在不同运行工况下,拦河闸、进水闸、跌水闸、沈乌闸和南岸闸闸室结构基底应力最大值、平均值、应力不均匀系数以及抗滑稳定安全系数均满足规范要求。根据《水闸安全评价导则》(SL 214—2015)4.4.12 条可知,拦河闸、进水闸、跌水闸、沈乌闸和南岸闸闸室稳定安全性分级均为 A 级。

(4)混凝土裂缝宽度控制复核结论。

在不同运行工况下,拦河闸、进水闸、跌水闸、沈乌闸和南岸闸闸墩和底板最大裂缝宽度均满足规范要求。

3.4.2　建议

(1)建议对拦河闸、进水闸及跌水闸混凝土露筋、钢筋锈蚀、混凝土脱落等部位进行处理。

(2)拦河闸、进水闸和跌水闸公路桥不满足工程安全需求,建议对三座公路桥进行加固处理。

(3)建议对跌水闸下游两侧护坡底部冲刷部位进行修复。

4　基于有限元数值模拟的水闸抗震安全复核

资料统计表明,水闸的主要震害为排架柱断裂、闸墩及翼墙裂缝等。一旦水闸在地震作用下发生破坏,将直接对国民经济的发展及人民的生命安全造成威胁。闸室作为水闸工程的咽喉部位,对工程安全尤为重要。此外,闸室薄壁结构在强震作用下易发生贯穿性裂缝,尤其针对闸室上部启闭机排架柱结构,其在地震作用下存在明显的"鞭梢效应",出现贯穿性裂缝的可能性更大。

目前,大部分学者采用拟静力法对水闸结构进行抗震复核计算。事实上,水闸属于三维空间薄壁结构,如按照常规平面方法简化计算,会忽略闸底板、闸墩、启闭机房及交通桥等建筑物之间的联系作用,计算结果误差较大;同时,根据《中国地震动参数区划图》(GB 18306—2015),三盛公水利枢纽工程所处区域地震基本烈度属Ⅷ度区,相应地震动峰值加速度为 0.20g,地震动反应谱特征周期为 0.35 s,场地类别为Ⅱ类,地震设防烈度为Ⅷ度。《水工建筑物抗震设计标准》(GB 51247—2018)指出,"设计烈度为Ⅷ或Ⅸ的 1 级、2 级水闸,应采用动力法进行抗震计算""采用动力法计算水闸地震作用效应时,应把闸室段作为整体三维体系结构""水闸应同时考虑顺河流方向和垂直河流方向的水平向地震作用"。同时,《水工建筑物抗震设计规范》(SL 203—1997)指出,"采用动力法计算水闸地震作用效应时,宜采用振型分解反应谱法"。

黄河三盛公水利枢纽工程为大(1)型工程,根据《水工建筑物抗震设计标准》(GB 51247—2018),基于第 3 章所建立的拦河闸、进水闸、跌水闸、沈乌闸及南岸闸闸室结构三维有限元模型,考虑顺河流方向和垂直河流方向的水平向地震作用,采用振型分解反应谱法,对拦河闸、进水闸、跌水闸、沈乌闸及南岸闸闸室结构抗震安全进行了复核。同时,针对目前有限元数值模拟技术在水闸结构安全复核中存在的问题,提出了一种有限元数值模拟和结构力学计算相结合的分析方法,该方法能有效地弥补单纯采用有限元数值模拟所带来的不足,可为同类水闸抗震安全复核提供相应的依据和参考。

4.1　复核运用条件、复核标准及评价方法

4.1.1　复核运用条件和复核标准

《水闸设计规范》(SL 265—2016)表 7.2.11 规定,进行抗震分析时按照正常蓄水位组合进行计算。正常蓄水位作用时可分为闸后有水和闸后无水两种情况,其中闸后有水情况时上、下游水荷载有一定抵消作用。因此,本次对黄河三盛公水利枢纽各闸室结构进

行抗震复核时,选定闸前为正常蓄水位、闸后最低水位为最不利运行工况。

4.1.2　评价方法

4.1.2.1　自振特性计算方法

结构自振特性(频率与振型)是结构动力分析的主要内容。由有限元动力平衡方程

$$\boldsymbol{K\delta} + \boldsymbol{C}\dot{\boldsymbol{\delta}} + (\boldsymbol{M} + \boldsymbol{M}_P)\ddot{\boldsymbol{\delta}} = \boldsymbol{R}_0 \tag{1-4-1-1}$$

可得到自由振动方程

$$(\boldsymbol{K} - \omega^2\overline{\boldsymbol{M}})\boldsymbol{\delta}_0 = 0 \tag{1-4-1-2}$$

式中,$\overline{\boldsymbol{M}} = \boldsymbol{M} + \boldsymbol{M}_P$。$\boldsymbol{M}_P$ 为动水压力引起的附加质量矩阵,当采用抗震规范推荐的韦斯特伽特附加质量公式时,$\boldsymbol{M}_P$ 可以表达为

$$M_P = \frac{7}{8}\rho A\sqrt{hy} \tag{1-4-1-3}$$

在水工结构的抗震计算中通常只需求少数几个最低频率,此时以反幂法为基础的直接滤频法是一种简便而有效的方法。直接滤频法求第 $r+1$ 个特征值的滤频方程为

$$\lambda\boldsymbol{\delta}_{0(r+1)} = \left(\boldsymbol{K}^{-1}\overline{\boldsymbol{M}} - \sum_{i=1}^{r}\frac{\lambda_i\boldsymbol{\delta}_{0i}\boldsymbol{\delta}_{0i}^{\mathrm{T}}\overline{\boldsymbol{M}}}{\boldsymbol{\delta}_{0i}^{\mathrm{T}}\overline{\boldsymbol{M}}\boldsymbol{\delta}_{0i}}\right)\boldsymbol{\delta}_{0(r+1)} \tag{1-4-1-4}$$

具体计算步骤归纳如下:

求第 r 个振型的有关常数

$$\alpha_i = \frac{\lambda_i}{\boldsymbol{\delta}_{0i}^{\mathrm{T}}\overline{\boldsymbol{M}}\boldsymbol{\delta}_{0i}} \tag{1-4-1-5}$$

在第 k 次迭代时,由下式求各个振型的滤频系数:

$$\beta_i^{k-1} = \alpha_i\boldsymbol{\delta}_i^{\mathrm{T}}\overline{\boldsymbol{M}}\boldsymbol{\delta}_{0(r+1)}^{k-1} \tag{1-4-1-6}$$

求特征向量的第 k 次近似值,并归一化为

$$\lambda_{r+1}^{k}\boldsymbol{\delta}_{0(r+1)}^{k} = \boldsymbol{K}^{-1}\overline{\boldsymbol{M}}\boldsymbol{\delta}_{0(r+1)}^{k-1} - \sum_{i=1}^{r}\beta_i^{k-1}\boldsymbol{\delta}_{0i} \tag{1-4-1-7}$$

检查 λ_{r+1}^{k} 是否满足精度,则

$$\frac{|\lambda_{r+1}^{k} - \lambda_{r+1}^{k-1}|}{\lambda_{r+1}^{k}} \leqslant \varepsilon \tag{1-4-1-8}$$

4.1.2.2　反应谱法

反应谱法是在振型叠加法基础上推导出的一种近似方法,可以直接利用标准的设计反应谱,避免了选择地震加速度的困难。根据反应谱理论,结构各阶振型的最大地震响应与具有相同振型周期的单自由度体系的最大响应成正比,即

$$\begin{aligned}\ddot{\boldsymbol{\delta}}_{\max} &= \eta_i A_{\max}\ddot{\boldsymbol{\delta}}_0\\ \dot{\boldsymbol{\delta}}_{\max} &= \eta_i V_{\max}\dot{\boldsymbol{\delta}}_0\\ \boldsymbol{\delta}_{\max} &= \eta_i U_{\max}\boldsymbol{\delta}_0\end{aligned} \tag{1-4-1-9}$$

式中 $\ddot{\boldsymbol{\delta}}_{\max}$、$\dot{\boldsymbol{\delta}}_{\max}$、$\boldsymbol{\delta}_{\max}$——结构体系第 i 阶振型的最大绝对加速度、最大相对加速度和最大相对位移；

$A_{\max}$、$V_{\max}$、$U_{\max}$——周期相同的单自由度体系对同一地震波的响应；

$\boldsymbol{\delta}_0$、η_i——第 i 阶振型的振型向量和对应的振型参与系数。

本工程采用《水工建筑物抗震设计标准》(GB 51247—2018)中的设计反应谱对各闸室结构进行动力计算，其中阻尼比取 5%，根据规范规定设计反应谱加速度放大系数为

$$\beta = \begin{cases} 1 + \dfrac{\beta_{\max} - 1}{T_1}T & T \leqslant T_1 \\ \beta_{\max} & T_1 \leqslant T \leqslant T_g \\ \beta_{\max}\left(\dfrac{T_g}{T}\right)^{0.9} & T_g \leqslant T \leqslant T_2 \\ \beta_{\min} & T_2 \leqslant T \end{cases} \tag{1-4-1-10}$$

式中 T——结构的自振周期；

T_g——特征周期，其值根据场地类别选取，根据《中国地震动参数区划图》(GB 18306—2015)，本工程地基反应谱特征周期 T_g 取 0.35 s。

同时，《水工建筑物抗震设计标准》(GB 51247—2018)中表 4.3.3 规定，水闸结构反应谱最大值的代表值 $\beta_{\max}$ 取 2.25。图 1-4-1-1 为本次计算所采用的设计反应谱示意图。

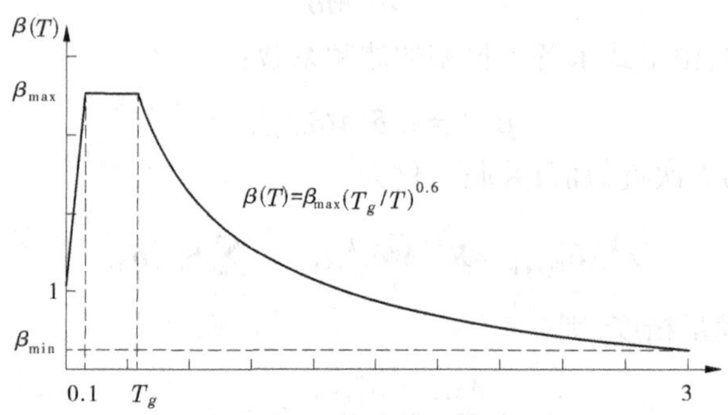

图 1-4-1-1 本次计算所采用的设计反应谱示意图

根据上式可得结构第 i 阶振型的最大反应如下：

最大绝对加速度

$$\{\ddot{\delta}_{\max}\} = \eta_i\beta_i kg\{\delta_0\}_i \tag{1-4-1-11}$$

最大相对位移

$$\{U_{\max}\}_i = \eta_i\beta_i kg\{\delta_0\}_i/\omega_i^2 \tag{1-4-1-12}$$

最大应力

$$\{\sigma_{\max}\}_i = \eta_i \beta_i k g \{\sigma_0\}_i / \omega_i^2 \tag{1-4-1-13}$$

式中　k——地震系数；

g——重力加速度；

σ_0——第 i 阶振型所对应的应力。

由以上公式求得各阶振型的最大响应值后，用均方根法求解结构的最大响应。

根据《水工建筑物抗震设计标准》(GB 51247—2018)的规定，采用振型分解反应谱法计算地震作用效应时，可由各阶振型的地震作用效应按平方和方根组合。当两个振型的频率差的绝对值与其中一个较小的频率之比小于 0.1 时，地震作用效应宜采用完全二次型方根组合：

$$S_E = \sqrt{\sum_i^m \sum_j^m \rho_{ij} S_i S_j} \tag{1-4-1-14}$$

$$\rho_{ij} = \frac{8\sqrt{\zeta_i \zeta_j}(\zeta_i + \gamma_\omega \zeta_j)\gamma_\omega^{3/2}}{(1-\gamma_\omega^2)^2 + 4\zeta_i \zeta_j \gamma_\omega (1+\gamma_\omega^2) + 4(\zeta_i^2 + \zeta_j^2)\gamma_\omega^2} \tag{1-4-1-15}$$

式中　S_E——地震作用效应；

S_i、S_j——第 i 阶、第 j 阶振型的地震作用效应；

m——计算采用的振型数；

ρ_{ij}——第 i 阶、第 j 阶振型的振型相关系数；

ζ_i、ζ_j——第 i 阶、第 j 阶振型的阻尼比；

γ_ω——圆频率比，$\gamma_\omega = \omega_j/\omega_i$，$\omega_i$、$\omega_j$ 分别为第 i 阶、第 j 阶振型圆频率。

在进行结构响应的动静力迭加时，考虑到地震的往复性，由反应谱法得到的应力等响应指标可正可负。本次计算采用的叠加原则为：

(1)静力计算结果直接加上反应谱计算结果(静载+规范谱)；

(2)静力计算结果直接减去反应谱计算结果(静载-规范谱)。

4.1.2.3　拉应力复核

目前，如何对有限元计算结果中拉应力超过混凝土轴心抗拉强度标准值区域进行安全评价的研究较少，本书采用有限元数值模拟与结构力学计算相结合的方法对拉应力进行复核。总结开敞式水闸有限元抗震复核结果不难发现，受地震作用影响，闸墩与闸底板相交处易出现较大拉应力区，该区域拉应力一般会超过混凝土动态轴心抗拉强度标准值。地震作用下，闸墩为偏心受压构件，为安全考虑，考虑最不利情况，闸墩按纯弯构件考虑，具体复核方法见本篇第 3.1.2.2 部分。

4.1.2.4　稳定复核

由于地震荷载是往复荷载，因此作用在闸室上的水平向地震荷载方向不唯一。本次地震荷载作用下闸室结构稳定复核计算过程中，水平向地震荷载分别取超上游方向与超下游方向两种。

4.2 计算基本资料

4.2.1 闸前后水深

根据黄河三盛公水利枢纽工程除险加固工程批复指标及水闸控制运行指标,确定该最不利运行工况下各闸室结构前后水深,具体如表 1-4-2-1 所示。

表 1-4-2-1 各闸室结构闸前后水深　单位:m

工况	类别	上游水位高程	上游水深	下游水位高程	下游水深
地震作用下正常蓄水位最不利运行工况	拦河闸闸室结构	1 054.80	5.20	1 049.30	3.70
	进水闸闸室结构	1 054.80	3.30	—	下游无水
	跌水闸闸室结构	1 054.27	5.00	1 048.20	2.17
	沈乌闸闸室结构	1 054.80	2.30	—	下游无水
	南岸闸闸室结构	1 054.80	2.30	—	下游无水

注:上游水深为上游水位高程与上游闸底板顶部高程之差;下游水深为下游水位高程与下游闸底板顶部高程之差。

4.2.2 材料参数

本次计算所采用的材料参数具体见表 1-3-2-2。依据《水工建筑物抗震设计标准》(GB 51247—2018)相关内容规定,除水工钢筋混凝土结构外的混凝土,水工建筑物的抗震计算中,混凝土动态强度的标准值可较其静态标准值提高 50%,其动态抗拉强度的标准值可取动态抗压强度标准值的 10%。表 1-4-2-2 给出了各闸室结构混凝土静、动态强度指标,该表格可为静、动力作用下各闸室结构强度复核提供相应的依据和参考。

表 1-4-2-2 各闸室结构混凝土材料强度指标　单位:MPa

类别	材料号	构件名称	静态抗压强度	静态抗拉强度	动态抗压强度	动态抗拉强度
拦河闸	1	闸底板	10.34	1.15	15.51	1.55
	2	闸墩	10.34	1.15	15.51	1.55
	3	公路桥	12.86	1.33	19.29	1.93
	4	启闭机房	12.86	1.33	19.29	1.93

续表 1-4-2-2

类别	材料号	构件名称	静态抗压强度	静态抗拉强度	动态抗压强度	动态抗拉强度
进水闸	5	闸底板	14.44	1.44	21.66	2.17
	6	闸墩	16.12	1.54	24.18	2.42
	7	公路桥	12.86	1.33	19.29	1.93
	8	启闭机房	12.86	1.33	19.29	1.93
跌水闸	9	闸底板	15.12	1.48	22.68	2.27
	10	闸墩	12.48	1.31	18.72	1.87
	11	公路桥	12.86	1.33	19.29	1.93
	12	启闭机房	12.86	1.33	19.29	1.93
沈乌闸	13	闸底板	15.12	1.48	22.68	2.27
	14	闸墩	14.01	1.41	21.02	2.10
	15	公路桥	12.86	1.33	19.29	1.93
	16	启闭机房	12.86	1.33	19.29	1.93
南岸闸	17	闸底板	14.35	1.43	21.53	2.15
	18	闸墩	15.55	1.50	23.33	2.33
	19	公路桥	12.86	1.33	19.29	1.93
	20	启闭机房	12.86	1.33	19.29	1.93

4.2.3　地震荷载

根据《中国地震动参数区划图》(GB 18306—2015)可知，三盛公水利枢纽工程所处区域地震基本烈度属Ⅷ度区，相应地震动峰值加速度为 0.2g，地震动反应谱特征周期为 0.35 s，场地类别为Ⅱ类，地震设防烈度为Ⅷ度。

4.2.4　荷载组合

荷载组合见表 1-4-2-3。

表 1-4-2-3　工况组合表

工况			荷载名称										
			自重	水压力	泥沙压力	扬压力	土压力	浪压力	风压力	启闭机自重荷载	公路桥荷载		地震荷载
											均布荷载	集中荷载	
拦河闸	正常蓄水位最不利运行工况	①	√	√	√	√	√	√	√	√	√	√	—
	正常蓄水位最不利运行工况+地震工况(振型分解反应谱法)	②	√	√	√	√	√	√	√	√	√	√	√
进水闸	正常蓄水位最不利运行工况	③	√	√	√	√	√	√	√	√	√	√	—
	正常蓄水位最不利运行工况+地震工况(振型分解反应谱法)	④	√	√	√	√	√	√	√	√	√	√	√
跌水闸	正常蓄水位最不利运行工况	⑤	√	√	√	√	√	√	√	√	√	√	—
	正常蓄水位最不利运行工况+地震工况(振型分解反应谱法)	⑥	√	√	√	√	√	√	√	√	√	√	√
沈乌闸	正常蓄水位最不利运行工况	⑦	√	√	√	√	√	√	√	√	√	√	—
	正常蓄水位最不利运行工况+地震工况(振型分解反应谱法)	⑧	√	√	√	√	√	√	√	√	√	√	√
南岸闸	正常蓄水位最不利运行工况	⑨	√	√	√	√	√	√	√	√	√	√	—
	正常蓄水位最不利运行工况+地震工况(振型分解反应谱法)	⑩	√	√	√	√	√	√	√	√	√	√	√

注:根据《水工混凝土结构设计规范》(SL 191—2008)3.2 节内容,本次计算中自重荷载和启闭机荷载分项系数均取 1.05,土压力荷载分项系数取 1.20,水压力、扬压力、浪压力、风压力和公路桥荷载分项系数取 1.10,地震荷载分项系数取 1.0。

4.3　抗震安全复核成果与分析

4.3.1　最不利运行工况下各闸室结构静力计算结果分析

本部分主要对正常蓄水位最不利运行工况下拦河闸、进水闸、跌水闸、沈乌闸和南岸闸进行静力计算。具体内容如下。

4.3.1.1　最不利运行工况下拦河闸闸室结构静力计算结果分析

本部分主要对正常蓄水位最不利运行工况下拦河闸闸室结构进行静力计算,并重点对拦河闸闸室结构位移、应力和稳定计算结果进行分析。

1. 拦河闸闸室结构位移计算结果分析

正常蓄水位最不利运行工况下拦河闸闸室结构位移计算结果等值线图如图 1-4-3-1 所示。由图 1-4-3-1 可知,受公路桥荷载和自重作用影响,最大 Z 向位移位于公路桥跨中位置处,其数值为-5.1 mm。结合《三盛公水利枢纽拦河闸进水闸沈乌闸交通桥检测报告》(河南黄科工程技术检测有限公司,2019 年 5 月),静载试验中拦河闸公路桥跨中挠度最大实测值为-5.17 mm,与本次数值模拟计算结果十分接近,这也从一定程度上说明本次数值模拟计算结果的准确性。

2. 拦河闸闸室结构应力计算结果分析

图 1-4-3-2~图 1-4-3-4 分别给出了正常蓄水位最不利运行工况下拦河闸闸室结构各部位应力计算结果等值线图。

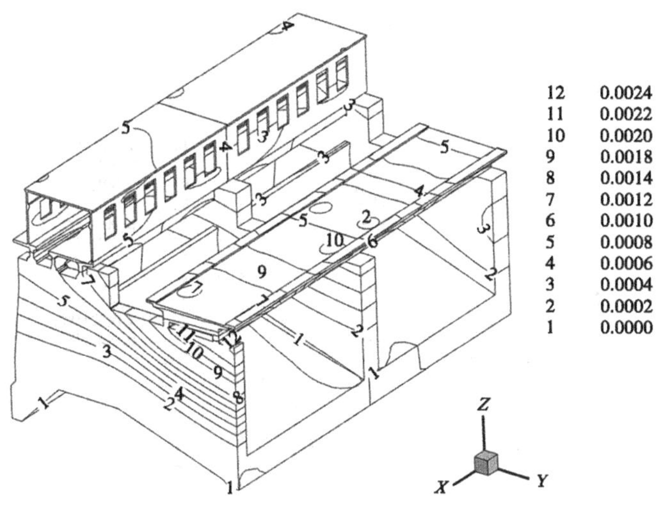

(a) X 向位移等值线图

图 1-4-3-1　拦河闸闸室结构整体位移等值线图　(单位:m)

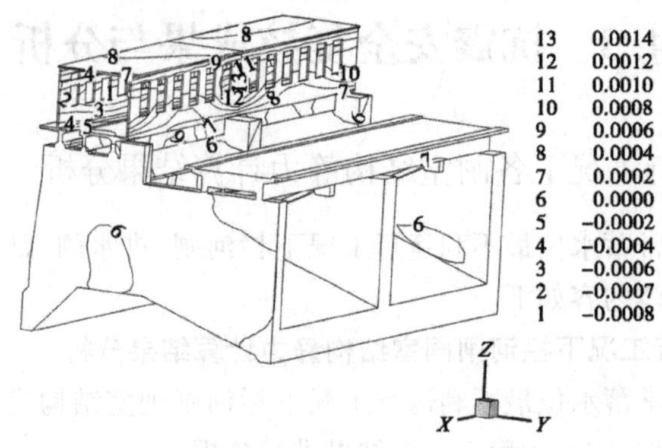

(b) *Y* 向位移等值线图

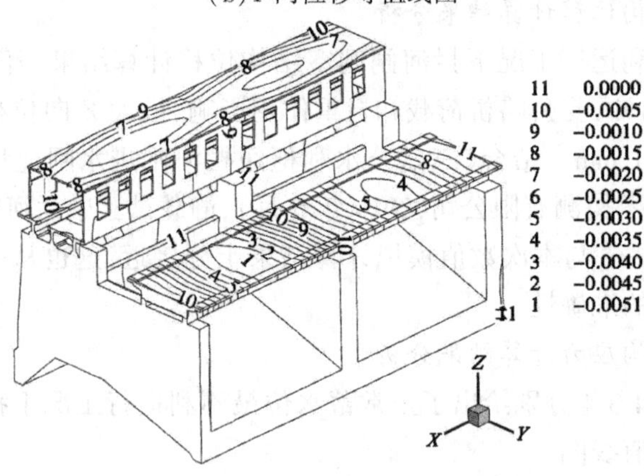

(c) *Z* 向位移等值线图

续图 1-4-3-1

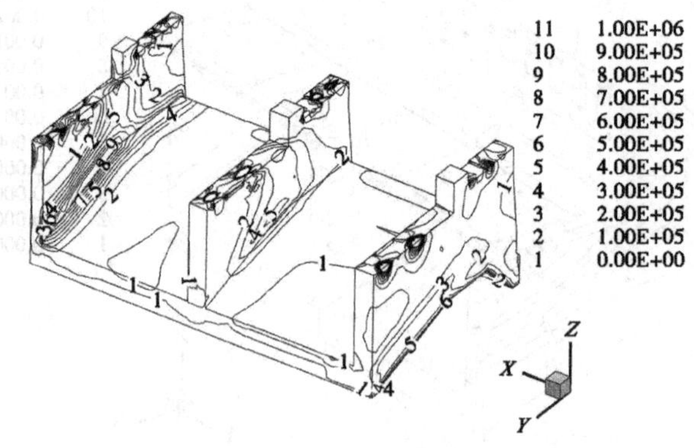

(a) 第一主应力等值线图

图 1-4-3-2　拦河闸闸墩和底板结构主应力等值线图　（单位：Pa）

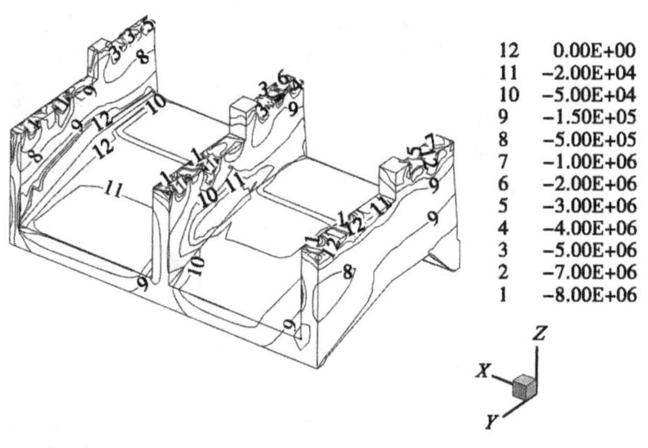

(b)第三主应力等值线图

续图 1-4-3-2

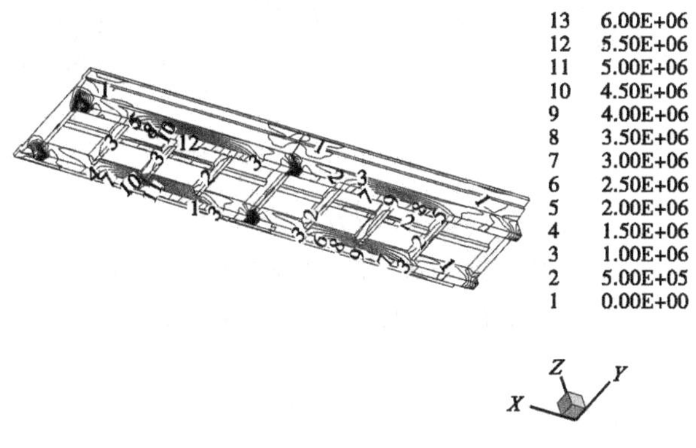

(a)第一主应力等值线图

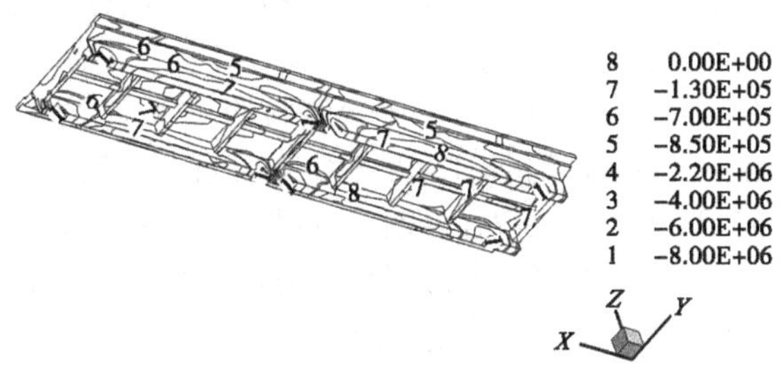

(b)第三主应力等值线图

图 1-4-3-3　拦河闸公路桥结构主应力等值线图　(单位:Pa)

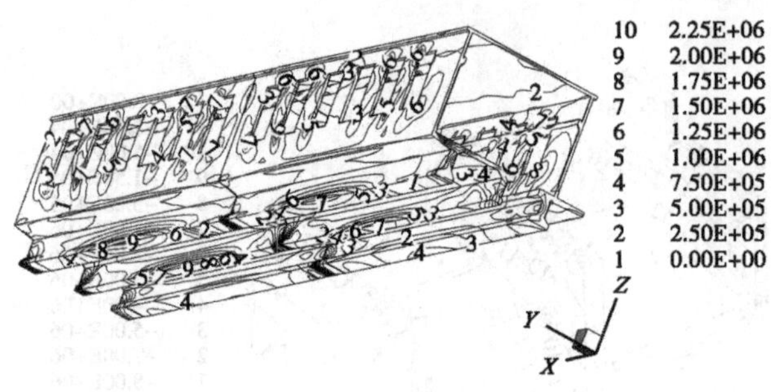

(a)第一主应力等值线图

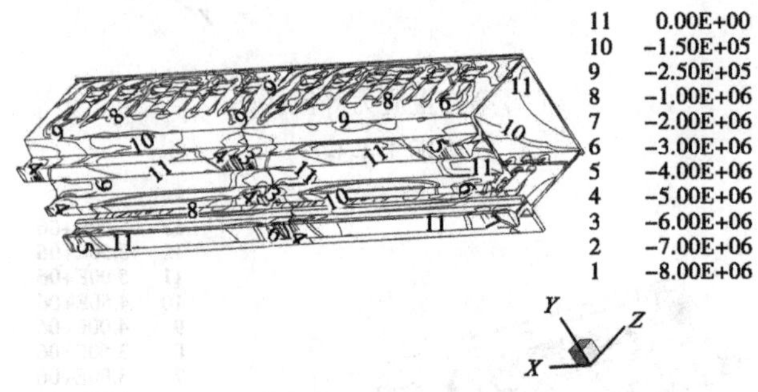

(b)第三主应力等值线图

图 1-4-3-4　拦河闸启闭机房结构主应力等值线图　(单位:Pa)

与结构安全复核中计算结果类似,根据拦河闸闸室结构不同部位计算情况,可得出如下结果:

(1)在正常蓄水位最不利运行工况下,受公路桥自重和公路桥荷载影响,拦河闸闸墩与闸底板相交处出现了 0.8 MPa 左右的拉应力,未超过拦河闸闸墩和闸底板混凝土静态抗拉强度(分别为 1.15 MPa 和 1.15 MPa,具体见表 1-4-2-2),满足安全要求。同时,受土压力影响,拦河闸边墩底部出现了 0.5 MPa 左右的拉应力,同样未超过拦河闸闸墩和闸底板混凝土静态抗拉强度,满足安全要求。

(2)受自身重量和公路桥荷载影响,拦河闸公路桥跨中底部位置处出现了较大拉应力区,其数值达到了 5.5 MPa 左右,远超拦河闸公路桥混凝土静态抗拉强度(1.33 MPa,具体见表 1-4-2-2)。考虑到拦河闸公路桥运行时间较长,并结合《三盛公水利枢纽拦河闸进水闸沈乌闸交通桥检测报告》(河南黄科工程技术检测有限公司,2019 年 5 月),桥梁结构主梁横隔梁裂缝在静载试验过程中有扩张趋势。因此,应对拦河闸公路桥进行相应的加固处理。

(3)受自身重量和启闭机自重影响,启闭机房底部横梁跨中位置处出现了 2.0 MPa 左右的拉应力,超过了拦河闸启闭机房混凝土静态抗拉强度(1.33 MPa,具体见表 1-4-2-2)。启闭机房底部横梁为受弯构件,依据《水工混凝土结构设计规范》(SL 191—2008)中 6.2.1 部分正截面受弯承载力计算相关内容以及纯弯曲梁横截面上正应力计算公式,并结合此处的配筋量,该位置能承受的最大拉应力为 6.03 MPa,满足安全需求。

(4)公路桥和启闭机房与闸墩联结位置处最大压应力数值达到了 8 MPa 左右,未超过拦河闸闸墩、公路桥和启闭机混凝土静态抗压强度(分别为 10. 34 MPa、12. 86 MPa 和 12. 86 MPa,具体见表 1-4-2-2),满足安全要求。

3. 拦河闸闸室结构稳定计算结果分析

表 1-4-3-1 给出了拦河闸闸室结构抗滑稳定计算数据。

表 1-4-3-1　拦河闸闸室结构抗滑稳定计算结果

工况	竖向荷载/kN	水平向荷载/kN	摩擦系数	抗滑稳定安全系数	规范值
正常蓄水位最不利运行工况	82 949. 85	1 117. 84	0. 35	25. 97	1. 35

由表 1-4-3-1 可知,对于拦河闸整体闸室结构,根据有限元计算结果,作用在闸室上的全部水平荷载为 1 117. 84 kN,作用在闸室上的全部竖向荷载为 82 949. 85 kN,则拦河闸整体闸室结构抗滑稳定安全系数为 25. 97。可以看出,拦河闸闸室结构抗滑稳定安全系数大于《水闸设计规范》(SL 265—2016)中要求的 1. 35,满足安全需求。

4. 3. 1. 2　最不利运行工况下进水闸闸室结构静力计算结果分析

本部分主要对正常蓄水位最不利运行工况下进水闸闸室结构进行静力计算,并重点对进水闸闸室结构位移、应力和稳定计算结果进行分析。

1. 进水闸闸室结构位移计算结果分析

正常蓄水位最不利运行工况下进水闸闸室结构位移计算结果等值线图如图 1-4-3-5 所示。与拦河闸计算结果规律类似,受公路桥荷载和自重作用影响,正常蓄水位最不利运行工况下进水闸闸室结构最大的 Z 向位移位于公路桥跨中位置处,其数值为 -2. 4 mm。结合《三盛公水利枢纽拦河闸进水闸沈乌闸交通桥检测报告》(河南黄科工程技术检测有限公司,2019 年 5 月),静载试验中进水闸公路桥跨中挠度最大值为 -2. 21 mm,与本次数值模拟计算结果十分接近,这同样从一定程度上说明本次数值模拟计算结果的准确性。

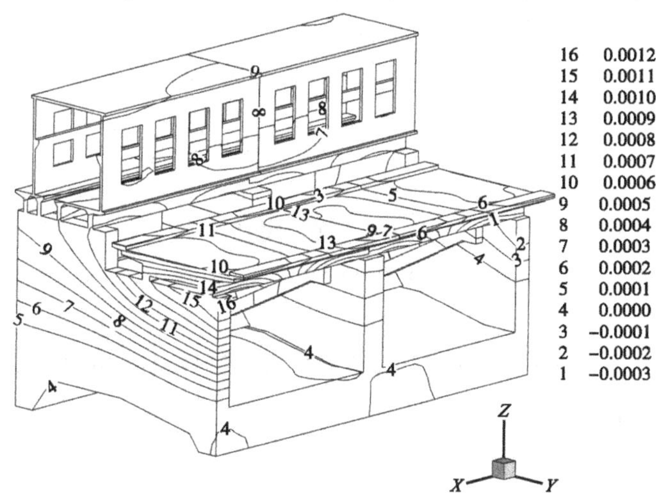

(a) X 向位移等值线图

图 1-4-3-5　进水闸闸室结构整体位移等值线图　(单位:m)

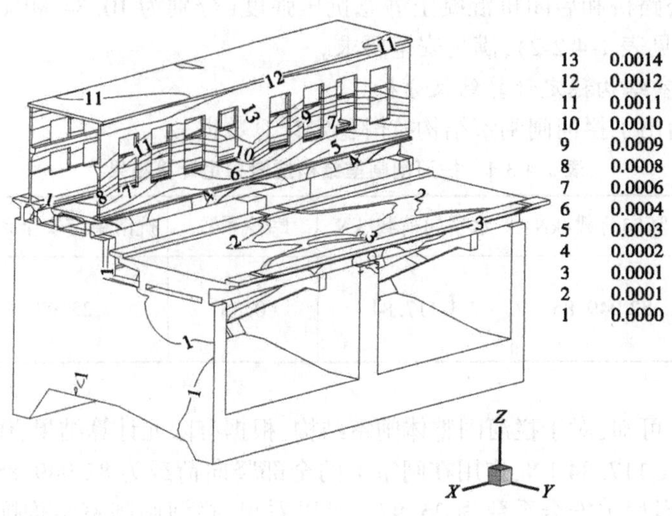

(b) Y 向位移等值线图

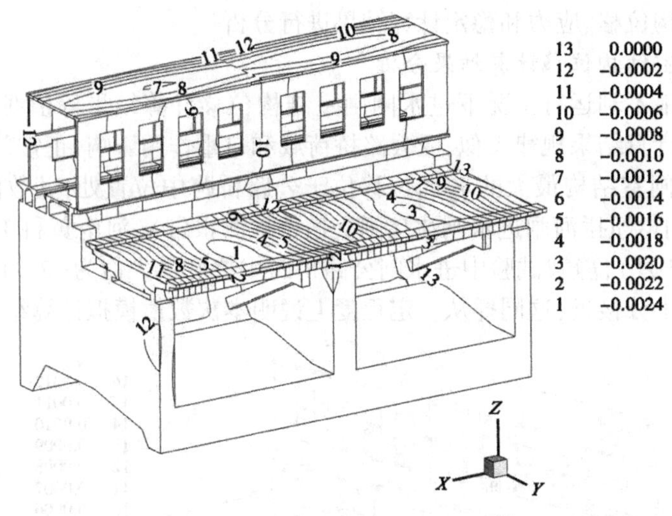

(c) Z 向位移等值线图

续图 1-4-3-5

2. 进水闸闸室结构应力计算结果分析

图 1-4-3-6～图 1-4-3-8 分别给出了正常蓄水位最不利运行工况下进水闸闸室结构各部位应力计算结果等值线图。

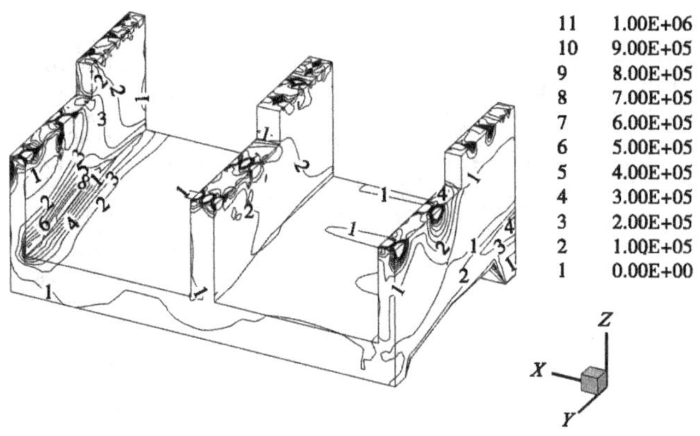

(a)第一主应力等值线图

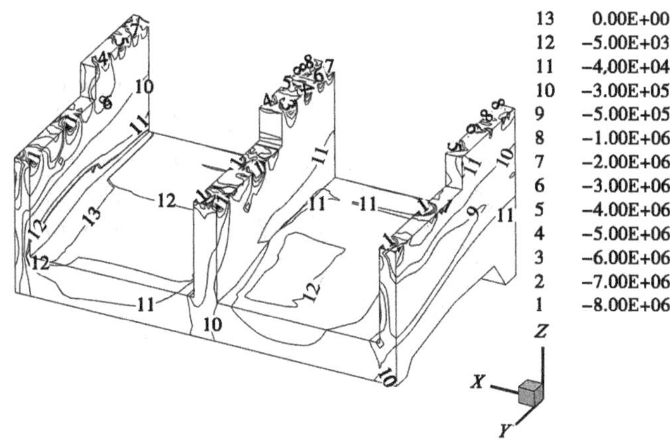

(b)第三主应力等值线图

图 1-4-3-6　进水闸闸墩和底板结构主应力等值线图　(单位:Pa)

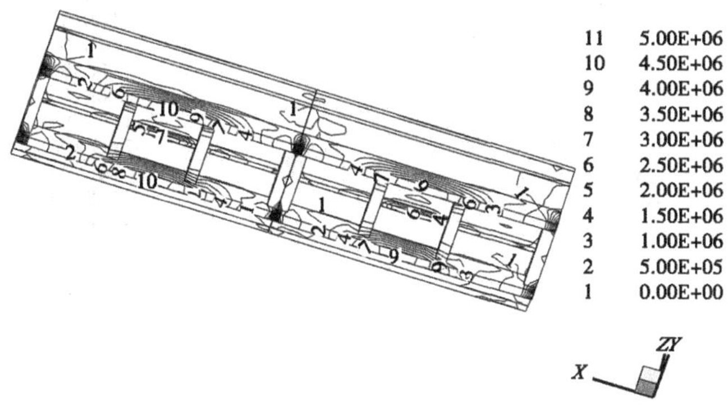

(a)第一主应力等值线图

图 1-4-3-7　进水闸公路桥结构主应力等值线图　(单位:Pa)

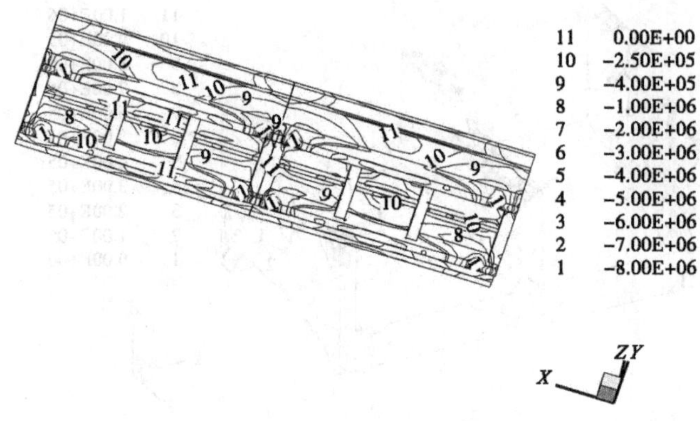

(b)第三主应力等值线图

续图 1-4-3-7

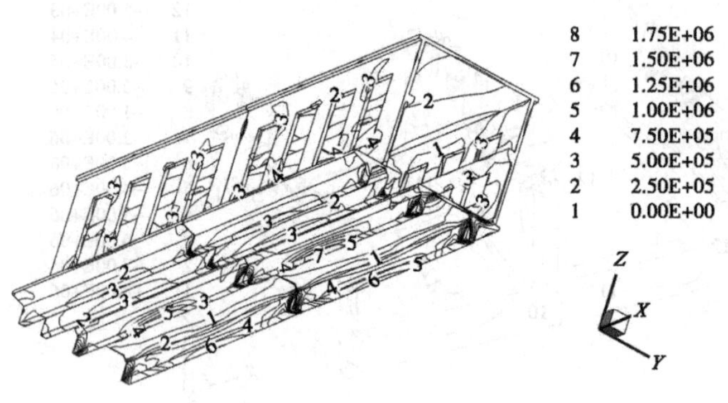

(a)第一主应力等值线图

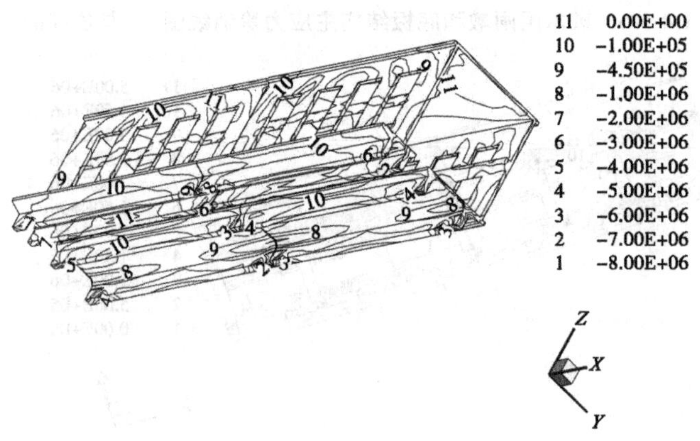

(b)第三主应力等值线图

图 1-4-3-8　进水闸启闭机房结构主应力等值线图　(单位:Pa)

与拦河闸计算结果规律类似，根据进水闸闸室结构不同部位计算情况，可得出如下结果：

(1)在正常蓄水位最不利运行工况下，受公路桥自重和公路桥荷载影响，进水闸闸墩与闸底板相交处出现了 0.7 MPa 左右的拉应力，小于进水闸闸墩和闸底板混凝土静态抗拉强度(分别为 1.44 MPa 和 1.54 MPa，具体见表 1-4-2-2)，满足安全要求。

(2)受自身重量和公路桥荷载影响，进水闸公路桥跨中底部位置处出现了较大拉应力区，其数值达到了 4.5 MPa 左右，远超进水闸公路桥混凝土静态抗拉强度(1.33 MPa，具体见表 1-4-2-2)。考虑到进水闸公路桥运行时间较长，并结合《三盛公水利枢纽拦河闸进水闸沈乌闸交通桥检测报告》(河南黄科工程技术检测有限公司，2019 年 5 月)，桥梁结构主梁横隔梁裂缝在静载试验过程中有扩张趋势。因此，应对进水闸公路桥进行相应的加固处理。

(3)受自身重量和启闭机自重影响，启闭机房底部横梁跨中位置处出现了 1.50 MPa 左右的拉应力，超过了进水闸启闭机房混凝土静态抗拉强度(1.33 MPa，具体见表 1-4-2-2)。启闭机房底部横梁为受弯构件，依据《水工混凝土结构设计规范》(SL 191—2008)中 6.2.1 部分正截面受弯承载力计算相关内容及纯弯曲梁横截面上正应力计算公式(具体见本篇第 3.3.1.2 部分)，并结合此处的配筋量，该位置能承受的最大拉应力为 5.87 MPa，满足安全需求。

(4)公路桥和启闭机房与闸连接位置处最大压应力数值达到了 8 MPa 左右，未超过进水闸闸墩、公路桥和启闭机房混凝土静态抗压强度(分别为 16.12 MPa、12.86 MPa 和 12.86 MPa，具体见表 1-4-2-2)，满足安全要求。

3. 进水闸闸室结构稳定计算结果分析

表 1-4-3-2 给出了进水闸闸室结构抗滑稳定计算数据。

表 1-4-3-2　进水闸闸室结构抗滑稳定计算结果

工况	竖向荷载/kN	水平向荷载/kN	摩擦系数	抗滑稳定安全系数	规范值
正常蓄水位最不利运行工况	24 156.62	870.33	0.35	9.71	1.35

由表 1-4-3-2 可知，对于进水闸闸室结构，根据有限元计算结果，作用在闸室上的全部水平向荷载为 870.33 kN，作用在闸室上的全部竖向荷载为 24 156.62 kN，则进水闸闸室结构抗滑稳定安全系数为 9.71。可以看出，进水闸闸室结构抗滑稳定安全系数大于《水闸设计规范》(SL 265—2006)中要求的 1.35，满足安全需求。

4.3.1.3　最不利运行工况下跌水闸闸室结构静力计算结果分析

本部分主要对正常蓄水位最不利运行工况下跌水闸闸室结构进行静力计算，并重点对跌水闸闸室结构位移、应力和稳定计算结果进行分析。

1. 跌水闸闸室结构位移计算结果分析

正常蓄水位最不利运行工况下跌水闸闸室结构位移计算结果等值线图如图 1-4-3-9 所示。与拦河闸和进水闸计算结果规律类似，受公路桥荷载和自重作用影响，正常蓄水位最不利运行工况下跌水闸闸室结构最大的 Z 向位移位于公路桥跨中位置处，其数值为-2.4 mm。

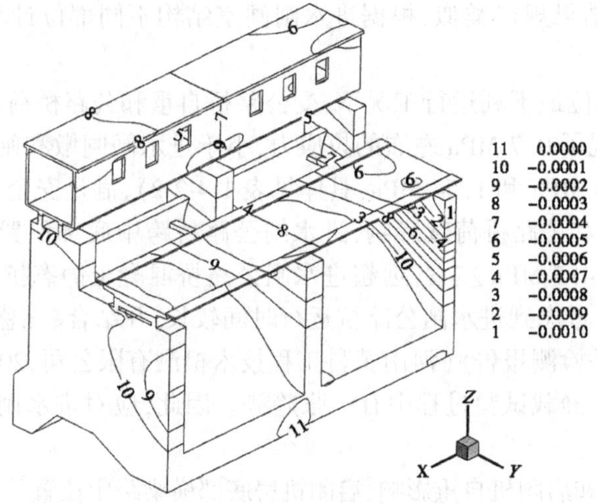

(a) X 向位移等值线图

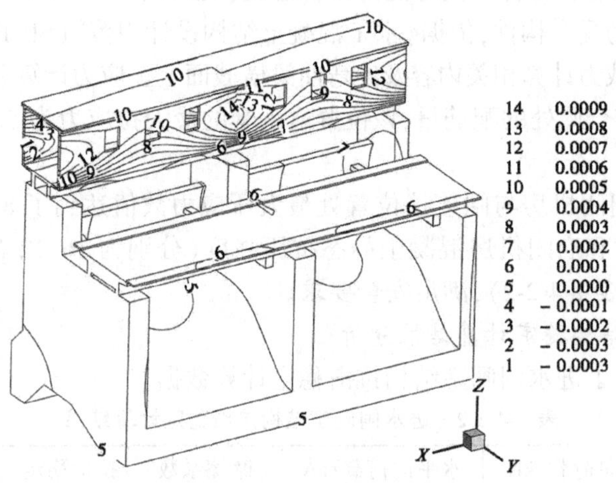

(b) Y 向位移等值线图

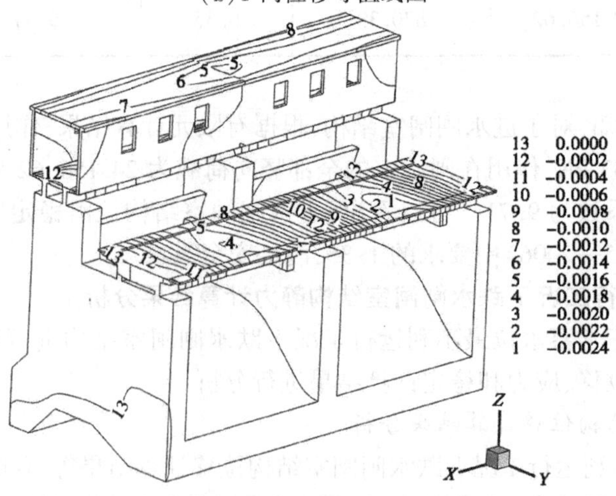

(c) Z 向位移等值线图

图 1-4-3-9　跌水闸闸室结构整体位移等值线图　（单位：m）

2.跌水闸闸室结构应力计算结果分析

图 1-4-3-10~图 1-4-3-12 分别给出了正常蓄水位最不利运行工况下跌水闸闸室结构各部位应力计算结果等值线图。

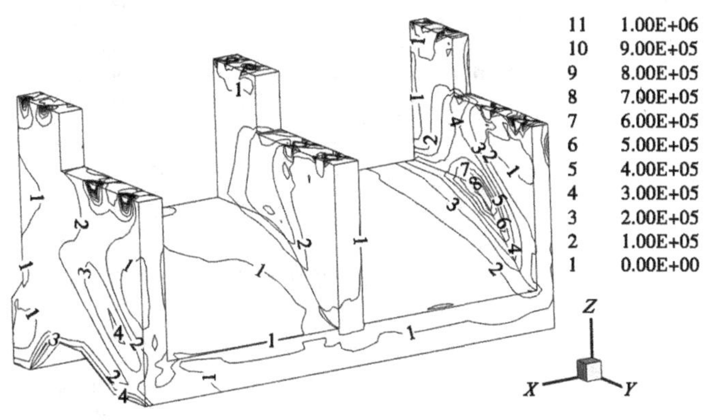

(a)第一主应力等值线图

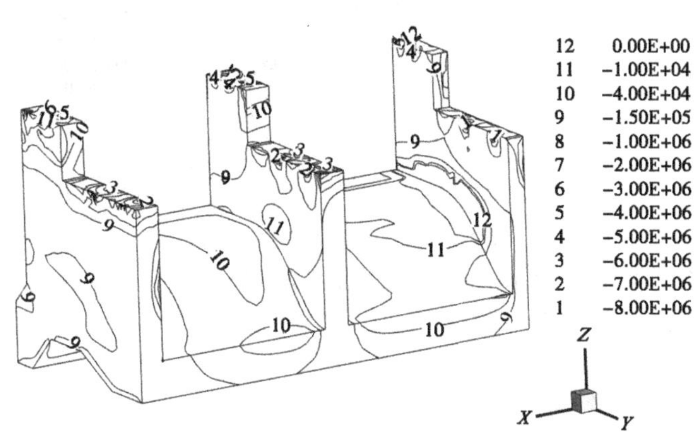

(b)第三主应力等值线图

图 1-4-3-10 跌水闸闸墩和底板结构主应力等值线图 (单位:Pa)

与拦河闸、进水闸计算结果规律类似,根据跌水闸闸室结构不同部位计算情况,可得如下结果:

(1)在正常蓄水位最不利运行工况下,受公路桥自重和公路桥荷载影响,跌水闸闸墩与闸底板相交处出现了 0.7 MPa 左右的拉应力,小于跌水闸闸墩和闸底板混凝土静态抗拉强度(分别为 1.31 MPa 和 1.48 MPa,具体见表 1-4-2-2),满足安全要求。

(2)受自身重量和公路桥荷载影响,跌水闸公路桥跨中底部位置处出现了较大拉应力区,其数值达到了 4.5 MPa 左右,远超跌水闸公路桥混凝土静态抗拉强度(1.33 MPa,具体见表 1-4-2-2)。结合《三盛公水利枢纽跌水闸工程现场安全检测报告》(黄河水利委

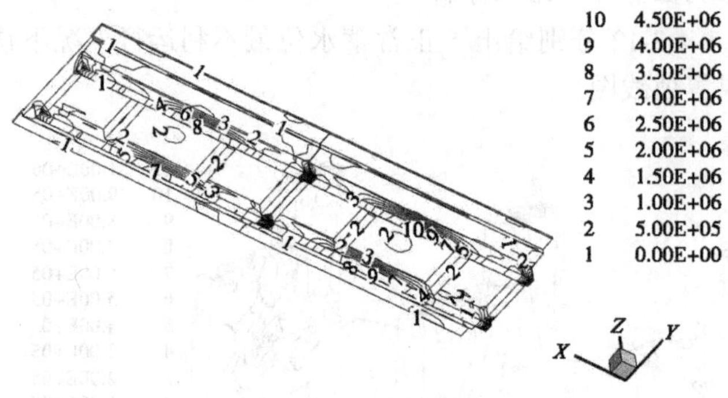

(a)第一主应力等值线图

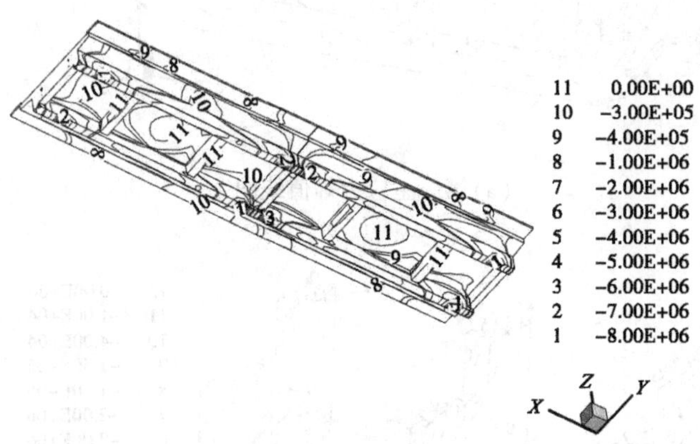

(b)第三主应力等值线图

图 1-4-3-11　跌水闸公路桥结构主应力等值线图　(单位:Pa)

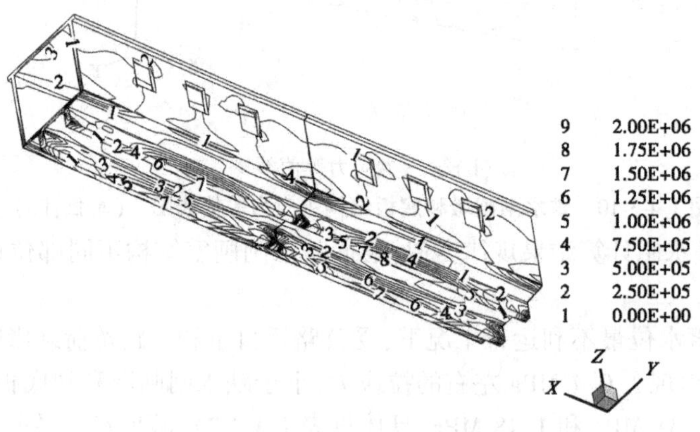

(a)第一主应力等值线图

图 1-4-3-12　跌水闸启闭机房结构主应力等值线图　(单位:Pa)

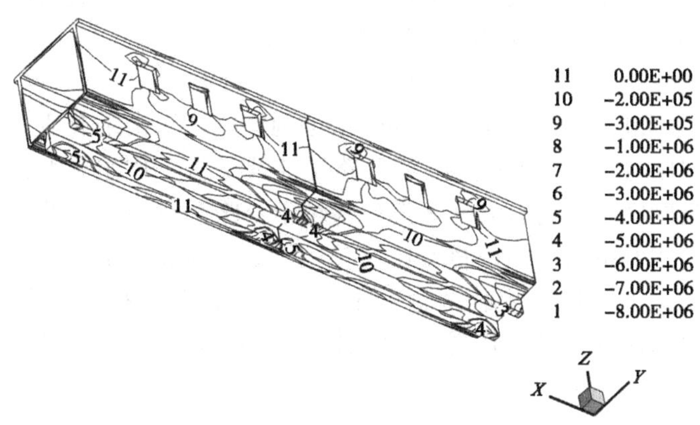

(b)第三主应力等值线图

续图 1-4-3-12

员会基本建设工程质量检测中心,2019 年 5 月),并考虑到跌水闸公路桥运行时间较长,且桥梁底部钢筋混凝土也出现脱落和漏筋情况,同时参考拦河闸、进水闸现场桥梁加载试验数据,应对跌水闸公路桥进行相应的加固处理措施。

(3)受自身重量和启闭机自重影响,启闭机房底部横梁跨中位置处出现了 1.75 MPa 左右的拉应力,超过了跌水闸启闭机房混凝土静态抗拉强度设计值(1.33 MPa,具体见表 1-4-2-2)。启闭机房底部横梁为受弯构件,依据《水工混凝土结构设计规范》(SL 191—2008)中 6.2.1 部分正截面受弯承载力计算相关内容及纯弯曲梁横截面上正应力计算公式(具体见本篇第 3.3.1.2 部分),并结合此处的配筋量,该位置能承受的最大拉应力为 6.32 MPa,满足安全需求。

(4)公路桥和启闭机房与闸墩连接位置处最大压应力数值达到了 8 MPa 左右,未超过跌水闸闸墩、公路桥和启闭机房混凝土静态抗压强度(分别为 12.48 MPa、12.86MPa 和 12.86 MPa,具体见表 1-4-2-2),满足安全要求。

3. 跌水闸闸室结构稳定计算结果分析

表 1-4-3-3 给出了跌水闸闸室结构抗滑稳定计算数据。

表 1-4-3-3　跌水闸闸室结构抗滑稳定计算结果

工况	竖向荷载/kN	水平向荷载/kN	摩擦系数	抗滑稳定安全系数	规范值
正常蓄水位最不利运行工况	25 197.52	964.93	0.35	9.14	1.35

由表 1-4-3-3 可知,对于跌水闸闸室结构,根据有限元计算结果,作用在闸室上的全部水平荷载为 964.93 kN,作用在闸室上的全部竖向荷载为 25 197.52 kN。则跌水闸闸室结构抗滑稳定安全系数为 9.14。可以看出,跌水闸闸室结构抗滑稳定安全系数大于《水闸设计规范》(SL 265—2016)中要求的 1.35,满足安全需求。

4.3.1.4　最不利运行工况下沈乌闸闸室结构静力计算结果分析

本部分主要对正常蓄水位最不利运行工况下沈乌闸闸室结构进行静力计算，并重点对沈乌闸闸室结构位移、应力和稳定计算结果进行分析。

1. 沈乌闸闸室结构位移计算结果分析

正常蓄水位最不利运行工况下沈乌闸闸室结构位移计算结果等值线图如图 1-4-3-13 所示。相对于拦河闸、进水闸和跌水闸，受公路桥荷载和自重作用影响，正常蓄水位最不利运行工况下沈乌闸闸室结构最大的 Z 向位移位于公路桥跨中位置处，其数值仅为-0.7 mm。结合《三盛公水利枢纽拦河闸进水闸沈乌闸交通桥检测报告》(河南黄科工程技术检测有限公司，2019 年 5 月)，静载试验中沈乌闸公路桥跨中挠度最大实测值为-0.64 mm，与本次数值模拟计算结果十分接近，这同样从一定程度上说明本次数值模拟计算结果的准确性。

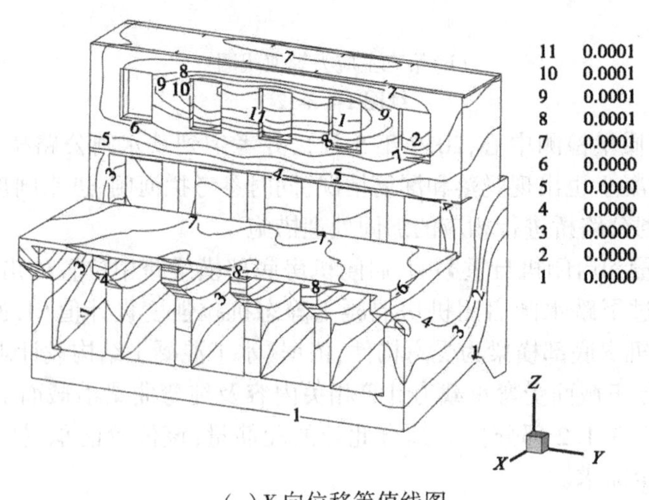

(a) X 向位移等值线图

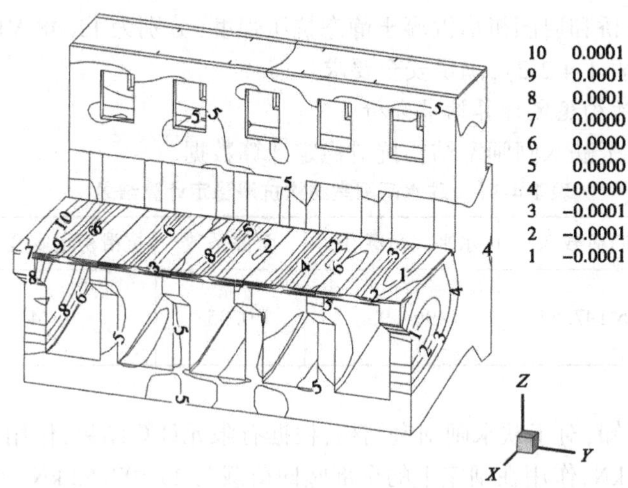

(b) Y 向位移等值线图

图 1-4-3-13　沈乌闸闸室结构整体位移等值线图　(单位：m)

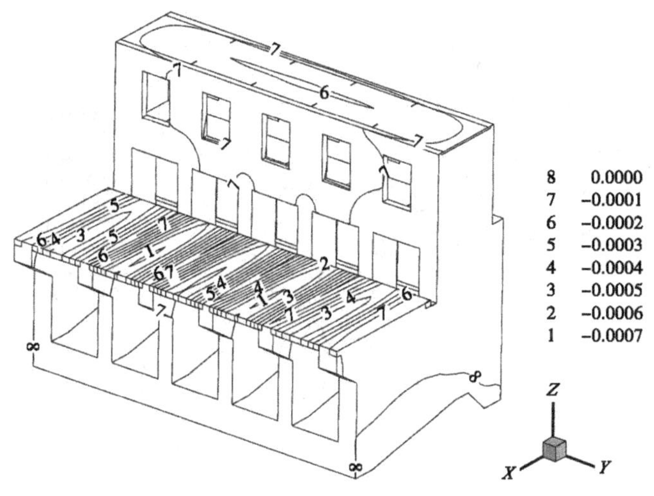

(c) Z 向位移等值线图

续图 1-4-3-13

2. 沈乌闸闸室结构应力计算结果分析

图 1-4-3-14～图 1-4-3-16 分别给出了正常蓄水位最不利运行工况下沈乌闸闸室结构各部位应力计算结果等值线图。

由于沈乌闸闸室结构自身刚度较大，其不同部位主应力数值较拦河闸、进水闸和跌水闸计算结果偏小，根据沈乌闸闸室结构不同部位计算情况，可得如下结果：

(1) 在正常蓄水位最不利运行工况下，沈乌闸闸墩和闸底板整体应力情况偏小，受土压力影响，沈乌闸边墩出现了 0.20 MPa 左右的拉应力，小于沈乌闸闸墩和闸底板混凝土静态抗拉强度（分别为 1.41 MPa 和 1.48 MPa，具体见表 1-4-2-2），满足安全要求。

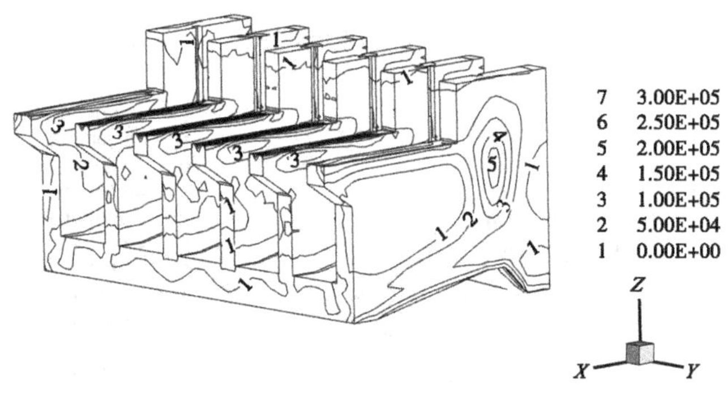

(a) 第一主应力等值线图

图 1-4-3-14　沈乌闸闸墩和底板结构主应力等值线图　（单位：Pa）

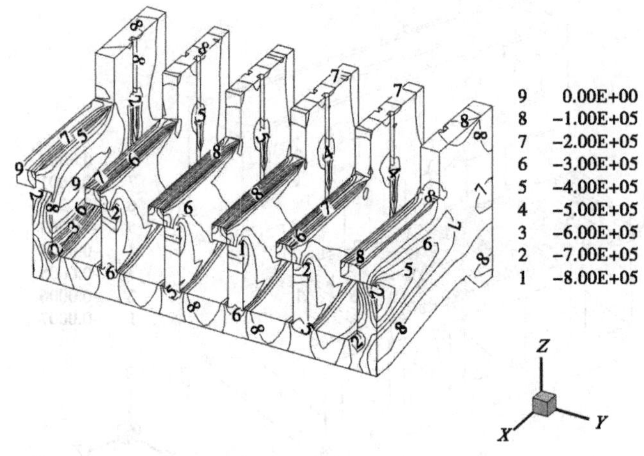

(b)第三主应力等值线图

续图 1-4-3-14

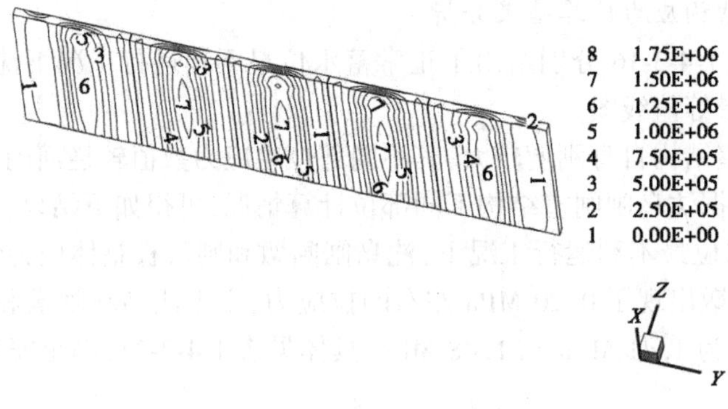

(a)第一主应力等值线图

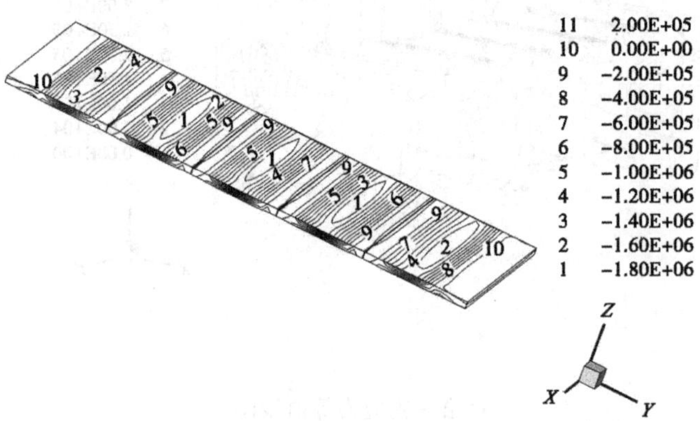

(b)第三主应力等值线图

图 1-4-3-15　沈乌闸公路桥结构主应力等值线图　(单位:Pa)

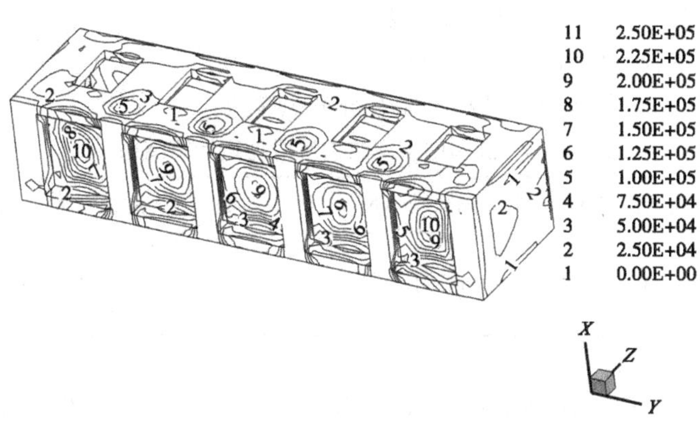

(a)第一主应力等值线图

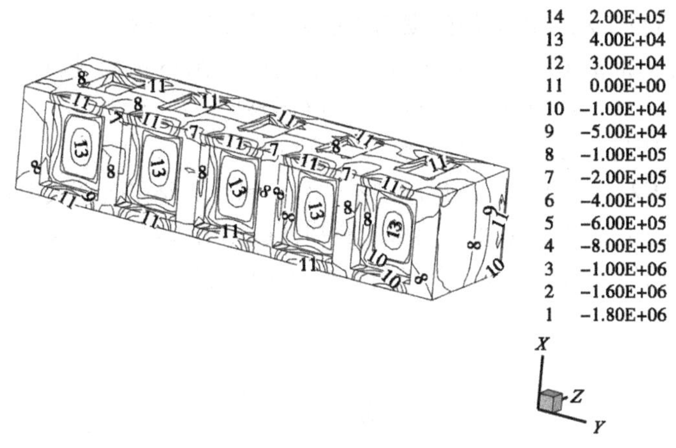

(b)第三主应力等值线图

图 1-4-3-16　沈乌闸启闭机房结构主应力等值线图　(单位:Pa)

(2)受自身重量和公路桥荷载影响,沈乌闸公路桥跨中底部位置处出现了较大拉应力区,其数值达到了 1.50 MPa 左右,超过沈乌闸公路桥混凝土静态抗拉强度(1.33 MPa,具体见表 1-4-2-2)。荷载作用下公路桥为受弯构件,依据《水工混凝土结构设计规范》(SL 191—2008)中 6.2.1 部分正截面受弯承载力计算相关内容及纯弯曲梁横截面上正应力计算公式(具体见本篇第 3.3.1.2 部分),并结合此处的配筋量,该位置能承受的最大拉应力为 10.87 MPa,满足安全需求。

(3)受自身重量和启闭机自重影响,启闭机房底板位置处出现了 0.25 MPa 左右的拉应力,小于沈乌闸启闭机房混凝土静态抗拉强度(1.33 MPa,具体见表 1-4-2-2),满足安全要求。

(4)沈乌闸闸墩、闸底板和启闭机房所受压应力较小,仅在公路桥上部跨中位置出现了压应力区,其最大压应力数值为1.80 MPa,未超过沈乌闸公路桥混凝土静态抗压强度(12.86 MPa,具体见表1-3-2-3),满足安全要求。

3.沈乌闸闸室结构稳定计算结果分析

表1-4-3-4给出了沈乌闸闸室结构抗滑稳定计算数据。

表1-4-3-4 沈乌闸闸室结构抗滑稳定计算结果

工况	竖向荷载/kN	水平向荷载/kN	摩擦系数	抗滑稳定安全系数	规范值
正常蓄水位最不利运行工况	14 988.54	265.61	0.35	19.75	1.35

由表1-4-3-4可知,对于沈乌闸闸室结构,根据有限元计算结果,作用在闸室上的全部水平向荷载为265.61 kN,作用在闸室上的全部竖向荷载为14 988.54 kN,则沈乌闸闸室结构抗滑稳定安全系数为19.75。

可以看出,沈乌闸闸室结构抗滑稳定安全系数大于水闸设计规范中要求的1.35,满足安全需求。

4.3.1.5 最不利运行工况下南岸闸闸室结构静力计算结果分析

本部分主要对正常蓄水位最不利运行工况下南岸闸闸室结构进行静力计算,并重点对南岸闸闸室结构位移、应力和稳定计算结果进行分析。

1.南岸闸闸室结构位移计算结果分析

正常蓄水位最不利运行工况下南岸闸闸室结构位移计算结果等值线图如图1-4-3-17所示。与沈乌闸计算结果规律类似,受公路桥荷载和自重作用影响,正常蓄水位最不利运行工况下南岸闸闸室结构最大的Z向位移位于公路桥跨中位置处,其数值同样仅为-0.7 mm。

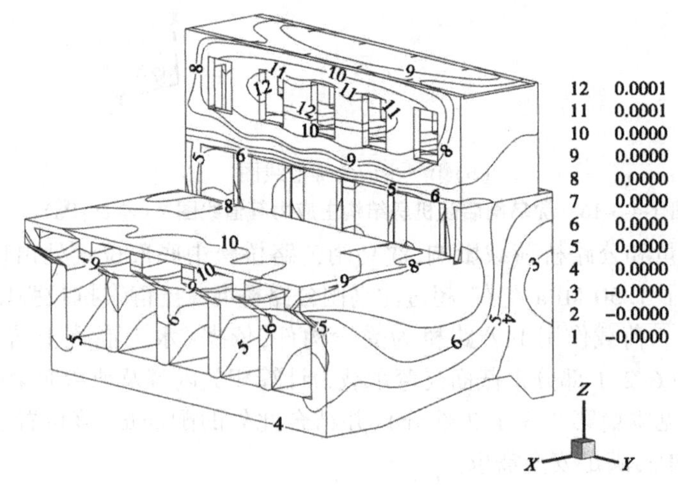

(a)X向位移等值线图

图1-4-3-17 南岸闸闸室结构整体位移等值线图 (单位:m)

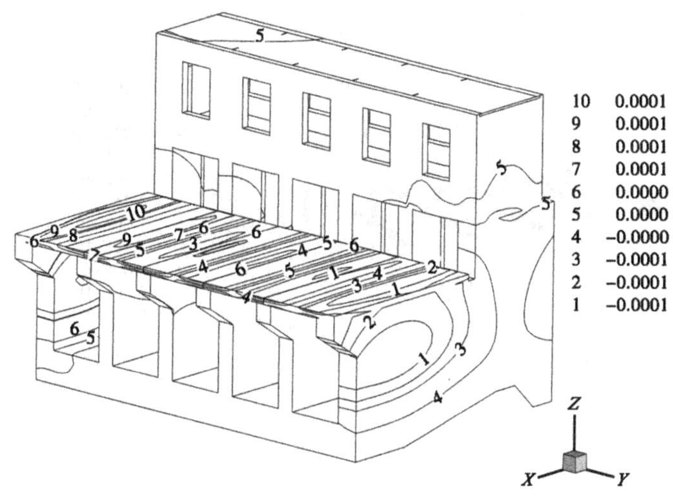

(b) Y 向位移等值线图

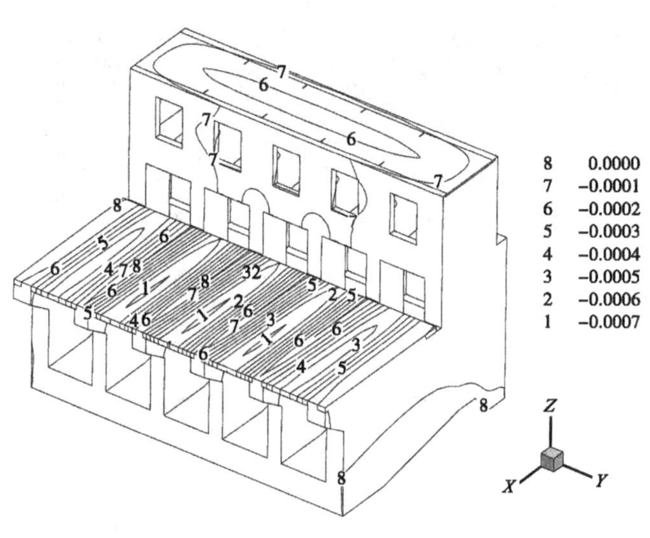

(c) Z 向位移等值线图

续图 1-4-3-17

2. 南岸闸闸室结构应力计算结果分析

图 1-4-3-18～图 1-4-3-20 分别给出了正常蓄水位最不利运行工况下南岸闸闸室结构各部位应力计算结果等值线图。

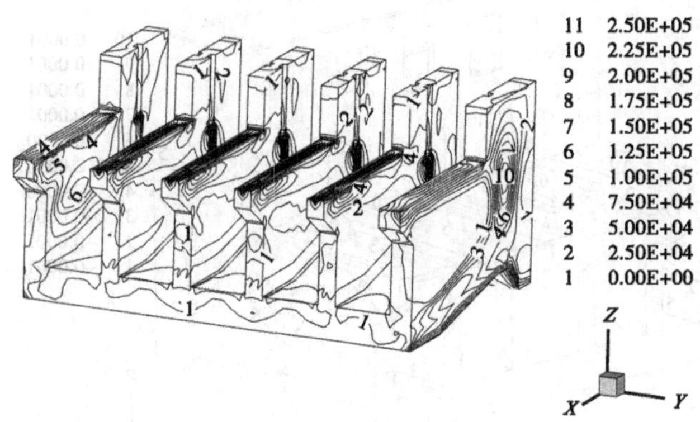

(a)第一主应力等值线图

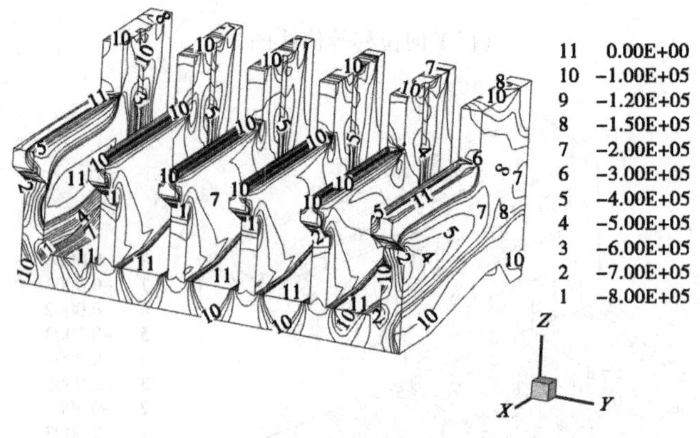

(b)第三主应力等值线图

图 1-4-3-18　南岸闸闸墩和底板结构主应力等值线图　(单位:Pa)

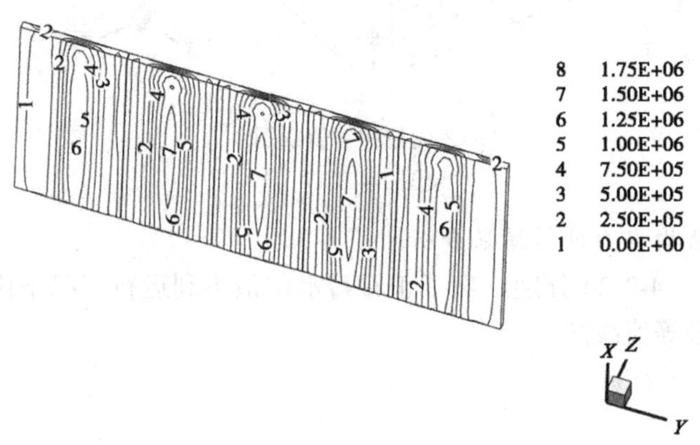

(a)第一主应力等值线图

图 1-4-3-19　南岸闸公路桥结构主应力等值线图　(单位:Pa)

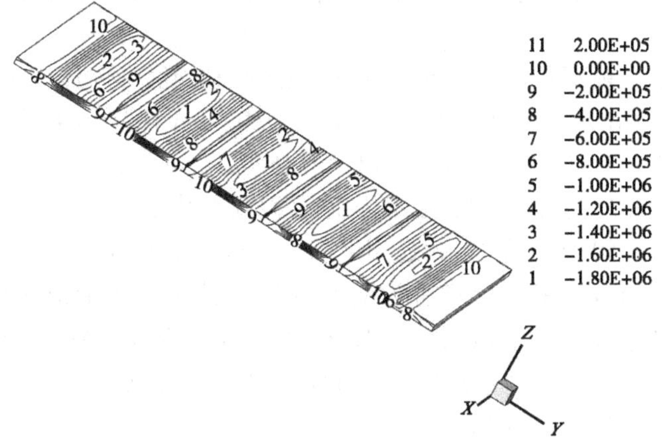

(b)第三主应力等值线图

续图 1-4-3-19

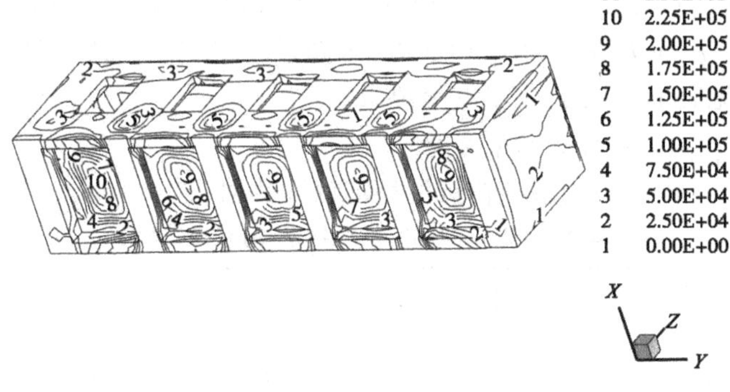

(a)第一主应力等值线图

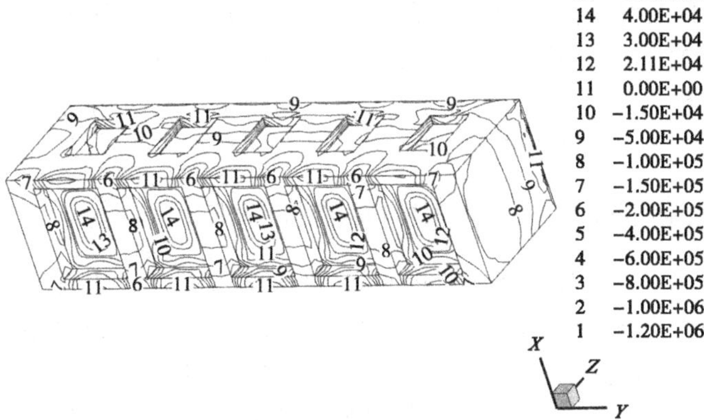

(b)第三主应力等值线图

图 1-4-3-20　南岸闸启闭机房结构主应力等值线图　(单位:Pa)

与沈乌闸计算结果规律类似，根据南岸闸闸室结构不同部位计算情况，可得出如下结果：

(1)在正常蓄水位最不利运行工况下，南岸闸闸墩和闸底板整体应力情况偏小，受土压力影响，沈乌闸边墩出现了0.25 MPa左右的拉应力，小于南岸闸闸墩和闸底板混凝土静态抗拉强度(分别为1.50 MPa和1.43 MPa，具体见表1-4-2-2)，满足安全要求。

(2)受自身重量和公路桥荷载影响，南岸闸公路桥跨中底部位置处出现了较大拉应力区，其数值达到了1.50 MPa左右，超过南岸闸公路桥混凝土静态抗拉强度(1.33 MPa，具体见表1-4-2-2)。荷载作用下公路桥为受弯构件，依据《水工混凝土结构设计规范》(SL 191—2008)中6.2.1部分正截面受弯承载力计算相关内容及纯弯曲梁横截面上正应力计算公式(具体见本篇第3.3.1.2部分)，并结合此处的配筋量，该位置能承受的最大拉应力为10.87 MPa，满足安全需求。

(3)受自身重量和启闭机自重影响，启闭机房底板位置处出现了0.23 MPa左右的拉应力，小于南岸闸启闭机房混凝土静态抗拉强度(1.33 MPa，具体见表1-4-2-2)，满足安全要求。

(4)南岸闸闸墩、闸底板和启闭机房所受压应力较小，仅在公路桥上部跨中位置出现了压应力区，其最大压应力数值为1.80 MPa，未超过南岸闸公路桥混凝土静态抗压强度(12.86 MPa，具体见表1-4-2-2)，满足安全要求。

3. 南岸闸闸室结构稳定计算结果分析

表1-4-3-5给出了南岸闸闸室结构抗滑稳定计算数据。

表1-4-3-5 南岸闸闸室结构抗滑稳定计算结果

工况	竖向荷载/kN	水平向荷载/kN	摩擦系数	抗滑稳定安全系数	规范值
正常蓄水位最不利运行工况	18 293.90	274.21	0.35	23.35	1.35

由表1-4-3-5可知，对于南岸闸闸室结构，根据有限元计算结果，作用在闸室上的全部水平向荷载为274.21 kN，作用在闸室上的全部竖向荷载为18 293.90 kN，则南岸闸闸室结构抗滑稳定安全系数为23.35。可以看出，南岸闸闸室结构抗滑稳定安全系数大于水闸设计规范中要求的1.35，满足安全需求。

4.3.2 三盛公水利枢纽各闸室结构自振特性分析

本部分重点对黄河三盛公水利枢纽拦河闸、进水闸、跌水闸、沈乌闸及南岸闸闸室结构自振特性进行分析，求解拦河闸、进水闸、跌水闸、沈乌闸及南岸闸闸室结构的各阶自振频率。其中，计算中对闸底板进行三项固定约束，并根据《水工建筑物抗震设计标准》(GB 51247—2018)4.6.1节内容，混凝土材料弹性模量在静弹性模量的基础上提高30%。

4.3.2.1 拦河闸闸室结构自振特性分析

运用结构自振特性分析方法，考虑闸前后水体对闸室结构的影响，对拦河闸闸室结构进行自振分析，其中闸前后水体对结构的影响采用Westergard的附加质量法，得到拦河闸闸室结构前 10 阶频率、振型等自振特性参数。其中,前 10 阶自振频率和周期列于表 1-4-3-6 中。

表 1-4-3-6　拦河闸闸室结构自振频率和周期

阶数	正常蓄水位工况	
	频率/Hz	周期/s
1	3.574 3	0.279 8
2	3.664 8	0.272 9
3	7.967 3	0.125 5
4	9.343 4	0.107 0
5	9.918 7	0.100 8
6	10.108 0	0.098 9
7	10.185 0	0.098 2
8	10.656 0	0.093 8
9	11.996 0	0.083 4
10	12.635 0	0.079 1

从表 1-4-3-6 中可以看出,在正常蓄水位工况下拦河闸闸室结构自振的基频为 3.574 3 Hz,且第 2 阶自振频率与基频数值基本一致,这主要是因为闸室结构每孔闸墩上的启闭机房是相互独立的,而闸室结构第 1 阶和第 2 阶振型分别为两节相互独立的启闭机房沿顺河向的振动。

图 1-4-3-21、图 1-4-3-22 给出了拦河闸闸室结构原位图及其位移放大 10 倍的前 5 阶振型图。

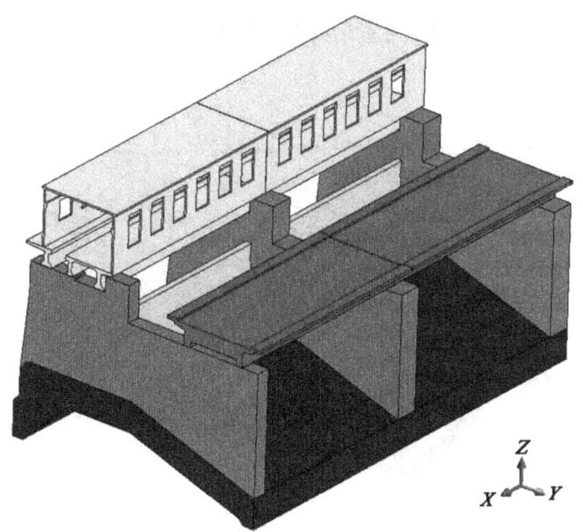

图 1-4-3-21　拦河闸闸室结构原位图

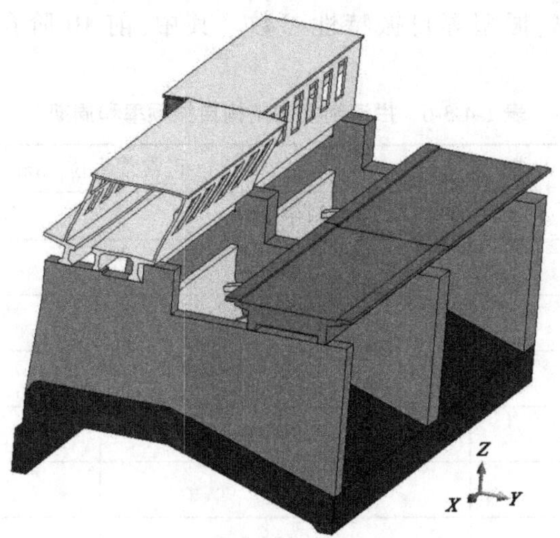

(a)闸室结构第1阶振型图

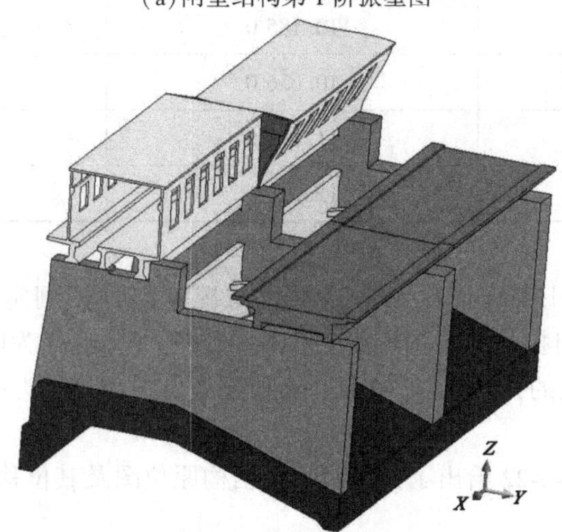

(b)闸室结构第2阶振型图

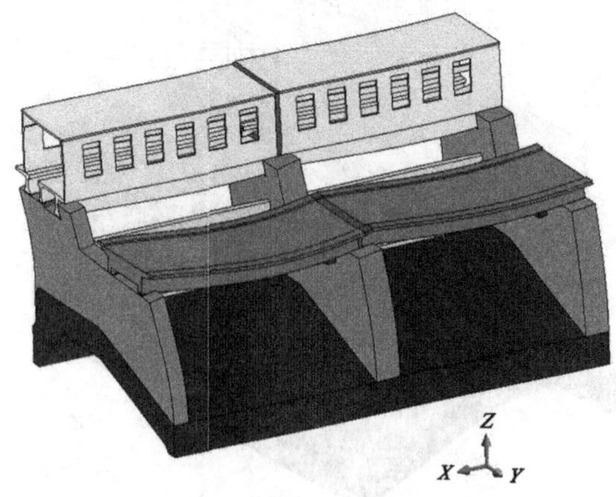

(c)闸室结构第3阶振型图

图1-4-3-22 拦河闸闸室结构各阶振型图

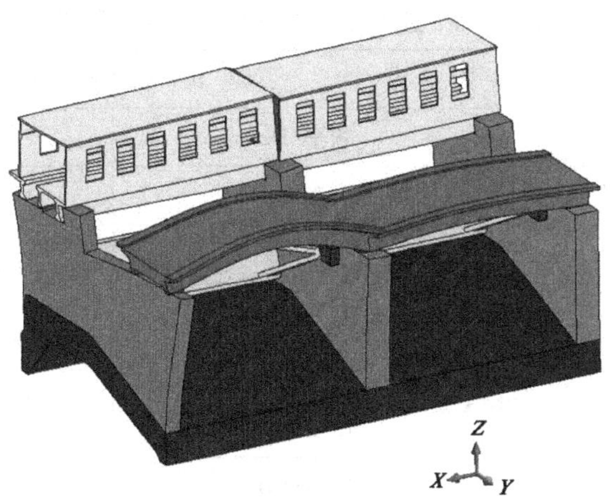

(d)闸室结构第 4 阶振型图

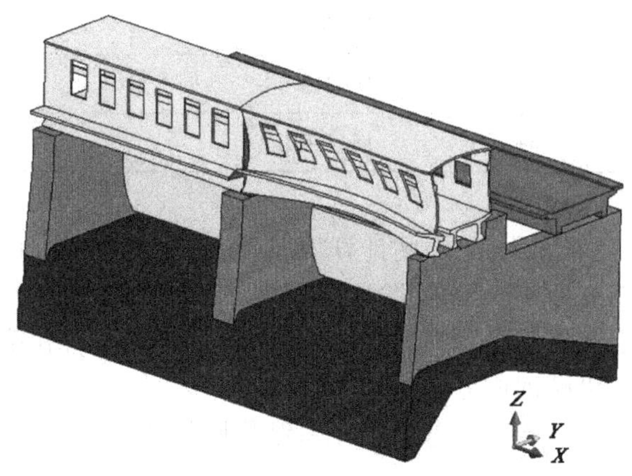

(e)闸室结构第 5 阶振型图

续图 1-4-3-22

从图 1-4-3-22 中可以看出,拦河闸边孔闸室结构前 5 阶振型主要体现为启闭机房和公路桥的振动,闸墩参与较少。拦河闸闸室结构的自振特性符合一般开敞式水闸闸室结构的自振规律,反映了拦河闸闸室结构沿高度方向的质量、刚度分布较好,具有良好的振动特性。

4.3.2.2　进水闸闸室结构自振特性分析

运用结构自振特性分析方法,考虑闸前后水体对闸室结构的影响,对进水闸闸室结构进行自振分析,其中闸前后水体对结构的影响采用 Westergard 的附加质量法,得到进水闸闸室结构前 10 阶频率、振型等自振特性参数。其中,前 10 阶自振频率和周期列于表 1-4-3-7 中。

表 1-4-3-7　进水闸闸室结构自振频率和周期

阶数	正常蓄水位工况	
	频率/Hz	周期/s
1	3. 720 9	0. 268 8
2	3. 735 9	0. 267 7
3	7. 730 5	0. 129 4
4	11. 291 0	0. 088 6
5	13. 220 0	0. 075 6
6	13. 331 0	0. 075 0
7	14. 076 0	0. 071 0
8	14. 240 0	0. 070 2
9	14. 315 0	0. 069 9
10	15. 177 0	0. 065 9

从表 1-4-3-7 中可以看出，与拦河闸计算规律类似，在正常蓄水位工况下进水闸闸室结构自振的基频为 3. 720 9 Hz，且第 2 阶自振频率与基频数值基本一致，这同样是因为闸室结构每孔闸墩上的启闭机房是相互独立的，而闸室结构第 1 阶和第 2 阶振型分别为两节相互独立的启闭机房沿顺河向方向的振动。

图 1-4-3-23、图 1-4-3-24 给出了进水闸闸室结构原位图及其位移放大 10 倍的前 5 阶振型图。

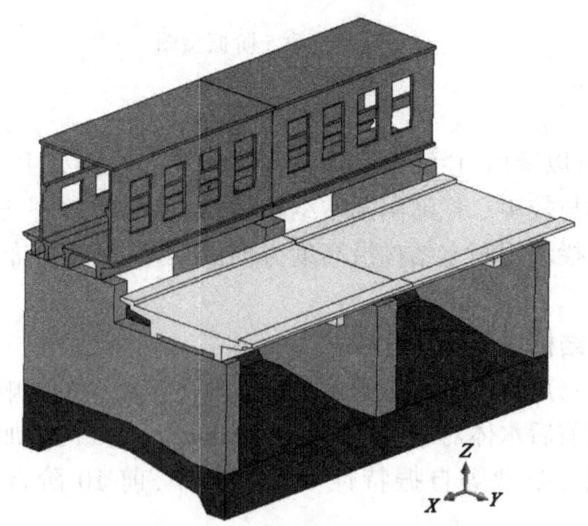

图 1-4-3-23　进水闸闸室结构原位图

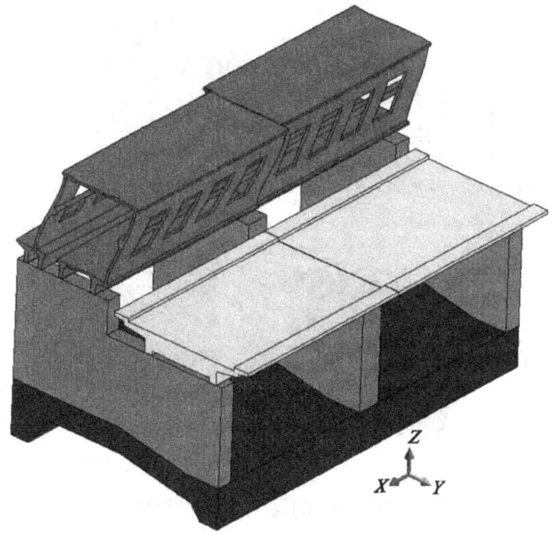

(a) 闸室结构第 1 阶振型图

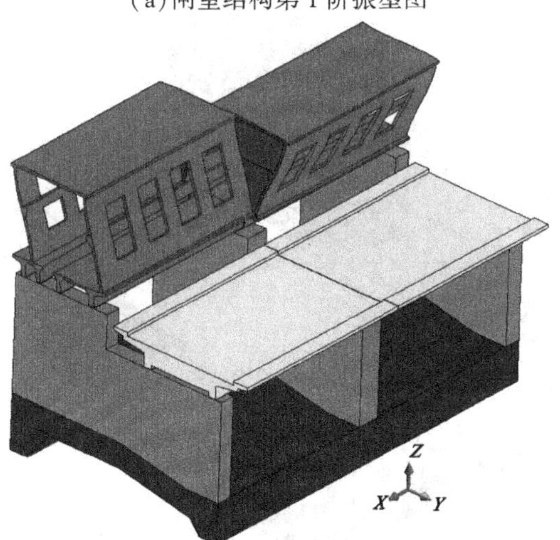

(b) 闸室结构第 2 阶振型图

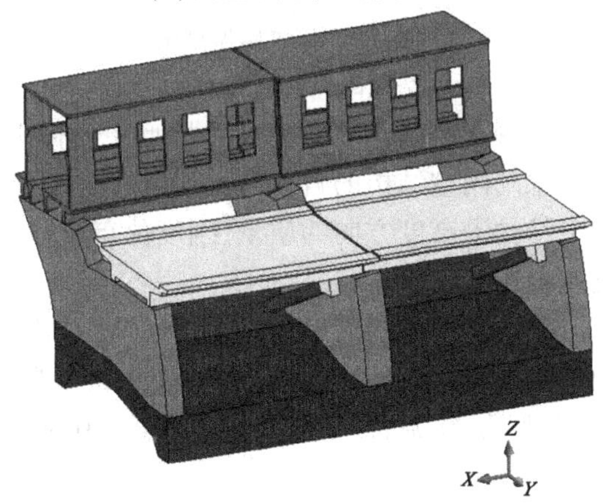

(c) 闸室结构第 3 阶振型图

图 1-4-3-24　进水闸闸室结构各阶振型图

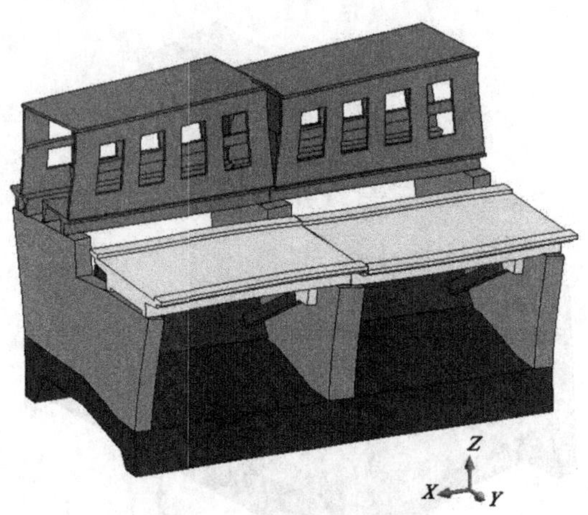

(d)闸室结构第 4 阶振型图

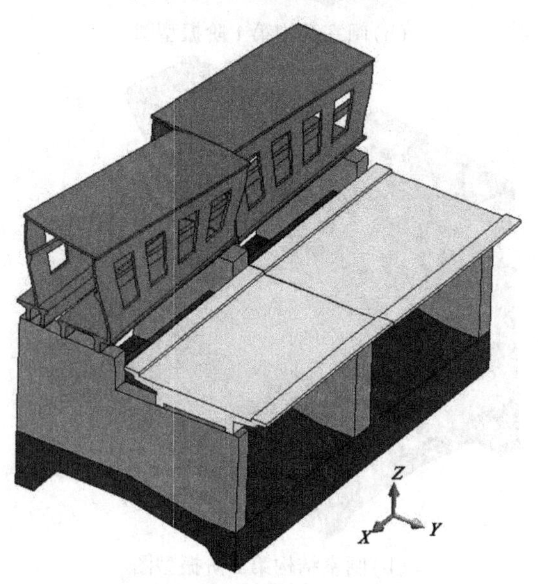

(e)闸室结构第 5 阶振型图

续图 1-4-3-24

与拦河闸计算规律类似,进水闸闸室结构前 5 阶振型主要体现为启闭机房和公路桥的振动,闸墩参与较少。进水闸闸室结构的自振特性符合一般开敞式水闸闸室结构的自振规律,反映了进水闸闸室结构沿高度方向的质量、刚度分布较好,具有良好的振动特性。

4.3.2.3 跌水闸闸室结构自振特性分析

运用结构自振特性分析方法,考虑闸前后水体对闸室结构的影响,对跌水闸闸室结构进行自振分析,其中闸前后水体对结构的影响采用 Westergard 的附加质量法,得到跌水闸闸室结构前 10 阶频率、振型等自振特性参数。其中前 10 阶自振频率和周期列于表 1-4-3-8 中。

从表 1-4-3-8 中可以看出,与拦河闸和进水闸计算规律类似,在正常蓄水位工况下跌水闸闸室结构自振的基频为 4.037 8 Hz,且第 2 阶自振频率与基频数值相近,这同样是因为闸室结构每孔闸墩上的启闭机房是相互独立的，而闸室结构第 1 阶和第 2 阶振型分别为两节相互独立的启闭机房沿顺河向的振动。

表 1-4-3-8　跌水闸闸室结构自振频率和周期

阶数	正常蓄水位工况	
	频率/Hz	周期/s
1	4.037 8	0.247 7
2	4.177 9	0.239 4
3	7.708 3	0.129 7
4	13.013 0	0.076 8
5	13.820 0	0.072 4
6	14.935 0	0.067 0
7	15.257 0	0.065 5
8	15.658 0	0.063 9
9	16.285 0	0.061 4
10	17.290 0	0.057 8

图 1-4-3-25、图 1-4-3-26 给出了跌水闸闸室结构原位图及其位移放大 10 倍的前 5 阶振型图。

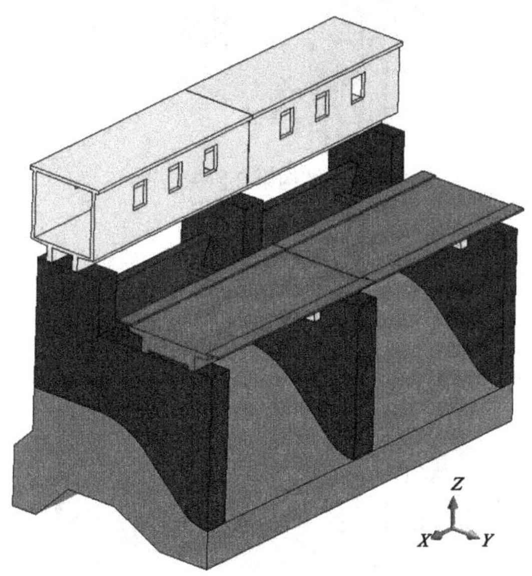

图 1-4-3-25　跌水闸闸室结构原位图

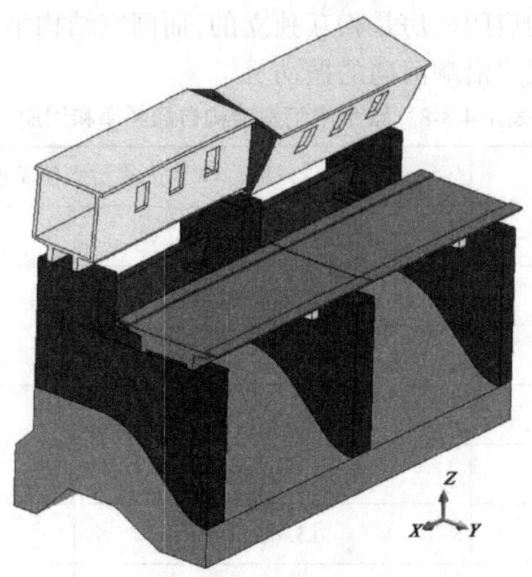

(a)闸室结构第 1 阶振型图

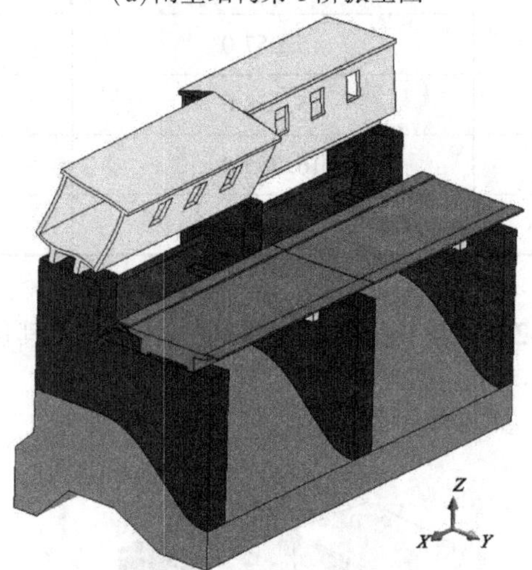

(b)闸室结构第 2 阶振型图

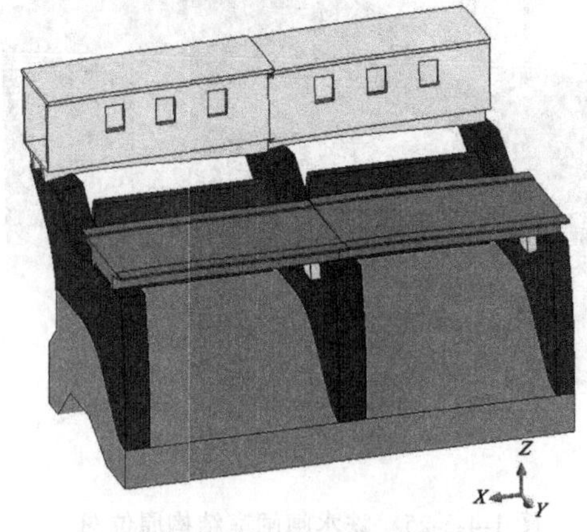

(c)闸室结构第 3 阶振型图

图 1-4-3-26　**跌水闸闸室结构各阶振型图**

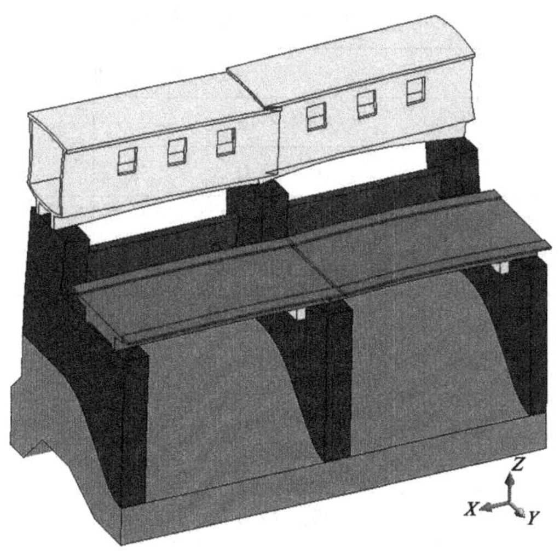

(d)闸室结构第 4 阶振型图

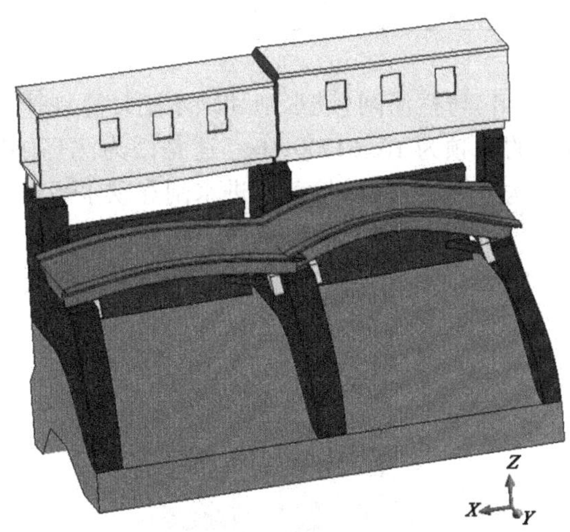

(e)闸室结构第 5 阶振型图

续图 1-4-3-26

从图 1-4-3-26 中可以看出,与拦河闸和进水闸计算规律类似,跌水闸闸室结构前 5 阶振型主要体现为启闭机房和公路桥的振动,闸墩参与较少。跌水闸闸室结构的自振特性符合一般开敞式水闸闸室结构的自振规律,反映了跌水闸闸室结构沿高度方向的质量、刚度分布较好,具有良好的振动特性。

4.3.2.4　沈乌闸闸室结构自振特性分析

运用结构自振特性分析方法,考虑闸前后水体对闸室结构的影响,对沈乌闸闸室结构进行自振分析,其中闸前后水体对结构的影响采用 Westergard 的附加质量法,得到沈乌闸闸室结构前 10 阶频率、振型等自振特性参数。其中前 10 阶自振频率和周期列于表 1-4-3-9 中。

表 1-4-3-9　沈乌闸闸室结构自振频率和周期

阶数	正常蓄水位工况	
	频率/Hz	周期/s
1	16.617 0	0.060 2
2	21.296 0	0.047 0
3	25.154 0	0.039 8
4	27.009 0	0.037 0
5	31.905 0	0.031 3
6	43.254 0	0.023 1
7	43.679 0	0.022 9
8	47.127 0	0.021 2
9	49.864 0	0.020 1
10	54.745 0	0.018 3

从表 1-4-3-9 中可以看出，与拦河闸、进水闸和跌水闸计算规律不同，在正常蓄水位工况下沈乌闸闸室结构自振的基频为 16.617 0 Hz。这是因为沈乌闸闸室结构每孔宽度较小，且有胸墙连接，闸室结构整体刚度较拦河闸、进水闸和跌水闸偏大，进而导致闸室结构各阶自振频率偏大。

图 1-4-3-27、图 1-4-3-28 给出了沈乌闸闸室结构原位图及其位移放大 10 倍的前 5 阶振型图。

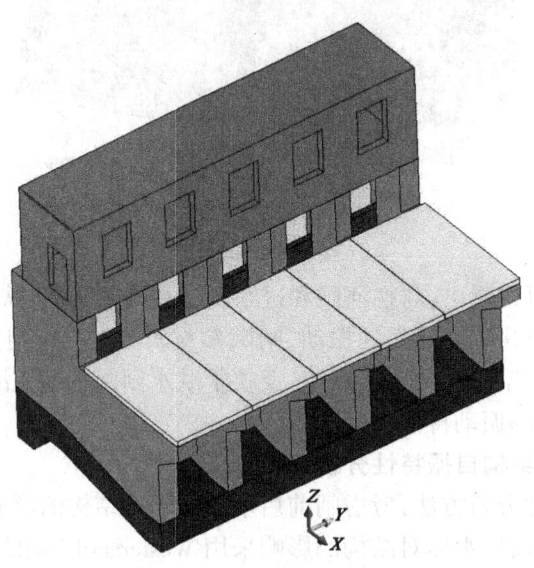

图 1-4-3-27　沈乌闸闸室结构原位图

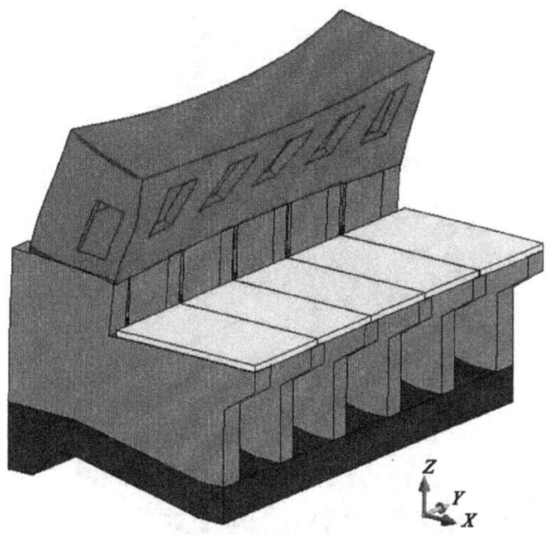

(a)闸室结构第 1 阶振型图

(b)闸室结构第 2 阶振型图

(c)闸室结构第 3 阶振型图

图 1-4-3-28　沈乌闸闸室结构各阶振型图

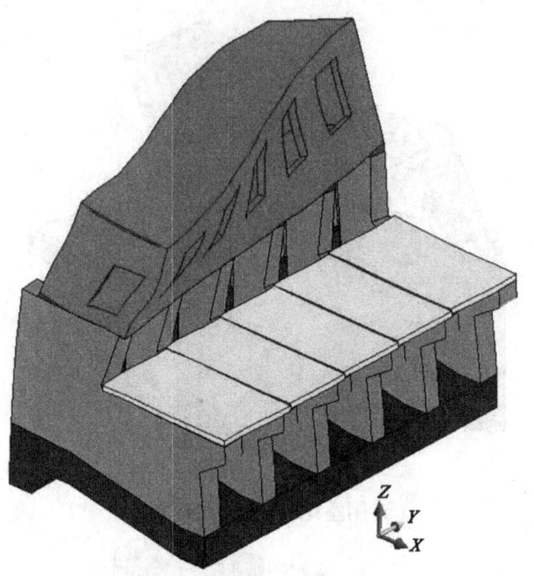

(d)闸室结构第 4 阶振型图

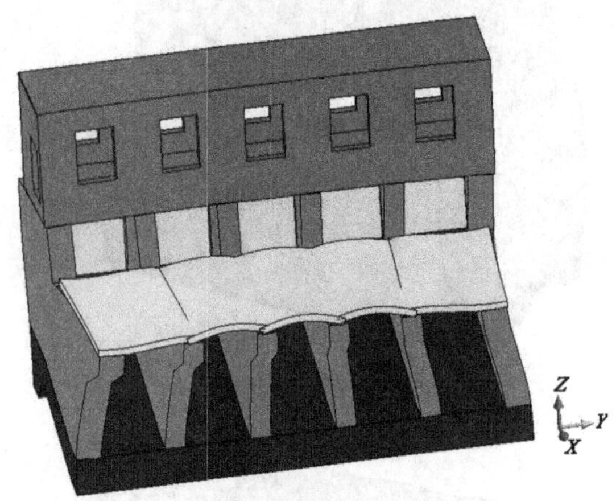

(e)闸室结构第 5 阶振型图

续图 1-4-3-28

从图 1-4-3-28 中可以看出,与拦河闸、进水闸和跌水闸计算规律不同,沈乌闸闸室结构前 5 阶振型主要体现为启闭机房和闸墩的振动,公路桥参与较少。沈乌闸闸室结构的自振特性符合一般开敞式水闸闸室结构的自振规律,反映了沈乌闸闸室结构沿高度方向的质量、刚度分布较好,具有良好的振动特性。

4.3.2.5　南岸闸闸室结构自振特性分析

运用结构自振特性分析方法,考虑闸前后水体对闸室结构的影响,对南岸闸闸室结构进行自振分析,其中闸前后水体对结构的影响采用 Westergard 的附加质量法,得到南岸闸闸室结构前 10 阶频率、振型等自振特性参数。其中前 10 阶自振频率和周期列于表 1-4-3-10 中。

表 1-4-3-10　南岸闸闸室结构自振频率和周期

阶数	正常蓄水位工况	
	频率/Hz	周期/s
1	17. 403 0	0. 057 5
2	20. 138 0	0. 049 7
3	25. 300 0	0. 039 5
4	28. 051 0	0. 035 7
5	30. 383 0	0. 032 9
6	44. 574 0	0. 022 4
7	45. 156 0	0. 022 1
8	46. 150 0	0. 021 7
9	48. 652 0	0. 020 6
10	53. 560 0	0. 018 7

从表 1-4-3-10 中可以看出，与沈乌闸计算规律类似，在正常蓄水位工况下南岸闸闸室结构自振的基频为 17. 403 0 Hz。这同样是因为南岸闸闸室结构每孔宽度较小，且有胸墙连接，闸室结构整体刚度较拦河闸、进水闸和跌水闸偏大，进而导致闸室结构各阶自振频率偏大。

图 1-4-3-29、图 1-4-3-30 给出了南岸闸闸室结构原位图及其位移放大 10 倍的前 5 阶振型图。

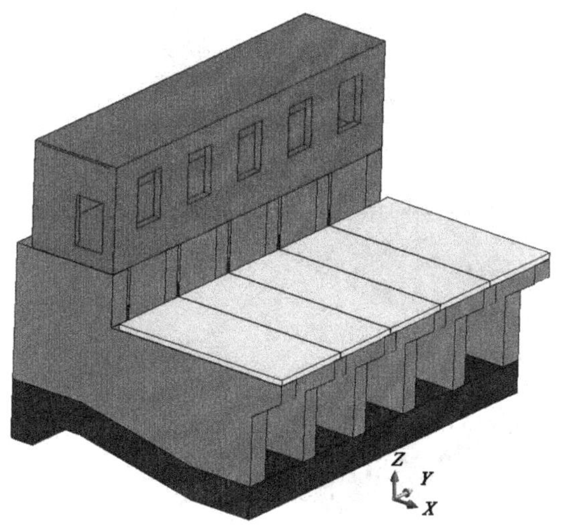

图 1-4-3-29　南岸闸闸室结构原位图

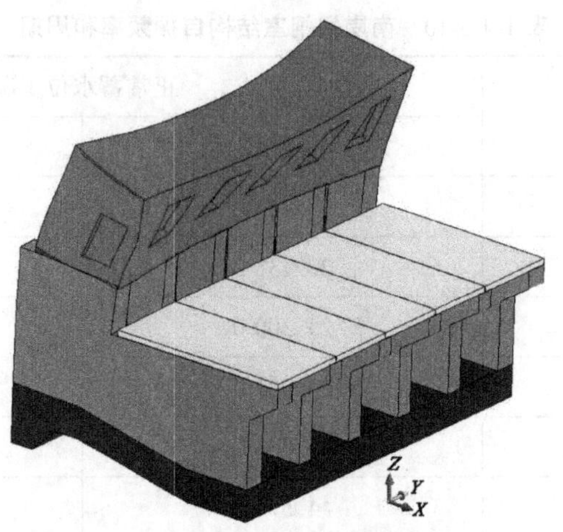

(a)闸室结构第 1 阶振型图

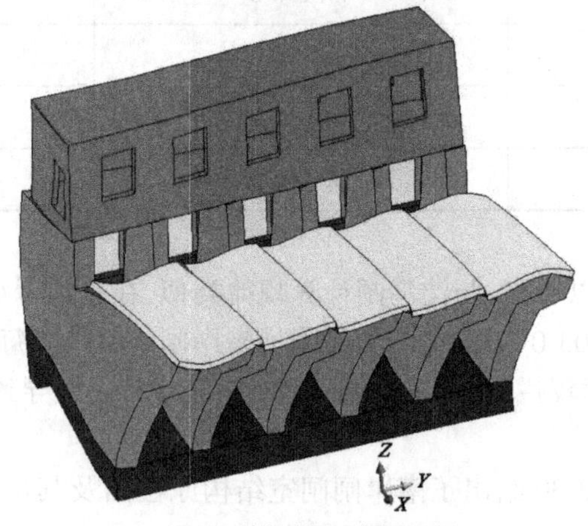

(b)闸室结构第 2 阶振型图

(c)闸室结构第 3 阶振型图

图 1-4-3-30　南岸闸闸室结构各阶振型图

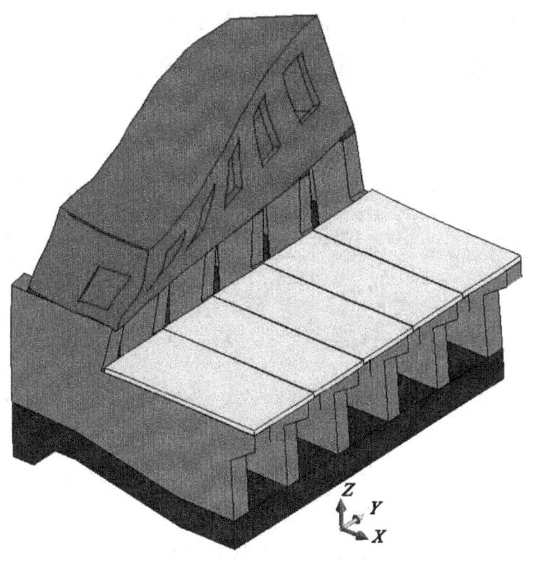

(d)闸室结构第 4 阶振型图

(e)闸室结构第 5 阶振型图

续图 1-4-3-30

与沈乌闸计算规律类似,南岸闸闸室结构前 5 阶振型主要体现为启闭机房和闸墩的振动,公路桥参与较少。南岸闸闸室结构的自振特性符合一般开敞式水闸闸室结构的自振规律,反映了南岸闸闸室结构沿高度方向的质量、刚度分布较好,具有良好的振动特性。

4.3.3 三盛公水利枢纽各闸室结构动力计算结果分析

本部分将正常蓄水位最不利运行工况下静力的计算结果与振型分解反应谱法纯动力计算得到的结果进行叠加,具体叠加的原则参照本篇第 4.1.2.2 部分。

4.3.3.1 拦河闸闸室结构动力计算结果分析

本部分主要对地震作用下拦河闸闸室结构进行振型分解反应谱法动静叠加计算,并重点对静、动力联合作用下拦河闸闸室结构位移、应力和稳定计算结果进行分析。

1. 拦河闸闸室结构反应谱法动静叠加位移计算结果分析

图 1-4-3-31、图 1-4-3-32 给出了动静叠加下拦河闸闸室结构在 X 向、Y 向和 Z 向位移等值线图。

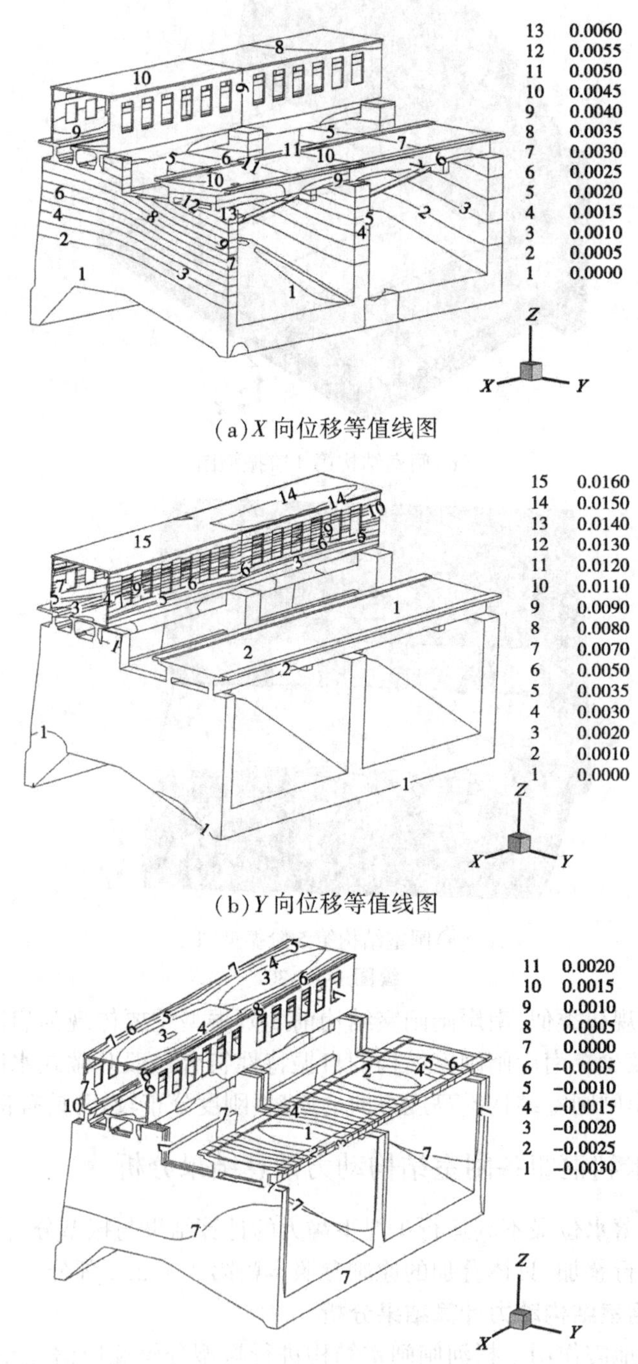

(a) X 向位移等值线图

(b) Y 向位移等值线图

(c) Z 向位移等值线图

图 1-4-3-31　拦河闸闸室结构动静叠加(静+动)下位移等值线图　(单位:m)

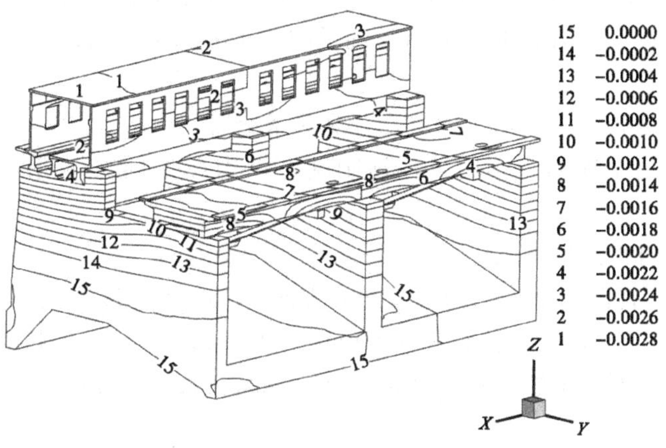

(a) X 向位移等值线图

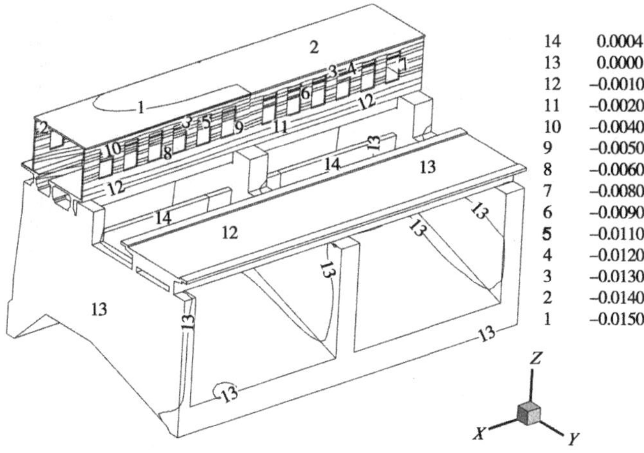

(b) Y 向位移等值线图

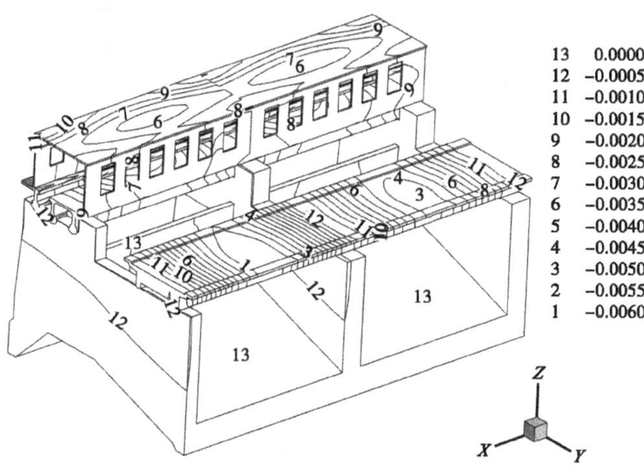

(c) Z 向位移等值线图

图 1-4-3-32　拦河闸闸室结构动静叠加(静-动)下位移等值线图　(单位:m)

由图 1-4-3-31、图 1-4-32 可知，正常蓄水位工况地震作用下，拦河闸闸室结构位移在不同的叠加方式下最大数值分别为 16.0 mm 和 15.0 mm，位置出现在启闭机房顶部，主要体现为顺河向位移。

2. 拦河闸闸室结构地震作用下加速度计算结果分析

图 1-4-3-33 给出了纯动力作用下拦河闸闸室结构在 X 向、Y 向和 Z 向加速度等值线图。

由图 1-4-3-33 可得出如下结论：

(1) 动力作用下拦河闸闸室结构垂直河流方向（X 向）加速度主要出现在启闭机房顶部和一侧闸墩顶部，其中最大值分别为 6.50 m/s^2 和 7.19 m/s^2。启闭机房顶部垂直河流方向加速度最大值相对于地震动峰值加速度 0.2g 而言，其加速度放大系数为 3.31。

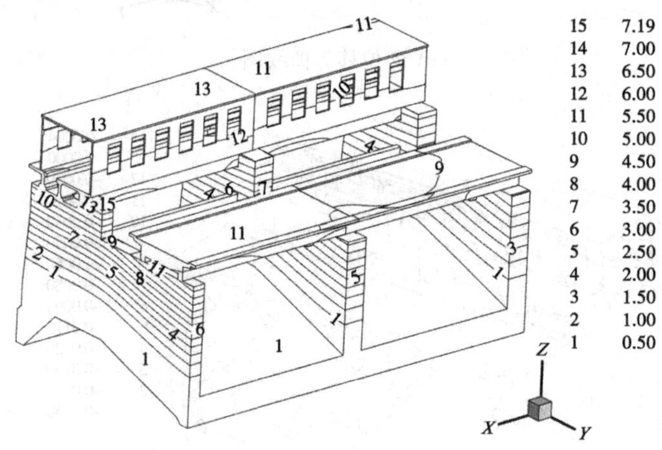

(a) X 向加速度等值线图

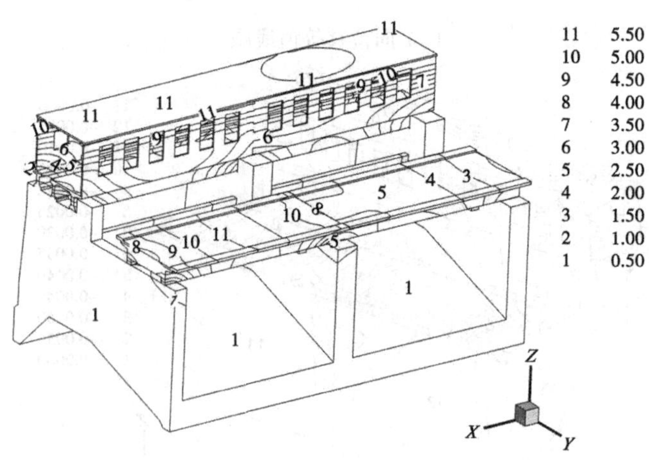

(b) Y 向加速度等值线图

图 1-4-3-33　拦河闸闸室结构纯动力下加速度等值线图　（单位：m/s^2）

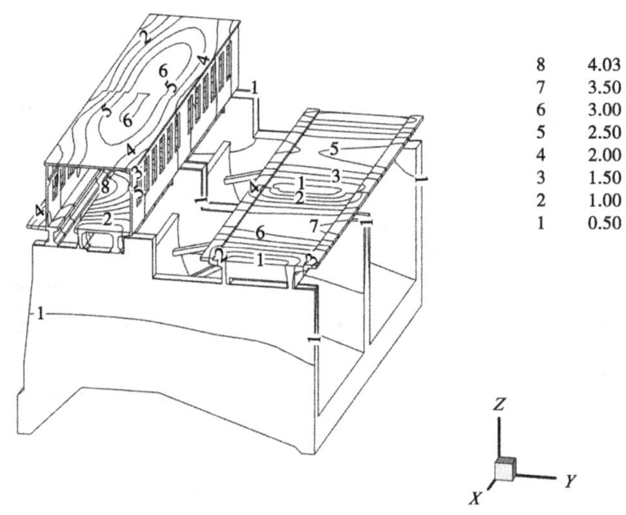

(c)Z 向加速度等值线图

续图 1-4-3-33

(2)动力作用下拦河闸闸室结构顺河向(Y 向)加速度主要出现在启闭机房顶部，最大数值为 5.50 m/s^2，其加速度放大系数为 2.80。

(3)动力作用下拦河闸闸室结构竖直向(Z 向)加速度主要出现在启闭机房底板和公路桥跨中部位，其中最大值分别为 4.03 m/s^2 和 3.50 m/s^2。对于启闭机房顶部竖直向加速度，其最大值为 3.00 m/s^2，加速度放大系数为 1.53。

3. 拦河闸闸室结构反应谱法动静叠加应力计算结果分析

图 1-4-3-34～图 1-4-3-36 分别给出了动静叠加下拦河闸闸室结构各部位应力计算结果等值线图。其中，图 1-4-3-34 为动静叠加下拦河闸闸墩和底板结构主应力等值线图，图 1-4-3-35 为动静叠加下拦河闸公路桥结构主应力等值线图，图 1-4-3-36 为动静叠加下拦河闸启闭机房结构主应力等值线图。

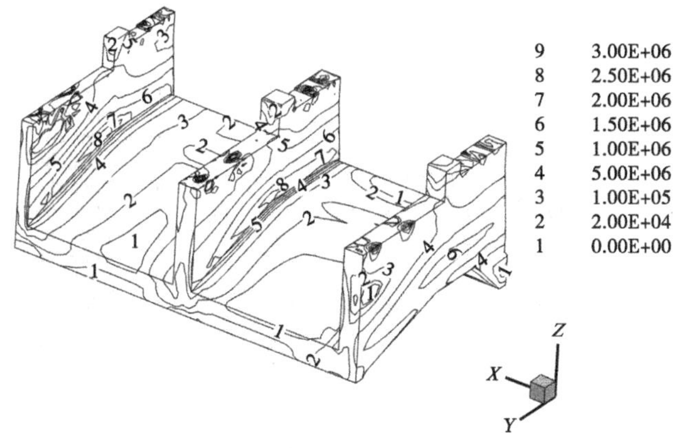

(a)第一主应力等值线图(静+动)

图 1-4-3-34　动静叠加下拦河闸闸墩和底板结构主应力等值线图　(单位:Pa)

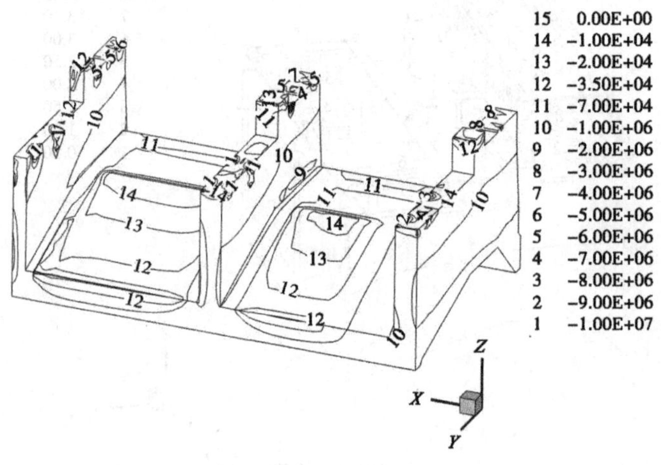

(b)第三主应力等值线图(静−动)

续图 1-4-3-34

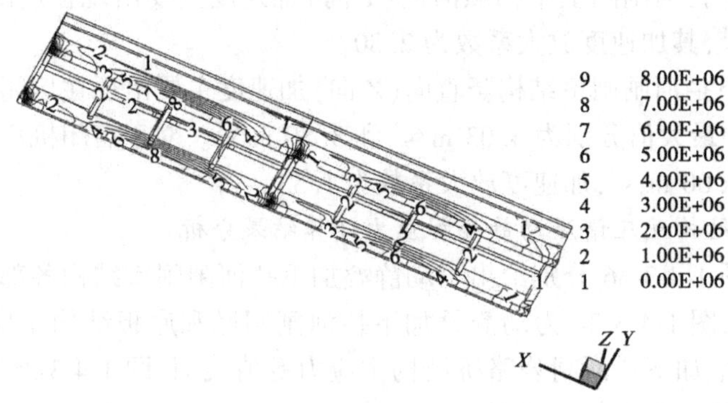

(a)第一主应力等值线图(静+动)

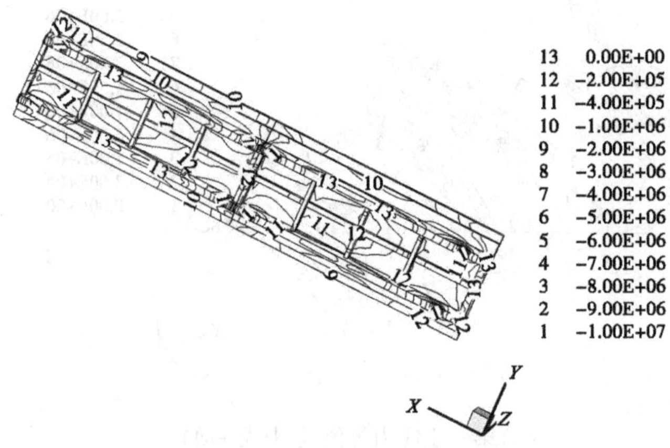

(b)第三主应力等值线图(静−动)

图 1-4-3-35　动静叠加下拦河闸公路桥结构主应力等值线图　(单位:Pa)

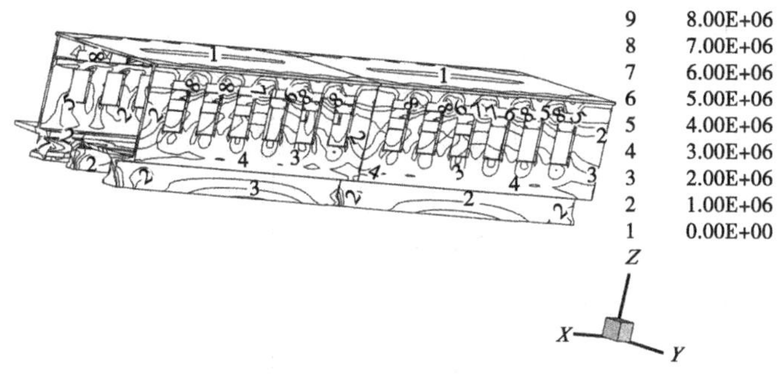

(a)第一主应力等值线图(静+动)

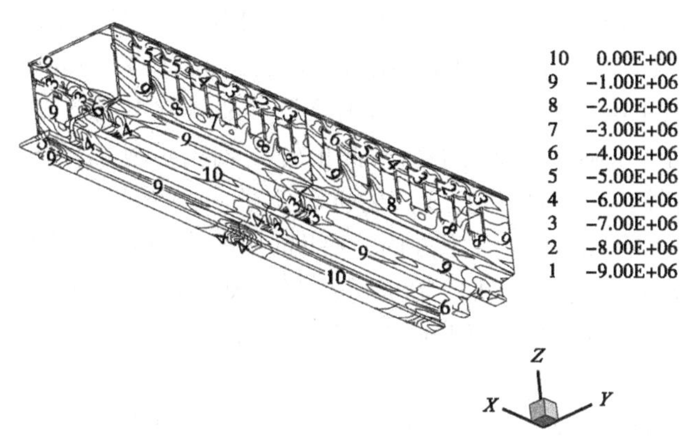

(b)第三主应力等值线图(静−动)

图 1-4-3-36　动静叠加下拦河闸启闭机房结构主应力等值线图　(单位:Pa)

根据动静叠加下拦河闸闸室结构不同部位主应力等值线图信息,可得如下结果:

(1)在正常蓄水位工况地震作用下,受地震作用影响,拦河闸闸墩与闸底板相交处出现了 2.5 MPa 左右的拉应力,超过了拦河闸闸墩和闸底板混凝土动态抗拉强度(分别为 1.55 MPa 和 1.55 MPa,具体见表 1-4-2-2)。事实上,水闸在运行过程中,闸墩为偏心受压构件,闸底板为受弯构件,若闸墩按偏心受压构件计算,复核结果偏于安全;同时,由自振特性分析结果可知,地震作用下拦河闸闸墩出现了横河向振动,此时闸墩主要受弯矩作用。因此,考虑最不利情况,本次复核计算中闸墩和闸底板均按受弯构件考虑。依据《水工混凝土结构设计规范》(SL 191—2008)中 6.2.1 部分正截面受弯承载力计算相关内容及纯弯曲梁横截面上正应力计算公式,该位置能承受的最大拉应力为 4.81 MPa,满足安全需求。

图 1-4-3-37 给出了拦河闸闸墩单位长度截面配筋图,由图中数据并结合式(1-3-1-4)~式(1-3-1-7)可知,单位长度闸墩横截面上最大承受弯矩为 3 207.4 kN · m,与闸底板连接

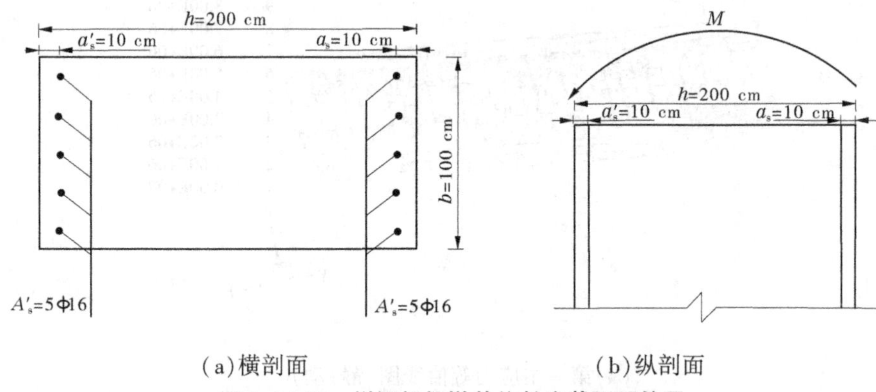

(a)横剖面　　(b)纵剖面

图 1-4-3-37　拦河闸闸墩单位长度截面配筋图

位置处能承受的最大拉应力为 4. 81 MPa,大于 2. 5 MPa,满足安全需求。

(2)受自身重量、公路桥荷载以及地震作用影响,拦河闸公路桥跨中底部位置处出现了较大拉应力区,其数值达到了 7. 0 MPa 左右,远超拦河闸公路桥混凝土动态抗拉强度(1. 93 MPa,具体见表 1-4-2-2)。结合正常蓄水位最不利运行工况下静力计算结果和《三盛公水利枢纽拦河闸进水闸沈乌闸交通桥检测报告》(河南黄科工程技术检测有限公司,2019 年 5 月),应对拦河闸公路桥进行相应的抗震处理。

(3)受地震作用影响,沿垂直河流方向,启闭机房所有窗户顶部折角位置处出现了 7. 0 MPa 左右的拉应力,远超拦河闸启闭机房混凝土动态抗拉强度(1. 93 MPa,具体见表 1-4-2-2)。虽然此处进行了配筋,但地震作用下有可能形成贯穿性裂缝,为安全起见,应采取相应的抗震加固措施。

(4)与静力计算结果类似,公路桥和启闭机房与闸墩连接位置处有较大压应力区,最大压应力数值达到了 10 MPa 左右,未超过拦河闸闸墩、公路桥和启闭机房混凝土动态抗压强度(分别为 15. 51 MPa、19. 29 MPa 和 19. 29 MPa,具体见表 1-4-2-2),满足安全要求。

4. 拦河闸闸室结构反应谱法动静叠加稳定计算结果分析

表 1-4-3-11 给出了动静叠加下拦河闸闸室结构抗滑稳定计算数据。

表 1-4-3-11　动静叠加下拦河闸闸室结构抗滑稳定计算结果

工况	静力工况下竖向荷载/kN	静力工况下水平向荷载/kN	水平向地震惯性力/kN	摩擦系数	抗滑稳定安全系数	规范值
水平向地震惯性力朝向上游	82 949. 85	1 117. 84	−16 455. 67	0. 35	1. 89	1. 10
水平向地震惯性力朝向下游	82 949. 85	1 117. 84	16 455. 67	0. 35	1. 65	1. 10

由表 1-4-3-11 可知,对于拦河闸闸室结构,根据有限元动力计算结果,作用在闸室上的全部水平向地震荷载为 16 455. 67 kN。因为地震作用是随机往复的,当该水平向地震

惯性力朝向下游时，结合静力计算结果，此时拦河闸闸室结构抗滑稳定安全系数 K_c 为 1.65；当该水平向地震惯性力朝向上游时，结合静力计算结果，此时拦河闸闸室结构抗滑稳定安全系数 K_c 为 1.89。

可以看出，地震作用最不利工况下（水平向地震惯性力朝向下游），拦河闸闸室结构抗滑稳定安全系数为 1.65，大于《水闸设计规范》（SL 265—2016）中要求的 1.10，满足安全需求。

4.3.3.2　进水闸闸室结构动力计算结果分析

本部分主要对地震作用下进水闸闸室结构进行振型分解反应谱法动静叠加计算，并重点对静、动力联合作用下进水闸闸室结构位移、应力和稳定计算结果进行分析。

1. 进水闸闸室结构反应谱法动静叠加位移计算结果分析

图 1-4-3-38、图 1-4-3-39 给出了动静叠加下进水闸闸室结构在 X 向、Y 向和 Z 向位移等值线图。

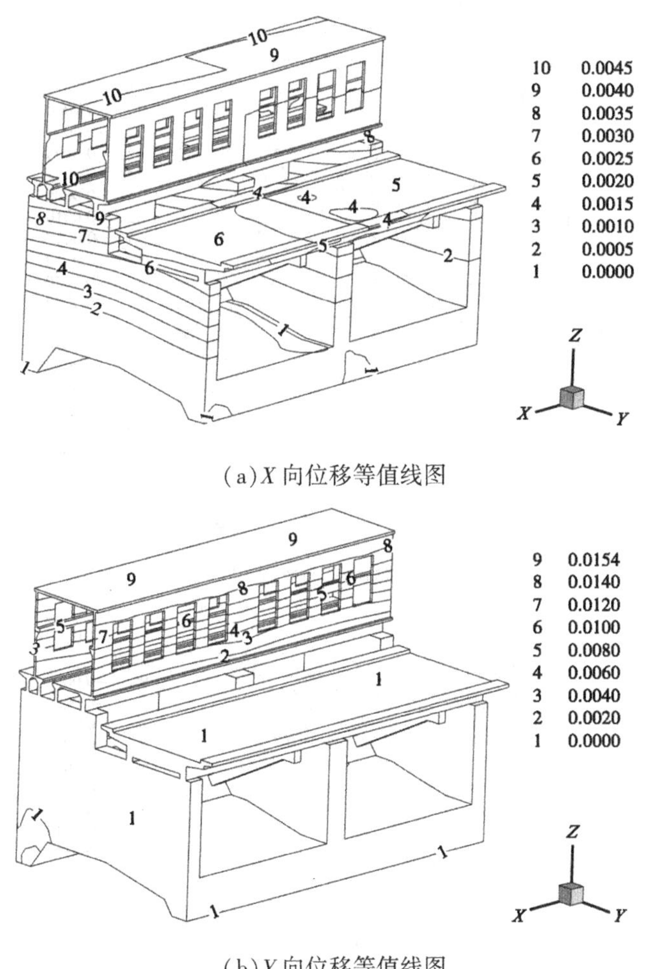

（a）X 向位移等值线图

（b）Y 向位移等值线图

图 1-4-3-38　进水闸闸室结构动静叠加（静+动）下位移等值线图　（单位：m）

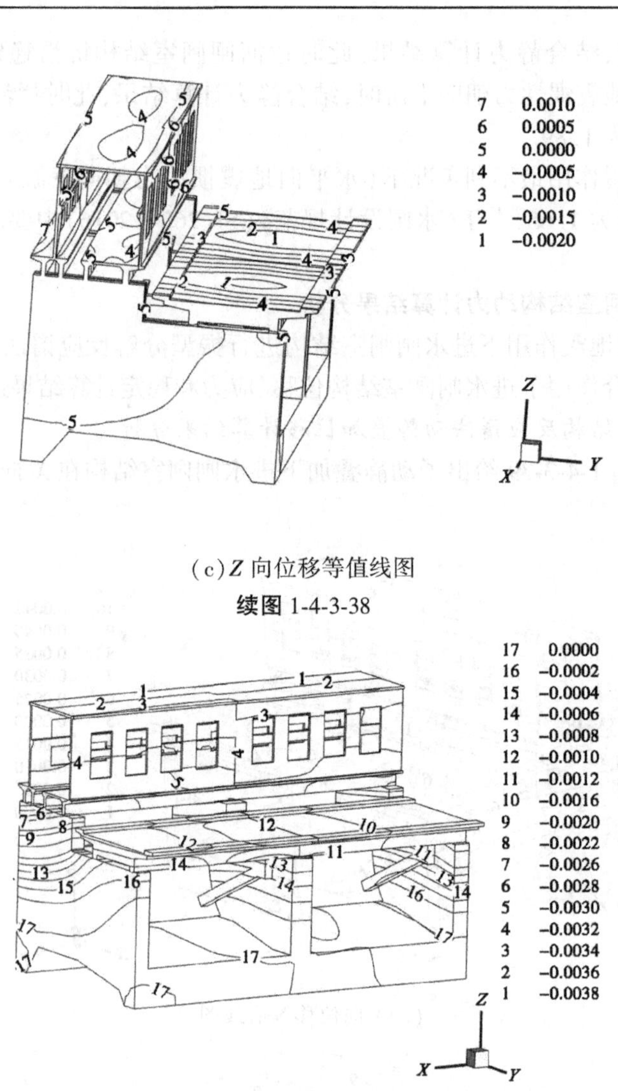

(c) Z 向位移等值线图

续图 1-4-3-38

(a) X 向位移等值线图

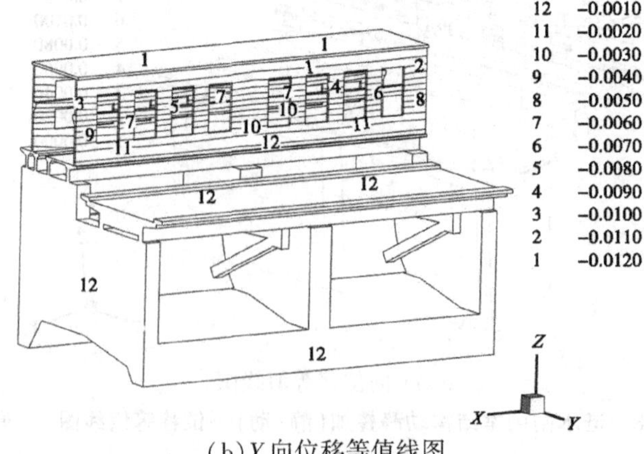

(b) Y 向位移等值线图

图 1-4-3-39 进水闸闸室结构动静叠加(静-动)下位移等值线图 (单位:m)

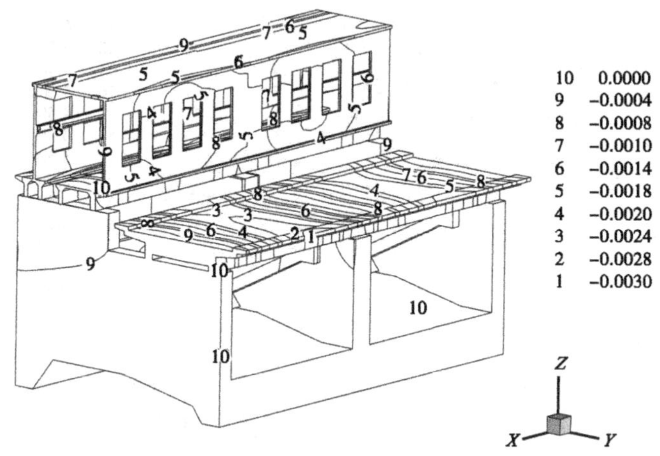

(c)Z 向位移等值线图

续图 1-4-3-39

与拦河闸计算结果规律类似，正常蓄水位工况地震作用下，进水闸闸室结构位移在不同的叠加方式下最大数值分别为 15.4 mm 和 12.0 mm，位置出现在启闭机房顶部位置，主要体现为顺河向位移。

2. 进水闸闸室结构地震作用下加速度计算结果分析

图 1-4-3-40 给出了纯动力作用下进水闸闸室结构在 X 向、Y 向和 Z 向加速度等值线图。

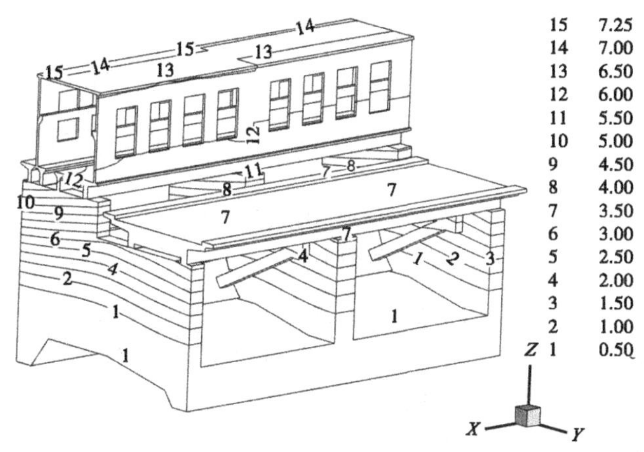

(a)X 向加速度等值线图

图 1-4-3-40　进水闸闸室结构纯动力下加速度等值线图　（单位：m/s^2）

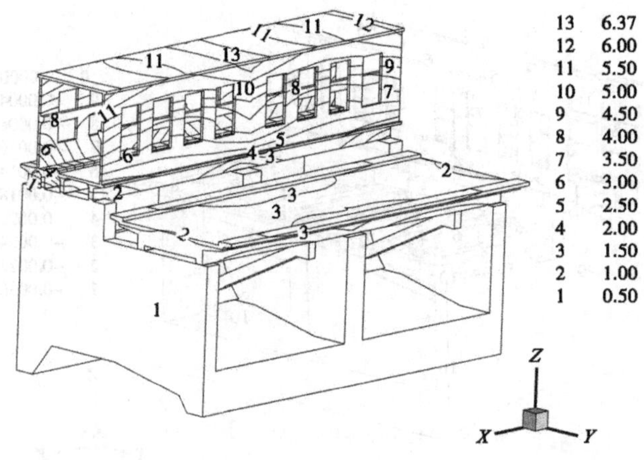

(b) Y 向加速度等值线图

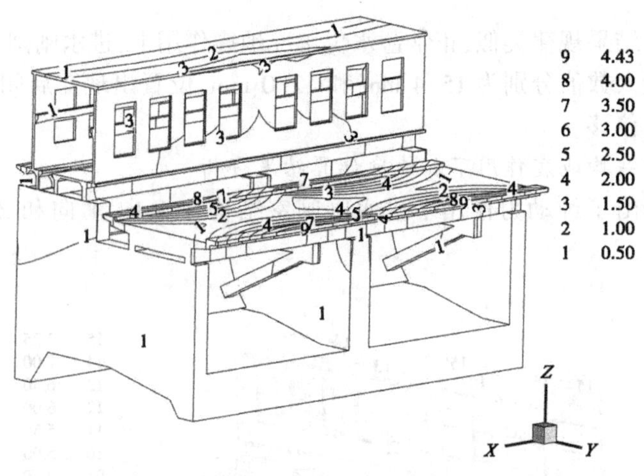

(c) Z 向加速度等值线图

续图 1-4-3-40

与拦河闸计算结果规律类似，根据计算结果可得出如下结论：

(1) 动力作用下进水闸闸室结构垂直河流方向（X 向）加速度主要出现在启闭机房顶部，其中最大值为 7.25 m/s²。启闭机房顶部垂直河流方向加速度最大值相对于地震动峰值加速度 0.2g 而言，其加速度放大系数为 3.70。

(2) 动力作用下进水闸闸室结构顺河向（Y 向）加速度主要出现在启闭机房顶部，最大数值为 6.37 m/s²，其加速度放大系数为 3.25。

(3) 动力作用下进水闸闸室结构竖直向（Z 向）加速度主要出现在公路桥跨中部位，其中最大值为 4.43 m/s²。

3. 进水闸闸室结构反应谱法动静叠加应力计算结果分析

图 1-4-3-41～图 1-4-3-43 分别给出了动静叠加下进水闸闸室结构各部位应力计算结果等值线图。其中，图 1-4-3-41 为动静叠加下进水闸闸墩和底板结构主应力等值线图，图 1-4-3-42 为动静叠加下进水闸公路桥结构主应力等值线图，图 1-4-3-43 为动静叠加下进水闸启闭机房结构主应力等值线图。

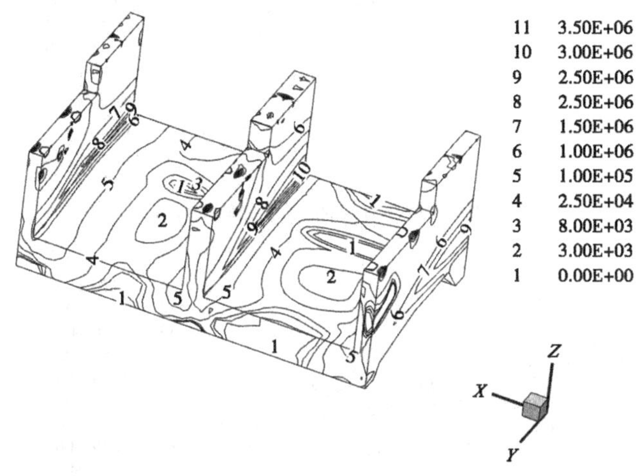

(a)第一主应力等值线图(静+动)

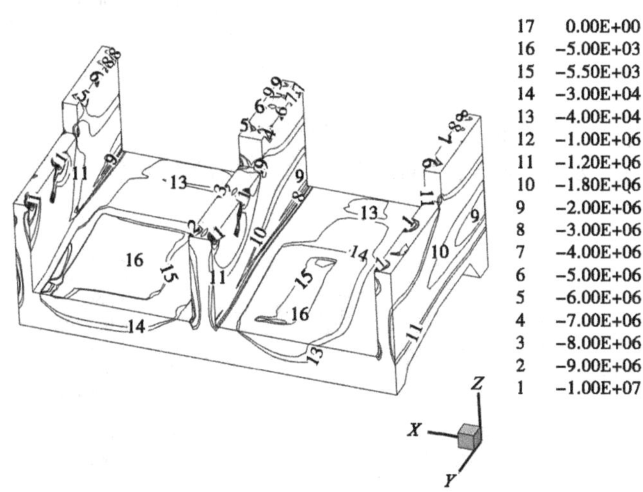

(b)第三主应力等值线图(静-动)

图 1-4-3-41　动静叠加下进水闸闸墩和底板结构主应力等值线图　(单位:Pa)

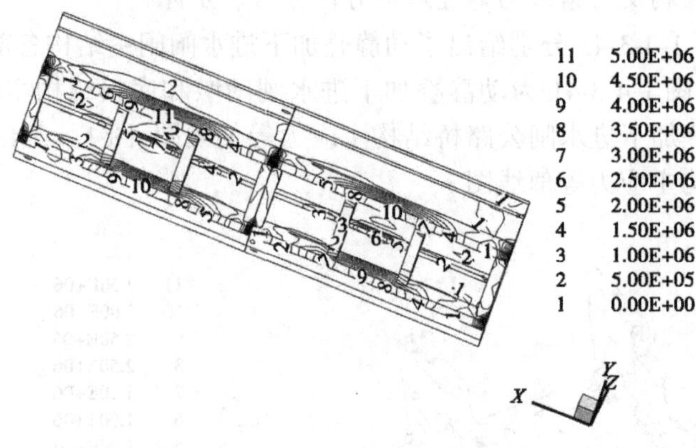

(a)第一主应力等值线图(静+动)

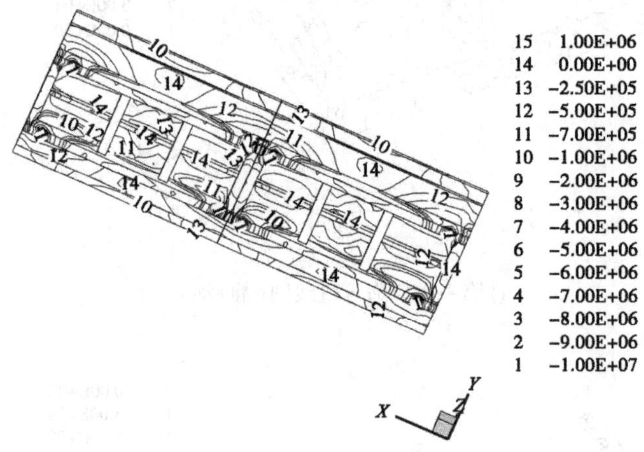

(b)第三主应力等值线图(静-动)

图 1-4-3-42　动静叠加下进水闸公路桥结构主应力等值线图　(单位:Pa)

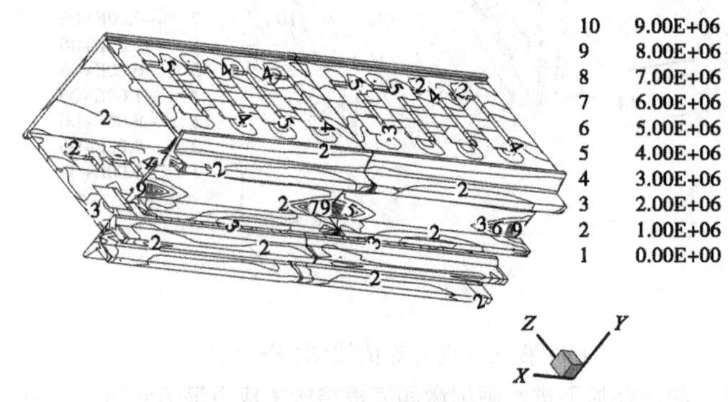

(a)第一主应力等值线图(静+动)

图 1-4-3-43　动静叠加下进水闸启闭机房结构主应力等值线图　(单位:Pa)

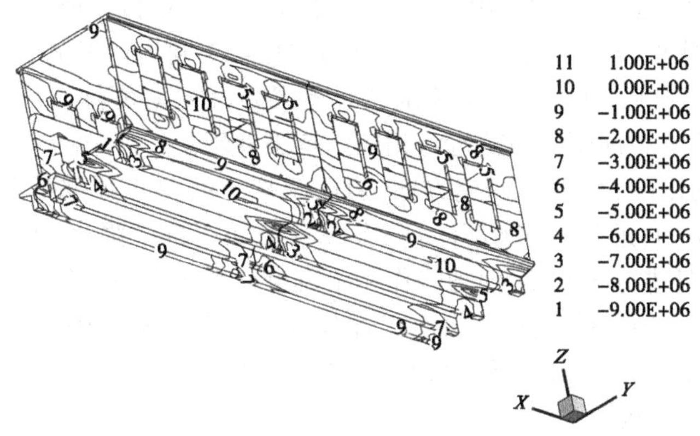

(b)第三主应力等值线图(静-动)

续图 1-4-3-43

与拦河闸计算结果规律类似,根据动静叠加下进水闸闸室结构不同部位主应力等值线图信息,可得如下结果:

(1)在正常蓄水位工况地震作用下,受地震作用影响,进水闸闸墩与闸底板相交处出现了 3.0 MPa 左右的拉应力,超过了进水闸闸墩和闸底板混凝土动态抗拉强度(分别为 2.42 MPa 和 2.17 MPa,具体见表 1-4-2-2)。事实上,水闸在运行过程中,闸墩为偏心受压构件,闸底板为受弯构件,若闸墩按偏心受压构件计算,复核结果偏于安全;同时,由自振特性分析结果可知,地震作用下进水闸闸墩出现了横河向振动,此时闸墩主要受弯矩作用。因此,考虑最不利情况,本次复核计算中闸墩和闸底板均按受弯构件考虑。依据《水工混凝土结构设计规范》(SL 191—2008)中 6.2.1 章节正截面受弯承载力计算相关内容及纯弯曲梁横截面上正应力计算公式,该位置能承受的最大拉应力为 4.74 MPa,满足安全需求。

图 1-4-3-44 给出了进水闸闸墩单位长度截面配筋图,由图中数据并结合相关计算公式可知,单位长度闸墩横截面上最大承受弯矩为 1 548.1 kN · m,与闸底板连接位置处能承受的最大拉应力为 4.74 MPa,大于 3.0 MPa,满足安全需求。

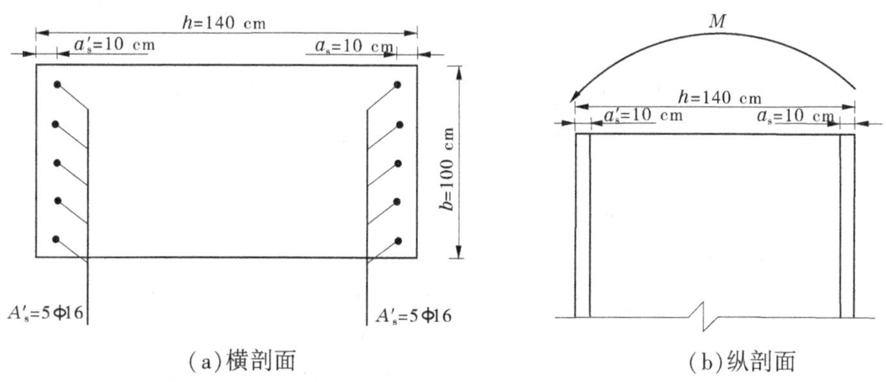

(a)横剖面　(b)纵剖面

图 1-4-3-44　进水闸闸墩单位长度截面配筋图

(2)受自身重量、公路桥荷载及地震作用影响,进水闸公路桥跨中底部位置处出现了较大拉应力区,其数值达到了 5.0 MPa 左右,远超进水闸公路桥混凝土动态抗拉强度设计值(1.93 MPa,具体见表 1-4-2-2)。结合正常蓄水位最不利运行工况下静力计算结果和《三盛公水利枢纽拦河闸进水闸沈乌闸交通桥检测报告》(河南黄科工程技术检测有限公司,2019 年 5 月),应对拦河闸公路桥进行相应的抗震处理。

(3)受地震作用影响,沿垂直河流方向,启闭机房所有窗户顶部折角位置处出现了 4.0 MPa 左右的拉应力,远超进水闸启闭机房混凝土动态抗拉强度(1.93 MPa,具体见表 1-4-2-2),虽然此处进行了配筋,但地震作用下有可能形成贯穿性裂缝,为安全起见,应采取相应的抗震加固措施;同时,启闭机底板部分区域出现了 8.0 MPa 拉应力区,同样远超进水闸启闭机房混凝土动态抗拉强度(1.93 MPa,具体见表 1-4-2-2),为安全起见,宜应采取相应的抗震加固措施。

(4)与静力计算结果类似,公路桥和启闭机房与闸墩连接位置处有较大压应力区,最大压应力数值达到了 10 MPa 左右,未超过进水闸闸墩、公路桥和启闭机房混凝土动态抗压强度(分别为 24.18 MPa、19.29 MPa 和 19.29 MPa,具体见表 1-4-2-2),满足安全要求。

4. 进水闸闸室结构反应谱法动静叠加稳定计算结果分析

表 1-4-3-12 给出了动静叠加下进水闸闸室结构抗滑稳定计算数据。

表 1-4-3-12 动静叠加下进水闸闸室结构抗滑稳定计算结果

工况	静力工况下竖向荷载/kN	静力工况下水平向荷载/kN	水平向地震惯性力/kN	摩擦系数	抗滑稳定安全系数	规范值
水平向地震惯性力朝向上游	24 156.62	870.33	−6 317.44	0.35	1.55	1.10
水平向地震惯性力朝向下游	24 156.62	870.33	6 317.44	0.35	1.17	1.10

由表 1-4-3-12 可知,对于进水闸闸室结构,根据有限元动力计算结果,作用在闸室上的全部水平向地震荷载为 6 317.44 kN。因为地震作用是随机往复的,当该水平向地震惯性力朝向下游时,结合静力计算结果,此时进水闸闸室结构抗滑稳定安全系数 K_c 为 1.17;当该水平向地震惯性力朝向上游时,结合静力计算结果,此时进水闸闸室结构抗滑稳定安全系数 K_c 为 1.55。

可以看出,地震作用最不利工况下(水平向地震惯性力朝向下游),进水闸闸室结构抗滑稳定安全系数为 1.17,大于《水闸设计规范》(SL 265—2016)中要求的 1.10,满足安全需求。

4.3.3.3 跌水闸闸室结构动力计算结果分析

本部分主要对地震作用下跌水闸闸室结构进行振型分解反应谱法动静叠加计算,并重点对静、动力联合作用下跌水闸闸室结构位移、应力和稳定计算结果进行分析。

1. 跌水闸闸室结构反应谱法动静叠加位移计算结果分析

图 1-4-3-45、图 1-4-3-46 给出了动静叠加下跌水闸闸室结构在 X 向、Y 向和 Z 向位移等值线图。

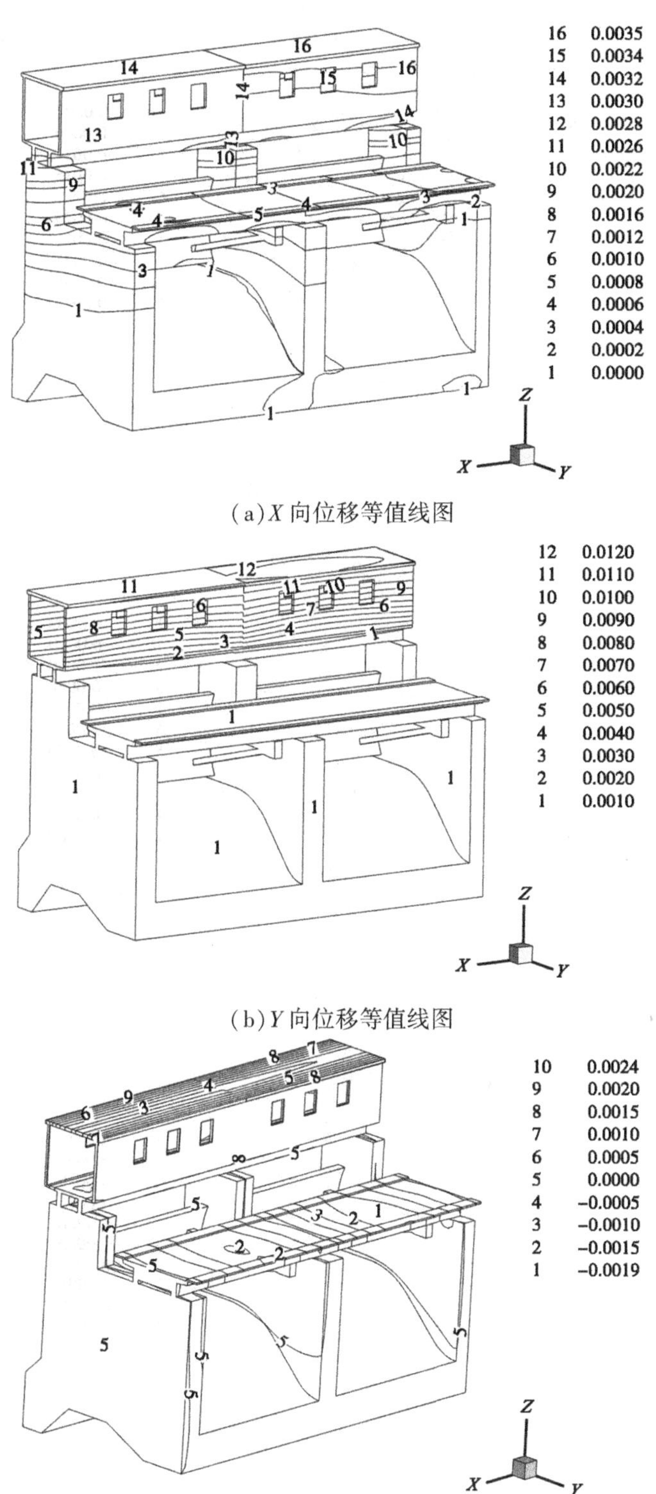

(a) X 向位移等值线图

(b) Y 向位移等值线图

(c) Z 向位移等值线图

图 1-4-3-45　跌水闸闸室结构动静叠加(静+动)下位移等值线图　(单位:m)

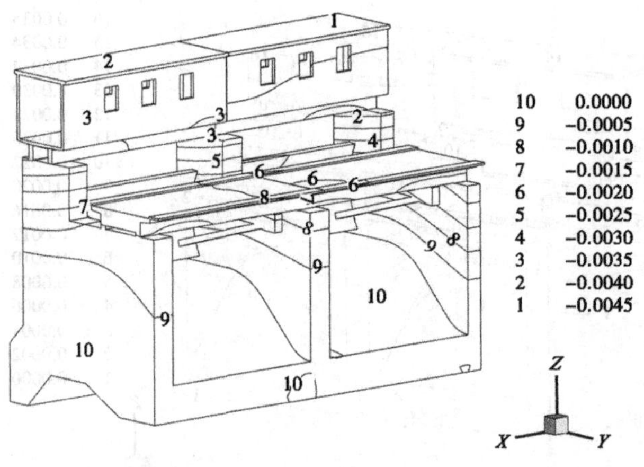

(a) X 向位移等值线图

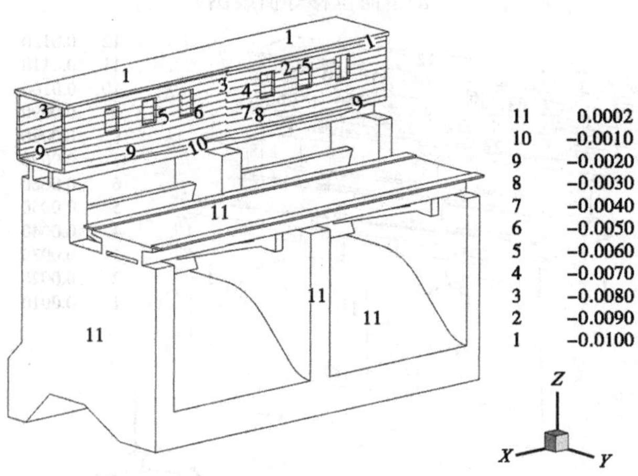

(b) Y 向位移等值线图

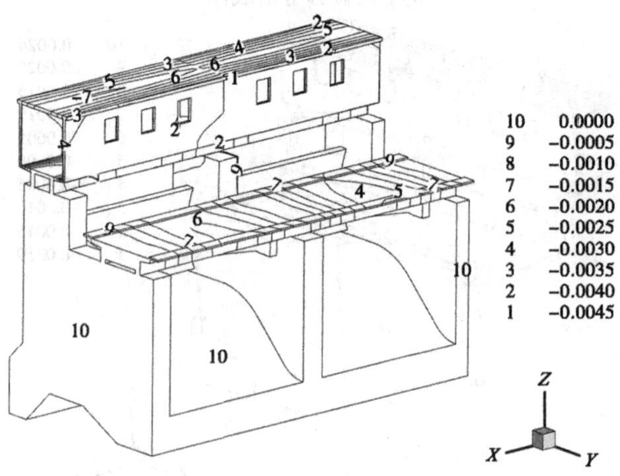

(c) Z 向位移等值线图

图 1-4-3-46　跌水闸闸室结构动静叠加(静-动)下位移等值线图　(单位:m)

与拦河闸、进水闸计算结果规律类似,正常蓄水位工况地震作用下,跌水闸闸室结构位移在不同的叠加方式下最大数值分别为 12.0 mm 和 10.0 mm,位置出现在启闭机房顶部位置,同样体现为顺河向位移。

2. 跌水闸闸室结构地震作用下加速度计算结果分析

图 1-4-3-47 给出了纯动力作用下跌水闸闸室结构在 X 向、Y 向和 Z 向加速度等值线图。

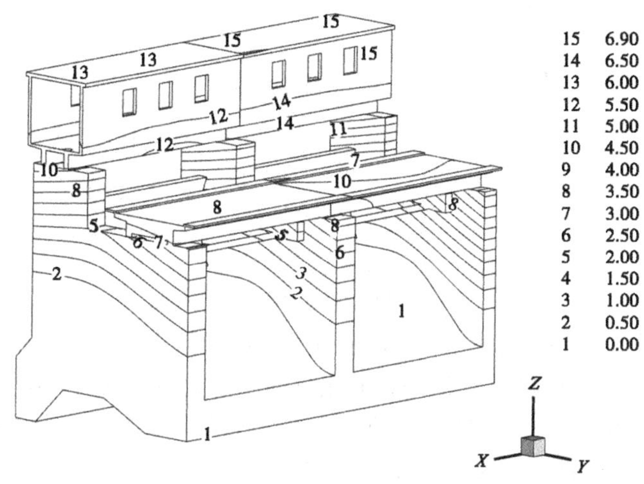

(a)X 向加速度等值线图

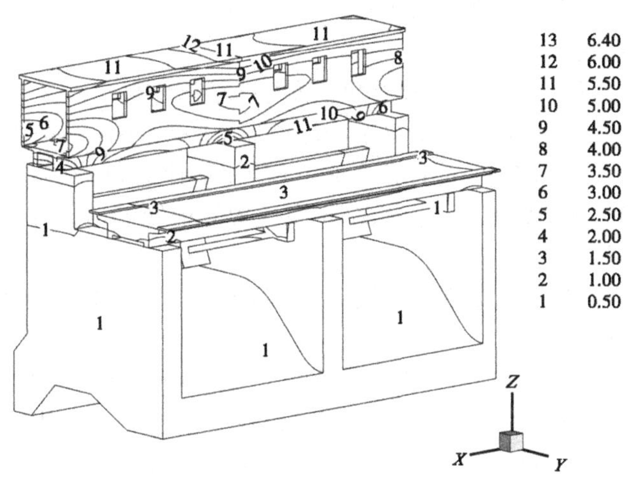

(b)Y 向加速度等值线图

图 1-4-3-47　跌水闸闸室结构纯动力下加速度等值线图　(单位:m/s^2)

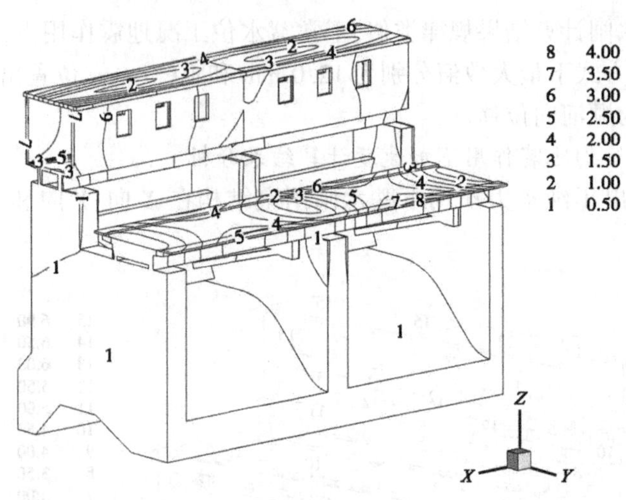

(c) Z 向加速度等值线图

续图 1-4-3-47

与拦河闸、进水闸计算结果规律类似,根据计算结果可得出如下结论:

(1)动力作用下跌水闸闸室结构垂直河流方向(X 向)加速度主要出现在启闭机房顶部,其中最大值为 6.90 m/s^2。启闭机房顶部垂直河流方向加速度最大值相对于地震动峰值加速度 0.2g 而言,其加速度放大系数为 3.52。

(2)动力作用下跌水闸闸室结构顺河向(Y 向)加速度主要出现在启闭机房顶部,最大数值为 6.00 m/s^2,其加速度放大系数为 3.06。

(3)动力作用下跌水闸闸室结构竖直向(Z 向)加速度主要出现在启闭机房顶部和公路桥跨中部位,其中最大值分别为 3.0 m/s^2 和 4.0 m/s^2。对于启闭机房顶部竖直向加速度,其加速度放大系数为 1.53。

3. 跌水闸闸室结构反应谱法动静叠加应力计算结果分析

图 1-4-3-48~图 1-4-3-50 分别给出了动静叠加下跌水闸闸室结构各部位应力计算结果等值线图。其中,图 1-4-3-48 为动静叠加下跌水闸闸墩和底板结构主应力等值线图,图 1-4-3-49 为动静叠加下跌水闸公路桥结构主应力等值线图,图 1-4-3-50 为动静叠加下跌水闸启闭机房结构主应力等值线图。

与拦河闸、进水闸计算结果规律类似,根据动静叠加下跌水闸闸室结构不同部位计算情况,可得出如下结论:

(1)在正常蓄水位工况地震作用下,受地震作用影响,跌水闸闸墩与闸底板相交处出现了 2.0 MPa 左右的拉应力,超过了跌水闸闸墩和闸底板混凝土动态抗拉强度(分别为 1.87 MPa 和 2.27 MPa,具体见表 1-4-2-2)。事实上,水闸在运行过程中,闸墩为偏心受压构件,闸底板为受弯构件,若闸墩按偏心受压构件计算,复核结果偏于安全;同时,由自振特性分析结果可知,地震作用下跌水闸闸墩出现了横河向振动,此时闸墩主要受弯矩作用。依据《水工混凝土结构设计规范》(SL 191—2008)中 6.2.1 部分正截面受弯承载力计算相关内容及纯弯曲梁横截面上正应力计算公式,该位置能承受的最大拉应力为 4.41 MPa,满足安全需求。

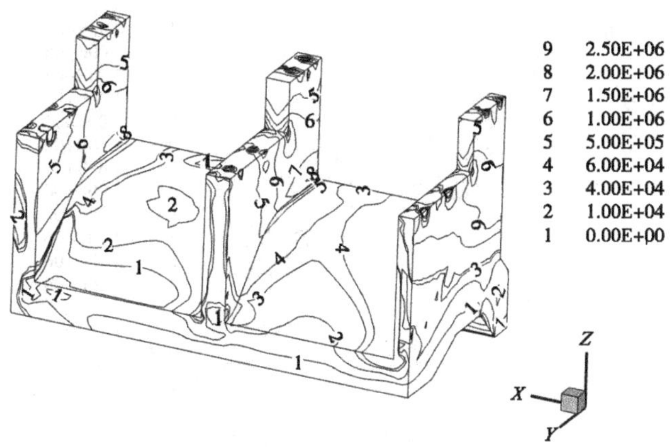

(a)第一主应力等值线图(静+动)

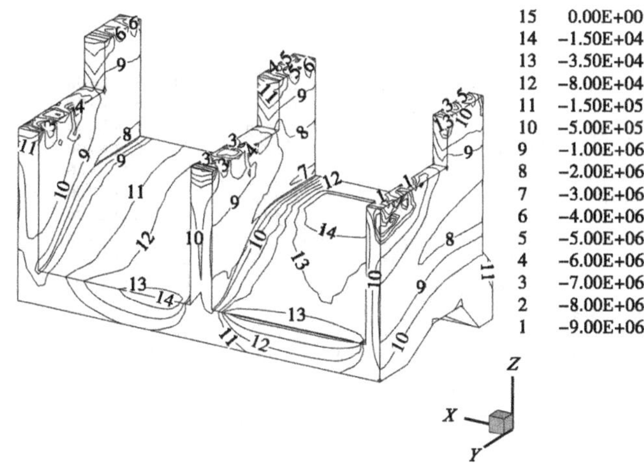

(b)第三主应力等值线图(静−动)

图 1-4-3-48　动静叠加下跌水闸闸墩和底板结构主应力等值线图　(单位:Pa)

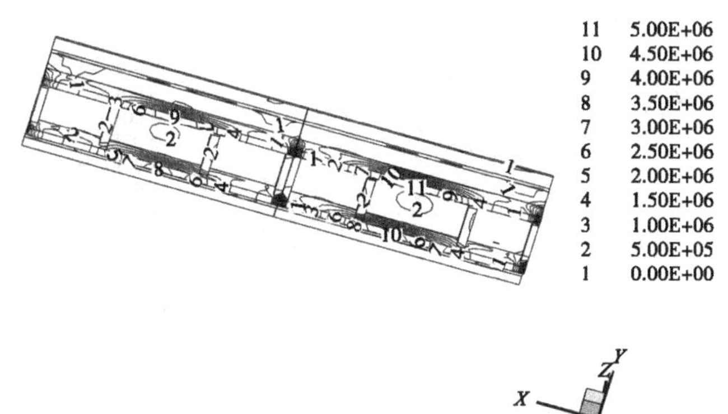

(a)第一主应力等值线图(静+动)

图 1-4-3-49　动静叠加下跌水闸公路桥结构主应力等值线图　(单位:Pa)

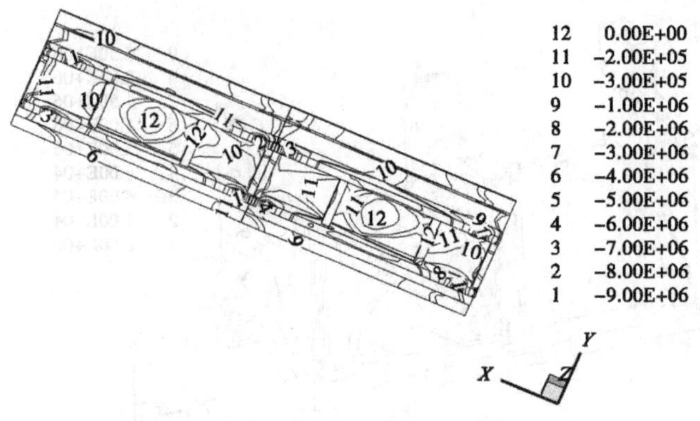

(b)第三主应力等值线图(静-动)

续图 1-4-3-49

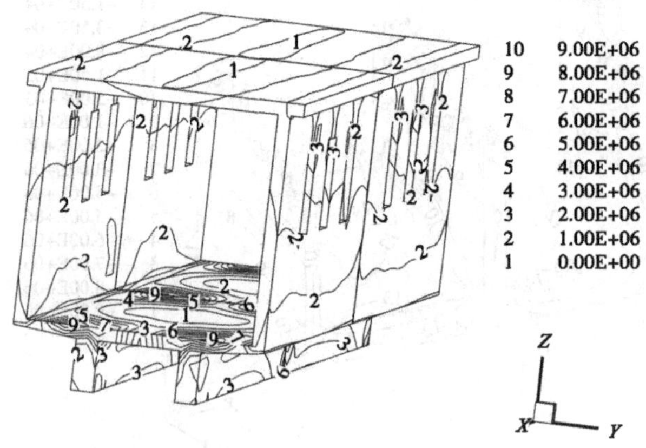

(a)第一主应力等值线图(静+动)

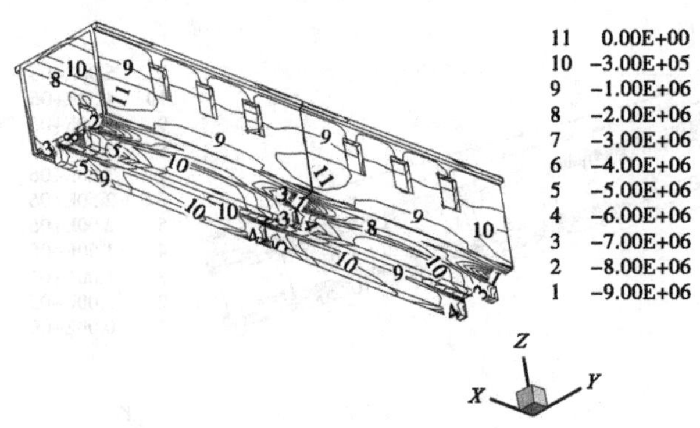

(b)第三主应力等值线图(静-动)

图 1-4-3-50　动静叠加下跌水闸启闭机房结构主应力等值线图　(单位:Pa)

图 1-4-3-51 给出了跌水闸一定长度闸墩配筋图，由图中数据并结合相关计算公式可知，单位长度闸墩横截面上最大承受弯矩为 1 728.9 kN·m，与闸底板连接位置处能承受的最大拉应力为 4.41 MPa，大于 2.0 MPa，满足安全需求。

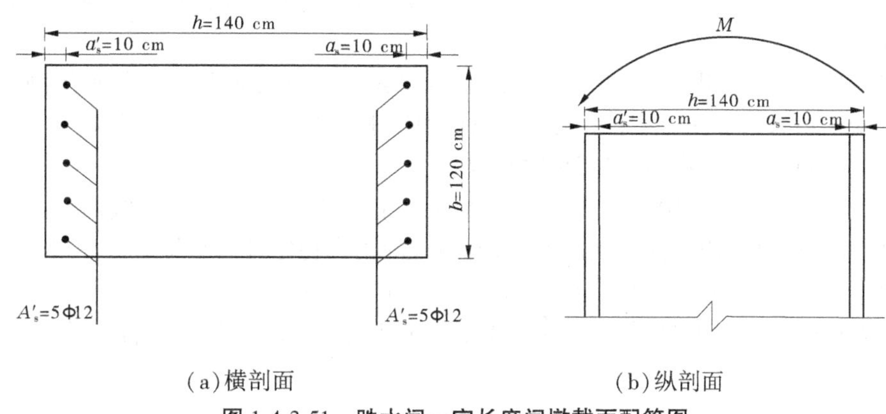

(a)横剖面　(b)纵剖面

图 1-4-3-51　跌水闸一定长度闸墩截面配筋图

(2)受自身重量、公路桥荷载及地震作用影响，跌水闸公路桥跨中底部位置处出现了较大拉应力区，其数值达到了 5.0 MPa 左右，远超跌水闸公路桥混凝土动态抗拉强度(1.93 MPa，具体见表 1-4-2-2)。结合正常蓄水位最不利运行工况下静力计算结果，并结合《三盛公水利枢纽跌水闸工程现场安全检测报告》(黄河水利委员会基本建设工程质量检测中心，2019 年 5 月)，同时参考拦河闸、进水闸现场桥梁加载试验数据，应对跌水闸公路桥进行相应的抗震处理措施。

(3)受地震作用影响，启闭机房底板部分区域出现了 8.0 MPa 拉应力区，远超了跌水闸启闭机房混凝土动态抗拉强度(1.93 MPa，具体见表 1-4-2-2)，为安全起见，宜应采取相应的抗震加固措施。

(4)与静力计算结果类似，公路桥和启闭机房与闸墩连接位置处有较大压应力区，最大压应力数值达到了 10 MPa 左右，未超过跌水闸闸墩、公路桥和启闭机房混凝土动态抗压强度(分别为 18.72 MPa、19.29 MPa 和 19.29 MPa，具体见表 1-4-2-2)，满足安全要求。

4. 跌水闸闸室结构反应谱法动静叠加稳定计算结果分析

表 1-4-3-13 给出了动静叠加下跌水闸闸室结构抗滑稳定计算数据。

表 1-4-3-13　动静叠加下跌水闸闸室结构抗滑稳定计算结果

工况	静力工况下竖向荷载/kN	静力工况下水平向荷载/kN	水平向地震惯性力/kN	摩擦系数	抗滑稳定安全系数	规范值
水平向地震惯性力朝向上游	2 5197.52	964.93	−2 863.72	0.35	4.64	1.10
水平向地震惯性力朝向下游	25 197.52	964.93	2 863.72	0.35	2.30	1.10

由表 1-4-3-13 可知，对于跌水闸闸室结构，根据有限元动力计算结果，作用在闸室上的全部水平向地震荷载为 2 863.72 kN。因为地震作用是随机往复的，当该水平向地震惯性力朝向下游时，结合静力计算结果，此时跌水闸闸室结构抗滑稳定安全系数 K_c 为 2.30；当该水平向地震惯性力朝向上游时，结合静力计算结果，此时跌水闸闸室结构抗滑稳定安全系数 K_c 为 4.64。

可以看出，地震作用最不利工况下（水平向地震惯性力朝向下游），跌水闸闸室结构抗滑稳定安全系数为 2.30，大于水闸设计规范中要求的 1.10，满足安全需求。

4.3.3.4　沈乌闸闸室结构动力计算结果分析

本部分主要对地震作用下沈乌闸闸室结构进行振型分解反应谱法动静叠加计算，并重点对静、动力联合作用下沈乌闸闸室结构位移、应力和稳定计算结果进行分析。

1. 沈乌闸闸室结构反应谱法动静叠加位移计算结果分析

图 1-4-3-52、图 1-4-3-53 给出了动静叠加下沈乌闸闸室结构在 X 向、Y 向和 Z 向位移等值线图。

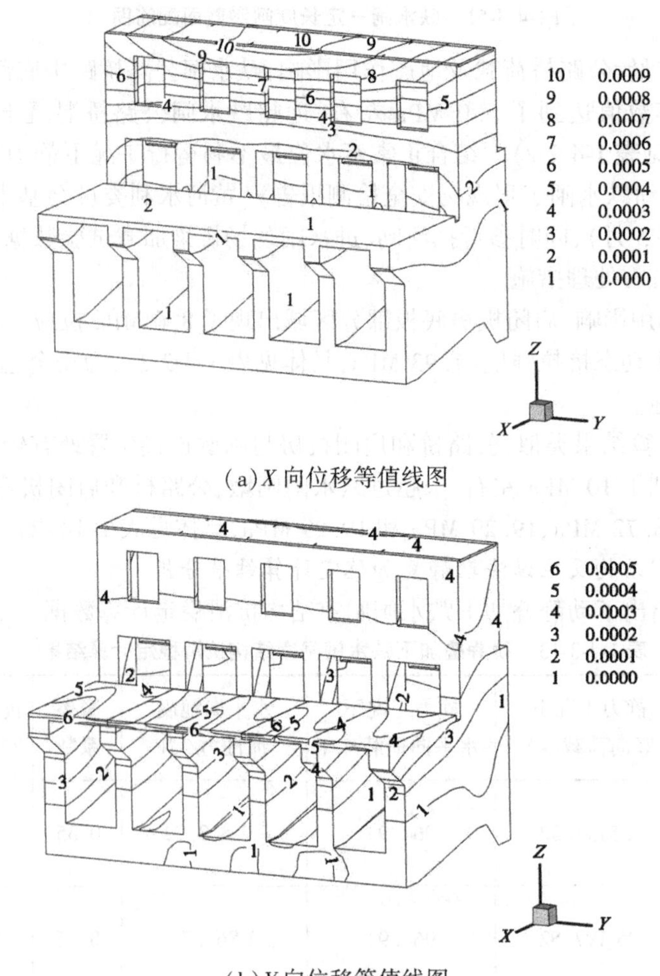

(a) X 向位移等值线图

(b) Y 向位移等值线图

图 1-4-3-52　沈乌闸闸室结构动静叠加（静+动）下位移等值线图　（单位：m）

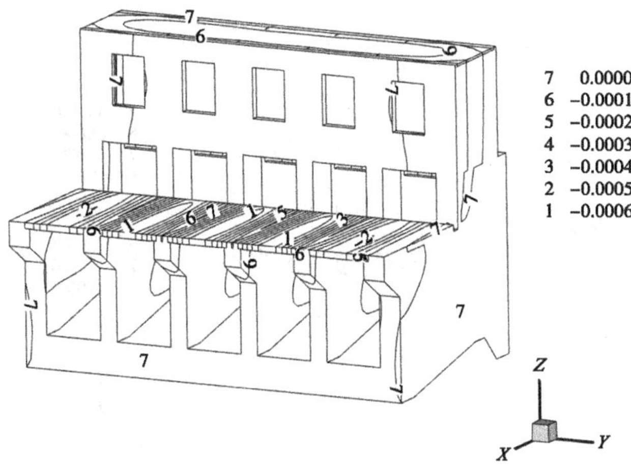

(c)Z 向位移等值线图

续图 1-4-3-52

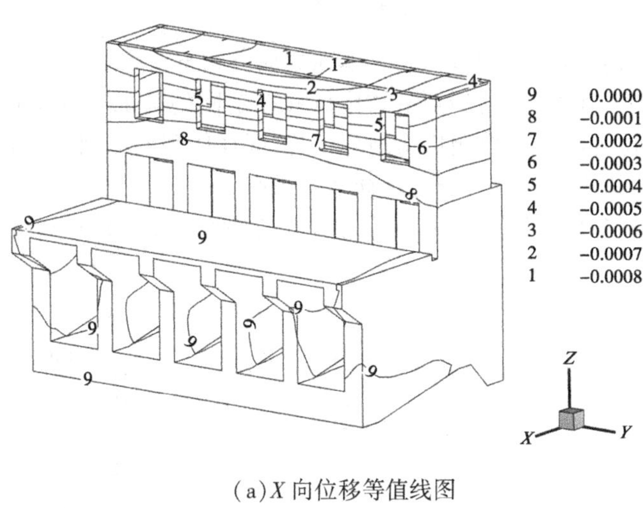

(a)X 向位移等值线图

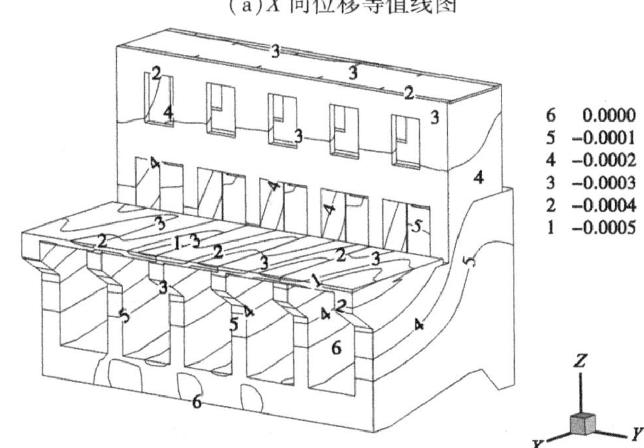

(b)Y 向位移等值线图

图 1-4-3-53　沈乌闸闸室结构动静叠加(静-动)下位移等值线图　(单位:m)

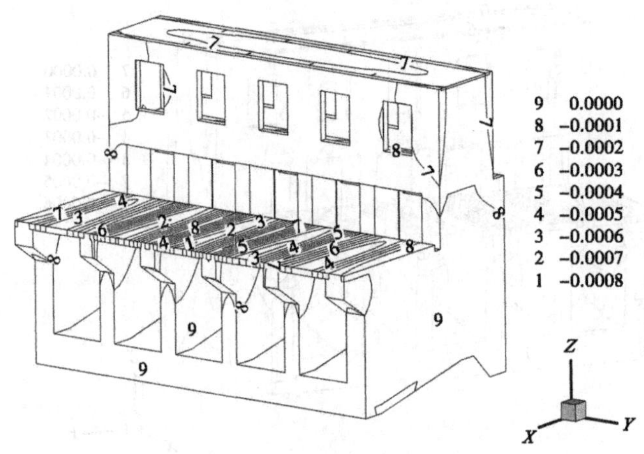

(c) Z 向位移等值线图

续图 1-4-3-53

由于沈乌闸闸室结构自身刚度较大，其不同叠加方式下位移数值较拦河闸、进水闸和跌水闸计算结果偏小。其中，沈乌闸闸室结构位移在不同的叠加方式下最大数值分别为 0.9 mm 和 0.8 mm，位置出现在启闭机房顶部位置，同样体现为顺河向位移。

2. 沈乌闸闸室结构地震作用下加速度计算结果分析

图 1-4-3-54 给出了纯动力作用下沈乌闸闸室结构在 X 向、Y 向和 Z 向加速度等值线图。

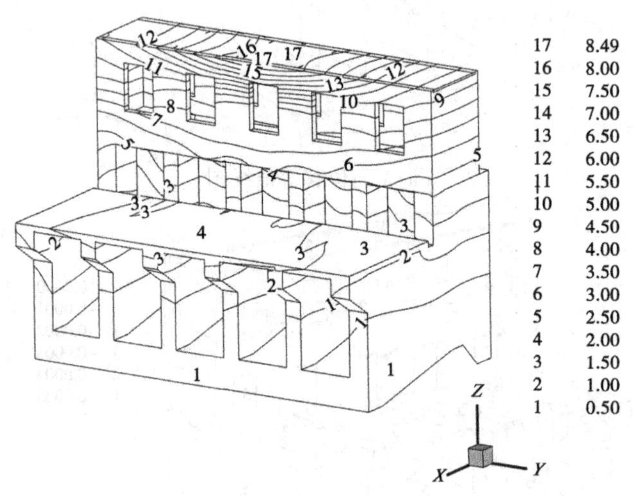

(a) X 向加速度等值线图

图 1-4-3-54　沈乌闸闸室结构纯动力下加速度等值线图　(单位：m/s^2)

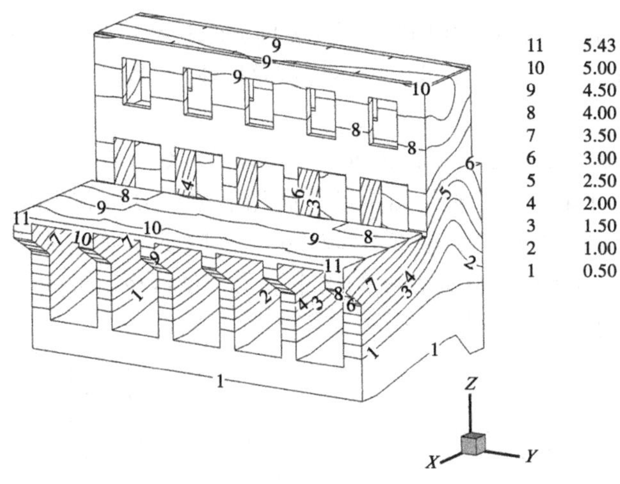

(b) Y 向加速度等值线图

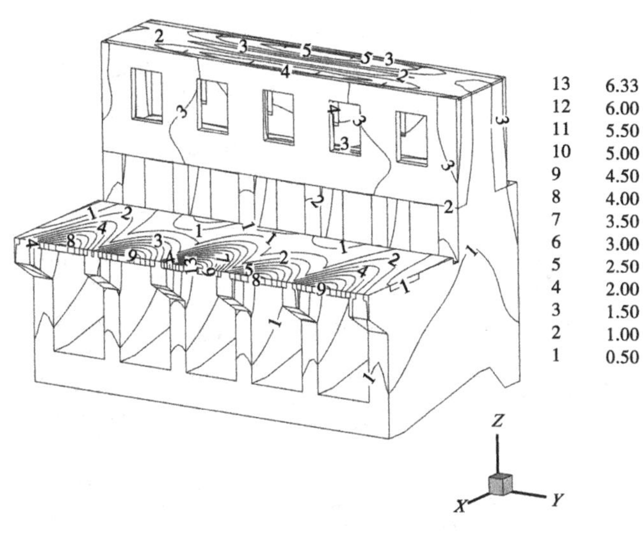

(c) Z 向加速度等值线图

续图 1-4-3-54

由于沈乌闸闸室结构自身刚度较大，其动力作用下加速度数值较拦河闸、进水闸和跌水闸计算结果略微偏大，可得出如下结论：

(1) 动力作用下沈乌闸闸室结构垂直河流方向（Y 向）加速度主要出现在启闭机房顶部和闸墩下游顶部位置，其最大值分别为 5.43 m/s^2 和 5.0 m/s^2。启闭机房顶部垂直河流方向加速度最大值相对于地震动峰值加速度 0.2g 而言，其加速度放大系数为 2.55。

(2) 动力作用下沈乌闸闸室结构顺河向（X 向）加速度主要出现在启闭机房顶部，最大数值为 8.49 m/s^2,其加速度放大系数为 4.32。

(3)动力作用下沈乌闸闸室结构竖直向(Z 向)加速度主要出现在公路桥跨中部位,其最大值为 6.33 m/s^2。对于启闭机房顶部竖直向加速度,其最大值为 2.50 m/s^2,加速度放大系数为 1.27。

3. 沈乌闸闸室结构反应谱法动静叠加应力计算结果分析

图 1-4-3-55~图 1-4-3-57 分别给出了动静叠加下沈乌闸闸室结构各部位应力计算结果等值线图。其中,图 1-4-3-55 为动静叠加下沈乌闸闸墩和底板结构主应力等值线图,图 1-4-3-56 为动静叠加下沈乌闸公路桥结构主应力等值线图,图 1-4-3-57 为动静叠加下沈乌闸启闭机房结构主应力等值线图。

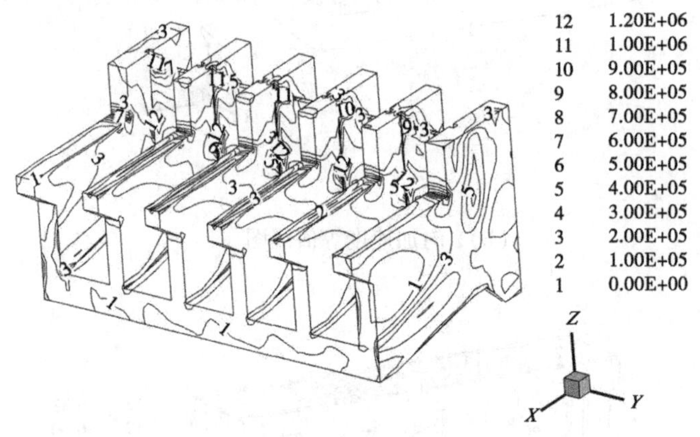

(a)第一主应力等值线图(静+动)

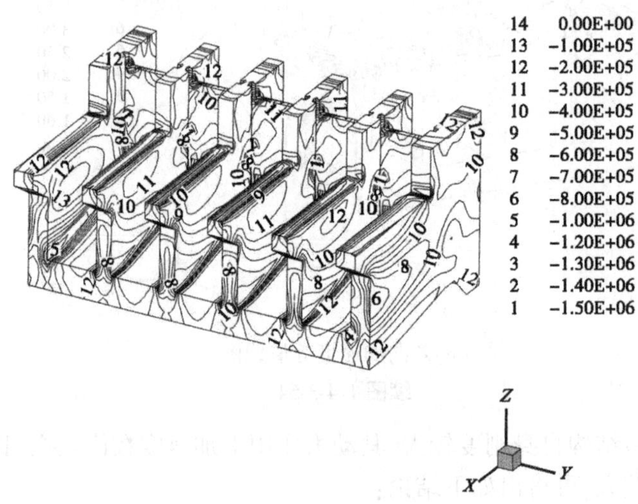

(b)第三主应力等值线图(静-动)

图 1-4-3-55 动静叠加下沈乌闸闸墩和底板结构主应力等值线图 (单位:Pa)

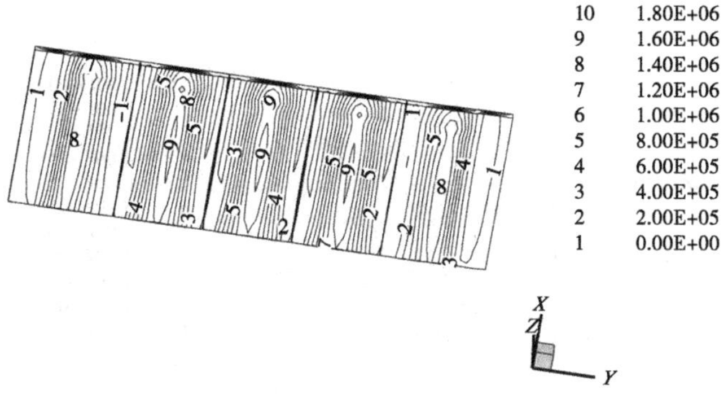

(a)第一主应力等值线图(静+动)

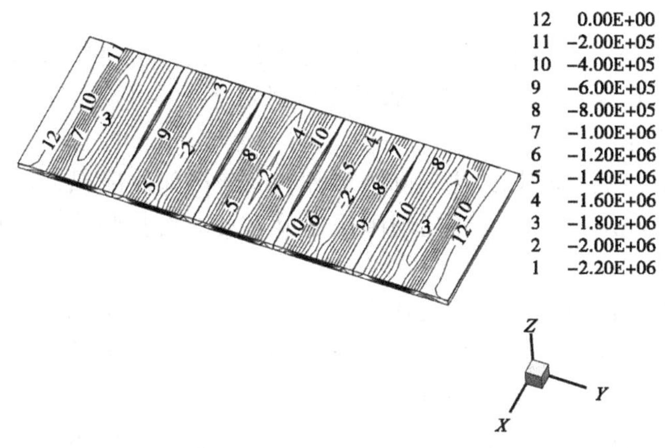

(b)第三主应力等值线图(静-动)

图 1-4-3-56　动静叠加下沈乌闸公路桥结构主应力等值线图　(单位:Pa)

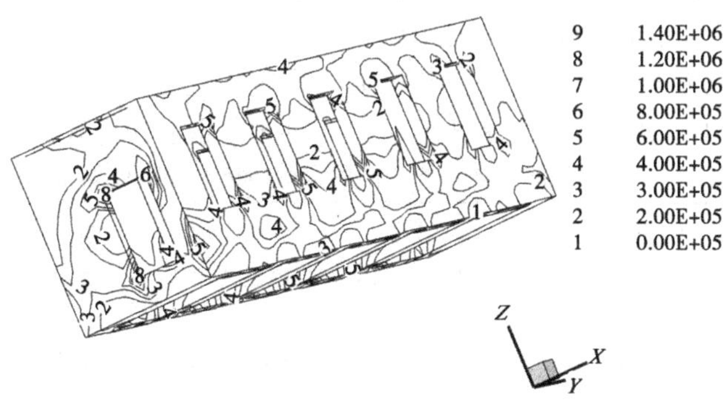

(a)第一主应力等值线图(静+动)

图 1-4-3-57　动静叠加下沈乌闸启闭机房结构主应力等值线图　(单位:Pa)

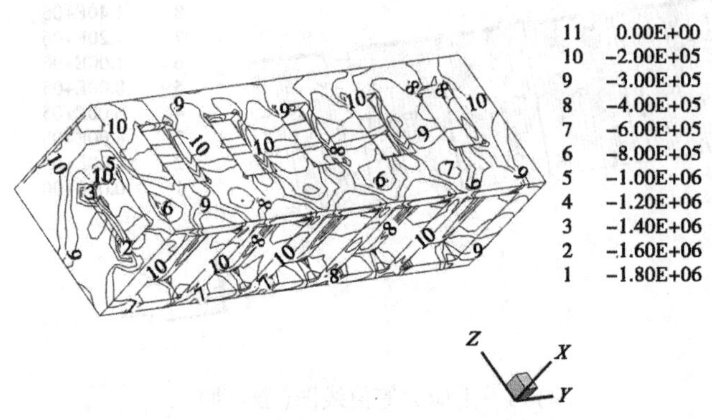

(b)第三主应力等值线图(静-动)

续图 1-4-3-57

由于沈乌闸闸室结构自身刚度较大,动静叠加下其不同部位主应力数值较拦河闸、进水闸和跌水闸计算结果偏小,根据动静叠加下沈乌闸闸室结构不同部位主应力等值线图信息,可得出如下结论:

(1)在正常蓄水位地震作用下,沈乌闸闸墩和胸墙连接部位出现了拉应力区,其最大拉应力数值约为 1.00 MPa,未超过沈乌闸闸墩混凝土动态抗拉强度(2.10 MPa,具体见表 1-4-2-2),满足安全要求。

(2)受自身重量、公路桥荷载及地震作用影响,沈乌闸公路桥跨中底部位置处出现了较大拉应力区,其数值达到了 1.60 MPa 左右,未超过沈乌闸公路桥混凝土动态抗拉强度(1.93 MPa,具体见表 1-4-2-2),满足安全需求。

(3)受地震作用影响,沈乌闸启闭机房入口折角处出现了 1.20 MPa 左右的拉应力,未超过沈乌闸启闭机房混凝土动态抗拉强度(1.93 MPa,具体见表 1-4-2-2),满足安全要求。

(4)沈乌闸闸墩、闸底板和启闭机房所受压应力较小,仅在公路桥上部跨中位置出现了压应力区,其最大压应力数值为 2.00 MPa,未超过沈乌闸公路桥混凝土动态抗压强度(19.29 MPa,具体见表 1-4-2-2),满足安全要求。

4. 沈乌闸闸室结构反应谱法动静叠加稳定计算结果分析

表 1-4-3-14 给出了动静叠加下沈乌闸闸室结构抗滑稳定计算数据。

表 1-4-3-14 动静叠加下沈乌闸闸室结构抗滑稳定计算结果

工况	静力工况下竖向荷载/kN	静力工况下水平向荷载/kN	水平向地震惯性力/kN	摩擦系数	抗滑稳定安全系数	规范值
水平向地震惯性力朝向上游	14 988.54	265.61	-2 757.20	0.35	2.11	1.10
水平向地震惯性力朝向下游	14 988.54	265.61	2 757.20	0.35	1.74	1.10

由表 1-4-3-14 可知，对于沈乌闸闸室结构，根据有限元动力计算结果，作用在闸室上的全部水平向地震荷载为 2 757.20 kN。因为地震作用是随机往复的，当该水平向地震惯性力朝向下游时，结合静力计算结果，此时沈乌闸闸室结构抗滑稳定安全系数 K_c 为 1.74；当该水平向地震惯性力朝向上游时，结合静力计算结果，此时沈乌闸闸室结构抗滑稳定安全系数 K_c 为 2.11。

可以看出，地震作用最不利工况（水平向地震惯性力朝向下游）下，沈乌闸闸室结构抗滑稳定安全系数为 1.74，大于水闸设计规范中要求的 1.10，满足安全需求。

4.3.3.5　南岸闸闸室结构动力计算结果分析

本部分主要对地震作用下南岸闸闸室结构进行振型分解反应谱法动静叠加计算，并重点对静、动力联合作用下南岸闸闸室结构位移、应力和稳定计算结果进行分析。

1. 南岸闸闸室结构反应谱法动静叠加位移计算结果分析

图 1-4-3-58、图 1-4-3-59 给出了动静叠加下南岸闸闸室结构在 X 向、Y 向和 Z 向位移等值线图。

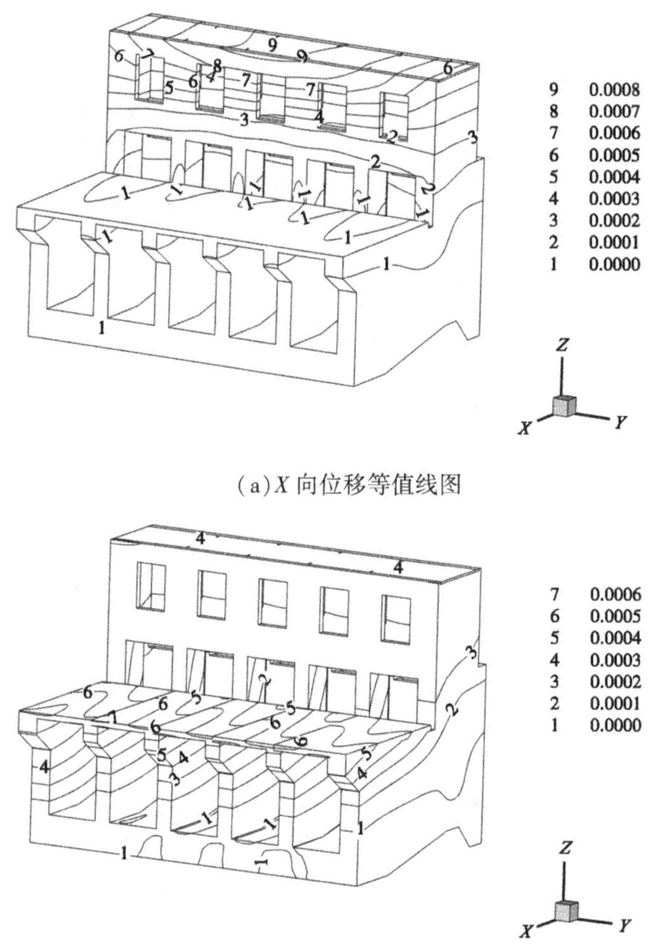

图 1-4-3-58　南岸闸闸室结构动静叠加（静+动）下位移等值线图　（单位：m）

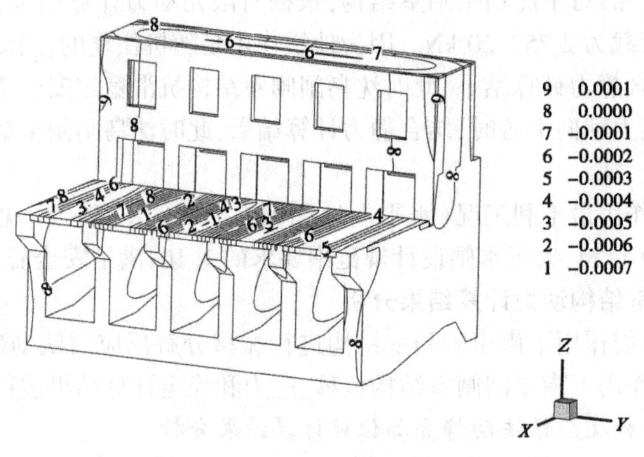

(c)Z 向位移等值线图

续图 1-4-3-58

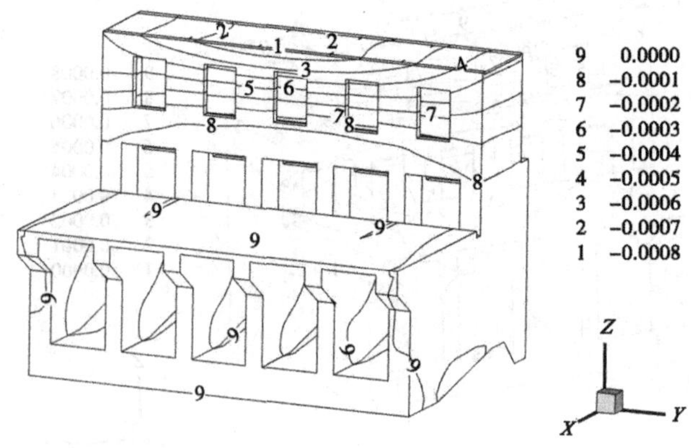

(a)X 向位移等值线图

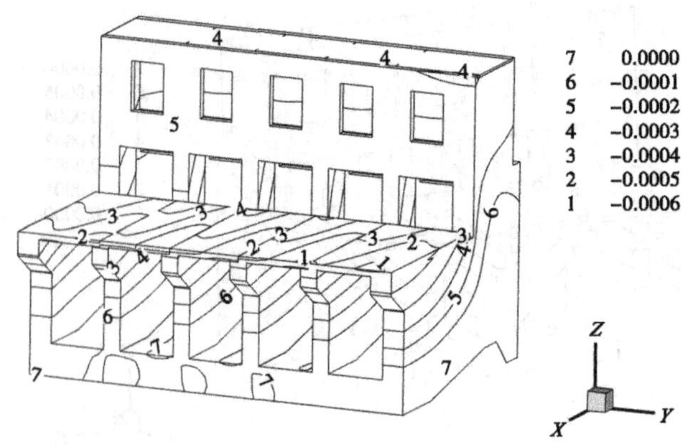

(b)Y 向位移等值线图

图 1-4-3-59 南岸闸闸室结构动静叠加(静-动)下位移等值线图 (单位:m)

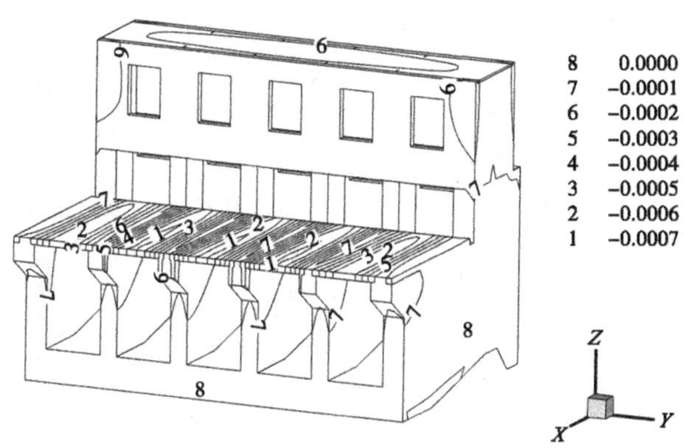

(c) Z 向位移等值线图

续图 1-4-3-59

与沈乌闸计算结果规律类似，南岸闸闸室结构不同叠加方式下位移数值较拦河闸、进水闸和跌水闸计算结果偏小。其中，南岸闸闸室结构位移在不同的叠加方式下最大数值均为 0.8 mm，位置同样出现在启闭机房顶部位置，主要体现为顺河向位移。

2. 南岸闸闸室结构地震作用下加速度计算结果分析

图 1-4-3-60 给出了纯动力作用下南岸闸闸室结构在 X 向、Y 向和 Z 向加速度等值线图。

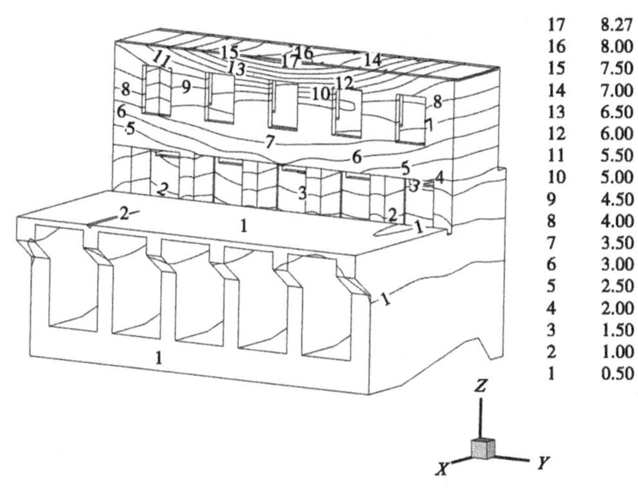

(a) X 向加速度等值线图

图 1-4-3-60　南岸闸闸室结构纯动力下加速度等值线图　（单位：m/s^2）

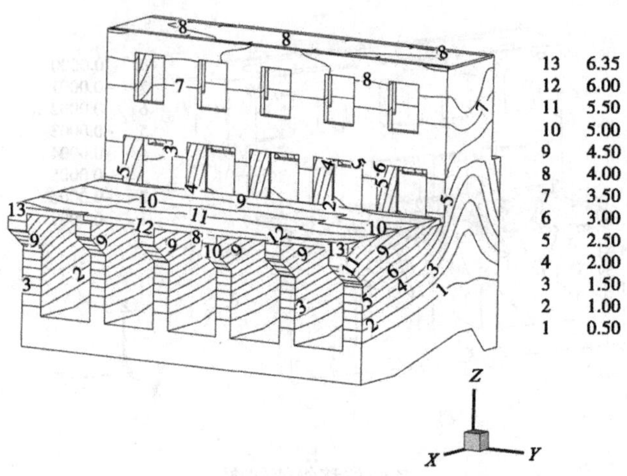

(b) Y 向加速度等值线图

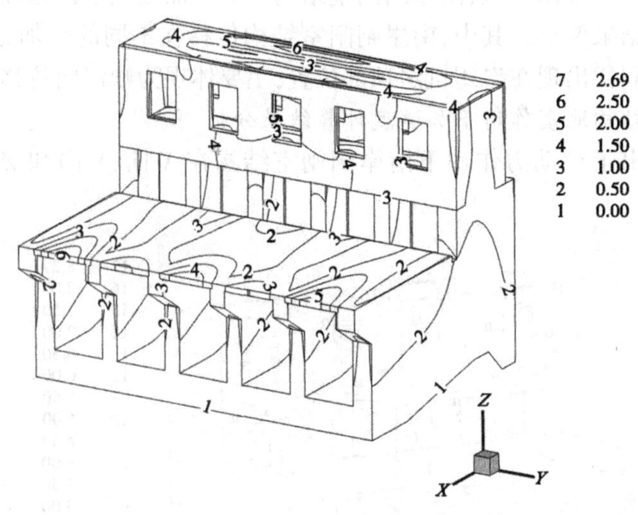

(c) Z 向加速度等值线图

续图 1-4-3-60

与沈乌闸计算结果规律类似，根据计算结果可得出如下结论：

(1) 动力作用下南岸闸闸室结构垂直河流方向（Y 向）加速度主要出现闸墩下游顶部位置，其最大值为 6.35 m/s²。启闭机房顶部垂直河流方向加速度最大值为 4.00 m/s²，相对于地震动峰值加速度 0.2g 而言，其加速度放大系数为 2.04。

(2) 动力作用下南岸闸闸室结构顺河向（X 向）加速度主要出现在启闭机房顶部，最大数值为 8.27 m/s²，其加速度放大系数为 4.22。

(3) 动力作用下南岸闸闸室结构竖直向（Z 向）加速度主要出现在启闭机房顶部和公路桥跨中部位，其最大值为 2.50 m/s²。对于启闭机房顶部竖直向加速度，其加速度放大系数为 1.53。

3. 南岸闸闸室结构反应谱法动静叠加应力计算结果分析

图 1-4-3-61～图 1-4-3-63 分别给出了动静叠加下南岸闸闸室结构各部位应力计算结果等值线图。其中,图 1-4-3-61 为动静叠加下南岸闸闸墩和底板结构主应力等值线图,图 1-4-3-62 为动静叠加下南岸闸公路桥结构主应力等值线图,图 1-4-3-63 为动静叠加下南岸闸启闭机房结构主应力等值线图。

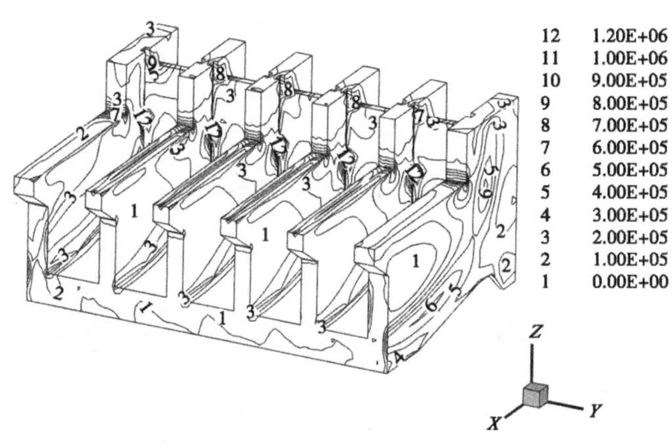

(a)第一主应力等值线图(静+动)

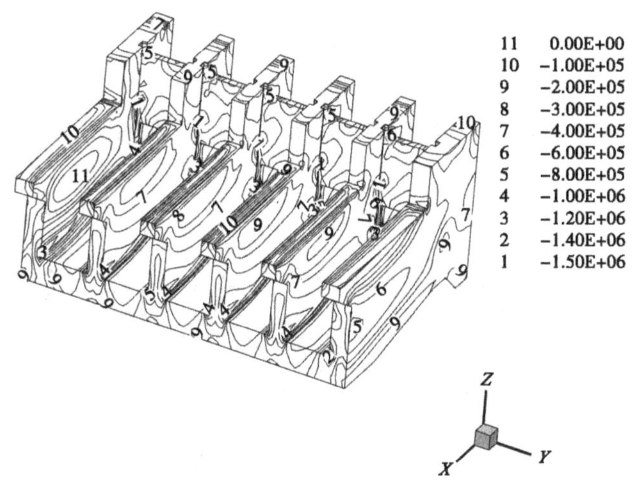

(b)第三主应力等值线图(静−动)

图 1-4-3-61　动静叠加下南岸闸闸墩和底板结构主应力等值线图　(单位:Pa)

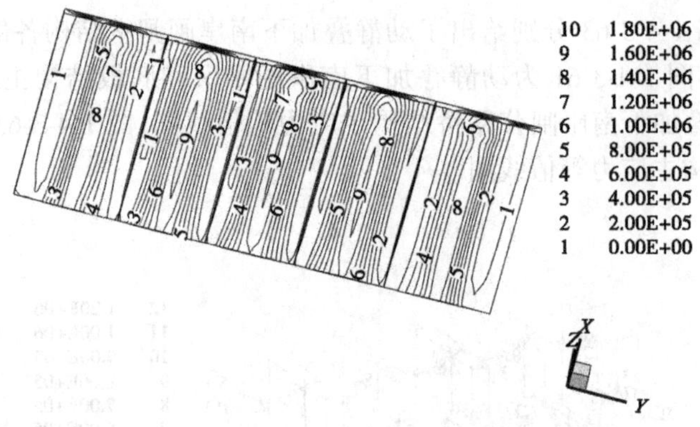

(a)第一主应力等值线图(静+动)

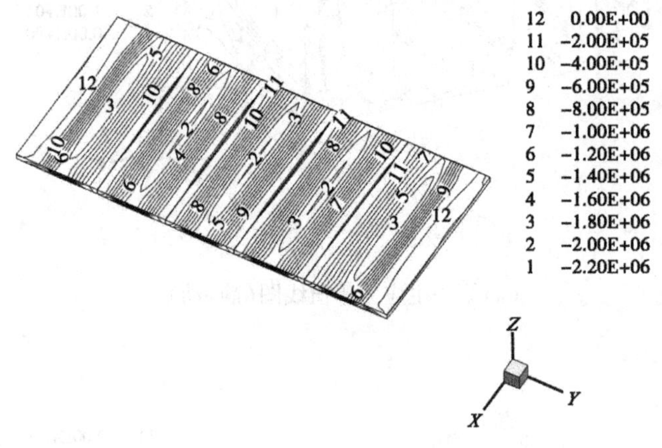

(b)第三主应力等值线图(静-动)

图 1-4-3-62　动静叠加下南岸闸公路桥结构主应力等值线图　(单位:Pa)

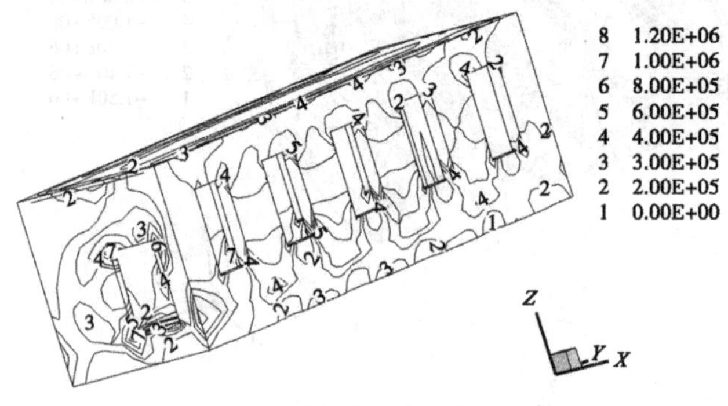

(a)第一主应力等值线图(静+动)

图 1-4-3-63　动静叠加下南岸闸启闭机房结构主应力等值线图　(单位:Pa)

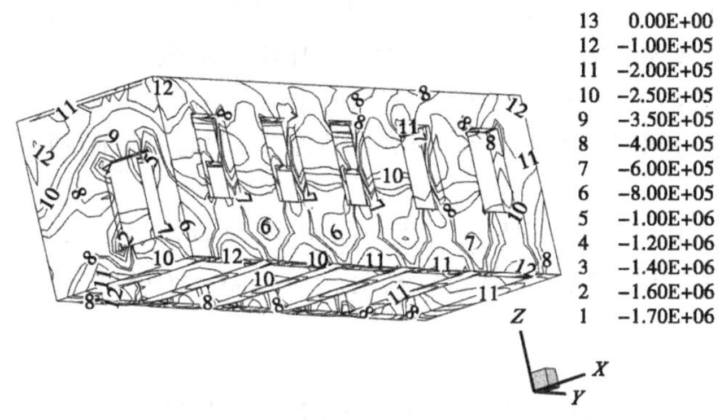

(b)第三主应力等值线图(静-动)

续图 1-4-3-63

与沈乌闸计算结果规律类似,根据动静叠加下南岸闸闸室结构不同部位主应力计算情况,可得如下结果:

(1)在正常蓄水位地震作用下,南岸闸闸墩和胸墙连接部位出现了拉应力区,其最大拉应力数值约为 1.20 MPa,未超过南岸闸闸墩混凝土动态抗拉强度(2.35 MPa,具体见表 1-4-2-2),满足安全要求。

(2)受自身重量、公路桥荷载以及地震作用影响,南岸闸公路桥跨中底部位置处出现了较大拉应力区,其数值达到了 1.60 MPa 左右,未超过南岸闸公路桥混凝土动态抗拉强度(1.93 MPa,具体见表 1-4-2-2),满足安全需求。

(3)受地震作用影响,南岸闸启闭机房入口折角处出现了 1.00 MPa 左右的拉应力,未超过南岸闸启闭机房混凝土动态抗拉强度(1.93 MPa,具体见表 1-4-2-2),满足安全要求。

(4)南岸闸闸墩、闸底板和启闭机房所受压应力较小,仅在公路桥上部跨中位置出现了压应力区,其最大压应力数值为 2.00 MPa,未超过南岸闸公路桥混凝土动态抗压强度(19.29 MPa,具体见表 1-4-2-2),满足安全要求。

4.南岸闸闸室结构反应谱法动静叠加稳定计算结果分析

表 1-4-3-15 给出了动静叠加下南岸闸闸室结构抗滑稳定计算数据。

表 1-4-3-15　动静叠加下南岸闸闸室结构抗滑稳定计算结果

工况	静力工况下竖向荷载/kN	静力工况下水平向荷载/kN	水平向地震惯性力/kN	摩擦系数	抗滑稳定安全系数	规范值
水平向地震惯性力朝向上游	18 293.90	274.21	-2 806.53	0.35	2.53	1.10
水平向地震惯性力朝向下游	18 293.90	274.21	2 806.53	0.35	2.08	1.10

由表 1-4-3-15 可知,对于南岸闸闸室结构,根据有限元动力计算结果,作用在闸室上的全部水平向地震荷载为 2 806.53 kN。因为地震作用是随机往复的,当该水平向地震惯性力朝向下游时,结合静力计算结果,此时南岸闸闸室结构抗滑稳定安全系数 K_c 为 2.08;当该水平向地震惯性力朝向上游时,结合静力计算结果,此时南岸闸闸室结构抗滑稳定安全系数 K_c 为 2.53。

可以看出,地震作用最不利工况下(水平向地震惯性力朝向下游),南岸闸闸室结构抗滑稳定安全系数为 2.53,大于《水闸设计规范》(SL 265—2016)中要求的 1.10,满足安全需求。

4.4 抗震安全评价结论

4.4.1 结论

本部分主要对地震作用下拦河闸、进水闸、跌水闸、沈乌闸和南岸闸闸室结构进行了振型分解反应谱法动静叠加计算,得到如下结论。

4.4.1.1 强度复核

(1)正常蓄水位地震作用下,拦河闸、进水闸和跌水闸闸墩与闸底板相交处出现了 2.00~3.00 MPa 的拉应力,但此处进行了配筋,结合此处的配筋量,并依据正截面受弯承载力计算相关内容及纯弯曲梁横截面上正应力计算公式,拦河闸、进水闸和跌水闸该处能承受的最大拉应力为 4.41~4.84 MPa,满足安全需求。

(2)拦河闸、进水闸和跌水闸公路桥跨中底部位置处出现了 5.0~7.0 MPa 的拉应力,结合正常蓄水位最不利运行工况下静力计算结果和《三盛公水利枢纽拦河闸进水闸沈乌闸交通桥检测报告》(河南黄科工程技术检测有限公司,2019 年 5 月),并考虑到拦河闸、进水闸和跌水闸公路桥运行时间较长,为安全起见,应对拦河闸、进水闸和跌水闸公路桥进行相应的抗震处理。

(3)沿垂直河流方向,拦河闸和进水闸启闭机房所有窗户顶部折角位置处出现了 4.0~7.0 MPa 的拉应力,虽然此处进行了配筋,但地震作用下有可能形成贯穿性裂缝,为安全起见,应采取相应的抗震加固措施;同时,受地震作用影响,跌水闸启闭机底板部分区域出现了较大拉应力区,为安全起见,同样宜应采取相应的抗震加固措施。

(4)由于沈乌闸、南岸闸闸室结构自身刚度较大,其不同部位主应力数值较拦河闸、进水闸和跌水闸计算结果偏小,仅公路桥跨中底部位置处产生 1.60 MPa 的拉应力,但此处进行了配筋,结合此处的配筋量,并依据正截面受弯承载力计算相关内容及纯弯曲梁横截面上正应力计算公式,该位置能承受的最大拉应力为 10.87 MPa,满足安全需求。

4.4.1.2 稳定方面

在正常蓄水位工况地震作用下,拦河闸、进水闸、跌水闸、沈乌闸和南岸闸抗滑稳定安全系数均大于《水闸设计规范》(SL 265—2016)中要求的 1.10,满足安全需求。

4.4.2 建议

(1)三盛公水利枢纽工程由于运行时间较长,各闸室结构在不同程度上存在老化或局部损坏等问题(露筋、钢筋锈蚀、混凝土脱落等),为了枢纽工程的安全稳定运行,建议对损坏部位进行修补加固。

(2)为了安全起见,建议采取相应的抗震加固措施,以此来满足拦河闸、进水闸及跌水闸启闭机房和公路桥的抗震安全。

第2篇 堤防篇

1 堤防工程概况

1.1 建设历史

黄河三盛公水利枢纽工程位于内蒙古自治区巴彦淖尔市磴口县内黄河左岸的滩地上,在包兰铁路三盛公铁桥下约2.6 km处,包括拦河闸1座、进水闸1座、拦河土坝1座及库区围堤1道几个单位工程。其中:拦河闸、进水闸和拦河土坝3座建筑物相互连接,闸上设有桥梁,并铺设7.0 m的路面,可以通行汽车,构成黄河两岸的主要交通通道。

库区围堤于1959年开始兴建,1961年5月投入运行。库区左岸的地形,在靠近拦河坝处较低的黄河滩地,上游靠近罗列的砂丘,在壅高水位后必须修建阻水围堤。围堤超高2.1 m,长约20 km,堤顶宽约5.0 m,就地取材,铁路桥下一段土质不好且靠近枢纽工程,故特将堤顶加宽10.0 m;南岸为鄂尔多斯高原,故未加阻水的设备。

自投入运行后,使河套灌区的农业灌溉逐步发展壮大,并保证枢纽所在地附近城市供水及供电需求,但受自然、人畜等破坏及凌期汛期冰凌和洪水冲蚀,枢纽工程(包括库区围堤)存在诸多隐患。

1999年,由水利部、中国水利水电科学研究院、黄河水利委员会勘测设计院、内蒙古自治区水利厅等9家单位组成的专家组,对黄河三盛公水利枢纽工程进行了安全鉴定,安全鉴定项目包括库区围堤、拦河闸上游左岸导流堤及闸下防洪堤工程。库区围堤存在的主要问题为:库区围堤经多年运行,堤顶高程已较设计降低了0.4 m左右,加之库区淤积严重,库底高程逐年抬高,现有围堤已不能抵御100年设计洪水,应予以加高;库区围堤设在砂土基础上,渗漏、管涌比较严重,须做基础防渗加固处理;因河势,闸上游右岸导流堤,下游左岸险工,水流冲淘严重,急需进行治理,应按高标准控导工程治理。

根据上述安全鉴定成果,2002年至今对枢纽工程库区围堤进行了扩建加固、防汛防凌应急维修扩建加固或加高培厚等项目建设:2001年对库区围堤桩号4+470~12+050堤段进行扩建加固工程建设,2002年水利部黄河水利委员会以黄规计〔2002〕19号批复了《黄河三盛公水利枢纽除险加固工程初步设计》;2003年9月对堤防桩号0+000~4+470、12+050~16+400段8.82 km堤段采取防渗措施,同时对堤防两侧坑壕进行填塘固基;2013年对16.5 km库区围堤和闸下左岸1.5 km防洪堤进行加高培厚。2015年对黄管局辖区段堤防进行迎水侧顺堤河治理、设置压浸平台及对迎流顶冲段、冰凌撞击严重段和堤身挡水大于 2.0 m 的砂土堤段采取护坡工程措施。

1.2　工程规模

枢纽工程为大(1)型水利工程,其工程等别为 I 等。

枢纽工程包含的堤防工程有库区围堤、闸上左岸导流堤、闸上右岸导流堤、闸下左岸防洪堤。其中,库区围堤级别为 1 级,堤防长度 16.5 km,堤顶宽度约 9.0 m,防洪标准为 100 年一遇洪水设计,设防流量 $Q_{p=1\%}=6\ 120\ m^3/s$;闸上左岸导流堤级别为 1 级,堤防长度 3.2 km,堤顶宽度约 15.0 m;闸上右岸导流堤级别为 1 级,堤防长度 0.9 km;闸下左岸防洪堤级别为 2 级,防洪标准为 50 年一遇,堤防长度约 1.5 km,堤顶宽度 6.0 m;总干渠两岸堤防长度均约 3.3 km。

1.3　依据规划

黄河三盛公水利枢纽工程最初规划建设主要解决内蒙古灌区(北岸灌区、南岸灌区和沈乌灌区)约 1 800 万亩农田的用水及附带供给包头市和新建的三盛公市及沿岸的工业用水,并结合利用水能发电。

库区围堤工程投入运行至今进行过安全鉴定、扩建加固、防汛防凌应急维修扩建加固及加高培厚等工程项目,依据规划文件主要有:2002 年水利部黄河水利委员会以黄规计〔2002〕19 号文批复的《黄河三盛公水利枢纽除险加固工程初步设计》;2003 年 9 月内蒙古水利厅的内水建管〔2003〕216 号文《关于黄河三盛公水利枢纽库区围堤 2003 年防汛防凌应急维修堤防扩建加固工程设计的批复》;2013 年的内发改农字〔2012〕2845 号文《关于黄河三盛公库区围堤应急维修工程初步设计的批复》;2015 年的内发改农字〔2015〕1446 号文《关于黄河内蒙古段二期防洪工程初步设计报告的批复》。

1.4　工程保护区范围

本次堤防工程包括的范围有库区围堤(全长 16.5 km)、闸上左岸导流堤(全长 3.2 km)及右岸导流堤(总计 0.9 km)、总干渠两岸堤防(各长约 3.3 km)、闸下左岸防洪堤(长约 1.5 km)。保护区范围内有著名的河套灌区,地势平坦,土地肥沃,自然条件好,引黄灌溉适宜农业生产,是全区远近闻名的瓜果之乡和重要的商品粮基地;另外,保护范围内有包兰铁路、110 国道、拉丹高速公路、包呼银兰通信光缆、高压输电线路及工矿企业、机关学校等,为保障沿河人民群众的生命财产安全、地区经济社会的稳定发展发挥了巨大的作用,并为交通运输提供了便利。

1.5 堤防管理体制

黄管局是内蒙古自治区水利厅所属的处级事业单位,下设办公室、工程管理科、保卫科、枢纽管理所、沈乌管理所、水文实验站、水力发电站、工程服务中心等 15 个科级机构,并进行了责任区划分:沈乌管理所责任区为 16.5 km 库区围堤,工程维修养护站责任区为 3.2 km 左岸导流堤和 1.5 km 下游防洪堤,枢纽管理所责任区为枢纽工程和右岸导流堤,水土保持站责任区为小围堤(小围堤指闸上右岸控导工程)。内蒙古自治区 2008 年批复确定黄管局为准公益性水管单位,并于 2009 年开始实施。

黄管局针对枢纽管理工程制定了相应的规章制度,沈乌管理所管理范围为库区围堤及沈乌闸,管理范围明确,并制定了具有针对性的工程流程图和管理手册,对岗位监督工作进行了明确,具体到人。

通过管理体制的改革、实施及针对性规章制度的制定,岗位责任的明确及监督,可很好地对工程进行有效管理。

1.6 工程地质及水文资料

1.6.1 工程地质

工程地质主要介绍库区围堤,本次安全鉴定的其他堤段工程地质参照拦河闸的工程地质条件。

1.6.1.1 工程地质条件

堤身岩性主要是壤土、砂壤土,浅黄、灰黄色,松散,在水平、垂直方向上变化不大,个别堤段以极细砂为主,个别堤段夹有极细砂。

堤基岩性在水平、垂直方向上变化大,其分布在 1 053.50 m 高程以下,根据渗透性、岩性和深度将其分为四层。

第一层:全新统冲积层,黏土、壤土、砂壤土,浅黄、灰黄色,松散,厚度一般在 3~5 m,薄的有 0.8 m,厚的达 6 m,分布高程在 1 047.40~1 053.50 m。

第二层:全新统冲积层,极细砂、细砂,灰黄,稍密、饱和,厚度一般在 3~6 m,薄的有 0.8 m,厚的达 8.8 m,分布高程在 1 034.60~1 055.50 m,为透水层,渗透系数为 2.8×10^{-3} cm/s。

第三层:全新统冲积层,砾质细、中、粗砂,含少量砾的细粗砂及细砾,灰黄、灰色,密实,砾石磨圆度良好、饱和,厚度一般在 3~7 m,在 2000 年钻探中最厚达 14.9 m,分布高程在 1 034.60~1 051.50 m,为透水层。

第四层:全新统冲积层,壤土、砂壤土,灰、浅黄色,密实,在 2000 年钻探时未穿透此层,为比较连续的相对隔水层,分布高程在 1 045.80 m 以下,个别堤段高程 1 028.68 m 未见到此层。

1.6.1.2　工程地质评价

黏土与壤土的承载力基本值为 170~200 kPa,细砂承载力基本值为 180 kPa,建议承载力为 160 kPa。

本地区地震基本烈度为Ⅷ度区,属高烈度震区,库区围堤地基的细砂、砂砾层为液化层。

库区在高水位情况下,库区围堤内出现大面积的渗漏及多处流土破坏问题,在 2000 年的地球物理勘探中,桩号 1+580~2+300 段堤身和堤基有 5 处较严重的渗漏破坏,桩号 12+600~13+200 段渗漏主要发生在堤基的透水层中。

1.6.1.3　天然建筑材料

2000 年对库区围堤的筑堤土料、砂砾料和块石进行了调查,筑堤土料以就地取材为原则,在沿堤 13.5 km 范围内进行土料调查,料场位于距堤角 100 m 外的黄河左岸高漫滩上,地势平坦开阔;岩性为灰黄色,棕灰色的黏土、壤土和极少量的砂壤土。

1.6.1.4　水文地质条件

工程区地下水类型为第四系冲积层孔隙潜水类型,水化学类型为 HCO_3—Na · Ca、HCO_3 · SO_3—Na · Ca 型水,矿化度小于 1 g/L。含水层岩性为细砂、砾质中粗细砂、含少量砾中细砂和细砂,以较为连续的黏性土为相对隔水层,堤内地下水埋深在 2 m 以内,堤外地下水埋深在 2~3 m。地下水补给来源主要为大气降水及黄河汛期、凌汛期的补给,一级潜水蒸发及黄河枯水期补给黄河为主要排泄方式,并伴有少量的人工开采,地下水埋深随黄河水位的变动而变动。

1.6.2　水文资源

黄河三盛公枢纽工程位于内蒙古自治区巴彦淖尔市磴口县,位于乌兰布和沙漠边缘,属中温带大陆性季风气候,属干旱地区,降雨少,蒸发量大。据磴口县气象站 1964~1998 年共 38 年的气象资料统计,该地区多年平均降水量 146.3 mm;降水年内分配不均,多集中在汛期。由于降水量少,日照时间较长,气候干燥多风,水面蒸发量比较大,多年平均年蒸发量为 2 372.1 mm(20 cm 蒸发皿观测值);一年中气温变化也比较大,历年极端最高气温 39.5℃,极端最低气温-34.2 ℃(1971 年 1 月 22 日),多年平均气温为 8.0 ℃;本地区多风,历年最大风速 19.0 m/s(1983 年 4 月 27 日),年最大风速均值 14.7 m/s,7~10 月最大风速均值 11.9 m/s,年内各月风速以春季最大,全年以西风为主;历年最多沙尘暴日数为 55 d,历年最大冻土深 1.08 m。

黄河内蒙古段洪水分凌汛(春汛)和伏汛两种洪水类型,凌汛洪水多发生在 3 月下旬至 4 月上旬开河间,由于黄河上下游气温的差异,每到凌汛在黄河弯道狭窄处,易形成冰坝,使水位壅高,形成险情。伏汛洪水主要来自兰州以上河段,由降水形成,洪量大,历时长,洪水涨落平缓,洪水历时一般为 40 d 左右。

自刘家峡、龙羊峡水库相继投入运行以来,根据石嘴山站 1969~1997 年统计资料,多年平均径流量为 272.1 亿 m^3,其中汛期 139.7 亿 m^3,占全年的 51.3%;非汛期 132.4 亿 m^3,占全年的 48.7%。对于输沙量,年平均为 0.922 亿 t,其中汛期 0.658 亿 t,占全年的 71.4%;多年平均含沙量为 3.39 kg/m^3,汛期含沙量为 4.71 kg/m^3。

2 基于现场观测和数值模拟的堤防渗流安全复核

堤防渗流是指水体在堤防内部的流动,可引发管涌和背坡面滑动等不同形式的堤防破坏与变形,甚至可直接导致堤防决口,造成极大的危害与损失。因此,堤防渗流安全复核至关重要。堤防渗流安全复核的目的是确定堤身浸润线的位置,确定堤身渗流场内的水头、压力、比降等水力要素和堤基的渗流量,并计算堤身内平均渗透比降、背水坡渗流出口比降,分析渗流对土体的破坏作用及发生渗流变形的可能性,以便采取防止渗透变形的措施,并为堤身抗滑稳定计算提供分区。

目前,堤防渗流计算主要分析方法有经验法、流网法、物理模拟法和数值模拟法。其中,经验法和流网法精度已不能满足工程需求,物理模拟法存在一定的比尺问题,且需要消耗大量的人力和物力。随着有限元数值模拟技术的发展,数值模拟分析方法在堤防渗流分析中越来越得到广泛的应用,但受限于计算边界条件、数值模型及材料分区等因素的影响,数值模拟方法在工程实际中存在一定的误差。

针对数值模拟方法在堤防渗流安全复核中存在的不足,本章提出一种现场观测和数值模拟相结合方法对三盛公水利枢纽 16.5 km 库区围堤、闸上 3.2 km 左岸导流堤、北总干渠两岸各 3.3 km 堤防和闸下 1.5 km 左岸防洪堤进行渗流安全复核,该方法可弥补单纯采用有限元数值模拟所带来的不足,可为同类堤防渗流安全复核提供相应的依据和参考。

2.1 复核运用条件、复核标准及评价方法

2.1.1 复核运用条件和复核标准

渗流计算,首先判断行洪时段是否形成稳定渗流,如果不能形成稳定渗流,按照不稳定渗流计算;如果能够形成稳定渗流,应该对渗漏量进行计算,并对其是否发生渗透破坏进行复核。

根据抽测三盛公水利枢纽 16.5 km 库区围堤、闸上 3.2 km 左岸导流堤、北总干渠两岸各 3.3 km 堤防和闸下 1.5 km 左岸防洪堤各段堤防土体的物理力学性质、《黄河三盛公水利枢纽库区围堤工程地质勘察报告》(2000 年)和现场调查结果,三盛公水利枢纽库区堤防为土堤,大部分堤段堤基下部有一层砂壤土或砂土的透水性土层。依据《堤防工程设计规范》(GB 50286—2013)规定,大江大湖的堤防或中小河湖重要堤段应按稳定渗流计算。鉴于三盛公水利枢纽堤防重要性,其渗流采用稳定渗流计算,其中临水侧按设计洪水位进行计算,背水侧按低水位或无水的工况进行计算。

2.1.2　评价方法

2.1.2.1　渗流安全复核思路

(1)根据堤防现状调查结果,选取水位观测控制断面,在水位观测断面布置 3 个测压管,以此来观测地下水位变化。

(2)基于 GeoStudio 有限元分析软件,建立水位观测控制断面有限元模型,根据观测数据对堤防进行反演分析,通过比对观测断面测压管水位高程和计算分析得到的水位高程,证明数值模拟计算结果的正确性。

(3)基于步骤(2)中计算方法和反演结果,对三盛公水利枢纽 16.5 km 库区围堤、闸上 3.2 km 左岸导流堤、北总干渠两岸各 3.3 km 堤防和闸下 1.5 km 左岸防洪堤进行渗流安全复核。

2.1.2.2　渗流计算方程

考虑到水流的连续条件,渗流区内任一点的水头函数需满足方程(2-2-1-1)及相应的初始和边界条件:

$$\frac{\partial}{\partial x}\left(k_x \frac{\partial h}{\partial x}\right) + \frac{\partial}{\partial y}\left(k_y \frac{\partial h}{\partial y}\right) + \frac{\partial}{\partial z}\left(k_z \frac{\partial h}{\partial z}\right) = 0 \tag{2-2-1-1}$$

式中　k_x、k_y、k_z——x、y、z 向的渗透系数。

水头边界条件:

$$- h\big|_{\Gamma_1} = h(x,y,z) \tag{2-2-1-2}$$

流量边界条件:

$$- k_n \frac{\partial h}{\partial n}\bigg|_{\Gamma_2} = q(h,x,y,z) \tag{2-2-1-3}$$

渗流场的边界一般分为两类,第一类边界 Γ_1 为已知水头值的边界,第二类边界 Γ_2 为已知或计算出流量值的边界。不透水边界为第二类边界的特例,即

$$\frac{\partial h}{\partial n} = 0 \tag{2-2-1-4}$$

求解上述问题的有限元方程可写成

$$\boldsymbol{k}\{\boldsymbol{h}\} = \boldsymbol{F} \tag{2-2-1-5}$$

式中　$\boldsymbol{k}$——渗透矩阵;

$\boldsymbol{F}$——边界已知流量矩阵。

$\boldsymbol{k}$、$\boldsymbol{F}$ 通过计算各单元的 $\boldsymbol{k}^e$、$\boldsymbol{F}^e$ 后组装而成。

2.1.2.3　计算软件介绍

GeoStudio 是专业、高效且功能强大的,适用于岩土工程和岩土环境模拟计算的仿真软件。GeoStudio 是以 Geo-SLOPE 为主体的一套地质构造模型软件的整体分析工具,本书数值计算采用的版本为 GeoStudio 2007。

SEEP/W 模块是一款用于分析多孔渗水材料,如土体和岩石中的地下水渗流和超孔隙水压力消散问题的有限元软件。可用 SEEP/W 分析从简单的饱和稳态到复杂的不饱和时变问题。在 SEEP/W 软件中,通过渗流有限元计算,可以分析边坡在不均匀饱和条

件、非饱和条件下的孔隙水压力,也可以对边坡稳定时的瞬态孔隙水压力进行分析。通过瞬态分析,可以得出不同时刻不同点的孔隙水压力分布状况。通过对孔隙水压力随时间变化的结果分析,可以研究边坡、路堤稳定性与时间的关系。在水中溶质扩散转移问题中,水流速度可分析水中溶质的扩散转移。

SEEP/W 软件可以对几乎所有的地下水问题进行建模分析,问题包括:①水库抽水后水位降低引起的超孔隙水压力的消散;②土坡内部由于短期渗流而引起的孔隙水压力的变化;③储水结构,如废料池下面的地下水位的抬升;③地下排水沟和注水井的影响;⑤蓄水层被抽水而引起的水位降低;⑥流入基坑中的渗流量等。

2.2 水位观测断面验证

2.2.1 水位观测断面

根据围堤地质钻探资料,综合考虑堤身、堤基的工程地质和水文地质条件,选取 3 个具有代表性的断面进行测压管安装,在围堤 2+400、围堤 10+850 和围堤 14+200 设置 3 个水位观测控制断面,每个观测断面布置 3 个测压管观测地下水位变化,如图 2-2-2-1 所示。其中,不同水位观测断面测压管编号如下:围堤 2+400、围堤 10+850 和围堤 14+200 分别为 1#、2#和 3#水位观测断面,每个观测断面测压管编号见表 2-2-2-1。观测断面测压管水位见表 2-2-2-2。

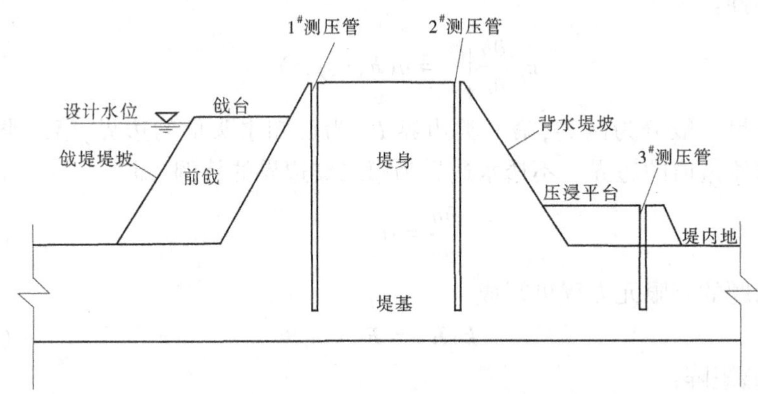

图 2-2-2-1　观测断面测压管布置示意图

表 2-2-2-1　观测断面测压管编号

观测断面	编号	备注
围堤 2+400	1-1	该观测断面 1#测压管
	1-2	该观测断面 2#测压管
	1-3	该观测断面 3#测压管

续表 2-2-2-1

观测断面	编号	备注
围堤 10+850	2-1	该观测断面 1#测压管
	2-2	该观测断面 2#测压管
	2-3	该观测断面 3#测压管
围堤 14+200	3-1	该观测断面 1#测压管
	3-2	该观测断面 2#测压管
	3-3	该观测断面 3#测压管

表 2-2-2-2　观测断面测压管水位测量

观测时间	观测断面	编号	管口高程/m	管内水深/m	管内水位/m	断面位置处黄河水位/m	断面位置处与黄河水位的距离/m
2019 年 4 月 25 日	围堤 2+400	1-1	1 059.045	6.355	1 052.690	1 054.882	1 360
		1-2	1 059.138	6.500	1 052.638		
		1-3	1 055.069	2.500	1 052.569		
	围堤 10+850	2-1	1 059.601	5.138	1 054.463	1 055.337	320
		2-2	1 059.796	5.338	1 054.458		
		2-3	1 056.760	2.310	1 054.450		
	围堤 14+200	3-1	1 060.021	4.965	1 055.056	1 055.941	1 630
		3-2	1 060.102	5.054	1 055.048		
		3-3	1 056.603	1.575	1 055.028		

2.2.2　计算验证

2.2.2.1　计算模型

采用 GeoStudio 2007 中 SEEP/W 模块分析围堤 2+400、围堤 10+850 和围堤 14+200 断面渗流。以围堤 2+400 断面为例,水位观测控制断面的有限元计算模型分别如图 2-2-2-2 所示。

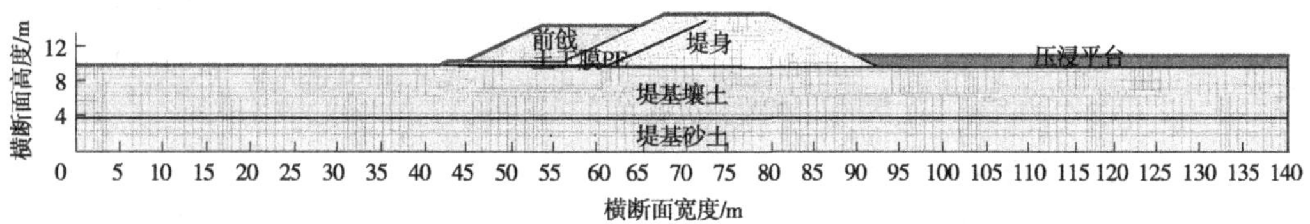

图 2-2-2-2　围堤 2+400 渗流计算典型断面

2.2.2.2 计算条件及参数

根据观测数据对堤防进行反演分析,各水位观测断面计算工况见表 2-2-2-3,堤身和堤基土渗透系数见表 2-2-2-4,其中表 2-2-2-3 中高程为 1980 西安坐标系。

表 2-2-2-3 典型断面及渗流计算工况 单位:m

典型断面	工况	上游水位	下游水位	备注
围堤 2+400	正常水位	1 052.732	1 052.569	库区围堤水位观测控制断面
围堤 10+850	正常水位	1 054.540	1 054.450	库区围堤水位观测控制断面
围堤 14+200	正常水位	1 055.067	1 055.028	库区围堤水位观测控制断面

表 2-2-2-4 堤身和堤基土渗透系数

堤防桩号	土层名称	各层厚度/m	渗透系数/(cm/s)
围堤 2+400	堤身砂壤土	5.30	2.56×10^{-4}
	堤基壤土	6.00	2.70×10^{-5}
	堤基砂土	4.00	3.71×10^{-3}
	前戗	—	1.30×10^{-5}
	压浸平台	—	1.05×10^{-5}
	土工膜(PE)	—	1.00×10^{-9}
围堤 10+850	堤身壤土	5.17	8.17×10^{-5}
	堤基壤土	2.06	2.70×10^{-5}
	堤基壤土	2.90	1.68×10^{-5}
	堤基砂土	5.10	3.71×10^{-3}
	前戗	—	3.85×10^{-5}
	土工膜(PE)	—	1.00×10^{-9}
	压浸平台	—	1.05×10^{-5}
围堤 14+200	堤身壤土	4.10	1.28×10^{-5}
	堤基壤土	1.00	1.68×10^{-5}
	堤基砂壤土	5.50	7.20×10^{-4}
	堤基砂土	3.50	3.71×10^{-3}
	前戗	—	2.06×10^{-4}
	土工膜(PE)	—	1.00×10^{-9}
	压浸平台	—	1.05×10^{-5}

2.2.2.3 计算成果及分析

通过比对观测断面测压管水位高程和计算分析得到的水位高程,表明计算结果与实测水位吻合较好,见表 2-2-2-5;以围堤 2+400 断面为例,水位观测断面压力水头等值线如

图 2-2-2-3 所示。

表 2-2-2-5　观测断面测压管水位比对　　单位:m

观测断面	编号	管口高程	管内水深	管内水位高程	计算管内水位高程
围堤 2+400	1-1	1 059. 045	6. 355	1 052. 690	1 052. 648
	1-2	1 059. 138	6. 500	1 052. 638	1 052. 636
	1-3	1 055. 069	2. 500	1 052. 569	1 052. 570
围堤 10+850	2-1	1 059. 601	5. 138	1 054. 463	1 054. 478
	2-2	1 059. 796	5. 338	1 054. 458	1 054. 474
	2-3	1 056. 760	2. 310	1 054. 450	1 054. 457
围堤 14+200	3-1	1 060. 021	4. 965	1 055. 056	1 055. 049
	3-2	1 060. 102	5. 054	1 055. 048	1 055. 044
	3-3	1 056. 603	1. 575	1 055. 028	1 055. 032

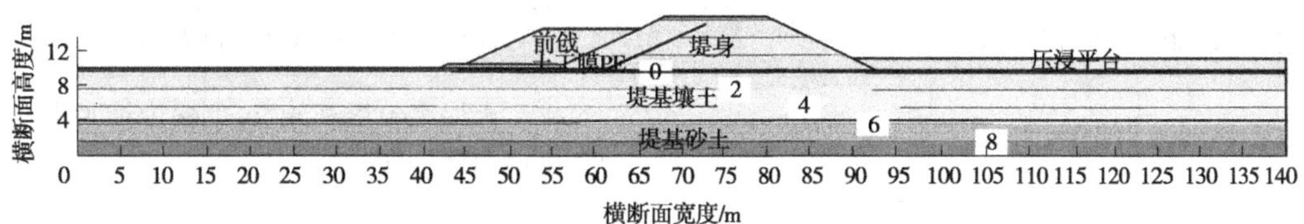

图 2-2-2-3　围堤 2+400 渗流计算典型断面

2. 3　堤防渗流安全复核

本小节重点对三盛公水利枢纽 16. 5 km 库区围堤、闸上 3. 2 km 左岸导流堤、北总干渠两岸各 3. 3 km 堤防和闸下 1. 5 km 左岸防洪堤进行渗流安全复核。

2. 3. 1　计算工况及断面

根据围堤地质钻探资料,综合考虑堤身、堤基的工程地质和水文地质条件,选取具有代表性的剖面进行渗流计算,选择原则如下:

(1)堤防出现严重渗漏及破坏的堤段。

(2)筑堤质量较差的堤段。

(3)堤防挡水高度相对较高的堤段。

(4)堤基透水层较厚的堤段。

(5)16.5 km 库区围堤和北总干渠两岸各 3.3 km 堤防的工程地质勘察资料。

按照以上要求结合堤防现状情况,本次设计共选择了 23 个具有代表性的典型断面进行分析,典型断面桩号分别为围堤 0+20、围堤 0+750、围堤 1+900、围堤 2+400、围堤 2+820、围堤 3+700、围堤 4+300、围堤 5+260、围堤 6+410、围堤 7+430、围堤 8+750、围堤 9+620、围堤 10+850、围堤 11+730、围堤 13+550、围堤 14+200、围堤 15+800、闸上左岸导流堤 1+950、闸上左岸导流堤 3+050、右岸主干渠 1+850、右岸主干渠 2+800、闸下左岸防洪堤 0+800 和闸下左岸防洪堤 1+500,选取以下典型断面及渗流计算工况见表 2-2-3-1。

表 2-2-3-1 典型断面及渗流计算工况

典型断面	工况	上游水深/m	下游水深/m	备注
围堤 0+20	设计洪水位	2.48	0.40	库区围堤起点
围堤 0+750	设计洪水位	3.14	0	堤身渗透系数为 2.56×10^{-4} cm/s,且堤基土层复杂,最下层堤基为砂土
围堤 1+900	设计洪水位	3.42	0	1988 年在围堤 1+500~2+000 堤段发生管涌
围堤 2+400	设计洪水位	2.87	0	库区围堤水位观测控制断面
围堤 2+820	设计洪水位	2.87	0	上层壤土堤基较厚,下层为透水堤基的双层堤基
围堤 3+700	设计洪水位	2.90	0	上层壤土堤基和下层砂土堤基厚度接近
围堤 4+300	设计洪水位	2.91	0	2014 年 5 月该处堤段背水面发现一处獾洞
围堤 5+260	设计洪水位	2.95	0	2016 年 6 月该处堤段背水面发现多处獾洞
围堤 6+410	设计洪水位	1.24	0	历史上围堤 6+000~6+800 段出现严重渗流和流土
围堤 7+430	设计洪水位	2.12	0	上层壤土堤基较厚,下层堤基为砂土堤基的双层堤基

续表 2-2-3-1

典型断面	工况	上游水深/m	下游水深/m	备注
围堤 8+750	设计洪水位	2.45	0	历史上出现险情较少,堤基土层复杂,从上到下分别为壤土、黏土、砂壤土
围堤 9+620	设计洪水位	3.00	0	上层为壤土堤基,下层为砂土堤基,且两层堤基厚度接近
围堤 10+850	设计洪水位	3.06	0	库区围堤水位观测控制断面
围堤 11+730	设计洪水位	2.70	0	历史上围堤 11+000~13+600 段出现严重渗流和流土
围堤 13+550	设计洪水位	2.65	0	上层砂壤土堤基较厚,下层堤基为砂土
围堤 14+200	设计洪水位	2.23	0	库区围堤水位观测控制断面
围堤 15+800	设计洪水位	1.93	0	库区围堤终点
闸上左岸导流堤 1+950	设计洪水位	1.84	0	背水侧边坡坡度较大,且临近水塘
闸上左岸导流堤 3+050	设计洪水位	2.39	0	临水侧堤基处有水塘,背水侧有压浸平台
右岸主干渠 1+850	设计洪水位	5.30	0	右岸干渠高水头引水期间,右岸主干渠背水侧农田有积水
右岸主干渠 2+800	设计洪水位	5.30	0	右岸主干渠背水侧堤身为砂土,含水率较低,堤脚处土质含水率较高,且背水侧农田有积水
闸下左岸防洪堤 0+800	设计洪水位	2.13	0	背水侧有压浸平台,临水侧有格宾石笼护砌防洪工程
闸下左岸防洪堤 1+500	设计洪水位	1.42	0	背水侧和临水侧均有填塘固基

2.3.2　计算模型

根据工程的地形地貌及实际渗流计算需要,选取计算范围,模型计算宽度按不小于 3 倍堤基宽度选取,模型计算深度取 2 倍堤身高度。计算模型如图 2-2-3-1 所示。

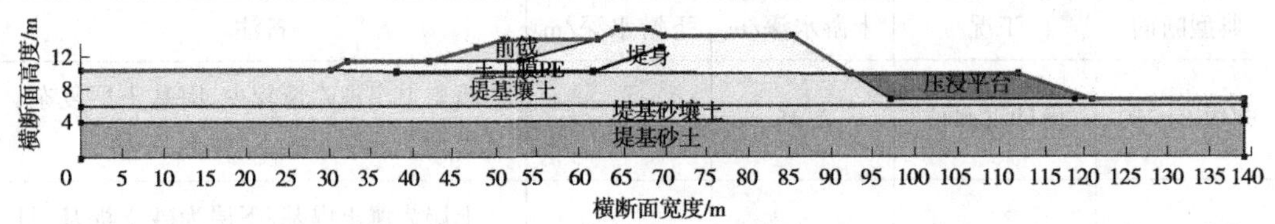

图 2-2-3-1　渗流计算典型断面

2.3.3　计算条件及参数

根据《堤防工程设计规范》(GB 50286—2013)中的要求,对上游为设计洪水位工况下形成的稳定渗流期进行计算,横断面上各透水区的渗透系数依据《黄河三盛公水利枢纽库区围堤工程地质勘察报告》(2000 年)和本次对堤防抽测的试验成果表 2-2-3-1 综合选取;土工膜(PE)防渗渗透系数 $k=1\times10^{-9}$ cm/s,堤身和堤基土渗透系数见表 2-2-3-2。

表 2-2-3-2　堤身和堤基土渗透系数

堤防桩号	土层名称	各层厚度/m	渗透系数/(cm/s)
围堤 0+20	堤身砂壤土	3.60	2.56×10^{-4}
	堤基壤土	4.10	1.68×10^{-5}
	堤基砂壤土	1.80	7.20×10^{-4}
	堤基砂土	4.10	1.66×10^{-3}
	前戗	—	3.16×10^{-5}
	压浸平台	—	1.04×10^{-5}
	土工膜(PE)	—	1.00×10^{-9}
围堤 0+750	堤身砂壤土	5.10	2.56×10^{-4}
	堤基壤土	2.18	2.70×10^{-5}
	堤基砂壤土	4.70	7.20×10^{-4}
	堤基砂土	3.12	1.66×10^{-3}
	前戗	—	3.16×10^{-5}
	压浸平台	—	1.04×10^{-5}
	土工膜(PE)	—	1.00×10^{-9}

续表 2-2-3-2

堤防桩号	土层名称	各层厚度/m	渗透系数/(cm/s)
围堤 1+900	堤身壤土	5.90	2.22×10^{-5}
	堤基砂壤土	3.20	7.20×10^{-4}
	堤基砂土	3.70	3.71×10^{-3}
	堤基砂土	3.10	1.66×10^{-3}
	前戗	—	3.16×10^{-5}
	土工膜(PE)	—	1.00×10^{-9}
围堤 2+400	堤身砂壤土	5.30	2.56×10^{-4}
	堤基壤土	6.00	2.70×10^{-5}
	堤基砂土	4.00	3.71×10^{-3}
	前戗	—	1.30×10^{-5}
	压浸平台	—	1.05×10^{-5}
	土工膜(PE)	—	1.00×10^{-9}
围堤 2+820	堤身砂壤土	5.07	2.56×10^{-4}
	堤基壤土	6.41	1.68×10^{-5}
	堤基砂土	3.59	1.66×10^{-3}
	前戗	—	1.30×10^{-5}
	压浸平台	—	1.05×10^{-5}
	土工膜(PE)	—	1.00×10^{-9}
围堤 3+700	堤身砂壤土	4.50	8.17×10^{-5}
	堤基壤土	4.50	2.70×10^{-5}
	堤基砂土	4.40	3.71×10^{-3}
	前戗	—	1.30×10^{-5}
	压浸平台	—	1.05×10^{-5}
	土工膜(PE)	—	1.00×10^{-9}

续表 2-2-3-2

堤防桩号	土层名称	各层厚度/m	渗透系数/(cm/s)
围堤 4+300	堤身砂壤土	5.00	2.56×10^{-4}
	堤基壤土	4.50	2.70×10^{-5}
	堤基砂土	5.50	3.71×10^{-3}
	前戗	—	1.30×10^{-5}
	压浸平台	—	1.05×10^{-5}
	土工膜(PE)	—	1.00×10^{-9}
围堤 5+260	堤身壤土	5.14	8.17×10^{-5}
	堤基壤土	5.00	2.70×10^{-5}
	堤基砂土	5.00	3.71×10^{-3}
	前戗	—	1.34×10^{-5}
	土工膜(PE)	—	1.00×10^{-9}
围堤 6+410	堤身壤土	4.10	8.17×10^{-5}
	堤基壤土	4.80	8.48×10^{-5}
	堤基砂土	5.00	3.71×10^{-3}
	前戗	—	1.36×10^{-4}
	土工膜(PE)	—	1.00×10^{-9}
围堤 7+430	堤身砂壤土	4.72	1.48×10^{-4}
	堤基壤土	5.70	2.70×10^{-5}
	堤基砂土	4.30	3.71×10^{-3}
	前戗	—	3.00×10^{-5}
	土工膜(PE)	—	1.00×10^{-9}
围堤 8+750	堤身砂壤土	4.67	1.48×10^{-4}
	堤基壤土	1.72	2.70×10^{-5}
	堤基壤土	3.70	1.68×10^{-5}
	堤基砂壤土	3.80	7.20×10^{-4}
	前戗	—	8.00×10^{-5}
	土工膜(PE)	—	1.00×10^{-9}

续表 2-2-3-2

堤防桩号	土层名称	各层厚度/m	渗透系数/(cm/s)
围堤 9+620	堤身砂壤土	5.90	1.48×10^{-4}
	堤基壤土	5.30	2.70×10^{-5}
	堤基砂土	5.00	3.71×10^{-3}
	前戗	2.30	8.00×10^{-5}
	土工膜(PE)	—	1.0×10^{-9}
围堤 10+850	堤身壤土	5.17	8.17×10^{-5}
	堤基壤土	2.06	2.70×10^{-5}
	堤基壤土	2.90	1.68×10^{-5}
	堤基砂土	5.10	3.71×10^{-3}
	前戗	—	3.85×10^{-5}
	土工膜(PE)	—	1.00×10^{-9}
	压浸平台	—	1.05×10^{-5}
围堤 11+730	堤身壤土	4.70	8.17×10^{-5}
	堤基砂壤土	4.90	7.20×10^{-4}
	堤基砂土	5.10	1.66×10^{-3}
	前戗	—	3.85×10^{-5}
	土工膜(PE)	—	1.0×10^{-9}
围堤 13+550	堤身壤土	4.59	1.28×10^{-5}
	堤基砂壤土	6.69	7.20×10^{-4}
	堤基砂土	3.31	3.71×10^{-3}
	前戗	—	2.06×10^{-4}
	土工膜(PE)	—	1.00×10^{-9}

续表 2-2-3-2

堤防桩号	土层名称	各层厚度/m	渗透系数/(cm/s)
围堤 14+200	堤身壤土	4.10	1.28×10^{-5}
	堤基壤土	1.00	1.68×10^{-5}
	堤基砂壤土	5.50	7.20×10^{-4}
	堤基砂土	3.50	3.71×10^{-3}
	前戗	—	2.06×10^{-4}
	土工膜(PE)	—	1.00×10^{-9}
	压浸平台	—	1.05×10^{-5}
围堤 15+800	堤身砂壤土	4.40	1.37×10^{-4}
	堤基黏土	2.00	2.18×10^{-6}
	堤基砂壤土	4.40	7.20×10^{-4}
	堤基砂土	2.00	1.66×10^{-3}
	前戗	—	2.06×10^{-4}
	土工膜(PE)	—	1.00×10^{-9}
闸上左岸导流堤 1+950	堤身壤土	5.27	9.23×10^{-5}
	堤基壤土	4.50	1.68×10^{-5}
	堤基砂壤土	3.00	7.20×10^{-4}
	堤基砂土	2.00	1.66×10^{-3}
	压浸平台	—	3.04×10^{-6}
闸上左岸导流堤 3+050	堤身壤土	3.70	9.23×10^{-5}
	堤基壤土	3.75	1.68×10^{-5}
	堤基砂壤土	3.00	7.20×10^{-4}
	堤基砂土	3.00	1.66×10^{-3}
	压浸平台	—	3.04×10^{-6}
右岸北总干渠 1+850	堤身壤土	6.79	8.30×10^{-5}
	堤基黏土	5.00	2.18×10^{-6}
	堤基砂土	5.00	1.66×10^{-3}

续表 2-2-3-2

堤防桩号	土层名称	各层厚度/m	渗透系数/(cm/s)
右岸北总干渠 2+800	堤身壤土	6.32	8.30×10^{-5}
	堤基黏土	5.20	2.18×10^{-6}
	堤基砂土	4.80	1.66×10^{-3}
闸下左岸防洪堤 0+800	堤身壤土	4.50	3.86×10^{-5}
	堤基砂土	10.00	3.71×10^{-3}
	前戗	—	3.00×10^{-5}
闸下左岸防洪堤 1+500	堤身壤土	5.20	3.86×10^{-5}
	堤基壤土	2.00	2.40×10^{-5}
	堤基砂土	8.00	3.71×10^{-3}

2.3.4　计算结果及分析

三盛公水利枢纽 16.5 km 库区围堤、闸上 3.2 km 左岸导流堤、北总干渠两岸各 3.3 km 堤防和闸下 1.5 km 左岸防洪堤的各段堤防典型断面渗流计算成果见表 2-2-3-3。其中,黏土、壤土、砂壤土和砂土的允许比降分别为 0.45、0.40、0.20 和 0.15,见《黄河内蒙古段二期防洪工程巴彦淖尔市段防洪工程施工图设计说明第一标(黄管局段)S1507105015101》中 5.32.1 节。出逸点高度为出逸点距离堤内地的垂直距离或距离压浸平台的垂直距离。各段堤防典型断面总水头等势线如图 2-2-3-2~图 2-2-3-5 所示。

表 2-2-3-3　三盛公水利枢纽库区堤防渗流计算结果

典型断面	堤身高度/m	水深/m	边坡坡度/(°)		出逸点高度/m	单宽流量/[m³/(d·m)]	渗流比降			
			前戗	堤防背水			堤坡	背水侧堤基	堤坡允许值	背水侧堤基允许值
围堤 0+20	3.60	2.48	18	25	0	0.47	0	0.09	0.2	0.4
围堤 0+750	5.10	3.14	19	24	0	0.26	0	0.26	0.2	0.4
围堤 1+900	5.90	3.42	20	30	0	0.50	0	0.09	0.4	0.2
围堤 2+400	5.30	2.87	19	26	0.40	0.09	0	0.30	0.2	0.4

续表 2-2-3-3

典型断面	堤身高度/m	水深/m	边坡坡度/(°)		出逸点高度/m	单宽流量/[m^3/(d·m)]	渗流比降			
			前戗	堤防背水			堤坡	背水侧堤基	堤坡允许值	背水侧堤基允许值
围堤 2+820	5.07	2.87	19	26	1.20	0.11	0	0.31	0.2	0.4
围堤 3+700	4.50	2.9	19	29	1.30	0.49	0	0	0.2	0.4
围堤 4+300	5.00	2.91	18	24	1.30	0.31	0.02	0.04	0.2	0.4
围堤 5+260	5.14	2.95	18	22	1.00	0.28	0.14	0.36	0.4	0.4
围堤 6+410	4.10	1.24	19	20	0	0.40	0	0.27	0.2	0.4
围堤 7+430	4.72	2.12	18	20	0.59	0.22	0.19	0.33	0.2	0.4
围堤 8+750	4.67	2.45	18	22	0.69	0.09	0.14	0.27	0.2	0.4
围堤 9+620	5.90	3.00	19	23	0.90	0.29	0.16	0.37	0.2	0.4
围堤 10+850	5.17	3.06	18	23	1.30	0.16	0	0	0.4	0.4
围堤 11+730	4.70	2.70	18	27	0	0.63	0	0.1	0.4	0.2
围堤 13+550	4.59	2.65	19	30	0	0.57	0	0.17	0.4	0.2
围堤 14+200	4.10	2.33	18	25	0	0.24	0	0	0.4	0.4
围堤 15+800	4.40	1.93	19	20	0.70	0.043	0.15	0.73	0.2	0.45
闸上左岸导流堤 1+950	5.27	2.37	18	42	0	0.26	0	0.15	0.4	0.4
闸上左岸导流堤 3+050	3.70	2.39	28	36	0	0.15	0	0.32	0.4	0.4

续表 2-2-3-3

典型断面	堤身高度/m	水深/m	边坡坡度/(°)		出逸点高度/m	单宽流量/[m^3/(d·m)]	渗流比降			
			前戗	堤防背水			堤坡	背水侧堤基	堤坡允许值	背水侧堤基允许值
北总干渠右岸 1+850	6.79	5.30	21	22	1.00	0.05	0.26	0.31	0.4	0.45
北总干渠右岸 2+800	6.32	5.30	20	22	0.89	0.05	0.23	0.05	0.4	0.45
闸下左岸防洪堤 0+800	4.59	2.13	18	17	0	0.90	0	0.34	0.4	0.4
闸下左岸防洪堤 1+500	5.20	1.42	20	22	0	0.60	0	0.04	0.4	0.2

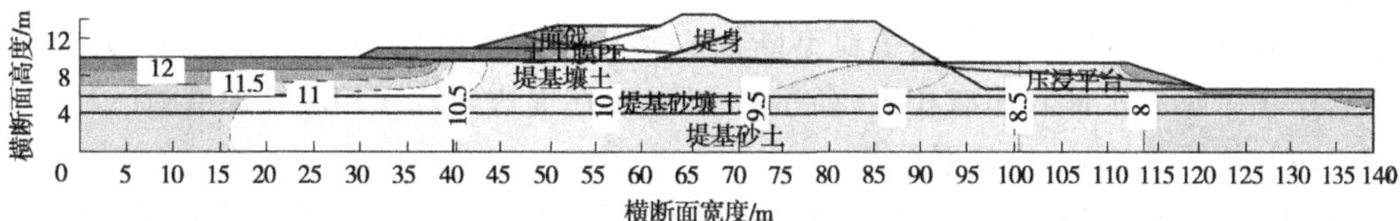

图 2-2-3-2　围堤 0+20 断面等势线

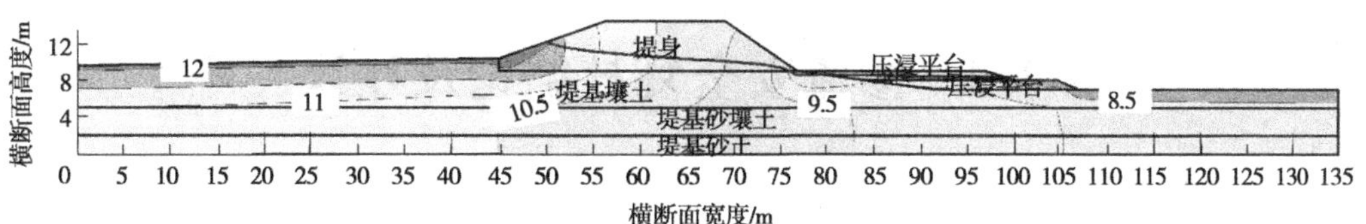

图 2-2-3-3　左岸导流堤 1+950 断面等势线

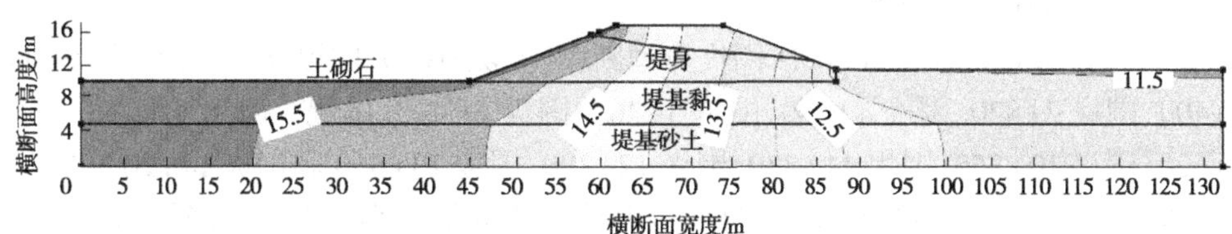

图 2-2-3-4　右岸北总干渠 1+850 断面等势线

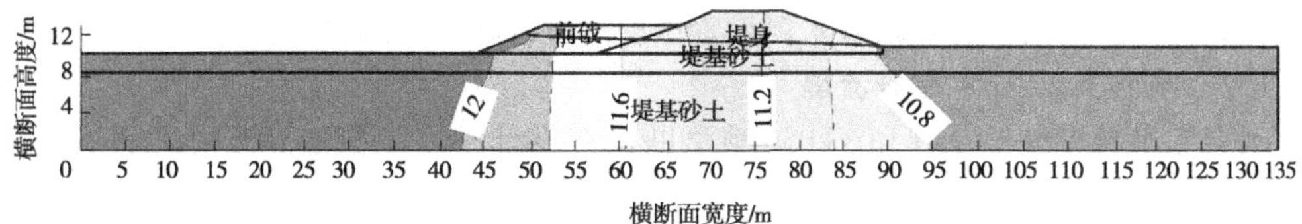

图 2-2-3-5　闸下左岸防洪堤 0+800 断面等势线

2.3.4.1　16.5 km **库区围堤**

三盛公水利枢纽库区 16.5 km 围堤典型断面：围堤 0+20、围堤 0+750、围堤 1+900、围堤 2+400、围堤 2+820、围堤 3+700、围堤 4+300、围堤 5+260、围堤 6+410、围堤 7+430、围堤 8+750、围堤 9+620、围堤 10+850、围堤 11+730、围堤 13+550 和围堤 14+200 的堤坡和堤基在设计水位稳定渗流情况下，堤坡和堤基渗流比降值均小于允许比降值，故不发生渗透破坏。围堤 15+800 存在安全隐患；围堤 2+400、围堤 2+820、围堤 3+700、围堤 4+300、围堤 5+260、围堤 7+430、围堤 8+750、围堤 9+620、围堤 10+850 和围堤 15+800 的出逸点高度在 0.59~1.3 m，部分堤段背水侧设置压浸平台，提高其渗透稳定性。

2.3.4.2　**闸上** 3.2 km **左岸导流堤**

左岸导流堤 1+950 和 3+050 典型断面渗流复核计算表明：在设计洪水位稳定渗流情况下，堤坡和堤基渗流比降值均小于允许比降值，故不发生渗透破坏。

2.3.4.3　**北总干渠两岸各** 3.3 km **堤防**

北总干渠右岸 1+850 和 2+800 典型断面渗流复核计算表明：在设计洪水位稳定渗流情况下，堤坡和堤基渗流比降值均小于允许比降值，不发生渗透破坏，但是出逸点高度分别为 1.00 m 和 0.89 m，抽测两个典型断面堤基均有透水砂层，右岸干渠高水头引水期间，右岸主干渠背水侧农田有积水，存在安全隐患，在堤背未发现相应处理措施。

2.3.4.4　**闸下** 1.5 km **左岸防洪堤**

闸下左岸防洪堤 0+800 和 1+500 典型断面渗流复核计算表明：在稳定渗流正常运行情况下，堤坡和堤基渗流比降值均小于允许比降值，不发生渗透破坏。

2.4　渗流安全复核结论及建议

2.4.1　结论

2.4.1.1　16.5 km **库区围堤**

三盛公水利枢纽 16.5 km 库区围堤典型断面：围堤 0+20、围堤 0+750、围堤 1+900、围堤 2+400、围堤 2+820、围堤 4+300、围堤 5+260、围堤 6+410、围堤 7+430、围堤 8+750、围堤 9+620、围堤 10+850、围堤 11+730、围堤 12+380、围堤 13+550 和围堤 14+200 的堤坡和堤基在设计水位稳定渗流情况下，堤坡和堤基渗流比降值均小于允许比降值，故不发生渗透破坏。围堤 15+800 存在安全隐患；围堤 2+400、围堤 2+820、围堤 3+700、围堤 4+300、围堤 5+260、围堤 7+430、围堤 8+750、围堤 9+620、围堤 10+850 和围堤 15+800 的出逸点高度在 0.59~1.3 m，部分堤段背水侧设置压浸平台，提高其渗透稳定性。

2.4.1.2　**闸上** 3.2 km **左岸导流堤**

闸上左岸导流堤 1+950 和 3+050 典型断面在设计洪水位稳定渗流情况下不发生渗透破坏。

2.4.1.3　**北总干渠两岸各** 3.3 km **堤防**

北总干渠右岸 1+850 和 2+800 典型断面在稳定渗流正常运行情况下，堤坡和堤基不发生渗透破坏,但出逸点高度分别为 1.00 m 和 0.89 m,在右岸北总干渠背水侧未见压浸平台等相应处理措施。

北总干渠两岸各 3.3 km 堤防堤顶宽度满足《堤防工程设计规范》(GB 50286—2013)7.4.1 条文 1 级堤防的要求;临水侧堤坡为 20°~24°,背水侧堤坡 20°左右。北总干渠渠道内进行了硬化处理,保护堤坡和堤脚。

2.4.1.4　闸下 1.5 km 左岸防洪堤

闸下左岸防洪堤 0+800 典型断面在稳定渗流正常运行情况下,堤坡和堤基不发生渗透破坏,根据《堤防工程安全评价导则》(SL/Z 679—2015),16.5 km 库区围堤 15+800 等局部在设计洪水位稳定渗流情况下,背堤基渗流比降值大于允许比降值,缺乏对应压重等工程措施,闸上 3.2 km 左岸导流堤和闸下 1.5 km 左岸防洪堤渗流比降值均满足规范要求,北总干渠两岸各 3.3 km 堤防部分断面渗流比降值小于允许比降值,但出逸点高程偏高,且在右岸北总干渠背水侧未见压浸平台等相应处理措施。

2.4.2　建议

(1)由于三盛公水利枢纽 16.5 km 库区围堤部分堤基土层存在透水砂层,虽然库区围堤加固一期、二期工程和围堤 2003 年防汛防凌应急维修堤防扩建加固工程采取铺设土工膜(PE)防渗措施,管涌现象得到有效处理,但局部堤防依然存在安全隐患和散渗现象,建议在部分堤段增加后戗(填平坑塘),安置水尺和沉降观测点,汛期加强巡视检查。

(2)根据现场调查北总干渠高水头引水期间,右岸主干渠背水侧存在散渗现象并在农田有积水,且计算渠堤出逸点较高,建议右岸堤防背水侧堤脚处采取压土平台措施。

3 基于渗流场和应力场耦合的堤防结构安全复核

堤防结构安全复核主要为堤防抗滑稳定分析,抗滑稳定分析主要是对在堤防自重、渗透压力及其他荷载作用下堤防是否稳定进行计算。目前,常用的方法为手算法和基于有限元的数值模拟算法。其中,手算法假设土体内滑动面已知,把由滑动面形成的隔离体分割成若干竖向土条,并把每一土条作为一个隔离体,对该隔离体之间的作用力做一些简化,然后考虑每一土条的静力平衡,把稳定问题简化为静力学问题,用手算的办法逐条计算每一条土的受力。

可以看出,手算法存在着局限性。首先,手算法虽然可以把稳定问题简化为静力学问题,但是土条划分的个数有限,因而计算结果准确率较差;其次,解每个土条的静力平衡方程,需要用迭代法计算,用手算的方法迭代,人工的工作量极大,容易出错;最后,采用手算法计算堤防稳定时,为了减少计算量,通常都采用固定位置的孔隙水压比来考虑地下水位对稳定系数的影响,这种做法理论上欠妥。

近年来,随着有限元技术的发展,基于有限元技术的数值模拟分析方法在堤防抗滑稳定分析中逐步得到应用。采用数值模拟分析方法,不仅可以自动搜索不同滑动圆弧的稳定系数、滑动圆弧特征值、圆弧坐标 X、Y 和滑动圆弧深度 D_s,以及确定最危险圆弧滑坡的位置,还可以考虑不同位置处的孔隙水压力,克服手算法理论上的缺陷。事实上,堤防抗滑稳定分析过程中渗流场和应力场之间存在典型的流固耦合现象,渗流场和应力场之间的相互影响不容忽视。

因此,本章在堤防渗流安全复核的基础上,考虑渗流场和应力场的耦合作用,基于 GeoStudio 有限元分析软件,对黄河三盛公水利枢纽 16.5 km 库区围堤、闸上 3.2 km 左岸导流堤、北总干渠两岸各 3.3 km 堤防和闸下 1.5 km 左岸防洪堤进行结构安全复核。

3.1 复核运用条件、复核标准及评价方法

3.1.1 复核运用条件和复核标准

根据《中国地震动参数区划图》(GB 18306—2015)黄管局段黄河堤防三盛公水利枢纽闸上库区围堤是位于地震基本烈度Ⅷ度区(0.20g)的 1 级堤防工程,枢纽闸下堤防级别为 2 级,本次抗滑稳定计算考虑正常情况和非常情况。

正常情况的稳定计算:

(1)上游设计洪水位下的稳定渗流期的背水侧堤坡稳定分析计算,校核下游堤坡是否合理。

(2)设计洪水位骤降期的临水侧堤坡稳定分析计算,校核上游堤坡是否合理。

非常情况的稳定计算：多年平均水位时遭遇地震的临水、背水侧堤坡稳定分析计算。

3.1.2　评价方法

按照《堤防工程设计规范》(GB 50286—2013)规定进行堤坡稳定分析计算。本书采用加拿大 G-SLOPE 公司开发的岩土分析软件 GeoStudio 中边坡稳定分析程序瑞典圆弧滑动计算法进行。

SLOPE/W 模块是计算岩土边坡安全系数的主流软件。SLOPE/W 软件对于综合问题公式化的特征使得它可以同时用 8 种方法分析计算简单的或复杂的边坡稳定问题，用户可以利用 SLOPE/W 软件对简单的或者复杂的滑移面形状改变、孔隙水压力状况、土体性质、不同的加载方式等岩土工程问题进行分析。

SLOPE/W 模块使用极限平衡理论对不同土体类型、复杂地层和滑移面形状的边坡中的孔隙水压力分布状况进行建模分析，SLOPE/W 提供多种不同类型的土体模型，并使用确定性的和随机的输入参数方法来进行分析，也可让用户做随机稳定性分析。除用极限平衡理论计算土质和岩质边坡(含路堤)的安全性外，SLOPE/W 软件还使用有限元应力分析法对大部分边坡稳定性问题进行有效计算和分析。SLOPE/W 可以对几乎所有的稳定性问题进行建模分析，主要包括：①天然岩土边坡；②边坡开挖；③岩土路堤；④开挖基坑挡墙；⑤锚固支撑结构；⑥边脚护堤；⑦边坡顶部的附加载荷；⑧增强地基(包括土钉和土工布)；⑨地震载荷；⑩拉伸破坏；⑪部分或全部浮容重；⑫任意点的线性载荷；⑬非饱和土。

$$K=\frac{\sum\{[(W\pm V)\cos\alpha-ub\sec\alpha-Q\sin\alpha]\tan\varphi'+c'b\sec\alpha\}}{\sum[(W\pm V)\sin\alpha+M_c/R]}\qquad(2\text{-}3\text{-}1\text{-}1)$$

式中　W——土条重量，kN；

Q、V——水平向和竖直向的地震惯性力(V 向上为负、向下为正)，kN；

u——作用于土条底面的孔隙压力，kN/m^2；

α——条块重力线与通过此条块底面中点的半径之间的夹角，(°)，具体见图 2-3-1-1；

b——土条宽度，m；

c'——土条底面的有效凝聚力，kN/m^2；

φ'——有效内摩擦角，(°)；

M_c——水平向地震惯性力对圆心的力矩，kN·m；

R——圆弧半径，m。

运用式(2-3-1-1)时，应符合下列规定：

(1)静力计算时，地震惯性力应等于零。

(2)施工期，堤坡条块应为实重(设计干容重加含水率)。当堤基有地下水存在时，条块重 $W=W_1+W_2$。W_1 应为地下水位以上条块湿重，W_2 应为地下水位以下条块浮重。采用总应力法计算，孔隙压力应为 $u=0$，c'、φ'应采用 c_u、φ_u。

(3)稳定渗流期，用有效应力法计算，孔隙压力 u 应用 $u-\gamma_w z$ 代替，γ_w 为水的容重，z 为土条底面中点到水面高度，具体见图 2-3-1-1。u 稳定渗流期的孔隙压力，条块重 $W=W_1+$

W_2。W_1 应为外水位以上条块实重，浸润线以上为湿重，浸润线和外水位之间应为饱和重；W_2 应为外水位以下条块浮重。

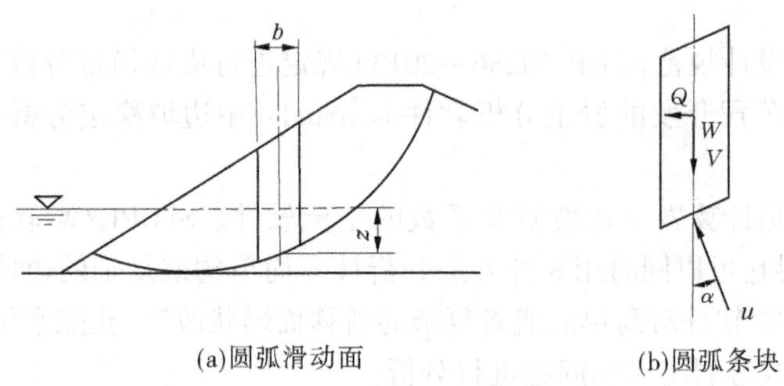

(a)圆弧滑动面 (b)圆弧条块

图 2-3-1-1 圆弧滑动条分法计算

(4)水位降落期，用有效应力法计算时，应按降落后的水位计算。用总应力法时，c'、φ' 应采用 c、φ。分子应采用水位降落前条块重 $W = W_1 + W_2$，W_1 应为外水位以上条块湿重，W_2 应为外水位以下条块浮重，u 应用 $u_i - \gamma_w z$ 代替，u_i 应为水位降落前孔隙压力；分母应采用库水位降落后条块重 $W = W_1 + W_2$，W_1 应为外水位以上条块实重，浸润线以上应为湿重，浸润线和外水位之间应为饱和重，W_2 应为外水位以下条块浮重。

3.2 堤防结构安全复核

3.2.1 计算模型

根据工程的地形地貌及实际边坡稳定计算需要，选取计算范围，模型计算宽度按不小于 3 倍堤基宽度选取，模型计算深度取 2 倍堤身高度。计算模型如图 2-3-2-1 所示。

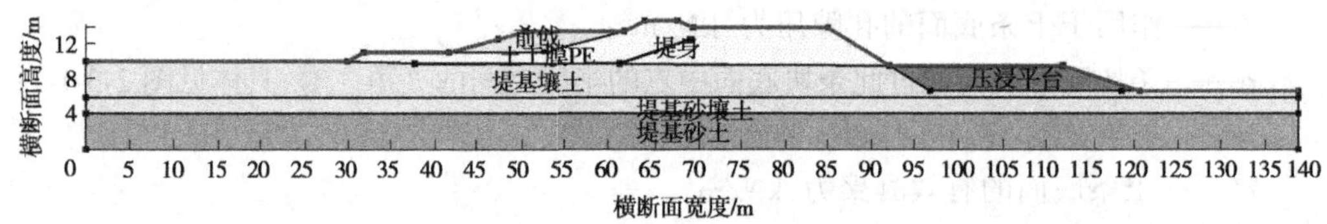

图 2-3-2-1 边坡稳定典型断面

3.2.2 计算条件及参数

根据《堤防工程设计规范》(GB 50286—2013)中要求，对正常情况稳定和非正常情况稳定分别进行计算。根据《黄河三盛公水利枢纽库区围堤工程地质勘察报告》(2000 年)和本次对黄河三盛公水利枢纽 16.5 km 库区围堤、闸上 3.2 km 左岸导流堤、北总干渠两岸各 3.3 km 堤防和闸下 1.5 km 左岸防洪堤抽测的试验成果综合选取，典型断面堤身和堤基土物理力学参数见表 2-3-2-1。正常情况堤坡稳定性计算时堤身和前戗选取饱和状态的容重、饱和状态的黏聚力和内摩擦角；根据《黄河三盛公水利枢纽工程堤防安全现状调查分析报告》多年平均水位低于戗堤堤角，非常情况下堤坡稳定性计算时，堤身和前戗选取天然状态的容重、饱和状态的黏聚力和内摩擦角。

表 2-3-2-1　堤身和堤基土物理力学参数

堤防桩号	土层名称	各层厚度/m	天然容重/(kN/m³)	饱和容重/(kN/m³)	黏聚力/kPa	内摩擦角/(°)
围堤 0+20	堤身砂壤土	3.60	16.7	19.0	13.7	23.3
	堤基壤土	4.10	19.2	19.5	16.1	14.4
	堤基砂壤土	1.80	19.2	19.7	9.2	31.2
	堤基砂土	4.10	19.6	20.3	2.0	29.0
	前戗		19.1	20.0	19.1	17.1
	压浸平台		19.2	19.8	13.1	28.7
围堤 0+750	堤身砂壤土	5.10	16.7	19.0	13.7	23.3
	堤基壤土	2.18	19.3	19.8	19.1	27.9
	堤基砂壤土	4.70	19.2	19.7	9.2	31.2
	堤基砂土	3.12	19.6	20.3	2.00	29.0
	前戗		19.1	20.0	19.1	17.1
	压浸平台		19.2	19.8	13.1	28.7
围堤 1+900	堤身壤土	5.90	21.1	21.3	18.2	24.0
	堤基砂壤土	3.20	19.2	19.7	9.2	31.2
	堤基砂土	3.70	18.5	19.7	2.00	29.0
	堤基砂土	3.10	19.6	20.3	2.00	29.0
	前戗		19.1	20.1	19.1	17.1
围堤 3+700	堤身壤土	4.50	19.1	20.3	27.3	27.7
	堤基壤土	4.50	19.3	19.8	19.1	27.9
	堤基砂土	4.40	18.5	19.7	2.00	29.0
	前戗		16.6	19.4	16.8	27.0
	压浸平台		19.0	20.3	12.3	28.2
围堤 6+410	堤身壤土	4.10	19.1	20.3	14.4	27.7
	堤基壤土	4.80	19.3	19.7	18.7	28.4
	堤基砂土	5.00	18.5	19.7	2.00	29.0
	前戗		16.8	19.0	7.7	24.9
围堤 9+620	堤身砂壤土	5.90	15.7	19.2	7.3	25.7
	堤基壤土	5.30	19.3	19.8	19.1	27.9
	堤基砂土	5.00	18.5	19.7	2.00	29.0
	前戗		16.3	20.1	17.3	24.7

续表 2-3-2-1

堤防桩号	土层名称	各层厚度/m	天然容重/(kN/m^3)	饱和容重/(kN/m^3)	黏聚力/kPa	内摩擦角/(°)
围堤 11+730	堤身壤土	4.7	16.4	19.3	16.7	19.4
	堤基砂壤土	4.9	19.2	19.7	9.2	31.2
	堤基砂土	5.1	19.6	20.3	2.00	29.0
	前戗		17.9	20.1	15.5	29.4
围堤 13+550	堤身壤土	4.59	16.7	18.8	19.6	19.7
	堤基砂壤土	6.69	19.2	19.7	9.2	31.2
	堤基砂土	3.31	18.5	19.7	2.00	29.0
	前戗		18.0	20.3	6.4	27.1
围堤 15+800	堤身砂壤土	4.4	17.1	19.7	10.0	23.9
	堤基黏土	2.0	19.1	19.8	30.6	18.1
	堤基砂壤土	4.4	19.2	19.7	9.2	31.2
	堤基砂土	2.0	19.6	20.3	2.00	29.0
	前戗		18.0	20.3	6.4	27.1
闸上左岸导流堤 1+950	堤身壤土	5.27	16.6	18.8	12.7	25.7
	堤基壤土	4.5	19.2	19.5	16.1	14.4
	堤基砂壤土	3.0	19.2	19.7	9.2	31.2
	堤基砂土	2.0	19.6	20.3	2.00	29.0
	压浸平台		20.2	20.8	32.7	24.1
闸上左岸导流堤 3+050	堤身壤土	3.7	17.4	20.4	12.7	25.7
	堤基壤土	4.75	19.2	19.5	16.1	14.4
	堤基砂壤土	3.0	19.2	19.7	9.2	31.2
	堤基砂土	3.0	19.6	20.3	2.00	29.0
	压浸平台		20.2	20.8	32.7	24.1
右岸北总干渠 1+850	堤身壤土	6.79	18.0	20.3	6.8	27.7
	堤基黏土	5.00	19.1	19.8	30.6	18.1
	堤基砂土	5.00	19.6	20.3	2.00	29.0
右岸北总干渠 2+800	堤身壤土	6.04	18.0	20.3	6.8	27.7
	堤基黏土	5.2	19.1	19.8	30.6	18.1
	堤基砂土	4.8	19.6	20.3	2.00	29.0

续表 2-3-2-1

堤防桩号	土层名称	各层厚度/m	天然容重/(kN/m³)	饱和容重/(kN/m³)	黏聚力/kPa	内摩擦角/(°)
闸下左岸防洪堤 0+800	堤身壤土	4.5	16.5	19.7	16.4	28.8
	堤基砂土	10	18.5	19.7	2.00	29.0
	前戗		17.9	20.1	15.5	29.4
闸下左岸防洪堤 1+500	堤身壤土	5.2	16.5	19.7	16.4	28.8
	堤基壤土	2	15.5	19.0	13.6	28.3
	堤基砂土	8	18.5	19.7	2.00	29.0

3.2.3　计算结果及分析

3.2.3.1　正常情况稳定计算

黄河三盛公水利枢纽 16.5 km 库区围堤、闸上 3.2 km 左岸导流堤、北总干渠两岸各 3.3 km 堤防和闸下 1.5 km 左岸防洪堤各段堤防典型断面围堤 0+20、围堤 0+750、围堤 1+900、围堤 3+700、围堤 6+410、围堤 9+620、围堤 11+730、围堤 13+550、围堤 15+800、左岸导流堤 1+950、左岸导流堤 3+050、北总干渠右岸 1+850、北总干渠右岸 2+800、闸下左岸防洪堤 0+800 和闸下左岸防洪堤 1+500 共 15 个断面分别在正常运行期抗滑稳定安全系数见表 2-3-2-2。

表 2-3-2-2　堤防抗滑稳定分析计算结果

选取断面桩号	正常运行期安全系数		规范允许抗滑稳定安全系数
	临水侧(水位骤降)	背水侧(稳定渗流)	
围堤 0+20	3.71	1.94	1.3
围堤 0+750	3.19	1.81	1.3
围堤 1+900	2.63	1.89	1.3
围堤 3+700	3.08	2.33	1.3
围堤 6+410	3.06	2.67	1.3
围堤 9+620	3.27	1.36	1.3
围堤 11+730	2.69	1.83	1.3
围堤 13+550	1.95	1.70	1.3
围堤 15+800	2.16	2.12	1.3
闸上左岸导流堤 1+950	2.11	1.33	1.3
闸上左岸导流堤 3+050	2.02	2.36	1.3

续表 2-3-2-2

选取断面桩号	正常运行期安全系数		规范允许抗滑稳定安全系数
	临水侧(水位骤降)	背水侧(稳定渗流)	
北总干渠右岸 1+850	1.54	1.48	1.3
北总干渠右岸 2+800	1.65	1.58	1.3
闸下左岸防洪堤 0+800	1.78	2.01	1.3
闸下左岸防洪堤 1+500	2.70	1.72	1.3

典型断面围堤 0+20、围堤 0+750、围堤 1+900、围堤 3+700、围堤 6+410、围堤 9+620、围堤 11+730、围堤 13+550、围堤 15+800、闸上左岸导流堤 1+950、闸上左岸导流堤 3+050、北总干渠右岸 1+850、北总干渠右岸 2+800、闸下左岸防洪堤 0+800 和闸下左岸防洪堤 1+500 共 15 个断面临水侧(水位骤降)边坡抗滑安全系数为 1.7~4.2,背水侧(稳定渗流)边坡抗滑安全系数为 1.64~2.87,均大于《堤防工程设计规范》(GB 50286—2013)允许值 1.3,堤坡稳定且具有一定的安全裕度。以 0+20 断面为例,水位骤降期和稳定期最危险滑弧示意如图 2-3-2-2、图 2-3-2-3 所示。

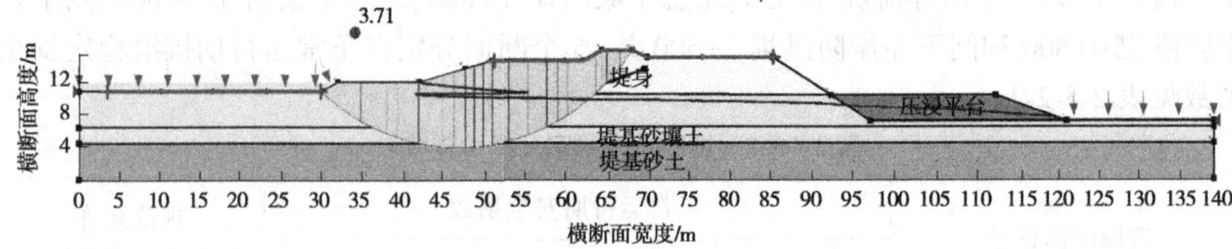

图 2-3-2-2 水位骤降期围堤 0+20 断面(临水侧)

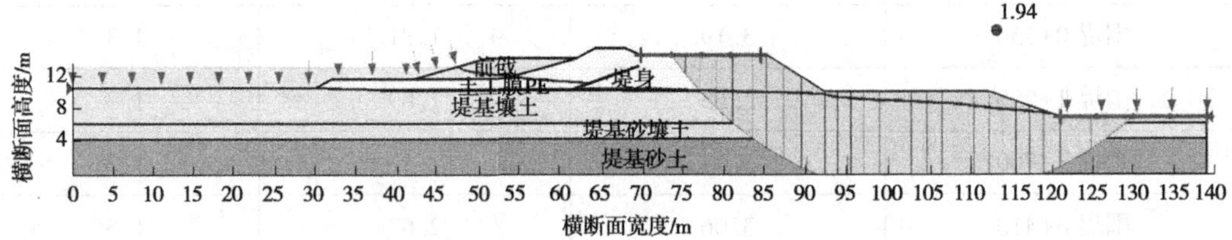

图 2-3-2-3 稳定渗流期围堤 0+20 断面(背水侧)

3.2.3.2 非常情况稳定计算

黄河三盛公水利枢纽 16.5 km 库区围堤、闸上 3.2 km 左岸导流堤、北总干渠两岸各 3.3 km 堤防和闸下 1.5 km 左岸防洪堤各段堤防典型断面围堤 0+20、围堤 0+750、围堤 1+900、围堤 3+700、围堤 6+410、围堤 9+620、围堤 11+730、围堤 13+550、围堤 15+800、左岸导流堤 1+950、左岸导流堤 3+050、北总干渠右岸 1+850、北总干渠右岸 2+800、闸下左岸防洪堤 0+800 和闸下左岸防洪堤 1+500 共 15 个断面在非常运行期的抗滑稳定安全系数见表 2-3-2-3。

表 2-3-2-3　堤防抗滑稳定分析计算结果

选取断面桩号	非常运行期安全系数		规范允许抗滑稳定安全系数
	临水侧	背水侧	
围堤 0+20	1.64	1.21	1.2
围堤 0+750	1.30	1.23	1.2
围堤 1+900	1.29	1.22	1.2
围堤 3+700	1.41	1.21	1.2
围堤 6+410	1.62	1.43	1.2
围堤 9+620	1.70	1.30	1.2
围堤 11+730	1.65	1.33	1.2
围堤 13+550	1.46	1.23	1.2
围堤 15+800	1.43	1.30	1.2
闸上左岸导流堤 1+950	1.41	1.08	1.2
闸上左岸导流堤 3+050	1.31	1.49	1.2
北总干渠右岸 1+850	1.30	1.37	1.2
北总干渠右岸 2+800	1.24	1.38	1.2
闸下左岸防洪堤 0+800	1.22	1.41	1.2
闸下左岸防洪堤 1+500	1.75	1.24	1.2

非常运行期，除典型断面左岸导流堤 1+950 背水侧边坡抗滑安全系数为 1.08，其余断面围堤 0+20、围堤 0+750、围堤 3+700、围堤 6+410、围堤 9+620、围堤 11+730、围堤 13+550、围堤 15+800、左岸导流堤 1+950、左岸导流堤 3+050、北总干渠右岸 1+850、北总干渠右岸 2+800、闸下左岸防洪堤 0+800 和闸下左岸防洪堤 1+500 共 14 个断面安全系数均大于《堤防工程设计规范》(GB 50286—2013)允许值 1.2，堤坡稳定且具有一定的安全裕度。以 0+20 断面为例，非常运行期最危险滑弧示意如图 2-3-2-4、图 2-3-2-5 所示。

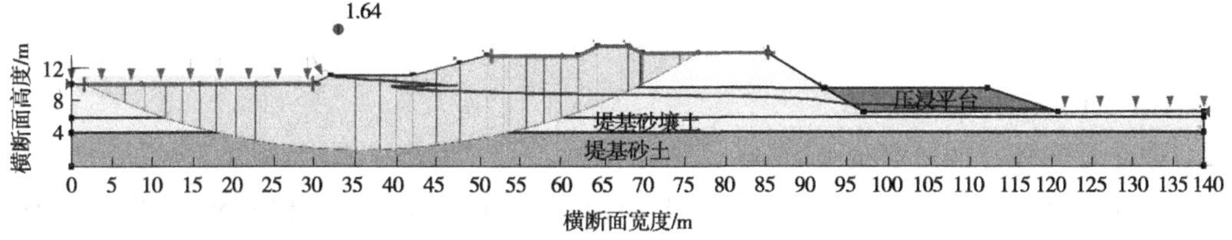

图 2-3-2-4　非常运行期围堤 0+20 断面(临水侧)

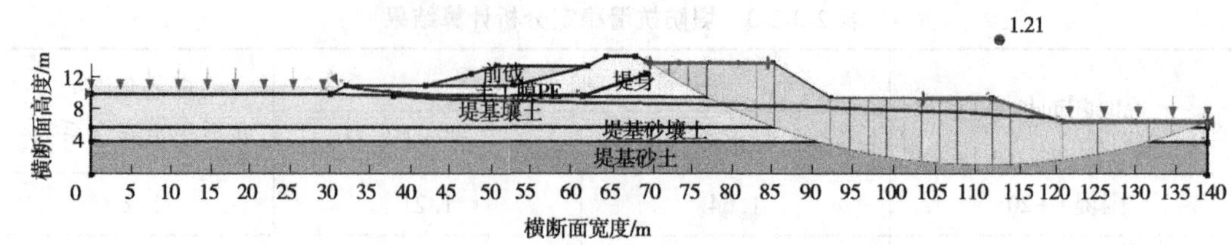

图 2-3-2-5 非常运行期围堤 0+20 断面(背水侧)

3.2.4 堤顶宽度和堤身坡度

3.2.4.1 堤顶宽度

根据《黄河三盛公水利枢纽工程堤防安全现状调查分析报告》2.5 节,16.5 km 库区围堤和闸上 3.2 km 左岸导流堤的堤顶宽度均大于 8 m,满足《堤防工程设计规范》(GB 50286—2013)7.4.1 条文 1 级堤防的要求。闸下 1.5 km 左岸防洪堤的堤顶宽度均大于 6 m,满足《堤防工程设计规范》(GB 50286—2013)7.4.1 条文 2 级堤防的要求。北总干渠两岸各 3.3 km 堤防的堤顶宽度均大于 8 m,满足《堤防工程设计规范》(GB 50286—2013) 7.4.1 条文 1 级堤防的要求。

3.2.4.2 堤身坡度

16.5 km 库区围堤临水侧堤坡为 18°~19°,背水侧堤坡为 20°~30°;闸上 3.2 km 左岸导流堤的临水侧堤坡为 17°~28°,背水侧堤坡为 26°~42°;闸下 1.5 km 左岸防洪堤临水侧堤坡为 18°~20°,背水侧堤坡为 17°~22°;北总干渠两岸各 3.3 km 堤防临水侧堤坡为 20°~24°,背水侧堤坡在 20°左右。

3.2.5 堤坡及堤脚抗冲性

16.5 km 库区围堤临水侧有前戗台工程,保护堤坡和堤脚;拦河闸上 3.2 km 左岸导流堤大部分堤段距离黄河主河槽较远,河势变化较慢,临近和距离黄河主河槽较近堤段已进行防护处理。拦河闸下 1.5 km 左岸防洪堤临水侧有前戗台工程,保护堤坡和堤脚。北总干渠 3.3 km 渠道内采用砌石进行了防护处理。

3.3 结构安全复核结论

3.3.1 结论

3.3.1.1 16.5 km 库区围堤

对黄河三盛公水利枢纽 16.5 km 库区围堤 9 个典型断面(围堤 0+20、围堤 0+750、围堤 1+900、围堤 3+700、围堤 6+410、围堤 9+620、围堤 11+730、围堤 13+550、围堤 15+800)的正常情况和非常情况抗滑稳定进行了复核计算,满足现行规范要求。根据现场抽测结果,9 个典型断面处路面均有纵缝和横缝,横缝的间距 4~8 m 不等,横缝和纵缝宽度均大于 2 mm,存在安全隐患。

16.5 km 库区围堤堤顶宽度满足《堤防工程设计规范》(GB 50286—2013)7.4.1 条文 1 级堤防的要求;16.5 km 库区围堤临水侧堤坡为 18°~20°,背水侧堤坡为 20°~30°;16.5 km 库区围堤临水侧有前戗台工程,保护堤坡和堤脚。

3.3.1.2　闸上 3.2 km 左岸导流堤

对闸上 3.2 km 左岸导流堤的 2 个典型断面进行了正常情况和非常情况边坡抗滑稳定复核计算,非常情况左岸导流堤 1+950 背水侧边坡抗滑稳定不满足现行规范要求。根据现场抽测结果,背水侧边坡坡度较大,该处路面有 2 条纵缝,1 条宽度 2~3 cm 的横缝,存在安全隐患。

闸上 3.2 km 左岸导流堤堤顶宽度满足《堤防工程设计规范》(GB 50286—2013)7.4.1 条文 1 级堤防的要求;临水侧堤坡为 17°~28°,背水侧堤坡为 26°~42°;大部分堤段距离黄河主河槽较远,河势变化较慢,临近和距离黄河主河槽较近堤段已进行防护处理。

3.3.1.3　北总干渠两岸各 3.3 km 堤防

对北总干渠两岸各 3.3 km 堤防的 2 个典型断面进行了正常情况和非常情况抗滑稳定复核计算,边坡抗滑稳定满足现行规范要求。根据现场抽测 6 个断面情况,两岸北总干渠路面有较多横缝,存在安全隐患。

北总干渠两岸各 3.3 km 堤防堤顶宽度满足《堤防工程设计规范》(GB 50286—2013)7.4.1 条文 1 级堤防的要求;临水侧堤坡为 20°~24°,背水侧堤坡在 20°左右。北总干渠渠道内进行了硬化处理,保护堤坡和堤脚。

3.3.1.4　闸下 1.5 km 左岸防洪堤

对闸下左岸防洪段 1.5 km 的 1 个典型断面进行了正常情况和非常情况抗滑稳定复核计算,堤坡抗滑稳定满足现行规范要求。

闸下 1.5 km 防洪堤堤顶宽度满足《堤防工程设计规范》(GB 50286—2013)7.4.1 条文 2 级堤防的要求;临水侧堤坡为 18°~20°,背水侧堤坡为 17°~22°。

3.3.2　建议

(1)左岸导流堤 1+950 堤段边坡在非常情况下边坡抗滑稳定不符合《堤防工程设计规范》(GB 50286—2013)的要求,建议增加后戗。减小该堤段背水坡坡度。

(2)闸下 1.5 km 左岸防洪堤应加强日常运行管理。

(3)本次抽测的三盛公水利枢纽 16.5 km 库区围堤、闸上 3.2 km 左岸导流堤、北总干渠两岸各 3.3 km 堤防和闸下 1.5 km 左岸防洪堤典型断面处路面均有不同开裂程度的纵缝和横缝,建议根据堤防沥青路面的裂缝情况,采取适当措施予以处理。

第 3 篇　公路桥篇

1　公路桥工程概况

1.1　拦河闸交通桥

内蒙古自治区黄河三盛公水利枢纽拦河闸交通桥建于 1959 年,位于国道 110 线上,共 18 跨,桥长为(16×18.19+2×17.98)m,为普通混凝土简支 T 梁桥;桥梁铺装层伸缩缝为两孔一缝、单跨配钢相同。建成后共经两次加固:①2006 年对桥面重新浇筑了一层平均 23 cm 厚的钢筋混凝土,内设两层钢筋网,混凝土强度等级为 C40;②2008 年对 T 梁(主梁)底板与腹板粘贴芳纶布。加固后该桥由原设计等级汽车-10、拖-60 提高为汽车-20、挂-100 级。桥梁照片见图 3-1-1-1、图 3-1-1-2。

图 3-1-1-1　拦河闸交通桥侧面图

图 3-1-1-2　拦河闸交通桥平面图

1.2　进水闸交通桥

内蒙古自治区黄河三盛公水利枢纽进水闸交通桥建于 1959 年,位于国道 110 线上,共 9 跨,桥长为(7×11.59+1×11.80+1×11.18)m,为普通混凝土简支 T 梁桥;桥梁铺装层伸缩缝中间一孔一缝,其余为两孔一缝,单跨配钢相同。该桥建成后共有两次加固:①2006 年对桥面重新浇筑了一层平均 23 cm 厚的钢筋混凝土,内设两层钢筋网,混凝土强度等级为 C40;②2008 年对 T 梁(主梁)底板与腹板粘贴芳纶布。加固后该桥由原设计等级汽车-10、拖-60 提高为汽车-20、挂-100。桥梁照片见图 3-1-2-1、图 3-1-2-2。

图 3-1-2-1　进水闸交通桥侧面图

图 3-1-2-2　进水闸交通桥平面图

1.3　沈乌干渠进水闸交通桥

沈乌干渠进水闸为五孔一联浮筏式钢筋混凝土结构,该闸闸后交通桥建于 1959 年,位于内蒙古自治区省道上,共五跨,桥长为(3.4×5)m,为普通混凝土简支板梁桥;桥梁铺装层伸缩缝五孔二缝,伸缩缝设置在桥台处。该桥建成后于 2008 年进行了加固,加固的主要内容为:①更换该桥板梁,板梁混凝土强度等级为 C40;②对桥面浇筑了钢筋混凝土铺装层。沈乌干渠进水闸交通桥照片见图 3-1-3-1、图 3-1-3-2。

图 3-1-3-1 沈乌干渠进水闸交通桥侧面图

图 3-1-3-2 沈乌干渠进水闸交通桥平面图

2　基于静载试验的公路桥安全复核

目前,桥梁已成为道路交通中不可缺少的一项重要内容,作为连接道路的重要纽带,建设完成正常使用的桥梁工程中,超过 90%都是混凝土桥梁,由于受自然灾害及长期荷载的不利影响,在使用过程中桥梁通常产生降低结构安全性、耐久性等一些亟待解决的问题,甚至在经济方面造成较为严重的损失。为深入分析桥梁结构状态的有关情况,尽可能减少桥梁产生的“疲劳带病”状态,最关键的是要将桥梁结构健康检测工作做好。

作为一种最为直接有效的非破坏性荷载试验检测技术,桥梁静载试验是对新建或运营中的桥梁进行承载能力评估、检修加固的最重要的方法之一。桥梁静载试验主要是对桥梁应变、挠度等情况进行测试,并将测试结果与计算结果进行对比,确定桥梁结构或构件承载能力检算系数,从而评价桥梁的质量与安全性。其中,对桥梁结构挠度的测量可以直观地反映结构性能。

本章采用桥梁静载试验技术,对拦河闸、进水闸和沈乌闸公路桥进行桥梁静载试验,将试验结果分别与理论计算结果和有限元数值模拟计算结果进行了对比,验证了静载试验结果的准确性,并基于静载试验结果,对公路桥安全状态进行了评价。

2.1　静载试验检测

2.1.1　试验目的

通过桥梁结构静载试验,达到以下目的:

(1)测定控制截面在试验荷载下的应变及挠度响应。

(2)观测试验过程中结构病害的发展及变化。

(3)评定桥梁结构的实际承载能力。

2.1.2　控制截面的选取及仪器安装

该桥梁深为普通混凝土简支 T 梁桥,依据《公路桥梁荷载试验规程》(JTG/T J21-01—2015)第 5.2.2 条,本次试验取必做工况,即跨中最大弯矩工况,主要控制截面为产生最大正弯矩和挠度的跨中截面。

本次静载试验数据采集采用武汉岩海的 RS-QL06E 桥梁结构测试系统,传感器见图 3-2-1-1,传感器安装断面及个数见表 3-2-1-1、图 3-2-1-2、图 3-2-1-3。

图 3-2-1-1　HY 型数码应变计和位移计及采集系统

表 3-2-1-1　各截面测点及编号

截面	应变计数量	位移测点数量	应变测点	位移测点
0 截面	0	1	—	—
L/4 截面	0	0	—	—
L/2 截面	4	5	应变计编号 1、2、3、4，编号 3、4 的应变计为粘贴在 T 梁腹板外侧的 2 支应变计	位移测点编号 1、2、3、4、5、6、7
L 截面	0	1	—	—
合计	4	7	—	—

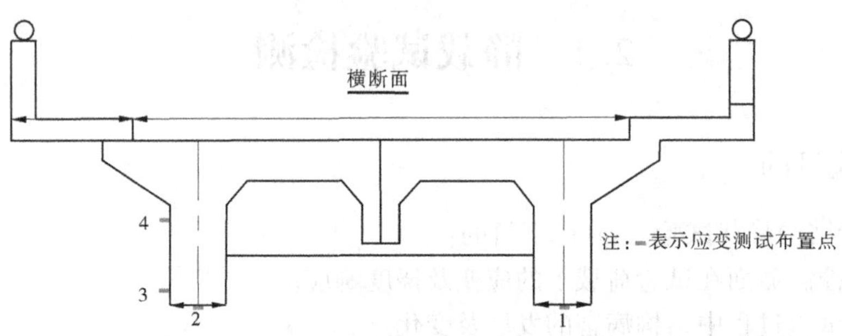

图 3-2-1-2　跨中应变测点布置及编号

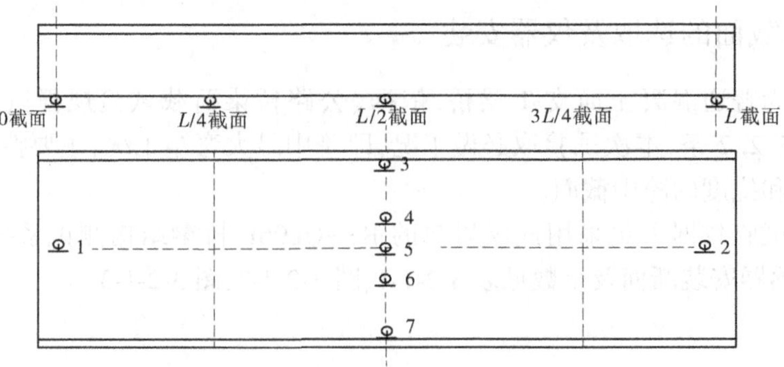

图 3-2-1-3　位移测点布置

2.1.3　加载车辆选用

黄河三盛公水利枢纽拦河闸交通桥，原设计等级为汽车-10、拖-60，后因桥梁维修加固，桥梁荷载等级均提高为汽车-20、挂-100。因此，本静载试验荷载取汽车-20、挂-100级。选用 2 辆后八轮载重汽车(见图 3-2-1-4)进行桥梁静载试验。

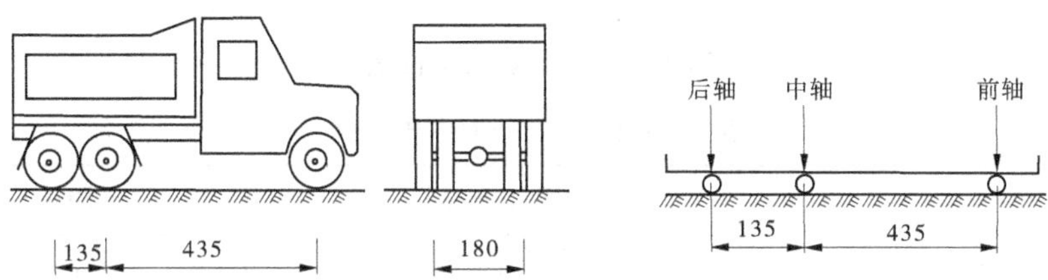

图 3-2-1-4　试验所用载重汽车　(单位:cm)

2.1.4　等效荷载、加载效率与控制参数检算

2.1.4.1　荷载等级

根据检测结果和《公路桥梁承载能力检测评定规程》(JTG/T J21—2011)对该桥主梁内力进行复合计算。该桥主梁的设计荷载为汽超-20、挂-100 汽车等级荷载简图如图 3-2-1-5 所示。

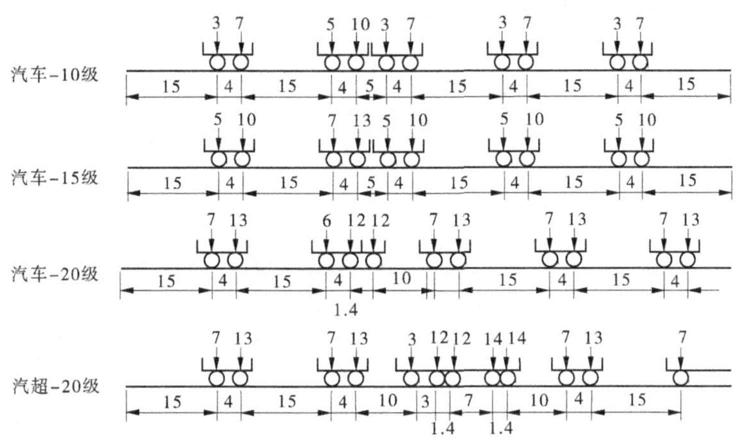

图 3-2-1-5　汽车等级荷载简图　(尺寸单位:m;质量单位:t)

2.1.4.2　材料和截面参数

1. 拦河闸公路桥材料和截面参数

(1)该桥为 T 梁桥，主梁跨中下缘主筋为 23 Φ 32 钢筋，上缘主筋为 4 Φ 32+2 Φ 19，根据现行规范该钢筋抗拉设计强度为 210 MPa，弹性模量 $E_y = 2.1\times10^5$ MPa；主梁混凝土强度推定值比设计值大，复核计算取混凝土设计强度 170#(C16)，抗压强度为 7.36 MPa，抗拉强度为 0.92 MPa，弹性模量 $E_y = 2.27\times10^4$ MPa。

(2)主梁截面及相应参数。该桥主梁截面为 2 根 T 梁组合而成，按整体进行计算。桥梁截面简图主要参数见图 3-2-1-6、表 3-2-1-2。

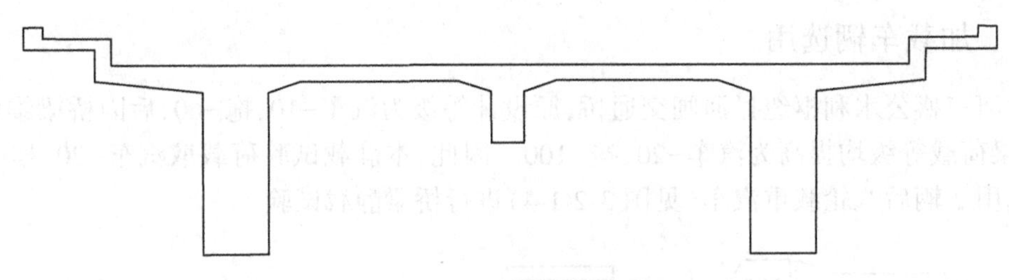

图 3-2-1-6　桥梁截面简图

表 3-2-1-2　桥梁截面主要参数

面积/m^2	惯性矩/m^4	周长/m
3.50	1.039 9	26.274 9

2. 进水闸公路桥材料和截面参数

(1)该桥为T梁桥,主梁跨中下缘主筋为16 Φ 30 钢筋,上缘主筋为2 Φ 22,根据现行规范该钢筋抗拉设计强度为195 MPa,弹性模量 $E_y=2.1\times10^5$ MPa;主梁混凝土强度推定值比设计值大,复核计算取混凝土设计强度170#(C16),抗压强度为7.36 MPa,抗拉强度为0.92 MPa,弹性模量 $E_y=2.27\times10^4$ MPa。

(2)主梁截面及相应参数。该桥主梁截面为2根T梁组合而成,按整体进行计算。桥梁截面简图和主要参数见图3-2-1-7、表3-2-1-3。

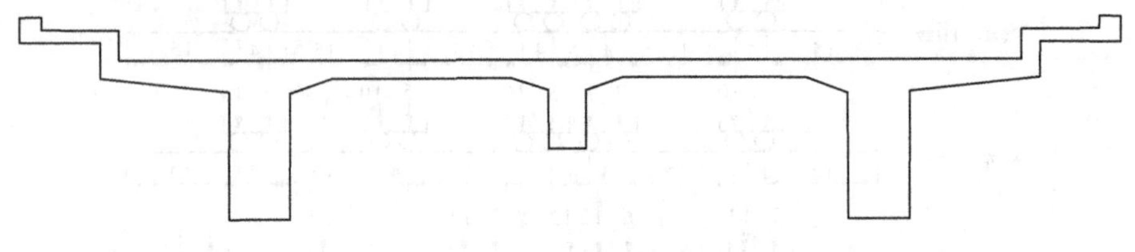

图 3-2-1-7　桥梁截面简图

表 3-2-1-3　桥梁截面主要参数

面积/m^2	惯性矩/m^4	周长/m
2.76	0.409 4	24.437 5

3. 沈乌闸公路桥材料和截面参数

(1)该桥为实心板梁,主梁为10 Φ 22 钢筋,根据现行规范该钢筋抗拉设计强度为195 MPa,弹性模量 $E_y=2.1\times10^5$ MPa。主梁混凝土强度推定值比设计值大,复核计算取混凝土设计强度C40,抗压强度为18.4 MPa,抗拉强度为1.65 MPa,弹性模量 $E_y=3.25\times10^5$ MPa。

(2)主梁截面及相应参数。该桥主梁截面为7块宽度为1 m的实心板梁组合而成,按单个梁进行计算。桥梁实心板截面图和主要参数见图3-2-1-8、表3-2-1-4。

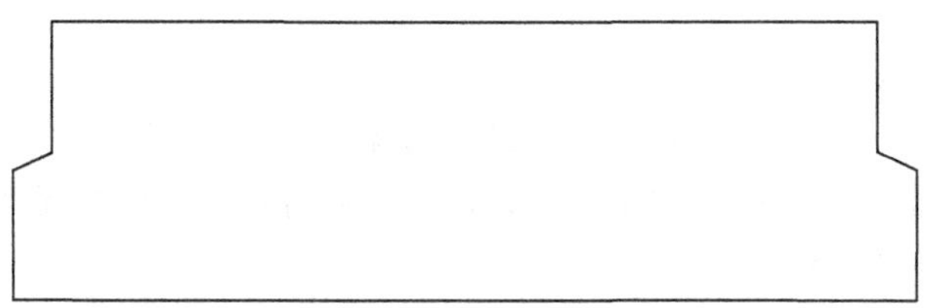

图 3-2-1-8　桥梁实心板截面简图

表 3-2-1-4　桥梁实心板主要参数

面积/m^2	惯性矩/m^4	周长/m
0.284 5	0.002 1	2.551 2

2.1.4.3　主梁恒载计算

1. 拦河闸公路桥主梁恒载计算

1) 单个 T 梁恒载集度

第一期恒载集度(主梁自重):q_1 = 3.5 m^2/2×26 kN/m^3 = 45.5 kN/m。

第二期恒载集度(水泥混凝土桥面铺装):q_2 = 8.55 m/2×0.10 m×26 kN/m^3 = 11.1 kN/m。

第三期恒载集度(沥青混凝土桥面铺装):q_3 = 7.3 m/2×0.05 m×25 kN/m^3 = 4.56 kN/m。

2) 单个 T 梁控制截面恒载内力

主梁恒载集度:$q = q_1 + q_2 + q_3$ = 45.5 kN/m+11.1 kN/m+4.56 kN/m = 61.16 kN/m。

2. 进水闸公路桥主梁恒载计算

1) 单个 T 梁恒载集度

第一期恒载集度(主梁自重):q_1 = 2.76 m^2/2×26 kN/m^3 = 35.9 kN/m。

第二期恒载集度(水泥混凝土桥面铺装):q_2 = 8.55 m/2×0.10 m×26 kN/m^3 = 11.1 kN/m。

第三期恒载集度(沥青混凝土桥面铺装):q_3 = 7.3 m/2×0.05 m×25 kN/m^3 = 4.56 kN/m。

2) 单个 T 梁控制截面恒载内力

主梁恒载集度:$q = q_1 + q_2 + q_3$ = 35.9 kN/m+11.1 kN/m+4.56 kN/m = 51.56 kN/m。

3. 沈乌闸公路桥主梁恒载计算

1) 恒载集度

第一期恒载集度(主梁自重):q_1 = 0.284 5 m^2×26 kN/m^3 = 7.397 kN/m。

第二期恒载集度(水泥混凝土桥面铺装):q_2 = 1.0 m×0.10 m×26 kN/m^3 = 2.6 kN/m。

2) 控制截面恒载内力计算

主梁恒载集度:$q = q_1 + q_2$ = 7.397 kN/m+2.6 kN/m = 10.0 kN/m。

2.1.4.4 承载力

1. 拦河闸公路桥承载力

拦河闸公路桥为T梁桥,承载力复核包括弯矩和剪力复核。计算工况:荷载组合Ⅰ和荷载组合Ⅱ。设计荷载计算模型见图3-2-1-9,试验荷载计算模型见图3-2-1-10,承载力复核计算结果见表3-2-1-5。

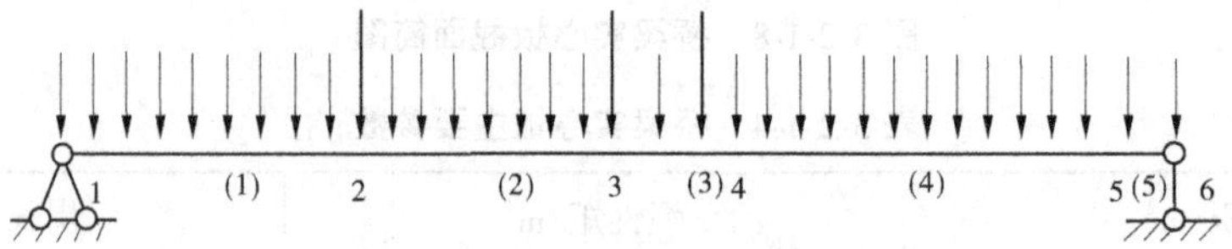

图3-2-1-9 设计荷载计算模型(汽-20)

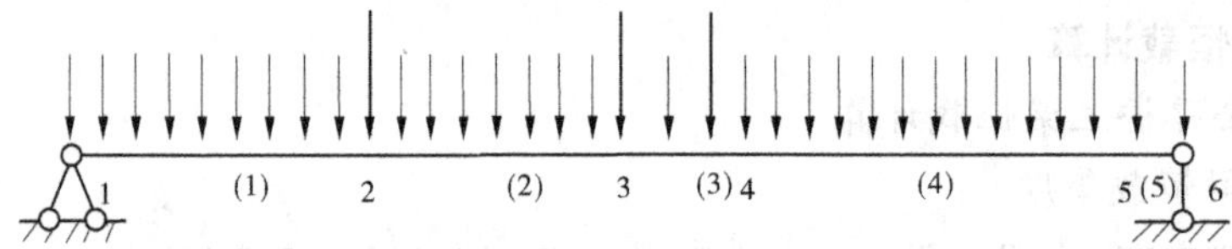

图3-2-1-10 试验荷载计算模型(标准荷载8.1 t+16.2 t+16.2 t)

表3-2-1-5 承载力复核计算结果

项目	荷载组合Ⅰ	荷载组合Ⅱ	结构抗力	
			弯矩/(kN·m)	剪力/kN
跨中弯矩/(kN·m)	4 845.2	4 678.1	6 155.2	1 436.8
距支点0.85 m处剪力/kN	875.6	866.3		
应变/με	210	—	—	—
挠度/mm	5.82	—	—	—

2. 进水闸公路桥承载力

本桥为T梁桥,承载力复核包括弯矩和剪力复核。计算工况:荷载组合Ⅰ和荷载组合Ⅱ。设计荷载计算模型见图3-2-1-11,试验荷载计算模型见图3-2-1-12,承载力复核计算结果见表3-2-1-6。

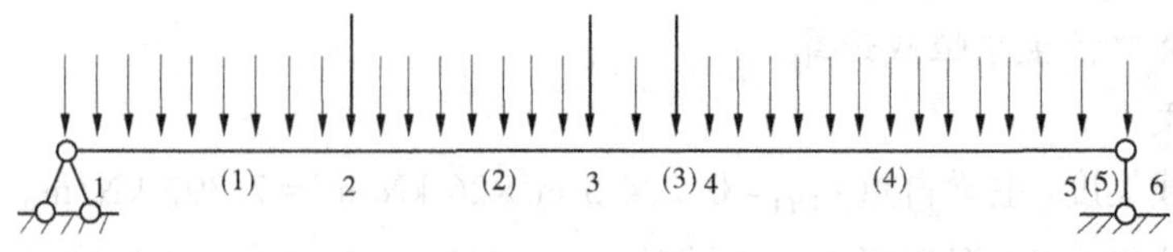

图3-2-1-11 设计荷载计算模型(汽车-20)

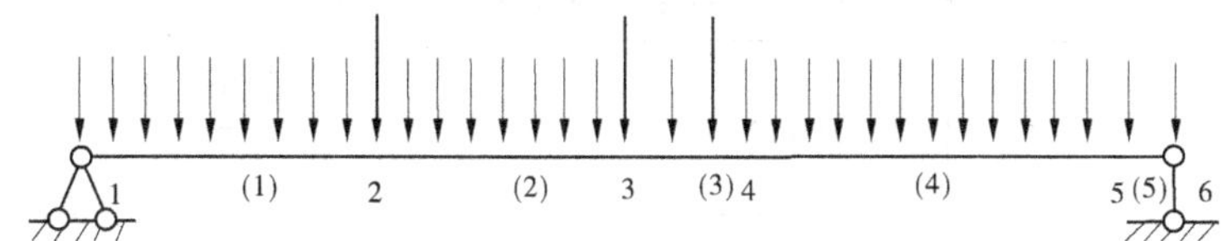

图 3-2-1-12　试验荷载计算模型(标准荷载 8. 1 t+16. 2 t+16. 2 t)

表 3-2-1-6　承载力复核计算结果

项目	荷载组合Ⅰ	荷载组合Ⅱ	结构抗力	
			弯矩/(kN・m)	剪力/kN
跨中弯矩/(kN・m)	2 028. 3	4 678. 1	2 240. 2	792. 6
距支点 0. 6 m 处剪力/kN	585. 4	594. 7		
应变/με	208	—	—	—
挠度/mm	3. 35	—	—	—

3. 进水闸公路桥承载力

根据规范要求,简支板梁的静载试验可只对跨中弯矩进行验证,同时桥梁跨度不大(3. 4 m),因此本桥只对跨中弯矩进行复核。计算工况:荷载组合Ⅰ;设计荷载组合计算模型见图 3-2-1-13,试验荷载计算模型见图 3-2-1-14,单板承载力复核计算结果见表 3-2-1-7。

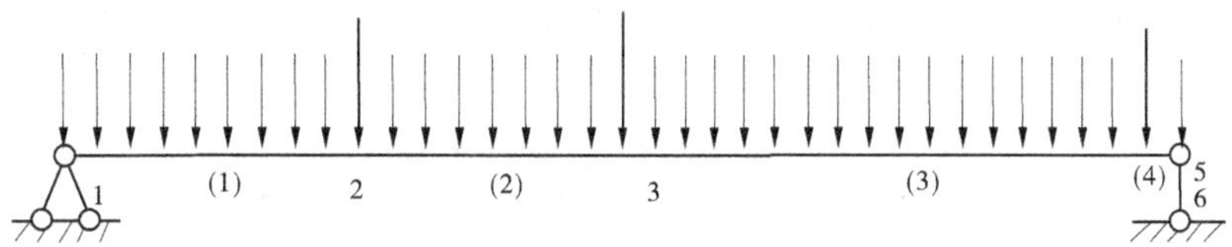

图 3-2-1-13　设计荷载组合组合计算模型(汽车-20)

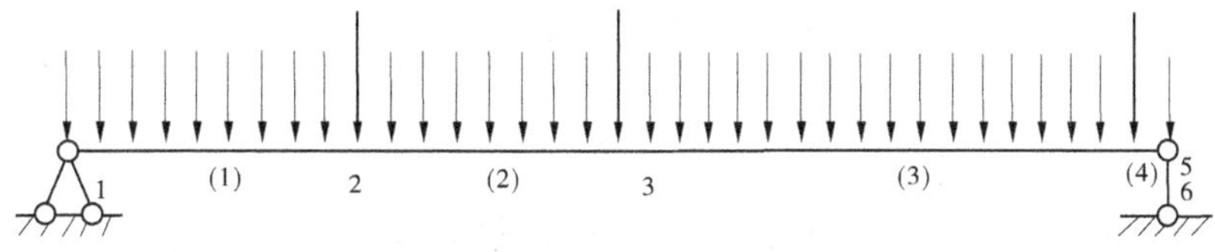

图 3-2-1-14　试验荷载计算模型(标准荷载 10 t+20 t+20 t)

表 3-2-1-7 单板承载力复核计算结果

项目	荷载组合 I	结构抗力	
		弯矩/(kN · m)	剪力/kN
跨中弯矩/(kN · m)	72.1	148.2	191.3
支点处剪力/kN	59.3		
应变/με	152	—	—
挠度/mm	0.77	—	—

2.1.4.5 加载荷重、加载效率

1. 拦河闸公路桥加载荷重、加载效率

该桥为双向两车道,所选桥跨单跨为 18.19 m,设计荷载为汽车-20、挂-100 级,折减系数为 1.0。根据与设计荷载产生相同荷载效应(相同应力和挠度)的等效原理进行分析,该桥设计荷载的等效荷载为 2 辆重为 41.5 t 的后八轮加载车,根据检测现场的实际情况,2 辆后八轮的最终载重量见表 3-2-1-8,在该加载荷重下,该桥中跨正弯矩加载效率系数分别为 0.98(汽车-20)和 0.95(挂-100),满足规范规定试验加载效率系数在 0.85~1.05 的要求[《公路桥梁荷载试验规程》(JTG/T J21-01—2015)第 5.4.2 条],该荷载下相应控制参数计算结果见表 3-2-1-9。

表 3-2-1-8 试验所用载重汽车载重及参数

加载车编号	前轴重/kg	中轴重/kg	后轴重/kg	总重/kg	前轴和中轴距/m	后轴和中轴距/m	轮距/m
A	8 080	16 160	16 160	40 400	4.35	1.35	1.8
B	8 080	16 080	16 080	40 200	4.35	1.35	1.8

表 3-2-1-9 加载效率与控制参数分析结果

项目	加载效率	控制参数	
截面	跨中	跨中应变/με	跨中位移/mm
数值	0.98(汽车-20)	210.0	5.68
	0.95(挂-100)		

2. 进水闸公路桥加载荷重、加载效率

该桥为双向两车道,所选桥跨单跨为 11.59 m,设计荷载为汽车-20、挂-100,折减系数为 1.0。根据与设计荷载产生相同荷载效应(相同应力和挠度)的等效原理进行分析,该桥设计荷载的等效荷载为 2 辆重为 41.5 t 的后八轮加载车,根据检测现场的实际情况,2 辆后八轮的最终载重量见表 3-2-1-10,在该加载荷重下,该桥中跨正弯矩加载效率系数分别为 0.97(汽车-20)和 0.95(挂-100),满足规范规定试验加载效率系数在 0.85~1.05

的要求[《公路桥梁荷载试验规程》(JTG/T J21-01—2015)第 5.4.2 条],该荷载下相应控制参数计算结果见表 3-2-1-11。

表 3-2-1-10　试验所用载重汽车载重及参数

加载车编号	前轴重/kg	中轴重/kg	后轴重/kg	总重/kg	前轴和中轴距/m	后轴和中轴距/m	轮距/m
A	8 080	16 160	16 160	40 400	4.35	1.35	1.8
B	8 080	16 080	16 080	40 200	4.35	1.35	1.8

表 3-2-1-11　加载效率与控制参数分析结果

	加载效率	控制参数	
截面	跨中	跨中应变/με	跨中位移/mm
数值	0.97(汽车-20)	204	3.12
	0.95(挂-100)		

3. 沈乌闸公路桥加载荷重、加载效率

沈乌闸公路桥为双向两车道,加载桥跨跨度为 3.4 m,设计荷载为汽车-20、挂-100,车道折减系数为 1.0。根据与设计荷载产生相同荷载效应(相同应力和挠度)的等效原理进行分析,该桥设计荷载的等效荷载为 2 辆重为 50.0 t 的后八轮加载车,根据检测现场的实际情况,2 辆后八轮的最终载重量见表 3-2-1-12,在该加载荷重下,该桥中跨正弯矩加载效率系数分别为 1.01(汽车-20)和 0.99(挂-100),满足规范规定试验加载效率系数在 0.85~1.05 的要求[《公路桥梁荷载试验规程》(JTG/T J21-01—2015)第 5.4.2 条],该荷载下相应控制参数计算结果见表 3-2-1-13。

表 3-2-1-12　试验所用载重汽车载重及参数

加载车编号	前轴重/kg	中轴重/kg	后轴重/kg	总重/kg	前轴和中轴距/m	后轴和中轴距/m	轮距/m
A	10 072	20 144	20 144	50 360	4.35	1.35	1.8
B	10 028	20 056	20 056	50 140	4.35	1.35	1.8

表 3-2-1-13　加载效率与控制参数分析结果

	加载效率	控制参数	
截面	跨中	跨中应变/με	跨中位移/mm
数值	1.01(汽车-20)	148	0.762
	0.98(挂-100)		

2.1.5　荷载工况

本次静载试验采用对称加载的方式进行,静载试验前先用 2 辆荷载车进行预压,然后进行静载试验。静载试验分 4 级：

第 1 级荷载,A 加载车后轴在一个车道跨中处；

第 2 级荷载,A 加载车中轴在一个车道跨中处；

第 3 级荷载,A 加载车中轴在一个车道跨中处,B 加载车后轴在另一个车道的跨中处；

第 4 级荷载,A 加载车中轴在一个车道跨中处,B 加载车中轴在另一个车道的跨中处。第 4 级荷载汽车荷载布置如图 3-2-1-15 所示。

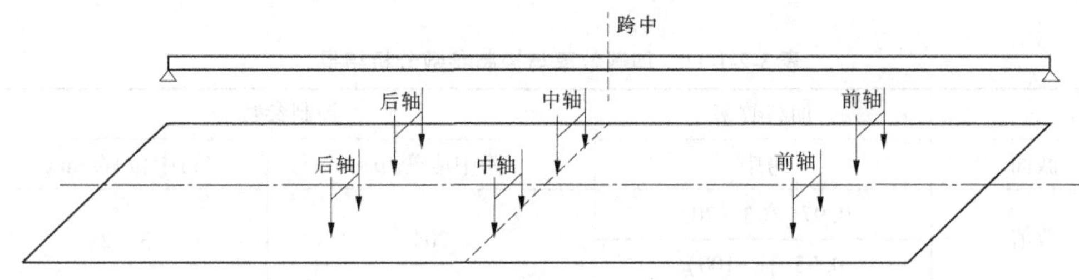

图 3-2-1-15　试验载重汽车荷载布置图

2.2　静载试验结果分析

2.2.1　拦河闸公路桥静载试验结果分析

2.2.1.1　挠度测试结果分析

4 种工况下各截面挠度测试结果见表 3-2-2-1、表 3-2-2-2,由表可知：

(1)挠度测试值均小于或接近挠度计算值,校验系数在 0.42~1.00,基本满足规范要求。

(2)残余挠度测试值(绝对值)均大于相应最大挠度测试值(绝对值)的 20%,不满足规范要求。

4 种工况下各截面挠度(均值)曲线见图 3-2-2-1~图 3-2-2-4,挠度测试残余值曲线见图 3-2-2-5。

表 3-2-2-1　工况 1 和工况 2 跨中挠度测试结果　　挠度单位:mm

截面位置	测点	初始值	工况 1				工况 2			
			测试值	修正后	计算值	校验系数	测试值	修正后	计算值	校验系数
0	1	0	-0.02	0	0	—	-0.22	0	0	—
L/2	3	0	-1.08	-1.06	-2.48	0.42	-2.76	-2.63	-3.57	0.74
	4	0	-2.49	-2.48		1.00	-3.25	-3.13		0.88
	5	0	-2.07	-2.06		0.83	-3.28	-3.15		0.88
	6	0	-1.08	-1.06		0.43	-3.2	-3.08		0.86
	7	0	-1.25	-1.23		0.50	-1.68	-1.55		0.43
L	2	0	-0.01	0	0	—	-0.03	0	0	—

注:校验系数=修正后实测值/计算值。

表 3-2-2-2　工况 3 和工况 4 跨中挠度测试结果　挠度单位:mm

截面位置	测点	初始值	工况 3				工况 4				残余值	最大挠度20%
			测试值	修正后	计算值	校验系数	测试值	修正后	计算值	校验系数		
0	1	0	-0.19	0	0	—	-0.34	0	0	—	—	—
L/2	3	0	-4.79	-4.61	-4.61	1.00	-5.78	-5.59	-5.68	0.98	-1.89	-1.12
	4	0	-4.13	-4.02		0.87	-5.23	-5.04		0.89	-2.23	-1.01
	5	0	-4.03	-3.92		0.85	-5.36	-5.17		0.91	-1.15	-1.03
	6	0	-4.05	-3.94		0.85	-4.33	-4.14		0.73	-1.93	-0.83
	7	0	-3.36	-3.25		0.70	-4.15	-3.96		0.70	-1.64	-0.79
L	2	0	0.04	0	0	—	-0.04	0	0	—	—	—

注:校验系数=修正后实测值/计算值。

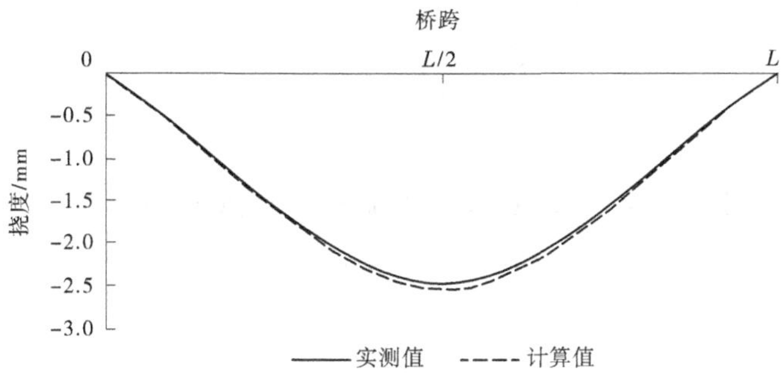

图 3-2-2-1　1 级荷载跨中截面挠度曲线(测点 4)

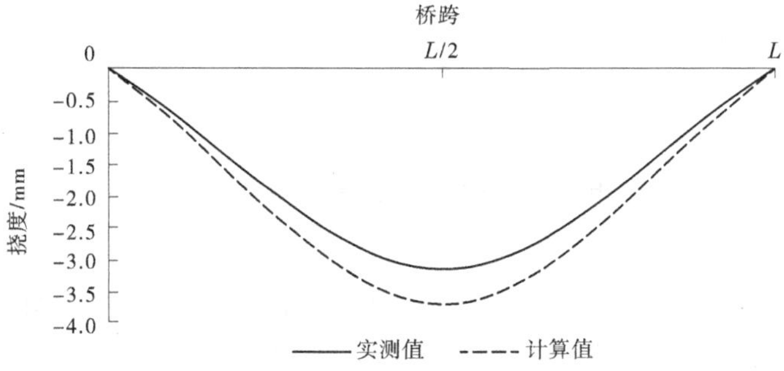

图 3-2-2-2　2 级荷载跨中截面挠度曲线(测点 4)

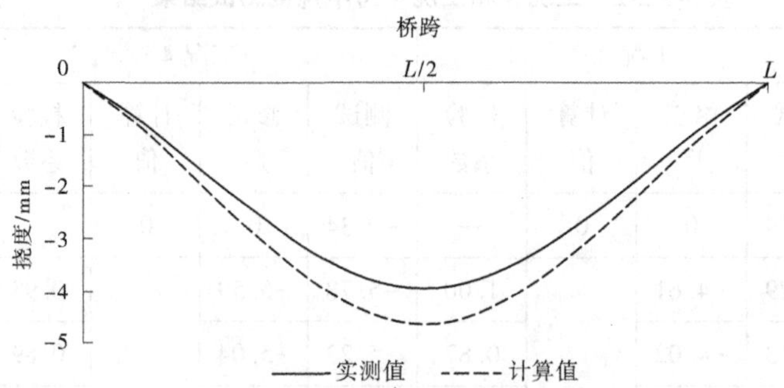

图 3-2-2-3 3 级荷载跨中截面挠度曲线(测点 4)

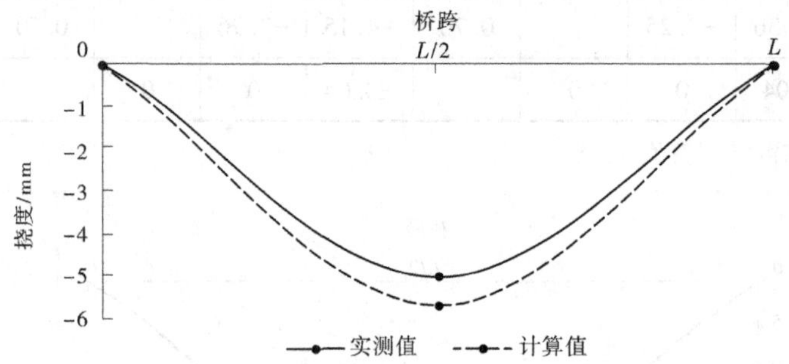

图 3-2-2-4 4 级荷载跨中截面挠度曲线(测点 4)

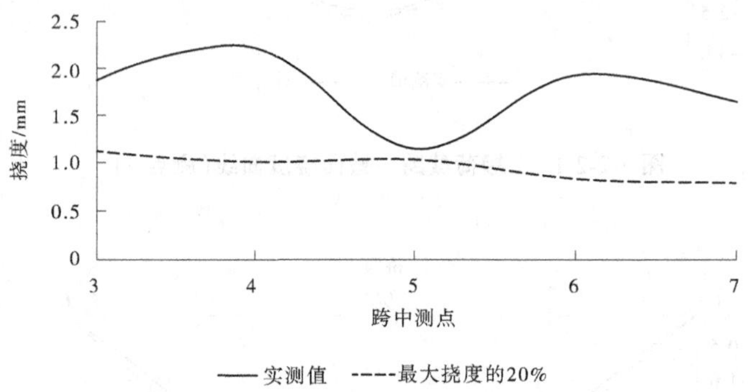

图 3-2-2-5 中跨跨中挠度测试残余值(绝对值)曲线

2.2.1.2 跨中应变测试结果分析

4 级荷载情况下各截面应变测试结果见表 3-2-2-3、表 3-2-2-4,由表可知:

(1)应变测试值均小于应变计算值,校验系数为 0.51~0.87,满足规范要求。

(2)残余应变测试值(绝对值)均大于相应最大应变测试值(绝对值)的 20%,不满足规范要求。

4 种工况下 T 梁跨中底面应变曲线见图 3-2-2-6、图 3-2-2-7,残余应变曲线见图 3-2-2-8。

表 3-2-2-3　应变测试结果与分析(1、2 级荷载)　应变单位:με

截面位置	测点编号	测点位置	初始值	1 级荷载				2 级荷载			
				测试值		计算值	校验系数	测试值		计算值	校验系数
				修正前	修正后			修正前	修正后		
跨中	1	从北向南数第 16 跨上游 T 梁跨中底面	0	40.5	40.5	80.0	0.51	97.0	97.0	126.0	0.77
	2	从北向南数第 16 跨下游 T 梁跨中底面	0	51.8	51.8		0.65	88.1	88.1		0.70

注:1. 拉为正,压为负。
2. 校验系数=实测值/计算值。

表 3-2-2-4　应变测试结果与分析(3、4 级荷载)　应变单位:με

截面位置	测点编号	测点位置	初始值	3 级荷载				4 级荷载				残余值	最大应变 20%
				测试值		计算值	校验系数	测试值		计算值	校验系数		
				修正前	修正后			修正前	修正后				
跨中	1	从北向南数第 16 跨上游 T 梁跨中底面	0	126.7	126.7	170.0	0.75	145.7	145.7	210.0	0.69	46.8	29.0
	2	从北向南数第 16 跨下游 T 梁跨中底面	0	145.2	145.2		0.85	182.1	182.1		0.87	87.6	36.4

注:1. 拉为正,压为负。
2. 校验系数=实测值/计算值。

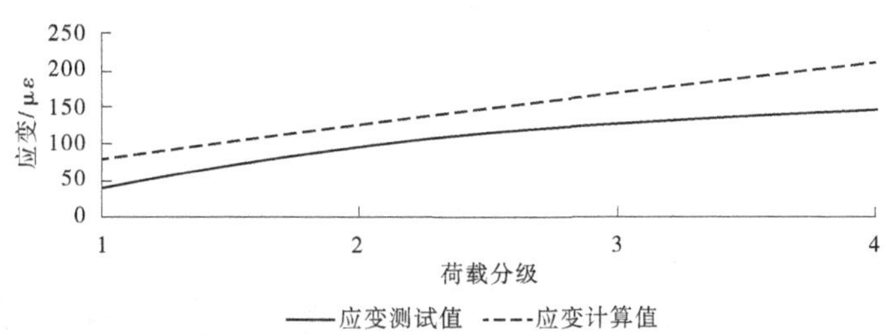

图 3-2-2-6　加载过程中上游 T 梁跨中截面底部中心应变变化曲线

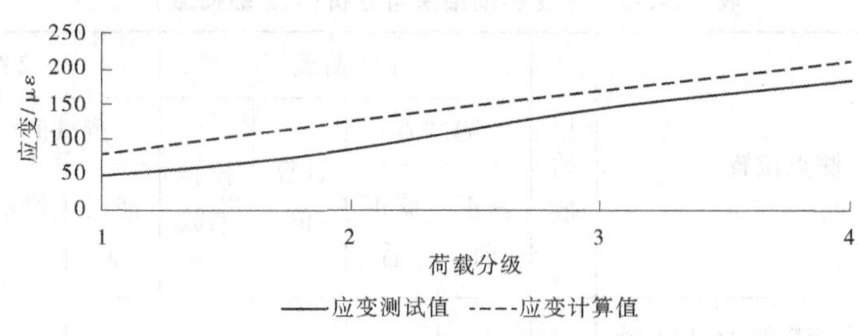

图 3-2-2-7　加载过程中下游 T 梁跨中截面底部中心应变变化曲线

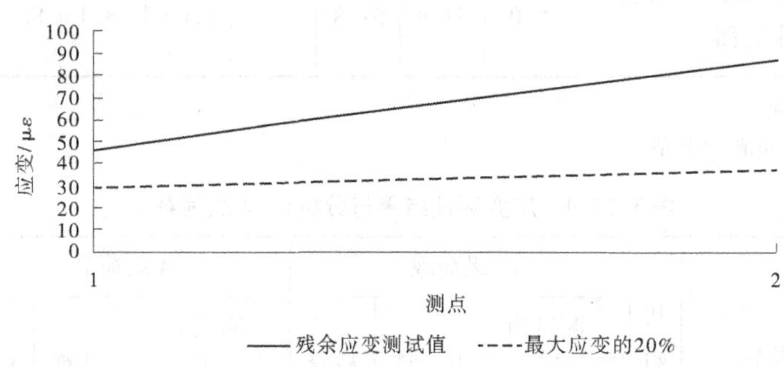

图 3-2-2-8　中跨跨中应变测试残余值曲线

2.2.1.3　跨中截面应变弹性分析

采用粘贴应变计法对桥梁 T 梁跨中截面进行应变检测，以判别在荷载试验过程中该桥梁断面变形是否为弹性变形。测试应变计布置在测试跨下游 T 梁跨中的下游侧面，应变计布置位置见图 3-2-2-9。应变检测结果见表 3-2-2-5。

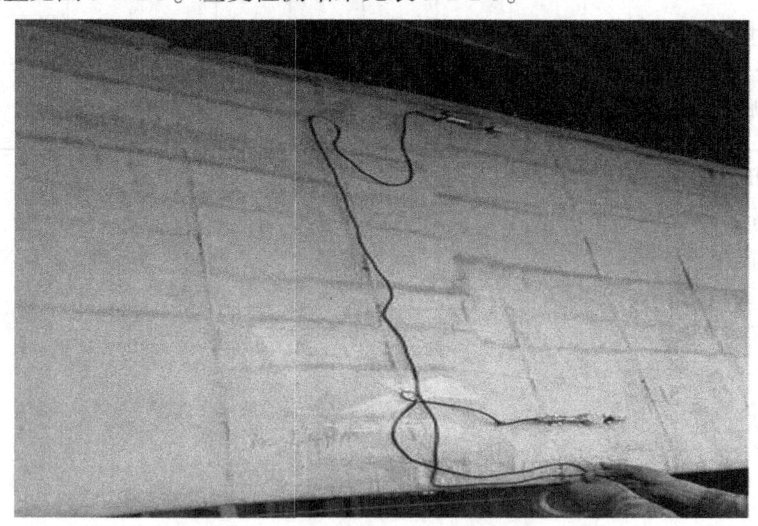

图 3-2-2-9　应变测试测点布置及应变计安装

表 3-2-2-5　跨中截面应检变测结果

荷载分级	测点编号	应变初始值/με	应变测试值/με	应变修正值/με	距 T 梁底部距离/m
1 级荷载	测点 2	0	51.8	51.8	0
	测点 3	0	12.4	12.4	0.20
	测点 4	0	4.4	4.4	1.43
2 级荷载	测点 2	0	88.1	88.1	0
	测点 3	0	14.2	14.2	0.20
	测点 4	0	5.3	5.3	1.43
3 级荷载	测点 2	0	145.2	145.2	0
	测点 3	0	22.1	22.1	0.20
	测点 4	0	8.4	8.4	1.43
4 级荷载	测点 2	0	182.1	182.1	0
	测点 3	0	28.8	28.8	0.20
	测点 4	0	9.6	9.6	1.43

注：本表应力拉为正，压为负。

图 3-2-2-10～图 3-2-2-13 为下游 T 梁在 4 级荷载作用下，测点 2、3、4 应变线性分析图，由图可以看出：

在加载过程中，跨中截面的 3 个测值的线性相关性系数最大值 $R^2=0.526$，表明在 4 级试验荷载情况下跨中截面混凝土应变呈非线性变化。

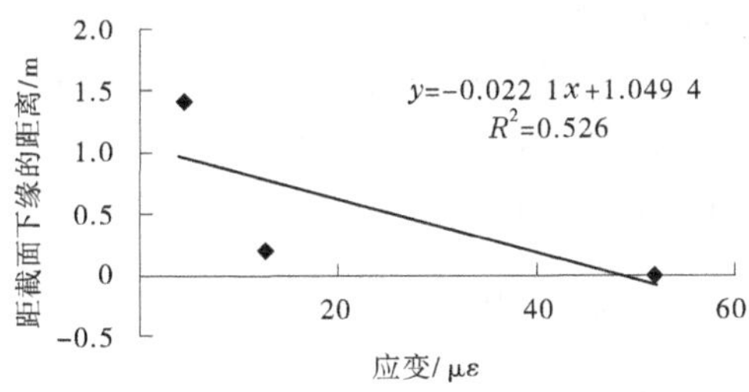

图 3-2-2-10　1 级荷载下测点 2、3、4 应变线性分析

2.2.1.4　静载试验过程中结构观测

静载试验过程中，桥梁结构主梁横隔梁裂缝有扩张趋势。

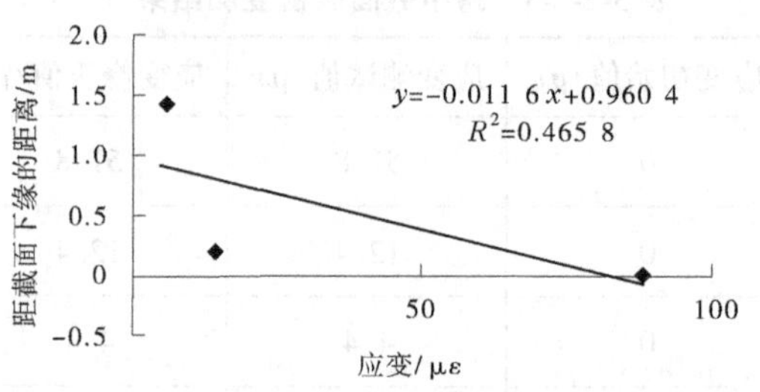

图 3-2-2-11　2 级荷载下测点 2、3、4 应变线性分析

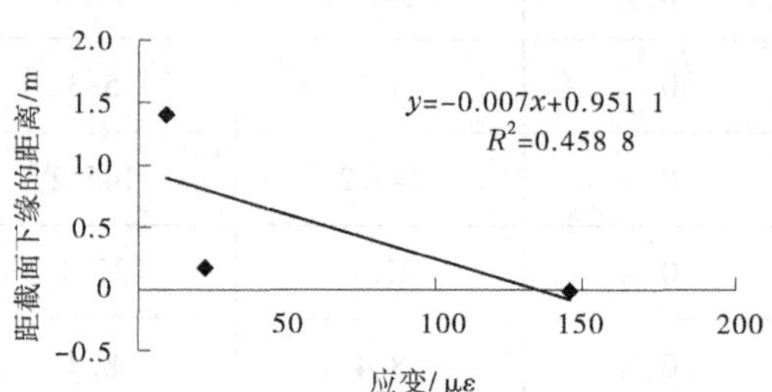

图 3-2-2-12　3 级荷载下测点 2、3、4 应变线性分析

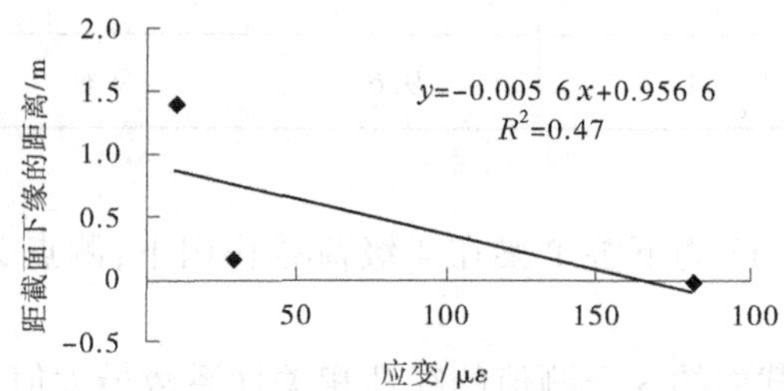

图 3-2-2-13　4 级荷载下测点 2、3、4 应变线性分析

2.2.1.5　静载试验过程中结构观测

试验荷载达到控制荷载时,跨中截面挠度、应变均小于或接近相应的理论值,加载过程中桥梁跨中截面混凝土应变呈非线性变化,T 梁横隔梁裂缝有扩张趋势,表明该桥承载能力不满足汽车-20、挂-100 的通车等级要求。

2.2.2　进水闸公路桥静载试验结果分析

2.2.2.1　挠度测试结果分析

4 种工况下各截面挠度测试结果见表 3-2-2-6、表 3-2-2-7,由表可知:

(1)挠度测试值均小于挠度计算值,校验系数在 0.21~0.84,满足规范要求。

(2)部分残余挠度测试值(绝对值)大于相应最大挠度测试值(绝对值)的 20%,不满足规范要求。

表 3-2-2-6　跨中挠度测试结果(工况 1、2)　　挠度单位:mm

截面位置	测点	初始值	工况 1				工况 2			
			测试值	修正后	计算值	校验系数	测试值	修正后	计算值	校验系数
0	1	0	-0.11	0	0	—	-0.34	0	0	—
L/2	3	0	-1.07	-0.86	-1.02	0.84	-1.70	-1.35	-1.76	0.77
	4	0	-0.82	-0.61		0.60	-1.48	-1.13		0.64
	5	0	-0.60	-0.39		0.38	-1.57	-1.22		0.69
	6	0	-0.60	-0.39		0.38	-1.22	-0.87		0.49
	7	0	-0.20	0		0	-0.19	-0.16		—
L	2	0	-0.30	0	0	—	0.36	0	0	—

注:校验系数=修正后实测值/计算值。

表 3-2-2-7　跨中挠度测试结果(工况 3、4)　　挠度单位:mm

截面位置	测点	初始值	工况 3				工况 4				残余值	最大挠度20%
			测试值	修正后	计算值	校验系数	测试值	修正后	计算值	校验系数		
0	1	0	-0.26	0	0	—	-0.31	0	0	—	—	—
L/2	3	0	-1.77	-1.40	-2.44	0.57	-2.06	-1.51	-3.12	0.48	-0.79	-0.302
	4	0	-1.90	-1.53		0.63	-2.94	-2.39		-0.77	-0.25	-0.478
	5	0	-2.23	-1.86		0.76	-2.76	-2.21		-0.71	-0.52	-0.441
	6	0	-1.93	-1.56		0.64	-2.72	-2.17		0.70	-0.49	-0.434
	7	0	-0.88	-0.51		0.21	-1.55	-1.00		0.32	-0.80	-0.20
L	2	0	-0.48	0	0	—	0.78	0	0	—	—	—

注:校验系数=修正后实测值/计算值。

4 种工况下各截面挠度(均值)曲线见图 3-2-2-14～图 3-2-2-17,挠度测试残余值曲线见图 3-2-2-18。

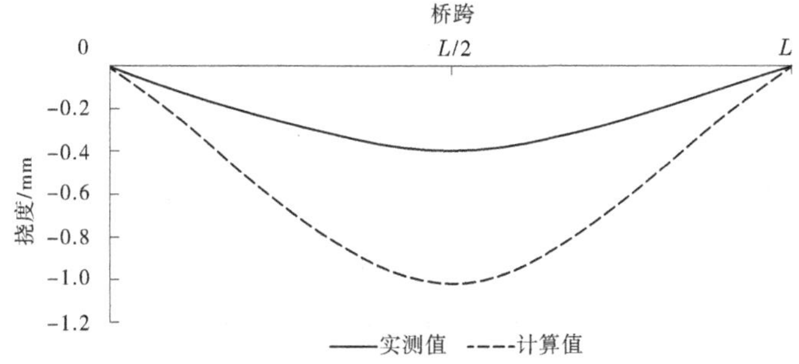

图 3-2-2-14　1 级荷载跨中截面挠度曲线(测点 5)

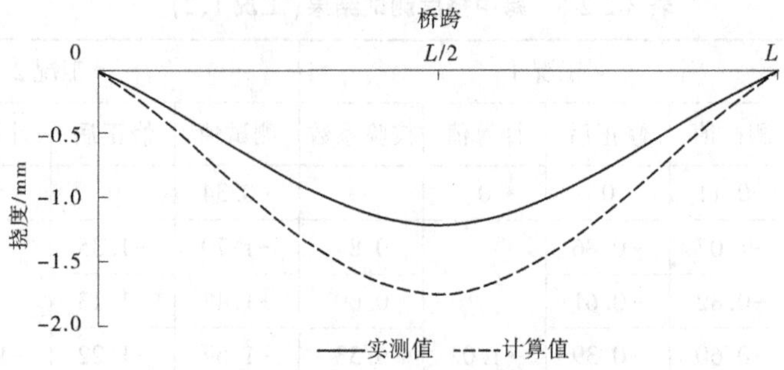

图 3-2-2-15　2 级荷载跨中截面挠度曲线(测点 5)

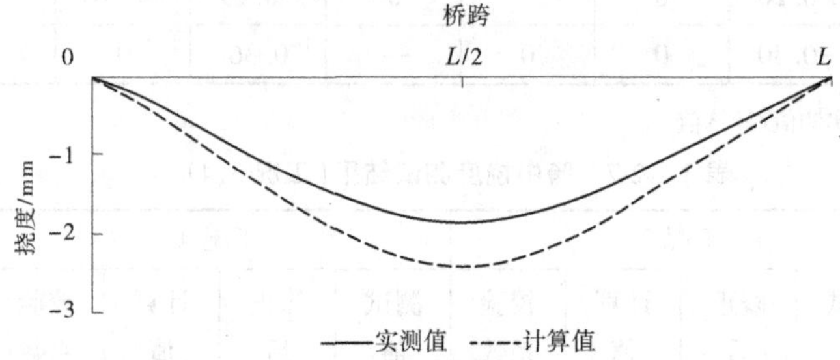

图 3-2-2-16　3 级荷载跨中截面挠度曲线(测点 5)

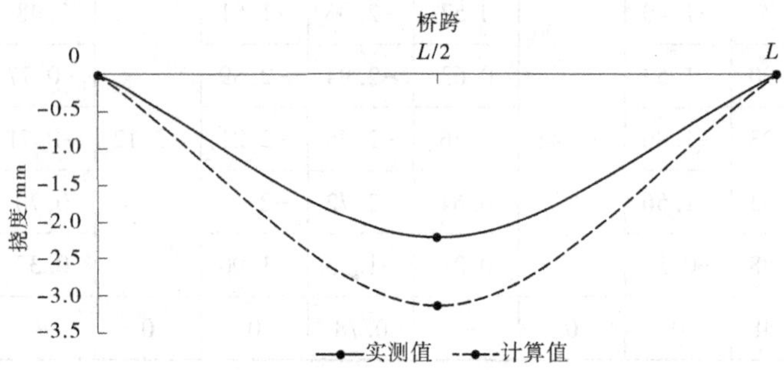

图 3-2-2-17　4 级荷载跨中截面挠度曲线(测点 5)

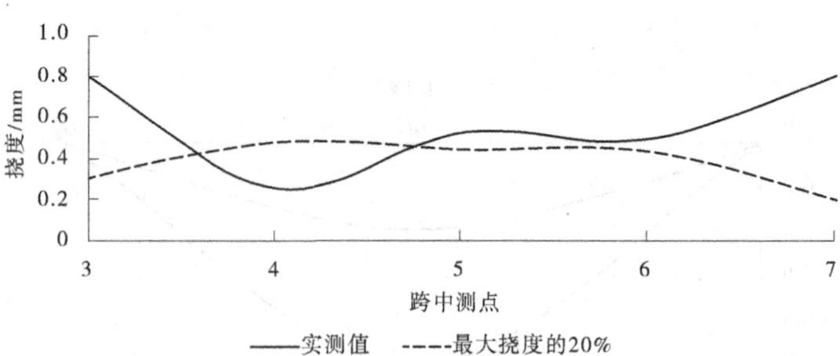

图 3-2-2-18　中跨跨中挠度测试残余值(绝对值)曲线

2.2.2.2　跨中应变测试结果分析

4 级荷载情况下各截面应变测试结果见表 3-2-2-8、表 3-2-2-9，由表可知：

（1）应变测试值均小于应变计算值，校验系数为 0.19～1.36，不满足规范要求。

（2）部分残余应变测试值大于相应最大应变测试值的 20%，不满足规范要求。

4 种工况下 T 梁跨中底面应变曲线见图 3-2-2-19、图 3-2-2-20，残余应变曲线见图 3-2-2-21。

表 3-2-2-8　应变测试结果（1、2 级荷载）　应变单位：με

截面位置	测点编号	测点位置	初始值	1 级荷载				2 级荷载			
				测试值		计算值	校验系数	测试值		计算值	校验系数
				修正前	修正后			修正前	修正后		
跨中	1	从西向东数第 3 跨上游 T 梁跨中底面	0	13.4	13.4	71.0	0.19	67.2	67.2	118.0	0.57
	2	从西向东数第 3 跨下游 T 梁跨中底面	0	35.4	35.4		0.50	115.5	115.5		0.98

注：1. 拉为正，压为负。

2. 校验系数=实测值/计算值。

表 3-2-2-9　应变测试结果（3、4 级荷载）　应变单位：με

截面位置	测点编号	测点位置	初始值	3 级荷载				4 级荷载				残余值	最大应变 20%
				测试值		计算值	校验系数	测试值		计算值	校验系数		
				修正前	修正后			修正前	修正后				
跨中	1	从西向东数第 3 跨上游 T 梁跨中底面	0	156.0	156.0	160.0	0.98	278.4	278.4	204.0	1.36	111.1	55.7
	2	从西向东数第 3 跨下游 T 梁跨中底面	0	131.5	131.5		0.82	149.5	149.5		0.73	22.7	29.9

注：1. 拉为正，压为负。

2. 校验系数=实测值/计算值。

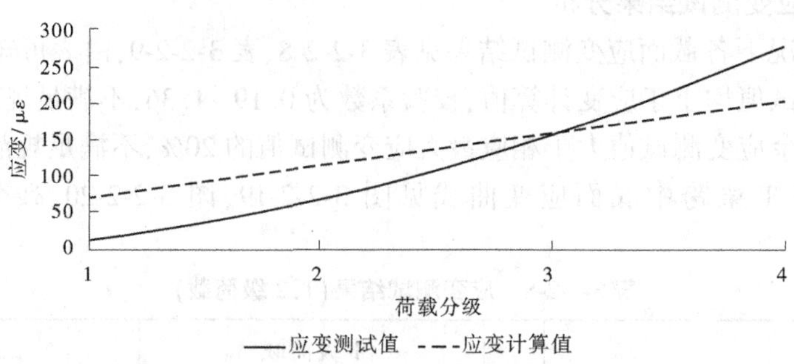

图 3-2-2-19　加载过程中上游 T 梁跨中底面应变曲线

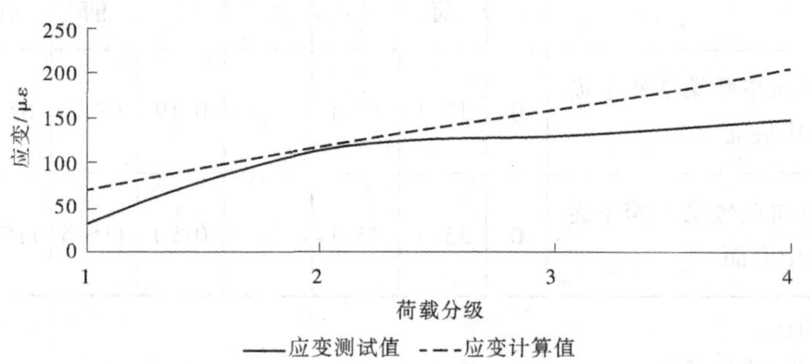

图 3-2-2-20　加载过程中下游 T 梁跨中底面应变曲线

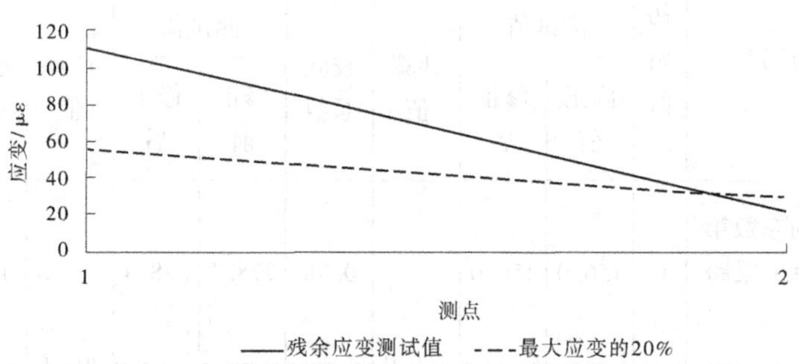

图 3-2-2-21　上下游主梁跨中应变残余值曲线

2.2.2.3　跨中截面应变弹性分析

采用粘贴应变计法对 T 梁跨中截面进行应变检测，以判别在荷载试验过程中该桥梁断面变形是否为弹性变形。测试应变计布置在测试跨上游 T 梁跨中的下游侧面，应变计布置位置见图 3-2-2-22。应变检测结果见表 3-2-2-10。

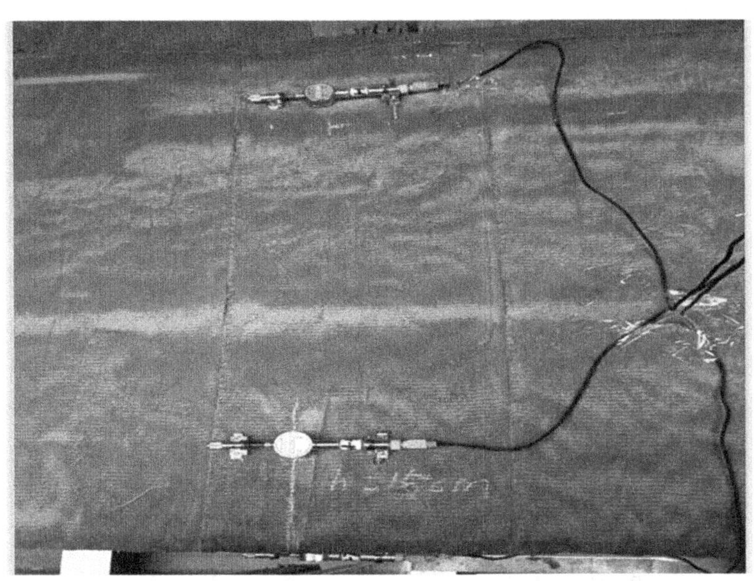

图 3-2-2-22　应变测试测点布置及应变计安装

表 3-2-2-10　跨中截面应变检测结果

荷载分级	测点编号	应变初始值/με	应变测试值/με	应变修正值/με	距 T 梁底部距离/m
1 级荷载	测点 1	0	13.4	13.4	0
	测点 3	0	4.3	4.3	0.15
	测点 4	0	-0.2	-0.2	0.8
2 级荷载	测点 1	0	67.2	67.2	0
	测点 3	0	20.3	20.3	0.15
	测点 4	0	-1.3	-1.3	0.8
3 级荷载	测点 1	0	156.7	156.7	0
	测点 3	0	54.3	54.3	0.15
	测点 4	0	-4.7	-4.7	0.8
4 级荷载	测点 1	0	278.4	278.4	0
	测点 3	0	121.3	121.3	0.15
	测点 4	0	-9.7	-9.7	0.8

注：本表应力拉为正，压为负。

图 3-2-2-23～图 3-2-2-26 为下游 T 梁在 4 级荷载作用下，测点 1、3、4 应变线性分析图，由图可以看出：在加载过程中，跨中截面的 3 个测值的线性相关性系数最大值 $R^2 = 0.8494$，表明在 4 级试验荷载作用下跨中截面混凝土应变呈非线性变化。

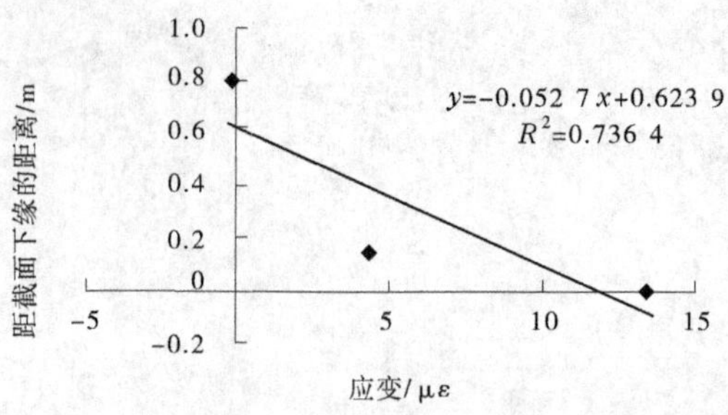

图 3-2-2-23　1 级荷载下测点 1、3、4 应变线性分析

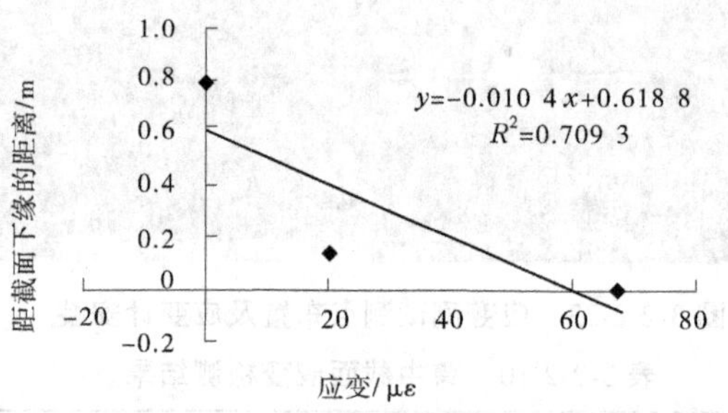

图 3-2-2-24　2 级荷载下测点 1、3、4 应变线性分析

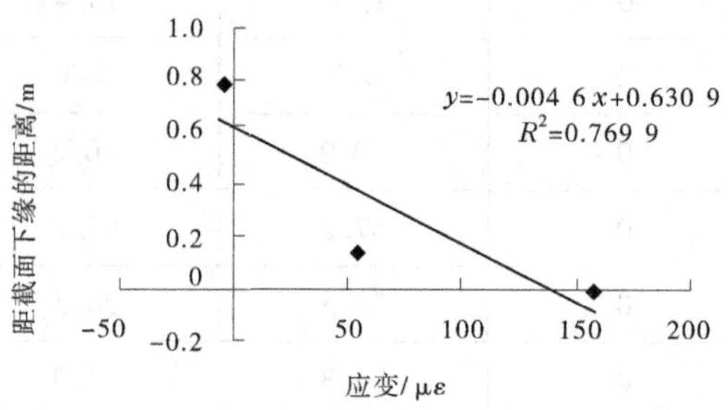

图 3-2-2-25　3 级荷载下测点 1、3、4 应变线性分析

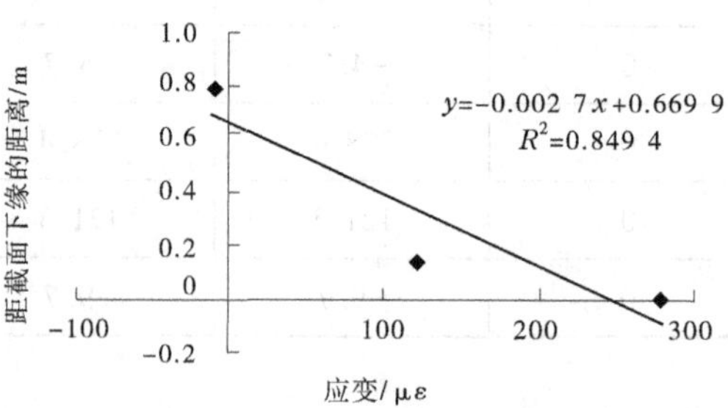

图 3-2-2-26　4 级荷载下测点 1、3、4 应变线性分析

2.2.2.4　静载试验过程中结构观测

静载试验过程中，桥梁结构主梁横隔梁裂缝有扩张趋势。

2.2.2.5　静载试验过程中结构观测

试验荷载达到控制荷载时，跨中截面挠度、应变均小于或接近相应的理论值，加载过程中桥梁跨中截面混凝土应变呈非线性变化，T 梁横隔梁裂缝有扩张趋势，表明该桥承载能力不满足汽车-20、挂-100 的通车等级要求。

2.2.3　沈乌闸公路桥静载试验结果分析

2.2.3.1　挠度测试结果分析

1. 第 1 跨

4 种工况下第 1 跨跨中截面挠度测试结果见表 3-2-2-11，由表可知：

(1)挠度测试值均小于挠度计算值，校验系数在 0.27~0.99，满足规范要求。

(2)部分残余挠度测试值(绝对值)大于相应最大挠度测试值(绝对值)的 20%，不满足规范要求。

4 种工况下各截面挠度曲线见图 3-2-2-27 ~ 图 3-2-2-30，挠度测试残余值曲线见图 3-2-2-31。

表 3-2-2-11　4 种工程下第 1 跨跨中挠度测试结果　　挠度单位：mm

桥跨	测点	初始值	工况 1			工况 2			工况 3			工况 4			残余值	最大挠度20%
			测试值	计算值	校验系数	测试值	计算值	校验系数	测试值	计算值	校验系数	测试值	计算值	校验系数		
桥台	1	0	0	0	—	0	0	—	0	0	—	0	0	—	—	—
	2	0.001	0.001	0	—	0.001	0	—	0.001	0	—	0.001	0	—	—	—
跨中	3	0.001	0.340	0.430	0.79	0.390	0.588	0.66	0.400	0.614	0.65	0.390	0.643	0.61	0.133	0.08
	4	0	0.250	0.409	0.61	0.380	0.560	0.68	0.390	0.660	0.59	0.390	0.707	0.55	0.178	0.08
	5	0	0.300	0.355	0.85	0.314	0.485	0.64	0.390	0.685	0.57	0.410	0.752	0.55	0.039	0.08
	6	0.001	0.170	0.204	0.83	0.172	0.296	0.57	0.400	0.693	0.58	0.640	0.762	0.84	0.054	0.13
	7	0	0.100	0.131	0.76	0.180	0.206	0.87	0.390	0.660	0.59	0.500	0.732	0.68	0.074	0.10
	8	0.001	0.055	0.081	0.68	0.150	0.152	0.99	0.350	0.587	0.60	0.420	0.675	0.62	0.001	0.08
	9	0	0.030	0.046	0.66	0.090	0.134	0.67	0.120	0.482	0.25	0.170	0.623	0.27	0.044	0.03

注：1. 挠度向下为正。

2. 校验系数=修正后实测值/计算值。

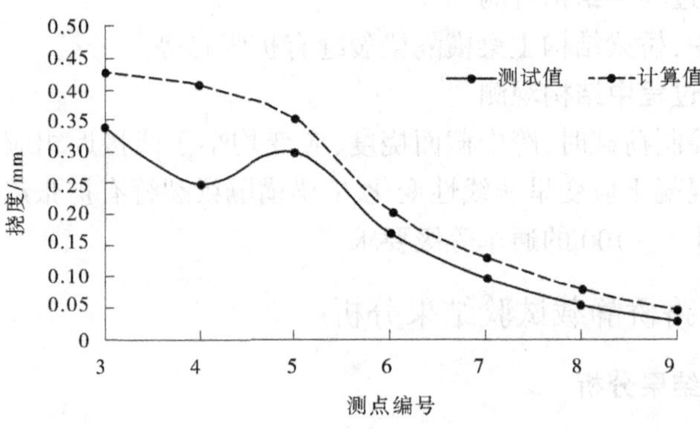

图 3-2-2-27　1 级荷载跨中截面挠度曲线

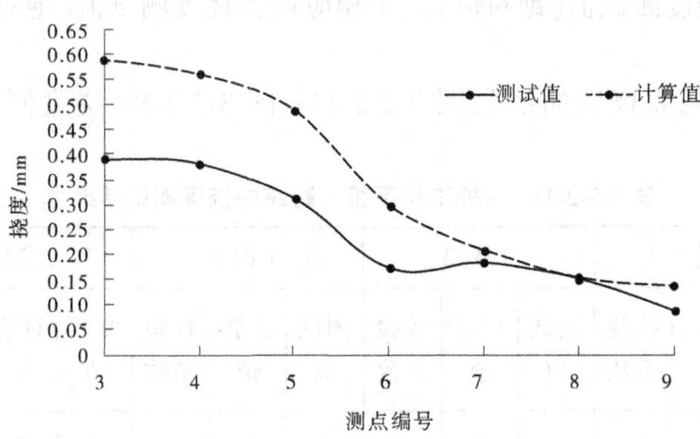

图 3-2-2-28　2 级荷载跨中截面挠度曲线

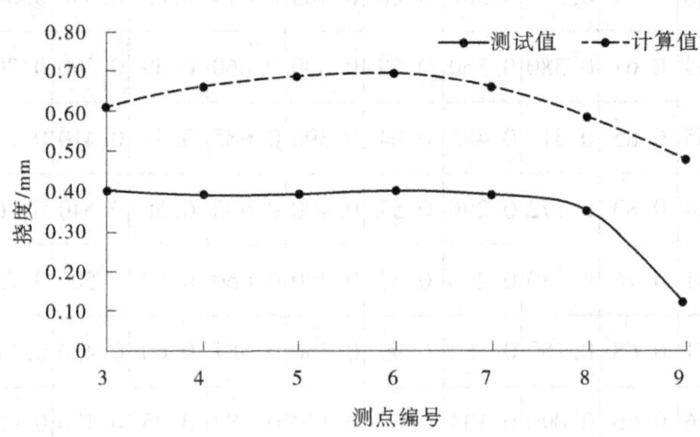

图 3-2-2-29　3 级荷载跨中截面挠度曲线

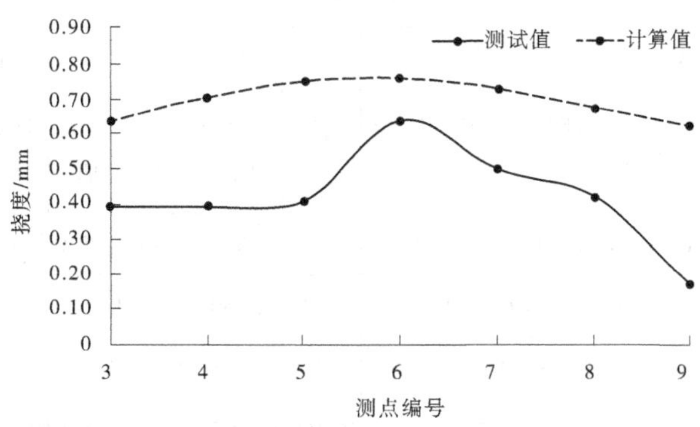

图 3-2-2-30　4 级荷载跨中截面挠度曲线

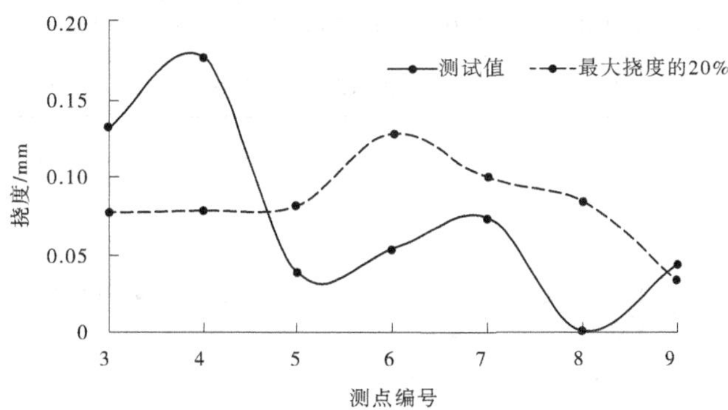

图 3-2-2-31　中跨跨中挠度测试残余值度曲线(绝对值)

2. 第 3 跨

4 种工况下第 3 跨跨中截面挠度测试结果见表 3-2-2-12,由表可知:

(1)挠度测试值均小于挠度计算值,校验系数在 0.26~0.99,满足规范要求。

(2)部分残余挠度测试值(绝对值)大于相应最大挠度测试值(绝对值)的 20%,不满足规范要求。

4 种工况下各截面挠度曲线见图 3-2-2-32~图 3-2-2-35,挠度测试残余值曲线见图 3-2-2-36。

表 3-2-2-12　4 种工程下第 3 跨跨中挠度测试结果　　挠度单位:mm

桥跨	测点	初始值	工况 1			工况 2			工况 3			工况 4			残余值	最大挠度 20%
			测试值	计算值	校验系数	测试值	计算值	校验系数	测试值	计算值	校验系数	测试值	计算值	校验系数		
桥台	1	0	0	0	—	0	0	—	0.001	0	—	0.001	0	—	—	—
	2	0	0	0	—	0	0	—	0	0	—	0.001	0	—	—	—

续表 3-2-2-12

桥跨	测点	初始值	工况 1			工况 2			工况 3			工况 4			残余值	最大挠度20%
			测试值	计算值	校验系数	测试值	计算值	校验系数	测试值	计算值	校验系数	测试值	计算值	校验系数		
跨中	3	0	0. 410	0. 430	0. 95	0. 500	0. 588	0. 85	0. 520	0. 614	0. 85	0. 530	0. 643	0. 82	0. 008	0. 11
	4	0	0. 192	0. 409	0. 46	0. 384	0. 560	0. 69	0. 530	0. 660	0. 80	0. 540	0. 707	0. 76	0. 157	0. 11
	5	0	0. 222	0. 355	0. 62	0. 430	0. 485	0. 89	0. 480	0. 685	0. 70	0. 553	0. 752	0. 74	0. 070	0. 11
	6	0. 002	0. 170	0. 204	0. 83	0. 210	0. 296	0. 71	0. 460	0. 693	0. 66	0. 680	0. 762	0. 89	0. 259	0. 14
	7	0	0. 130	0. 131	0. 99	0. 124	0. 206	0. 60	0. 350	0. 660	0. 53	0. 560	0. 732	0. 77	0. 101	0. 11
	8	0	0. 071	0. 081	0. 86	0. 041	0. 152	0. 26	0. 150	0. 587	0. 26	0. 384	0. 675	0. 57	0. 124	0. 08
	9	0	0. 018	0. 046	0. 39	0. 090	0. 134	0. 67	0. 120	0. 482	0. 25	0. 205	0. 623	0. 33	0. 002	0. 04

注：1. 挠度向下为正。

2. 校验系数=修正后实测值/计算值。

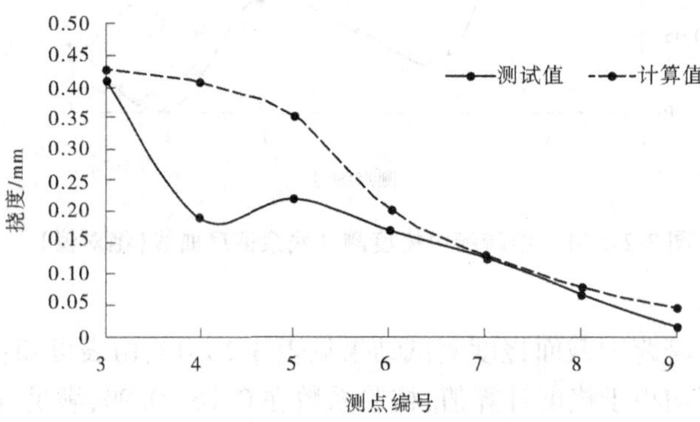

图 3-2-2-32　1 级荷载跨中截面挠度曲线

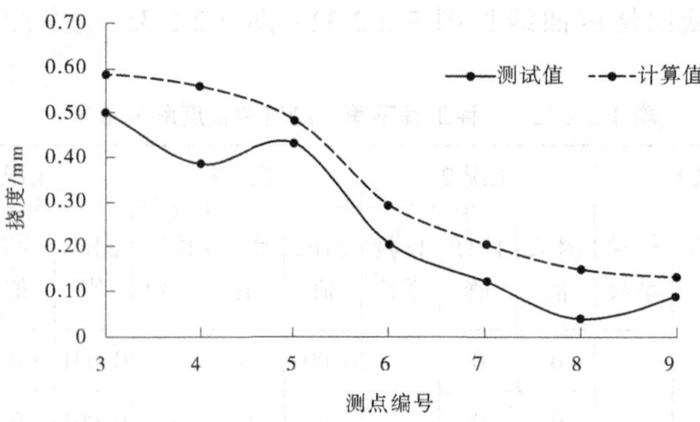

图 3-2-2-33　2 级荷载跨中截面挠度曲线

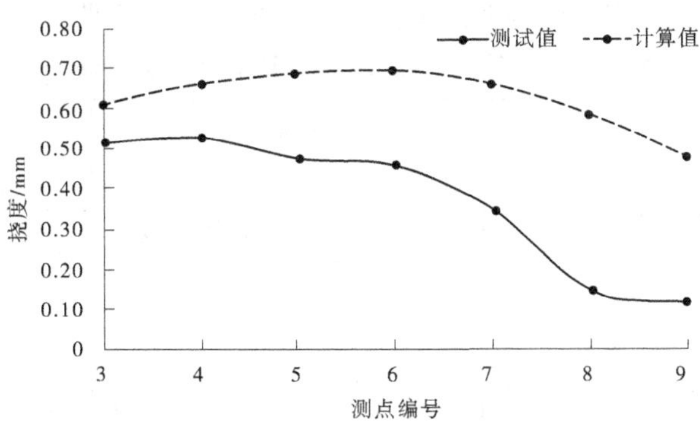

图 3-2-2-34　3 级荷载跨中截面挠度曲线

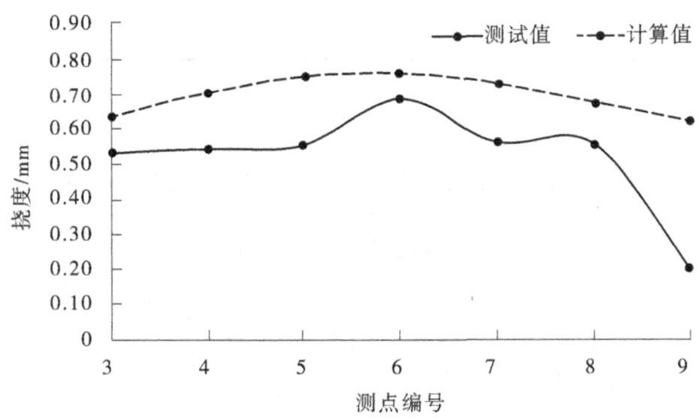

图 3-2-2-35　4 级荷载跨中截面挠度曲线

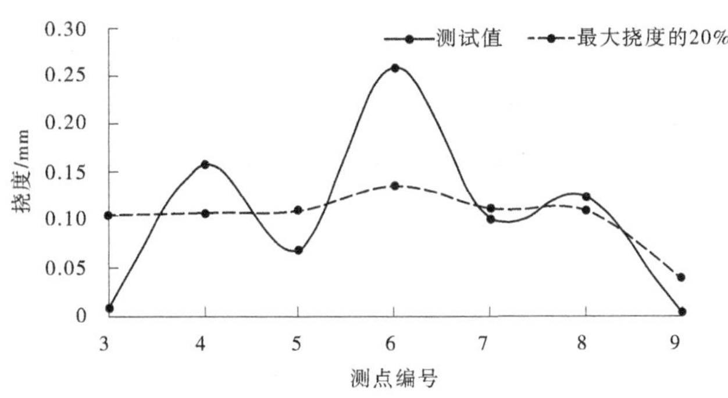

图 3-2-2-36　中跨跨中挠度测试残余值度曲线(绝对值)

2.2.3.2　第 1、3 跨应变测试结果分析

静载试验时,取第 1、3 跨(从左向右数)下游第 1 块板梁进行应变测试。第 1、3 跨 4 级荷载工况下各截面应变测试结果见表 3-2-2-13、表 3-2-2-14,由表可知:

(1)应变测试值均小于应变计算值,校验系数为 0.77~0.99,满足规范要求。

(2)部分残余应变测试值大于相应最大应变测试值的 20%,表明主梁回弹性能略显不足,不满足规范要求。

4 种工况下板梁跨中底面应变曲线见图 3-2-2-37,残余应变曲线见图 3-2-2-38。

表 3-2-2-13　第 1、3 跨应变测试结果(1、2 级荷载)　单位:με

<table>
<tr><th rowspan="3">桥梁跨别</th><th rowspan="3">测点编号</th><th rowspan="3">测点位置</th><th rowspan="3">初始值</th><th colspan="4">1 级荷载</th><th colspan="4">2 级荷载</th></tr>
<tr><th colspan="2">测试值</th><th rowspan="2">计算值</th><th rowspan="2">校验系数</th><th colspan="2">测试值</th><th rowspan="2">计算值</th><th rowspan="2">校验系数</th></tr>
<tr><th>修正前</th><th>修正后</th><th>修正前</th><th>修正后</th></tr>
<tr><td>第1跨</td><td>10</td><td>下游第 1 块板梁跨中底面</td><td>0</td><td>47.5</td><td>47.5</td><td rowspan="2">59</td><td>0.81</td><td>75.0</td><td>75.0</td><td rowspan="2">88</td><td>0.85</td></tr>
<tr><td>第3跨</td><td>10</td><td>下游第 1 块板梁跨中底面</td><td>0</td><td>50.1</td><td>50.1</td><td>0.85</td><td>78.7</td><td>78.7</td><td>0.89</td></tr>
</table>

注:1. 拉为正,压为负。

2. 校验系数=实测值/计算值。

表 3-2-2-14　第 1、3 跨应变测试结果(3、4 级荷载)　单位:με

<table>
<tr><th rowspan="3">桥梁跨别</th><th rowspan="3">测点编号</th><th rowspan="3">测点位置</th><th rowspan="3">初始值</th><th colspan="4">3 级荷载</th><th colspan="4">4 级荷载</th><th rowspan="3">残余值</th><th rowspan="3">最大应变20%</th></tr>
<tr><th colspan="2">测试值</th><th rowspan="2">计算值</th><th rowspan="2">校验系数</th><th colspan="2">测试值</th><th rowspan="2">计算值</th><th rowspan="2">校验系数</th></tr>
<tr><th>修正前</th><th>修正后</th><th>修正前</th><th>修正后</th></tr>
<tr><td>第1跨</td><td>10</td><td>下游第 1 块板梁跨中底面</td><td>0</td><td>108.5</td><td>108.5</td><td rowspan="2">110</td><td>0.99</td><td>114.0</td><td>114.0</td><td rowspan="2">148</td><td>0.77</td><td>23.7</td><td>22.8</td></tr>
<tr><td>第3跨</td><td>10</td><td>下游第 1 块板梁跨中底面</td><td>0</td><td>108.8</td><td>108.8</td><td>0.99</td><td>143.4</td><td>143.4</td><td>0.97</td><td>22.1</td><td>28.7</td></tr>
</table>

注:1. 拉为正,压为负。

2. 校验系数=实测值/计算值。

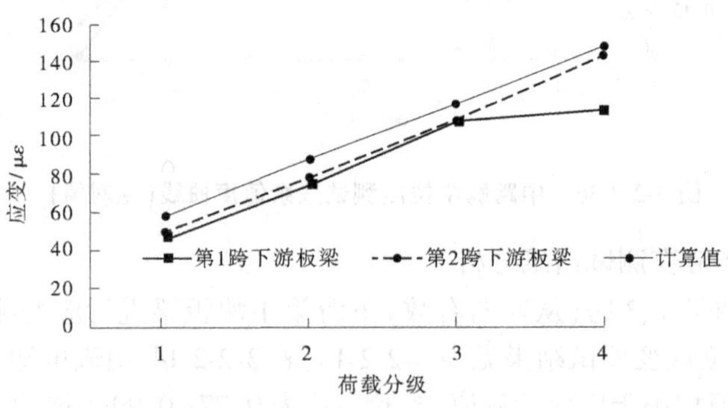

图 3-2-2-37　加载过程中 1、3 下游板梁跨中底面应变曲线

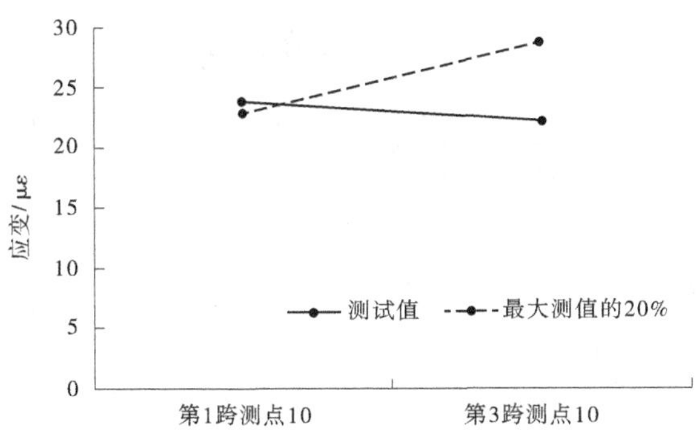

图 3-2-2-38　跨中应变残余值曲线

2.2.3.3　**静载试验过程中结构观测**

静载试验过程中,未发现板梁有裂缝产生。

2.2.3.4　**静载试验结论**

加载过程中,板梁跨中截面挠度小于相应的理论值且未发现有裂缝产生,但主梁线弹性略显不足。该桥承载能力基本满足汽车-20、挂-100 的通车等级要求。

2.3　静载试验结果与有限元计算结果对比

拦河闸、进水闸和沈乌闸的公路桥有限元模型具体见水闸篇章节 3.2.1 中图 1-3-2-5、图 1-3-2-11 和图 1-3-2-23 所示,公路桥荷载见水闸篇第 3.2.3.8 部分。

图 3-2-3-1～图 3-2-3-3 给出了桥梁荷载作用下拦河闸公路桥、进水闸公路桥和沈乌闸公路桥竖向位移等值线云图。

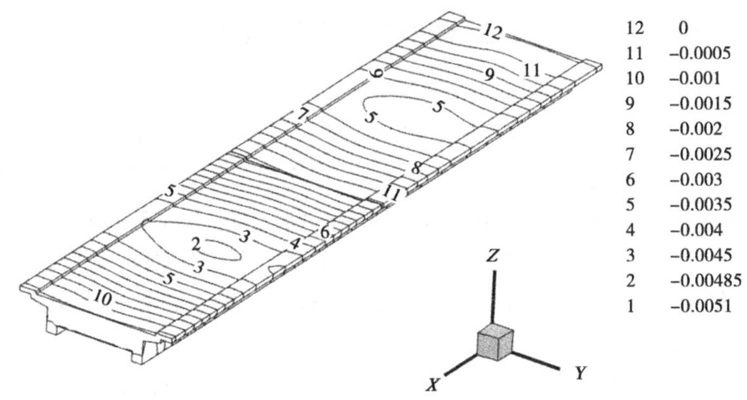

图 3-2-3-1　拦河闸公路桥竖直向位移等值线图　(单位:m)

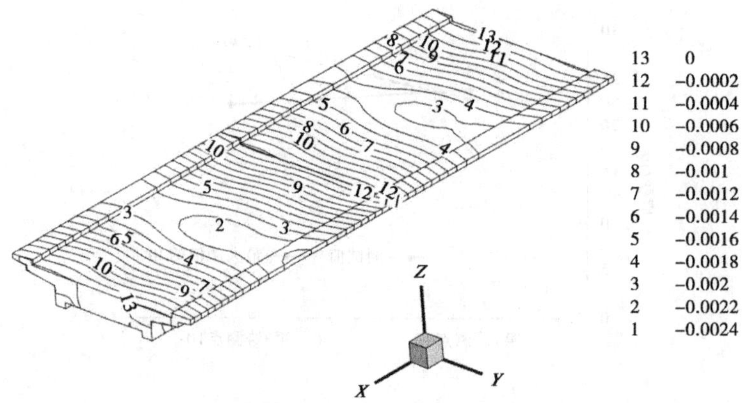

图 3-2-3-2 进水闸公路桥竖直向位移等值线图 （单位:m）

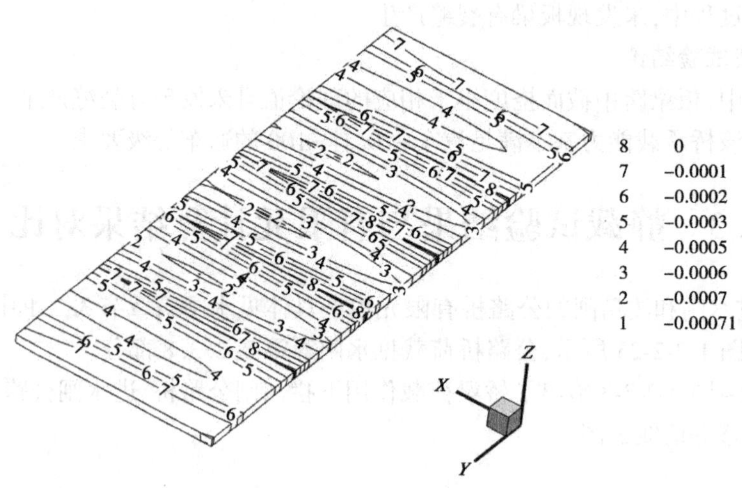

图 3-2-3-3 沈乌闸公路桥竖直向位移等值线图 （单位:m）

可以看出,对于拦河闸公路桥,受桥梁荷载和自重作用影响,最大的 Z 向位移位于公路桥跨中位置处,其数值为 5.1 mm,与静载试验中拦河闸公路桥跨中挠度最大实测值 5.17 mm 十分接近;对于进水闸公路桥,受公路桥荷载和自重作用影响,最大的 Z 向位移位于公路桥跨中位置处,其数值为 2.4 mm,与静载试验中进水闸公路桥跨中挠度最大值 2.21 mm 十分接近;对于沈乌闸公路桥,受公路桥荷载和自重作用影响,最大的 Z 向位移同样位于公路桥跨中位置处,其数值为 0.7 mm,与静载试验中进水闸公路桥跨中挠度最大值 0.64 mm 十分接近。

综上所述,静载试验结果与理论计算结果和有限元数值模拟计算结果基本一致,从一定程度上反映本次静载试验结果的准确性。

2.4　公路桥安全复核结论及建议

2.4.1　结论

2.4.1.1　拦河闸交通桥和进水闸交通桥

(1)黄河三盛公水利枢纽拦河闸交通桥桥面铺装层存在大量裂缝,桥面磨损、坑槽及车辙;南引桥桥台沉降严重;主梁加固用碳纤维有脱胶、老化现象;引桥主梁、桥台盖梁、主桥横隔桥混凝土存在大量超限受力裂缝;桥梁钢筋锈蚀严重;桥梁承载能力不满足汽车-20、挂-100(加固设计荷载)的通车等级要求。

(2)黄河三盛公水利枢纽进水闸交通桥桥面铺装层存在大量裂缝,桥面磨损、坑槽及车辙;主梁加固用碳纤维有脱胶、老化现象;引桥主梁、主桥横隔梁、主桥副梁混凝土存在大量超限受力裂缝;部分主梁梁端混凝土压碎;桥梁钢筋锈蚀严重;桥梁承载能力不满足汽车-20、挂-100(加固设计荷载)的通车等级要求。

(3)黄河三盛公水利枢纽拦河闸、进水闸交通桥均位于内蒙古自治区国道 110 线上,属一级公路。依据《公路桥涵设计通用规范》(JTG D60—2015)第 4.3 条,该桥通车荷载为公路-Ⅰ级,而加固后该桥由原设计等级汽车-10、拖-60 提高为汽车-20、挂-100,荷载等级不满足现行规范要求。

(4)依据《公路桥梁技术状况评定标准》(JTG/T H21—2011)第 3.2.3 节,黄河三盛公水利枢纽拦河闸交通桥、进水闸交通桥的主要受力构件符合“主要构件存在严重缺损,不能正常使用,危及桥梁安全,桥梁处于危险状态”的 5 类桥梁构件评定条款;依据《公路桥梁技术状况评定标准》(JTG/T H21—2011)第 4.3.1 节中第 1、2 条,该两座桥符合“梁板有断裂现象”“梁式桥上部承重构件控制截面出现全截面开裂”的 5 类桥评定条款。根据以上检测结果,黄河三盛公水利枢纽拦河闸交通桥、进水闸交通桥均评定为 5 类,应“改建或重建”。

2.4.1.2　沈乌闸交通桥

(1)沈乌干渠进水闸交通桥桥面外观良好;桥梁上部结构中有 1 块梁板存在有大于规范限值的受力裂缝;无减震支座;桥梁承载能力基本满足汽车-20、挂-100(加固设计荷载)通车等级要求。

(2)沈乌干渠进水闸交通桥位于内蒙古自治区省道上,属二级公路。依据《公路桥涵设计通用规范》(JTG D60—2015)第 4.3 条,该桥通车荷载为公路-Ⅰ级,而加固后该桥由原设计等级汽车-10、拖-60 提高为汽车-20、挂-100,荷载等级不满足现行规范要求。

(3)依据《公路桥梁技术状况评定标准》(JTG/T H21—2011)第 3.2.3 节,该桥主要受力构件符合“有中等缺损,尚能维持正常使用功能”的 3 类桥评定条款。根据以上检测结果本桥评定为 3 类,应“进行中修”。

2.4.2　建议

根据静载试验结果,对拦河闸交通桥、进水闸交通桥和沈乌闸交通桥的工作建议如下：

(1)加强对拦河闸交通桥、进水闸交通桥和沈乌闸交通桥的日常巡查和监测。

(2)尽快对拦河闸交通桥、进水闸交通桥上部结构拆除重建。

(3)对产生裂缝的沈乌闸交通桥板梁进行更换。

(4)黄河三盛公水利枢纽拦河闸交通桥、进水闸交通桥均评定为5类桥，应“改建或重建”。按照规范要求，5类桥应该立即禁止通行，但本桥在加载过程中，在第三级荷载(35 t)时，桥梁承载力指标基本正常，建议桥梁在短期运行时限载35 t，以应不时之需。

(5)为避免桥梁已有损伤影响桥梁安全，严禁超速、超载车辆(建议限载45 t)通过。

第 4 篇　综合评价篇

1　基于多评价标准的枢纽工程安全综合评价

目前,水闸工程主要依据《水闸安全评价导则》(SL 214—2015)进行评价,堤防工程主要依据《堤防工程安全评价导则》(SLZ 679—2015)进行评价,公路桥主要依据《公路桥梁技术状况评定标准》(JTG/T H21—2011)进行评价,行业内尚无针对多建筑物水利枢纽安全评价的标准。

事实上,黄河三盛公水利枢纽工程包括拦河闸、进水闸、跌水闸、沈乌闸、南岸闸、16.5 km 库区围堤、闸上 3.2 km 左岸导流堤、北总干渠两岸各 3.3 km 堤防、闸下 1.5 km 左岸防洪堤及拦河闸公路桥、进水闸公路桥、沈乌闸公路桥等建筑物,如何对三盛公水利枢纽工程进行安全综合评价亟须解决。

1.1　水闸安全类别建议

针对 5 座水闸,依据《水闸安全评价导则》(SL 214—2015),安全评价应在现状调查、安全检测和安全复核基础上进行;并依据第 5.0.2 条,水闸安全类别应从运用指标、缺陷严重程度、修复措施三个方面分为四个类别,具体类别确定依据第 5.0.3 条综合考虑确定。根据本次安全鉴定各分项工作评级意见,5 座水闸分项评级及安全类别建议分别见表 4-1-1-1～表 4-1-1-5。

表 4-1-1-1　拦河闸各分项评级及安全类别建议

项目	安全管理	工程质量	防洪标准	渗流安全	结构安全	抗震安全	金结机电
级别	较好	B 级	A 级	A 级	B 级	B 级	B 级
安全类别	建议评定为二类闸						

表 4-1-1-2　进水闸各分项评级及安全类别建议

项目	安全管理	工程质量	防洪标准	渗流安全	结构安全	抗震安全	金结机电
级别	较好	B 级	A 级	A 级	B 级	A 级	B 级
安全类别	建议评定为二类闸						

表 4-1-1-3　跌水闸各分项评级及安全类别建议

项目	安全管理	工程质量	防洪标准	渗流安全	结构安全	抗震安全	金结机电
级别	较好	B 级	A 级	A 级	B 级	B 级	B 级
安全类别	建议评定为二类闸						

表 4-1-1-4　沈乌闸各分项评级及安全类别建议

项目	安全管理	工程质量	防洪标准	渗流安全	结构安全	抗震安全	金结机电
级别	较好	B 级	A 级	A 级	A 级	A 级	B 级
安全类别	建议评定为二类闸						

表 4-1-1-5　南岸闸各分项评级及安全类别建议

项目	安全管理	工程质量	防洪标准	渗流安全	结构安全	抗震安全	金结机电
级别	较好	B 级	A 级	A 级	A 级	A 级	B 级
安全类别	建议评定为二类闸						

1.2　堤防安全类别建议

针对堤防,依据《堤防工程安全评价导则》(SLZ 679—2015),安全评价应根据堤防各项安全复核结果及有关标准要求,结合堤防运行和质量现状进行评判,应根据堤防级别等因素提出相应的处理意见;并依据第 8.2.1 条,堤防安全综合评价可分为三个类别,具体类别确定应符合第 8.2.2 条。根据本次安全鉴定各分项工作评级意见,各堤防分项评级及安全类别建议分别见表 4-1-2-1～表 4-1-2-4。

表 4-1-2-1　16.5 km 库区围堤各分项评级及安全类别建议

项目	运行管理	工程质量	防洪标准	渗流安全	结构安全
级别	B 级	B 级	A 级	B 级	B 级
安全类别	建议安全类别评定为二类				

表 4-1-2-2　拦河闸上 3.2 km 左岸导流堤各分项评级及安全类别建议

项目	运行管理	工程质量	防洪标准	渗流安全	结构安全
级别	B 级	B 级	A 级	A 级	B 级
安全类别	建议安全类别评定为二类				

表 4-1-2-3　北总干渠两岸各 3.3 km 堤防各分项评级及安全类别建议

项目	运行管理	工程质量	防洪标准	渗流安全	结构安全
级别	B 级	B 级	A 级	B 级	B 级
安全类别	建议安全类别评定为二类				

表 4-1-2-4　拦河闸下 1.5 km 左岸防洪堤各分项评级及安全类别建议

项目	运行管理	工程质量	防洪标准	渗流安全	结构安全
级别	B 级	B 级	A 级	A 级	A 级
安全类别	建议安全类别评定为二类				

1.3　公路桥安全类别建议

针对公路桥,可依据《公路桥梁技术状况评定标准》(JTG/T H21—2011)进行评定。依据《公路桥梁技术状况评定标准》(JTG/T H21—2011),黄河三盛公水利枢纽拦河闸交通桥、进水闸交通桥均评定为 5 类,沈乌闸交通桥评定为 3 类。

1.4　枢纽工程综合安全评价

鉴于目前行业内尚无针对多建筑物水利枢纽安全评价标准,考虑后期解决目前枢纽存在问题所需要采取的措施,主要依据《水闸安全评价导则》(SL 214—2015),建议该枢纽综合安全类别确定为二类。

虽然拦河闸和进水闸闸墩及基础在各工况下具有较大的承载车辆荷载的安全裕度,但直接承受车辆荷载的交通桥目前已不足以承担汽车-20、挂-100(加固设计荷载)的通车等级要求,桥梁目前处于不安全状态,亟待加固处理;沈乌闸交通桥承载能力基本满足汽车-20、挂-100 通车等级要求,但应对具备缺陷开展维修处理。

参考文献

[1] 中华人民共和国水利部. 水闸设计规范:SL 265—2016[S]. 北京:中国水利水电出版社,2016.

[2] 中华人民共和国水利部. 水闸安全评价导则:SL 214—2015[S]. 北京:中国水利水电出版社,2015.

[3] 中华人民共和国水利部. 水工混凝土结构设计规范:SL 191—2008[S]. 北京:中国水利水电出版社,2009.

[4] 交通运输部. 公路钢筋混凝土及预应力混凝土桥涵设计规范:JTC 3362—2018[S]. 北京:人民交通出版社,2018.

[5] 中华人民共和国国家质量监督检验检疫总局. 中国地震动参数区划图:GB 18306—2015[S]. 北京:中国标准出版社,2015.

[6] 中华人民共和国住房和城乡建设部. 水利水电工程地质勘察规范:GB 50487—2008[S]. 北京:中国标准出版社,2008.

[7] 中华人民共和国水利部. 堤防工程安全评价导则:SL Z679—2015[S] . 北京:中国水利水电出版社,2015.

[8] 中华人民共和国住房和城乡建设部. 堤防工程设计规范:GB 50286—2013[S] . 北京:中国标准出版社,2013.

[9] 中华人民共和国交通运输部. 公路桥梁荷载试验规程:JTG/T J21-01—2015[S] . 北京:人民交通出版社,2015.

[10] 中华人民共和国交通运输部. 公路桥梁技术状况评定标准:JTG/T H21—2011[S] . 北京:人民交通出版社,2011.

[11] 国家测绘局. 全球定位系统实时动态测量(RTK)技术规范:CH/T 2009—2010[S] . 北京:人民交通出版社,2010.

[12] 中华人民共和国水利部. 水工建筑物荷载设计规范:SL 744—2016[S] . 北京:中国水利水电出版社,2016.

[13] 中华人民共和国国家质量监督检验检疫总局,中国国家标准化管理委员会. 中国地震动参数区划图:GB 18306—2015[S] . 北京:中国标准出版社,2015.

[14] 中华人民共和国住房和城乡建设部. 水工建筑物抗震设计标准:GB 51247—2018[S] . 北京:中国标准出版社,2018.

[15] 中华人民共和国水利部. 水工建筑物抗震设计规范:SL 203—1997[S] . 北京:中国水利水电出版社,2016.

[16] 黄河三盛公水利枢纽工程现状调查分析报告[R]. 郑州:黄河水利科学研究院,2019.

[17] 黄河三盛公水利枢纽拦河闸工程现场检测报告[R]. 郑州:黄河水利委员会基本建设工程质量检测中心,2019.

[18] 黄河三盛公水利枢纽进水闸工程现场检测报告[R]. 郑州:黄河水利委员会基本建设工程质量检测中心,2019.

[19] 黄河三盛公水利枢纽跌水闸工程现场检测报告[R]. 郑州:黄河水利委员会基本建设工程质量检测中心,2019.

[20] 黄河三盛公水利枢纽沈乌闸工程现场检测报告[R]. 郑州:黄河水利委员会基本建设工程质量检

测中心,2019.

[21] 黄河三盛公水利枢纽南岸闸工程现场检测报告[R].郑州:黄河水利委员会基本建设工程质量检测中心,2019.

[22] 黄河三盛公水利枢纽工程水下检测报告[R].郑州:黄河水利委员会基本建设工程质量检测中心,2019.

[23] 黄河三盛公水利枢纽拦河闸进水闸沈乌闸交通桥检测报告[R].郑州:河南黄科工程技术检测有限公司,2019.

[24] 黄河三盛公水利枢纽工程防洪标准复核报告[R].郑州:黄河水利科学研究院,2019.

[25] 黄河三盛公水利枢纽工程渗流安全复核报告[R].郑州:黄河水利科学研究院,2022.

[26] 黄河三盛公水利枢纽工程结构安全复核报告[R].郑州:黄河水利科学研究院,2022.

[27] 黄河三盛公水利枢纽工程抗震安全复核报告[R].郑州:黄河水利科学研究院,2022

[28] 黄河三盛公水利枢纽工程北岸总干渠跌水闸运用水头复核报告[R].郑州:黄河水利科学研究院,2019.

[29] 黄河三盛公水利枢纽工程堤防安全现状调查分析报告[R].郑州:黄河水利科学研究院,2019.

[30] 黄河三盛公水利枢纽工程堤防安全复核计算分析报告[R].郑州:黄河水利科学研究院,2019.

[31] 黄河三盛公水利枢纽工程堤防安全综合评价报告[R].郑州:黄河水利科学研究院,2019.

[32] 内蒙古自治区黄河三盛公水利枢纽除险加固工程初步设计报告[R].呼和浩特:内蒙古自治区水利水电勘测设计院,2001.